MAZDA ROADSTER

マツダ ND ロードスター
開発責任者の記録

ロードスター第5代開発責任者
山本 修弘
Nobuhiro Yamamoto

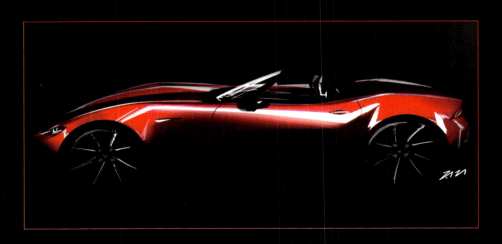

MIKI PRESS
三樹書房

ND Roadster Design Development Story

■プロローグ

　山本修弘（ヤマモト・ノブヒロ）主査をリーダーにして、新型のNDロードスターの開発がスタートしたのは2007年のこと。中山雅（ナカヤマ・マサシ）は翌年の2008年にそのプロジェクトのチーフデザイナーに抜擢された。しかしプログラムが一時凍結される2009年の初頭、中山はNDロードスターのチーフデザイナーを外されることになる。そして凍結と同時に「CX-5」のチーフデザイナーを任され、新世代商品群の先頭車種を担当することになった。

　全ての部品が新規設計、「絶対に失敗が許されない車」という重圧の中での仕事は困難を極め、一度は辞表を出したほどの厳しいワークロードとなる。

　中山は「それを乗り越えて完成したCX-5の経験は私に大きな自信を与えてくれ、開発ノウハウの習得だけでなく、エンジニアとの信頼関係構築や、経営陣からの厚い信頼が得られた」という。

　2011年10月、あらためて中山はNDロードスターのチーフデザイナーに任命された。NDロードスターというブランドアイコンを担当することは大きな重責だと分かっていたが、CX-5の経験値があったからこそロードスターのチーフデザイナーが務められたし、「誰からも絶賛される偉大な4代目を創り切る」という強い覚悟を決められたと語っている。

■NDロードスターのチーフデザイナーを担当するにあたって影響したこと
1. 自らがロードスターを愛するオーナーであること

　中山は、マツダ入社年である1989年に初代NAロードスターを購入。以来、"永く"乗り続けた経験からロードスターへの特別な愛着を持つ。この車は単なる自動車という存在を超え、オーナーに寄り添う家族の一員のように、その人の人生にかけがえのない存在になっていくことを自身の経験から知った。

　結果的に、ロードスターのオーナーは"永く所有する"場合が多く、NDロードスターを購入いただく方にも、中山は同じように永く乗ってもらいたいと思うようになった。そのためには"愛し続けられるデザイン"が必要であり、以下の要素が必要だと考えるに至った。

○一目惚れするような、心ときめくスタイル。（何年経っても「あの感動」を思い出せるように）
○飽きない普遍性を持っている。（正統的なデザインであり、機能的な裏付けや物語があること）
○自分流にカスタマイズできる余地がある。（模様替えや、気分転換ができること）

2. NCロードスター開発に携わったこと

　ヨーロッパ駐在中（2001〜2004）、中山はNCロードスターのアドバンスデザイン開発に携わった。日本で見るときと違い、ヨーロッパの重厚な街並みや景色の中では、ロードスターはずいぶんと華奢（きゃしゃ）に映ってしまうことを痛感することになった。中山はそれがなぜなのか？は、当時すぐには答えを見出せなかったが、日本が世界に誇るライトウエイトスポーツカーとして、「欧州の街並みで負けないデザイン」をいつかつくり上げたいという強い想いがこみ上げてきた。以来、14年の長きにわたってロードスターのあるべき姿を考え続けたと言っても過言ではない。

■NDロードスターのデザイン開発
1. 商品ポジショニングとプロポーション
【アドバンスデザイン・スタディ①：パッケージへのリクエスト】

　2009年2月にNDロードスターのプログラムが休止（大規模な工数投入中止）されてからも、山本修弘主査以下、ごく少数のメンバーによって開発検討は進められていた。いつ正式に開発Goが掛かっても、ただちにスタートできるようにするためだ。デザインにおいては、中牟田泰（ナカムタ・ヤスシ）率いるアドバンスデザインスタジオによって、スタイリングの肝となる車両パッケージに対する、デザインからの要求をまとめていた。そして、低いボンネットや短いリアオーバーハングに象徴されるような「Light Weight Sports」としてのミニマム・パッケージをリクエストした。

　2010年10月のことである。

　このリクエストを受けた任田功（トウダ・イサオ）と中村幸雄（ナカムラ・ユキオ／当時の企画設計部）は、スポーツカーとしての性能を確保しながら必要最小限のパッケージを実現する基本設計を始めた。しかしその裏には、「ミニマム・パッケージは、結果的にデザイン自由度を最大に上げるはずだ」という思惑があった。山本主査が後に語る、「デザインには絶対に妥協したくなかった」という強い想いは、実はこの時点から既に始まっていたのである。

【アドバンスデザイン・スタディ②：コンセプトデザイン】

　パッケージへの要求と並行して、コンセプチュアルなデザインスタディも、海外のアドバンスデザインスタジオを中心に行なわれていた。どういう特徴を出すべきか？ 技術開発のネタがあるか？ あまりリアルな制約を与えず、柔らかい発想でのスタディだった。MDA、MDE、MDY（順にアメリカ、ヨーロッパ、横浜のデザイン拠点を示す）の全アドバンスデザイン拠点によるデザインスタディモデルが本社に届いた。クオリティの高さや、クリエイティブに対する純真な想いがビンビン伝わる、レベルの高い提案が寄せられた。それらを評価する前田育男（マエダ・イクオ）本部長と中牟田部長の表情もにこやかだ。しかし一方で、「これが次のロードスターだ！」と素直に思えなかったのも事実。

　何か表面的で、本質的ではない気がする。ロードスターの記号性にとらわれ過ぎているか、もしくは、市場のトレン

中山雅がチーフデザイナーを担当した「CX-5」

2010年10月にリクエストした車両パッケージ。低いボンネットは、この時点から明確なチームの意志となっている

アメリカのカリフォルニア州アーバインにあるMDA（マツダ・デザイン・アメリカ）の3案

ドイツのフランクフルト郊外にあるMDE（マツダ・デザイン・ヨーロッパ）の3案

MDY（マツダ・デザイン・ヨコハマ）案

2011年6月にMDA、MDE、MDYから本社に届いた、1/4のデザインスタディモデル

ドに迎合し過ぎているようだ。これらの貴重なアイデアはその後のためにストックしながらも、更にクリエイションを継続することが決まった日である。

2011年6月のことである。

【デザインの志は、とにかく高く】

2011年10月、中山雅がチーフデザイナーとしてアサインされた。

正確に言うと、戻ってきた。

中山は、デザイン担当の出発点として、「デザインの志」と題したデザイン開発ビジョンを経営陣に上程した。

原点回帰の商品コンセプトを受け、「何ができるか」の発想ではなく「何をしなければいけないか」という、あるべき姿を定義することこそ重要だとし、デザインのポジションを通常では達成不可能と思えるほど高いレベルまで引き上げることをマップで示した。そして、その達成手段として必要な3つのポイントを伝え、エンジニアリングのサポートをお願いした。

○美しいプロポーション
○美しく開き、美しく閉まる幌
○エンスー心をくすぐるディテール

【チーフデザイナー中山雅の側面】

初代ロードスターが誕生した1989年、マツダのディーラーに中山の姿があった。「ロードスターを初めて見たときに、"近いうちに買うことになる"と直感していました。優劣を並べて検討するような理由ではなく、このクルマには人の心が普遍的に持つ"自然な感覚"を満たす何かが備わっていることが直感できたんです。時代の新鮮味を得意げにひけらかすためのクルマではない。だから、焦る必要はない。そう思い、その日も試乗だけのつもりでした。

ところが実際にロードスターの前に立ち、触れ、そこで起こる様々な出来事と情景のひとつひとつは、それまでの私の想像をはるかに超える感動を体験させることになったんです。よく晴れた日でした。ドアを開けたときに、サイドシルのステンレス製のプレートがキラリと光り、上気したことを覚えています。運転席でシート合わせをする私の横に試乗のアテンドをする女性が座り、すらりと伸びた脚が目に入りました。見上げると、雲一つない広島の澄んだ青空が拡がっていて……。心がときめきました。全身に衝撃が走りました。そしてその瞬間、"今日買おう"と思いました」。

このクルマには、人の心を捉える本質的な趣がある。中山は、ロードスターとの運命的な出会いを感じ、ひとりのオーナーとなった。

【新型ロードスターのチーフデザイナーという重責を担うにあたって発揮された力】

500年近くの歴史を持つ寺の僧侶である父、日本の神社仏閣が継承する伝統的な建築を担う宮大工を祖に持つ母。中山は、自身を形成する先祖由来のDNAの存在を口にすることをはばからない。人の心を感じて何をしなければならないかを考え、上手に伝えることが得意なのは父系から。手先が器用なのは母系から。それぞれ受け継いでいるような気がする、と笑う。けれども新型ロードスターのチーフデザイナーという重責を担うにあたって発揮された力は、そのような潜在的な能力や、不眠不休を貫くような根性の賜物というより、むしろ、ただひたすらに貫き続けてきた自らのロードスターに対する愛ではなかったのかと中山は振り返った。

【20年乗れるクルマ】

「新しいロードスターが備えなければならないデザインを想ったとき、20年乗れるクルマ、という発想が浮かびました。それは私自身が初代ロードスターと築いた時間は何だったのか、という問いかけでもあったのです。もし自分が新型ロードスターのオーナーになることをイメージしたとき、いつか飽きてしまうようなクルマでは嫌だったんです。なぜなら、それでは寂しすぎるじゃないですか。初代ロードスターに対する私がそうであるように、ずっと長く愛し続けたいんです。はかなさの中には、真実はありません。

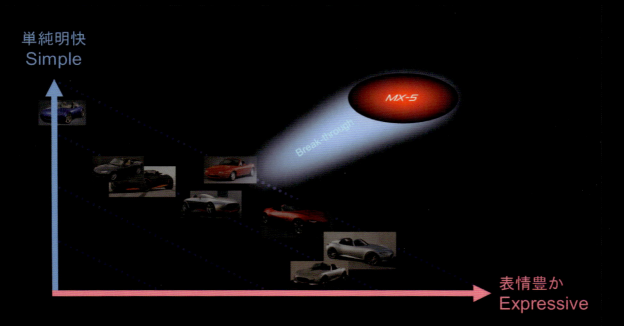

デザイン開発にあたり"シンプルで明快なイメージ"と"情緒的で表情豊かなイメージ"の両立を目指した

そのためには、まず文句の付けどころが見あたらないほど格好いいことが必須だと確信しました。真の目標に逆行するように思えるかもしれませんが、クルマに対して造詣の深い玄人肌な視線に晒されても、ため息が出るほど上質な格好よさを備えていることが、長く愛し続けられるための絶対条件です。けれどもそれは、同時に噛みしめるほどに味わい深い美しさとして表現されなければなりません。目先の結果を求めて、時流に媚びたり、奇をてらう手法に頼るという逃げ道を完全に捨て去り、人が持つ美的感覚の深層に共鳴する造形とは何か、ということを心で探ることが、新しいロードスターをデザインするという使命に他ならないんです」。

中山の言う、"ものすごく繊細なピンポイントを探してゆく作業"を通じて、見事に的を射抜いた1本の矢。それが、いま目の前に佇む新しいロードスターの姿なのである。

Q.「ロードスターらしさ」の表現はどのように考えたのか？
A. これまでのロードスターは独立した記号性が強く、マツダブランドの共通イメージと少し乖離した認識を持たれていたかも知れない。しかし、これからは、マツダのブランドアイコンであることを表現したいと考えた。そこで新型ロードスターでは、マツダらしさとロードスターらしさを両立することを目標とした。ロードスターらしさを追求すると、実は魂動の深化につながる。そう言い切れる答えを見つけ出すことをゴールとするために、"シンプルで明快なイメージ"と"情緒的で表情豊かなイメージ"という、一見相反する要素の両立だと定義した。そして、ここに到達するまではデザインの完成と見なさないという、高い目標を掲げてデザイン開発に臨んだ。

Q. それは海外拠点も合意の上か？
A. 2011年10月の上程後、すぐに海外拠点に本内容を説明し、この目標で進めることでワンボイスをつくった。そして、2012年2月に予定していたデザインサミットまでに提案を持ってくるようリクエストした。志が高く理想的な目標のため、異論があるはずはないと最初から分かっていた。実は、微妙なさじ加減やテイストの議論にしたくなかったので、敢えて高い目標にし、メンバーの想いを集中させる狙いもあった。

2. デザインサミット 2012.2
【プロポーションスタディ、Aピラーを70ミリ引け！】

小さな車になるほど、実は遠くから見たときのプレゼンス、とりわけ、大きな車に囲まれた時にも貧相でない、強い存在感が必要なことは分かっていた。これはBカーでも同じことが言える。特にロードスターの場合、初代NAの頃から比べると周囲の車は二回りくらい大きくなっている。そんなトレンドの中で、いつのまにかロードスターは「ガールズカー」と一部で揶揄（やゆ）されるようになっていたことも事実である。そこでプロポーションの検証にまず着手した。当時の企画設計部のレイアウト図をベースとしながら、スタンスを強化するというデザインの意思も入れ、キャビンが前後に可動する実物大「プロポーションモデル」を製作。比較参考とすべきスポーツカー群と並べながら、海外拠点のデザインダイレクターたちと2012年2月に討議した。

中山「リアリティのある提案ではなかった。そこでプロポーションモデルをつくって、Aピラーを少しずつ後ろに下げてみよう、と。モデルに目盛りを刻んでおいて、Aピラーとウインドシールドをトントンと叩きながら10mmずつ動かしていきました。そうしたら、70mm下げたところで違う世界が見えてきた。海外拠点のダイレクターたちと一緒に、"これでいこう"と確認しました」。

その結果、現状ではキャビンの前後位置に課題があるという知見を得た。

Aピラーを70ミリ後退させプロポーションを比較

約70ミリ後方にAピラーを移動することで、小さくとも堂々たるプロポーションが得られることが、実際のモデルで検証できたので、そのことを開発部門トップの担当役員に見せ、実現のサポートを要請した。

中山「プロポーションモデルをR&Dのトップの役員に見せて、Aピラーを動かす実演を行なったところ、"おお、ええなあ"と。そうなったら、エンジニアはやるしかない。解決に目処が立ったのは、少し後のことでしたけどね」。

Q. 70ミリAピラーを後退させることの技術的な課題は？
A. 直下にあるヒンジピラーとのオフセット量が大きくなり、強度上は不利。また、乗員とヘッダーが近づき、衝突試験時の頭部障害値が不利になる場合がある。回避するためにはヘッダー断面の小型化が必要。

Q. 技術的に困難な課題を、なぜそこまで克服できたのか？
A. ベースレイアウトを担当する企設チームによる努力が大きい。美しいスポーツカーを何としてもつくりたいとの情熱は、関連設計部門を動かした。経営陣のサ

2012年2月のデザインサミットに、本社チームが用意したプロポーションモデル

MDY案（後の本社案）を紹介する高橋耕介

デザインサミットで協議の結果本社案とMDA案を選択

本社チームによるプロポーションモデルと、初代NAロードスターとの外観比較

ポートも大きかった。マツダにとってロードスターは特別な存在。「妥協はするな！」との号令がR&Dトップはもちろん、経営レベルからも発せられた。

また、デザインがやりたいことをフィジカルなモデルで"見える化"し、何をしたいのか？またそれはなぜか？を丁寧に説明していったことも、協力を得られた大きな要因。

Q. 逆に、結果的に有利に働いた点はあるのか？
A. 幌の寸法が小さくなったため、幌収納部の省スペース化ができた。

写真左のモデルでAピラーを後ろに動かした

デザインサミットで7案を検討する

その結果、デッキポイントが前進し、歴代ロードスターで最もコンパクトなキャビンが成立した。Aピラーの思い切った後退は、この車のプロポーションを決めた重要な経緯と言える。

3. エクステリア・デザインテーマ開発【"魂動の深化"について、アメリカ案との競作】

2012年2月のデザインサミットの結果、全員で合意したMAP上のターゲットに到達可能なポテンシャルを持つ候補として、MDA案と本社案の2案を選択し、その後のフルサイズモデルによるデザインテーマ開発へ進めた。案を拡げることを目的としていないため、いかに高いレベルのユニークな造形をシンプルに表現するか？に知恵を絞らなければいけない。MDA案は早期から勢いのあるラインによるシャープなデザイン表現というテーマ性を絞り、面の練り込みやグラフィックのパターンをスタディしていた。

が、本社ではユニークな造形の捻出に苦心していた。メンバー全員、納得していなかったのだ。今にも動き出しそうな車のフォルムを、段差や折れで表現されたラインに頼らず、面のボリューム変化で表現したい。そこしかゴールがないと考えていた。煮詰まった頃、2012年5月のゴールデンウィーク直前、少し何かが見えかかったスケールモデルができ

た。前田育男本部長に見せた。しかし納得は得られなかった。「何か出掛っているのは分かるが、まだだ」前田本部長も妥協はしたくなかった。そしてメンバー志願の休日出勤を認めた。

実は、新型ロードスターのデザインは、一筋縄では完成に至らなかった。多くのデザイナーが、もっともロードスターらしい"魂動"を表現するデザインを模索し、何度も案が浮上し、そして消えていった。

ゴールデンウィーク休出中、エクステリアデザイナーの高橋耕介（タカハシ・コウスケ）が一枚の（なぐり描きの）キースケッチを描いた。淺野行治（アサノ・ユキハル）モデラーは「これだ！」と無心にクレイに向かい、あっという間に完成させてしまった。

淺野「これじゃ、これでいこう！ストンと腹に落ちた1枚の画でした。彼はそれまで描くもの描くもの潰されて潰されて、くっそー！と思いながら、その画を仕上げてきたんです」。

淺野「迷いがあったんです。"魂動"というテーマは、デザインによって表現すべき心のことであって、ディテールのルールを示すものではないんです。つまり、各モデルに相応しい魂動の表現があって、ロードスターのそれは何だろうということをみんなで考えました。デザインの手順は、いきなり車型を描くので

2012年2月のデザインサミットの後に淺野行治が製作した、本社案の1/4モデル

2012年7月に、本社に届いたMDA案の1/1モデル　　　休日出勤をして高橋耕介が描いたラフスケッチ

はなく、まずそのモデルらしさをもっとも象徴するオブジェを描き、削り出すところから始めるのですが、まずそこでつまずいた。一度は、これでいこうという車型までいったんですが、やはり、納得しきれてなかったんです。線で造形を成りたたせようとしてたんです。最小限の線は使ってもいいけど、面表現にもっとこだわろう。そいつを、魂で魅せてくれや。そう言って、デザイナーたちを鼓舞したんです」。

ゴールデンウィーク明けの初日、再び前田本部長に見せた。「やっとできたな！これで行こう！」本部長のコメントは速攻だった。

【デザインの選定】

エクステリアデザインは本社案と MDA 案の競作である。本社で追求していた造形手法と違っていたことと、最大マーケットであるアメリカの声は無視できないこともあったからだ。しかし、それ以前に、アメリカで考える MX-5 のあるべき姿と、日本で日本人が考えるロードスターのあるべき姿をそれぞれ突き詰めて、お互いに突き合わせて議論してみたいと思ったし、コンペとすることで双方が切磋琢磨（せっさたくま）できると考えた。最初に非常に高いターゲットを設定したので、厳しい環境に自分たちを追い込まなければ答えが出せないだろうと予測できていたからだ。

2012 年 7 月、MDA でデザイン開発を行なったモデルが本社に送られてきた。

結果的に、MDA 案には大きな変化は生まれなかった。ダイナミックではある

が、新しい造形手法とは思えず、クルマ好きを唸らせるエモーショナルさにもやや欠ける印象だった。しかし MDA チームの想い入れは強く、1案化への選定はハードなディスカッションとなった。

中山 「1.5L を積むことは当時から決まっていたのですが、MDA 案はそう見えない。おそらく米国販社の考えもあったのだと思いますが、彼らとしてはもっと大きなエンジンを積みたいという意思を込めてデザインを提案してきたんで

す」。

2012 年 8 月、MDA メンバーだけを本社に招致し、本社案への1案化を提案した。しかし、すぐには納得できない意志を彼らは表明した。一度競作させれば、案選定はスンナリとは行かない。経験的にそのことを知っていたので、先にターゲットを示した。不満理由の多くは、目標設定時のコミュニケーション不良の場合が多い。ターゲットがあれば、「どちらがゴールに近いと思うか？」という、全

2012年8月に実施された、本社案（左）とMDA案（右）の比較検討

2012年8月の比較検討は、MDAメンバーを本社に招致して行なわれた

体を俯瞰した議論ができる。何をするにもルールの徹底は重要だ。

　最終的に、本社案への1案化は前田本部長の指示によって決定した。

　しかしMDAチームは渋々という表情を隠さなかった。気持ちは十分に分かったし、彼らのここまでの頑張りに感謝したかった。同時に、今後の本社案育成への強い責任感を感じた。最終的にでき上がったものが、もしダメだったら……何よりもMDAチームに申し訳が立たない。

　中山「MDAとの議論はかなりハードでしたが、最終的に前田本部長が"本社案をベースに進めよう"と決断した。MDAの熱意は十分にわかっていたので、本社案をしっかり育成する責任を感じました」。

4. インテリア空間コンセプトの立案
【オープンカーの理想を目指せ！だから内外の境界はつくらない】

　ロードスターという車名を持つクルマとして最も拘（こだわ）るべきことは、"オープンが前提のスタイル"だと、当初から考えていた。通常のデザイン作業では、エクステリアとインテリアは別々のデザイナーが担当し、その境界線は"ガラスの位置"で仕切られるというのが常識だが、屋根がなく、ガラスを下げた状態がデフォルトのオープンカーの場合は、本来、それは当てはまらないはず。ここに着目すれば、きっとこれまでにないオープンカーらしいデザインが実現するはずだという予感があった。したがって、インテリアデザインの取りかかりとなるアイデアスケッチを描く際は、必ずエクステリア込みで描くことを各デザイナーに求めた。慣れない作業に最初はギクシャクしたが、しだいにユニークな提案が出始めた。

【フレッシュなアイデアを共有し合う】

　2012年2月、エクステリアとインテリアの区別はつけないことを基本ポリシーとして、インパネ造形を含む空間コンセプトを考え始めた。

　小川正人（オガワ・マサト）がリーダーを務めるインテリアチームは、やみくもにスケッチを描き始めるのではなく、これまでの財産を一度整理しようと考えた。MDAの提案をしっかりと分析し、何が良くて何処が改善の余地があるかを考えた。

　小川「インテリアはMDAが先行して始めていて、そのモデルが12年の春に広島に届いた頃、我々本社チームもスタートしました。いろいろなスポーツカーに試乗しながら、まずは空間の在り方を考えて……」。

　また、これまでのアイデアスケッチを並べて、チームで「ありたい姿」をディスカッションをするという形式を取った。ここには岡村貴史（オカムラ・タカシ）がリーダーを任されたカラー＆トリムチームも参加していた。このやり方はチームの発案だった。

　若いチームは自然とこのような仕事の提案をしてきた。昔ならとにかく競争してスケッチを描くことに明け暮れたかも知れないが、今の若者はディスカッションの中からお互いの力を引き出し合おうとする。

【デザインは走りながら考えるという癖をつける】

　"ダイナミックにデザインする"のではなく、"ダイナミック状態でデザインをする"。これがスポーツカーデザインの鉄則だと考えた。したがって、評価の仕方

これは2012年10月のデザインサミットで採択されたテーマモデル。8月の案より熟成が進んだものだが、比較のためここに掲載する

インテリアデザインの初期アイデアスケッチ。本社では2012年2月に開発がスタート

スポーツカーならではの検討手法を実施

も工夫をした。スタティックの状態で視線をあちこち動かしながらデザインを見るのではなく、走行状態を模擬し、運転中と同じ視野に立った時にどう見えるか？ どう感じるか？ 何が重要で、何が邪魔か？

　小川 「インテリアとエクステリアに境界をつくらない。色だけでなく、造形的にもしっかりと繋がって見せたいので、それを正しく評価できるようにインテリアモデルにボンネットを取り付けました」。

　デザインモデルを実際に走らせることはできないが、メンバーの発案で、実際の走行シーンの動画を撮影。それを背景にデザインモデルに座ると、ある程度の模擬ができることが体感的に分かった。これですぐに結論を出すというわけではなく、これらの活動をすることによって、ダイナミック状態でデザインを考え

る習慣がしだいに生まれていった。それが大きな収穫だ。

【ライトウェイトスポーツらしい、潔く、軽いインテリアを創ろう】

　2012年6月、これまでのチームでの成果をデザインマネジメントにプレゼンテーションした。前田本部長、鈴木英樹（スズキ・ヒデキ）副本部長、中牟田部長がレビューボード。中村隆行（ナカムラ・タカユキ）、藤川心平（フジカワ・シンペイ）、山下卓也（ヤマシタ・タクヤ）……若いデザイナーたちが、これまでに学んだこと、気づいたこと、やりたいことなどを提案した。コンセプトは明快。
〇内外の区別をつけないこと
〇軽く見えること
〇余計なモノを付けない

　どれも甲乙つけがたい提案だったが、狙いを最も的確に表現している藤川案をベースに、フルサイズの立体化に進めることを全員一致で決めた。各デザイナーたちの"やりきった"感のある表情が印象的なプレゼンテーションだった。

5. インテリアデザイン・テーマの開発
【本社チームの空間コンセプトをベースに、日米協働でテーマ開発スタート】

　2012年8月、本社チームの空間コンセプトモデルとMDA提案のデザインモデルを並べ、MDAからダイレクターのDerek Jenkinsとインテリア・マネージャーのJulien Montouseeを招聘して、これからの方向性をディスカッションした。

　中山 「MDAのメンバーを広島に呼んで"本社案のような軽やかな空間のイメージで進めたい"と話したのですが、どうも巧く伝わらない。本社案はまだクレイが剥き出しのモデルだったせいもあって、"なにを言っているんだ？"という反応で……。そこでMDAのインテリア・マネージャーのJulienに広島に長期出張してもらうことにしました。彼も本社チームに加わって、一緒に進めていこう」と。

「エクステリアとインテリアの境界を設けないこと」などを基本コンセプトとした

2012年春、MDAが提案したインテリアの1/1モデル　　　　2012年8月、MDAとのミーティングで本社チームが提案した1/1クレイモデル

以下を全員の共通認識として確認し合った。

○ MDA提案は現行NCロードスターの基本断面を参考にしているため、ボリューム過多である。レイアウト的には現実味があるが、もっとボリュームを減らすようにチャレンジしよう。そのため、空間イメージは本社モデルをベースとする。

○ MDA提案のドライバーオリエンテッドなコックピットの考え方は良い。

また、ディテールの造り込みも参考にすべきところがたくさんある。ただし、シンプルとは言い難い。

○これからのデザイン開発は本社で行なうが、Julien Montouseeに長期出張を命じ、本社チームと協働で行なう。

日米混成チームが果たしてうまく機能するのか？ 不安がないわけではなかったが、高い目標を達成するにはそれが最善と思われた。何ができそうか？ ではなく、何をすべきか？ の理想像を先に掲げ、そこに向かって解決策を編み出す。この基本の考え方は、ここでも一貫した。

【シンプルにドライバーオリエンテッド】

ここからは、共創といえども"競争"だ。同じゴールを目指しながら、それぞれのデザイナーが己のクリエイティビティを競い合った。この段階では、誰が「インパネ担当」とか、誰が「ドアトリム担当」

とかを決めなかった。全体のコーディネーションリーダーは小川とJulienが務め、Julienはアイデア出しの一員としても加わった。デザインマネジメントによるレビューは週一回のペース。エクステリアに比べてやや遅れ気味だったので、ピッチはおのずと速まった。2012年の熱い夏は始まった。

【ドアトリム上部にはエクステリアデザインを回り込ませると決めた】

小川「ドアトリムのボディ色は当初、なかなかエンジニアに理解してもらえなかったんです」。

内外装の色によるトータルコーディネーションは決して新しい提案ではない。

また、ごく初期のデザイン提案であれば、内外が一体となったテーマが提案されることもよくある。しかし開発が進むに連れて、それらの提案は消えるのが常

日米協働による開発がスタート

「内外一体」の実現のため、ドアトリム上部にボディカラーを入れる構想に挑戦した

カラーパネルは交換可能を前提に検討された

後に、オーナーの人生の記念日にプレゼントすることでアップグレードしていく楽しみを提供するというコンセプトにした。モノをデザインするのではなく"コト"をデザインするのだと。ここで提案した"着せ替え"コンセプトは社内の共感を生み、ドアトリムにだけでなく、インパネ下部の素材違い等、後のデザイン開発に大きく波及していった。

小川「ドアの延長上のＡピラーの根元にもボディ色のパーツを入れたい。"これがないとエクステリアとの一体感が出ないんです"と、エンジニアにモデルを見せて説明しました」。

【ロードスターならではのユニークなデザイン開発】

内外一体の考え方を徹底するため、クレイモデルには必ずエクステリア形状を再現してモデルに装着した。

また反対に、エクステリアモデルには必ずドアトリム上部とシートを再現し、しかも人形まで据えて造形作業を行なった。このことを徹底することで、内外の境界をデザイナーが意識しなくなると同時に、車の大きさ感を考えてデザインするようになっていった。

エクステリアでは人形との比較で"この車が小さい"ことを十分に認識でき、その小さいボディでいかに存在感のあるデザインにするかを考えた。また、ボンネットの峰がコックピットからどのように見えているのかをインテリアモデルで確認しながら造形を行ない、時には実走モデルをつくって三次の試験コースを実研メンバーと一緒に走り、見え方の研究も同時に行なった。インテリアではタイヤまでクレイの周りに配置して"人が座る位置"を常に意識することと、車高の低さを意識する（インテリアは見下げるように見られる）ため、モデルの地上高を調整するステージまでも準備し、徹底した。クレイモデラーの福澤崇之（フクザワ・タカユキ）のコダワリである。内外の区別をつけないデザインは、カラー＆マテリアル領域でも"エクステリアとインテリアが直接隣り合う"ことが前提のコーディネーションになる。また、着せ替えコンセプトによって、それらの組み合わせパターンも多様になる可能性がある。そこで、カラーデザイナーの提案方法もこれまでの前例に捉われないものへと自然と変わっていき、リーダーの岡村と谷口弘輔（タニグチ・コウスケ）は、

だ。理由はコストアップと種類数が膨大になるため。しかしこの車では、どうしても「やろう」と決めた。確かなエビデンスがあったわけではないが、不思議な自信があった。挑戦すれば必ず成功すると信じていた。まず、実現のための制約を取り払うべく、主査や設計チームにデザインの狙いを説明した。

しかし、通常の説明では強いサポートを得られない。そこで、プレゼンテーションの仕方に趣向を凝らした。ドアトリム上部のボディカラーパネルは"取り換える"を前提のコンセプトとした。

仮に購入時は黒部品だったとしても、

ボンネットの峰やドアトリムの見え方を研究するため、NCロードスターを用いて試作車を製作

内外が一体となった"オブジェ"を使ったユニークなデザイン提案を生み出した。また、ロードスターがもつ独特のFUNのイメージを表現するために、デザイン提案の展示の仕方もより立体的なものとし、インテリアモデルのあるクレイルームで行うなど、ライブ感のある提案方法をつくり上げた。

福澤「普通のインテリアモデルはカウルまでしかつくりませんが、それではオープンカーらしさが感じられない。ボンネットを付けて、インテリアからは見えないけれどタイヤも置いて、最終的にはトランクも付けました」。

6. デザインサミット 2012.10

2012年10月3日、デザインサミット開催。デザインターゲットを再確認し、デザインテーマをグローバルに合意するのが目的だ。エクステリアに関しては、本社案をベースとしながらも、MDA案のスピード感やアグレッシブさを加味する案を提案。インテリアは、MDAと歩調を合わせて構築してきたテーマを提案した。MDAからもスケールモデルによる再提案があった。先回のF2F（フェイストゥフェイス）ミーティングで本命とした本社案をベースとしながら、自分たちの提案を盛り込んだものだ。「どうしても採用案を創りたい！」この想いはひしひしと伝わったし、同じクリエイターとして気持ちは痛いほど分かった。そのバイタリティには脱帽である。「Thank you, Derek」。しかし、本社案をくつがえすほどのインパクトはなかった。それはきっと、日本の奥ゆかしい美意識の表現が足りなかったからだ。我々の目指す"魂動デザイン"は、これまでの「足し算」だけの造形では成立しない。不要なものを徹底的に削いだ中で生まれる「芯の美」こそがゴールだ。

2012年10月3日、新型ロードスターのデザインテーマが決まる。グローバルに通用し、世界からリスペクトされる日本発の強いデザインを創る。それを実現することを決意した日だった。

インテリアは本社とMDAの混成チームでの提案となった。本社デザイナーとJulienの連携もスムーズに取れ始めていた。本社デザイナーはJulienのクリエイティビティを、Julienは本社デザイナーの量産化へのスキルを、お互いに学びながらここまで進めてきていた。それにしてもJulienの柔軟性とバイタリティには脱帽だった。彼はたった独りで日本にやってきて、長期の滞在をこなしながらチームに溶け込み、週末の出勤もいとわずにここまでやってきた。

2012年10月のデザインサミット。MDAから再提案された1/4モデルを確認

デザインサミットでは、MDA案（手前）も展示された。結果は、中央の本社案にMDA案の要素を加味した案が採択された

そして常に本社のデザイナーたちへの敬意を忘れなかった。
「Thank you, Julien」。もはや、提案に誰も異論はなかった。カラー&マテリアルの提案は、インテリアモデルのすぐ隣で行なわれた。このやり方は、ロードスターチームの定番スタイルになっていた。

エクステリアとインテリア、造形とマテリアルに境界線をつくらない。リーダーの岡村が渾身のプレゼンテーションを行なった。グローバルのデザインチームの満場一致によって、提案は採択された。

7. エクステリアデザインの熟成
【フロントフェイスはどうするべきか？ 答えは原理原則の中にあった】

フロントフェイスをどうするか？ は最後の最後まで悩み続けることになった。

その結果、リーダーの南澤正典（ミナミサワ・マサノリ）率いるエクステリアチームは、無数の案を彷徨うことになった。

南澤「MDA案の顔のアグレッシブさが印象的だったので、それを取り入れてテーマモデルをつくりました」。

特にランプの表情について、他のマツダ車同様に切れ長の矩形とすべきか、初代を彷彿とさせる極めてシンプルなグラフィック表現とすべきかを決めあぐねていて、それが災いしてか、「これだ！」というフロントフェイスに至らぬまま時間が過ぎていった。正直言って、実は迷っていたのだ。ロードスターらしさとマツダらしさのバランス取りを。2013年4月、

フロントフェイスの在り方を検討する

その糸口となるデザイン案ができた。なんのことはない、初心に帰ることだった。答えは常に"両立"のブレークスルーしかないし、これまでもそうやってきたではないか。何を迷っていたのか！？ 初代ロードスターはリトラクタブルヘッドライト（以下リトラ）を採用している。そもそ

フロントフェイスの検討のなかで、特にヘッドライトの形状には多くの時間が割かれた

もリトラとは、ライトの最低地上高を定める法規にミートさせながら低いノーズを実現するため、点灯時にライト自体をポップアップさせる機構である。目的は低いノーズを実現するためだ。それが時代と共に形骸化し、リトラにするために格納部分をわざわざ上げる（＝高いノーズにする）という本末転倒な車も出てきてしまったが、歩行者保護等の理由もあって消えてしまった装置である。

　この初心（ノーズを下げる）に帰るべきではないか？　と気づいたのだ。そこから"ランプグラフィックのためにノーズをデザインする"ことから決別した。

　理想的なプロポーションが先にあり、その上にランプグラフィックが"結果的に"現れてくる。そうやってデザインしていくと、マツダらしく見え、ロードスターらしく見えるようになってきた。継承すべきことはグラフィックパターンではなく、スポーツカーにとっての原理原則の志だったのだ。

【表情のあるヘッドライトをつくりたい】
　開発初期から、ヘッドライトには生き物のような表情を持たせたいと考えていた。これは"魂動デザイン"の目指す共通のテーマではあるが、もう一つには、初代ロードスターのリトラに代わる"表情が変わる眼"を入れ込みたいとの想いがあったからだ。いまだに初代ロードスターのオーナーはこのリトラに特別の愛着を感じている。それを「軽量化と衝突安全のために断念した」ではなく、「こうしたかった」という肯定的な理由で説明できるデザインにしたかった。そうでなければファンも我々もスッキリしない。その頃には既に、低くて短いオーバーハングによって得られる美しいプロポーションを優先することは決めていたが、ユニットが収まらなかった。我々が目指したノーズ形状には通常のランプユニットを収める十分なスペースがなかったのだ。ランプを担当した佐藤真珠美（サトウ・タマミ）と加家壁亮一（カケカベ・リョウイチ）は設計部門と知恵を出し合

NAのリトラクタブルのように「表情が変わる眼」を入れたいという想いで検討された

ヘッドランプの採用案スケッチ。"瞳"をクリーンに見せるため、アウターレンズの表面に突起やカットを付けないようにした

2012年10月に決定したテーマモデルをもとに、生産化に向けた洗練作業に進む。これはリアランプのスケッチ

エクステリアデザインの熟成作業を進める

い、LEDであれば成立することを突き止めた。そこでプログラムオフィスに採用をお願いした。上級グレードにLEDランプを搭載した車種はあったが、全グレードに使用した前例はなかった。コストインパクトは大きかったがプログラムは採用を決断してくれた。LEDは発光部が発熱しないため、表面レンズとの間に熱対策のための大空間を設けなくていい。これによって薄型のランプグラフィックが可能になると同時に、レンズ面を垂直に立てることができた。立ったレンズ面は空を映さないため、中のプロジェクターが"瞳"のようにしっかりと見え、レンズ下部はボディを映して「目が潤んでいる」ようにすら見えることが分かった。

佐藤「エンジニアと一緒にヘッドランプのレイアウトを考えました。瞳をクリーンに見せたいので、アウターレンズの表面に突起やカットを付けないようにして……」。

また、小さいユニットを活かして奥まったところに設置できたLEDランプは仏像の"玉眼"のような効果を生み、どこから見てもまるで自分を向いているような眼の表情を生んだ。見る人の位置によってどこを見ているか変わり、見る人の気分によっては"笑っている"ようにも"睨んでいる"ようにも、ときには"泣いている"ようにすら見える眼。我々がやりたかったことが見事に実現できた。

【デザイン育成に十分な期間を使う】

1案化を急いだ理由は、デザインの熟成に十分な時間をキープする目的もあった。実際の開発では、デザインフィーズと呼ぶ、デザインを実現するための設計活動が同時に行なわれる。

ショーカーをつくるのとは違うので、デザインを修正しなければいけない要件が設計部門から提示され、それによっては、デザインテーマ自体を変更せざるを得ない事態に陥る。今回のデザイン開発においては、デザインの狙いを設計部門に伝える際に、「実現は困難を極めることは分かっている、どうかサポートしてほしい」旨のお願いを何度もしていた。決して高飛車にならず、デザインを押し付けない。「デザインはデザイナーがつくるものではない。エンジニアがつくるものだ」と訴えた。実際にそうで、ヒトの体形にあたる車のプロポーションは、まさにエンジニアリングそのものであり、その会社の技術力とエンジニアの意志が示されるものだからだ。

マツダには、スポーツカーを造りたくてマツダに入社したというエンジニアがたくさんいる。彼らの闘志に火を付ければ不可能はない……と信じていた。デザインは"仮り面"というデザインデータを設計部門に渡し、設計部門はフィーズを掛け、デザインにフィードバックする。デザインで対応可能であればクレイモデルを修正し、対応不可な重大な修正要望は「デザイン対応不可」として返事し、解決方法に知恵を出し合う。このサイクルを何回もまわしてデザイン開発は進んでいく。この回数が少なければ少ないほど、お互いに消化不良のままデザイン開発が終了することになる。もう少し時間があれば解決の知恵が出たかも知れないというところで中断すると、最後はデザインが設計要件に合わせないと量産車にならない。今回、デザイン熟成期間を1年と長く取った背景には、そういった"やり残し"を起こしたくないという想いがあった。

この領域の交渉は宮地善和（ミヤチ・ヨシカズ）があたった。結果として、当初あった甚大な「設計要件とデザインのギャップ」は最後は見事になくなり、美しいデザインが実現した。エンジニアとの妥協なき共創があったからこそ、このデザインが実現した。

【美しい幌をつくれ】

オープンカーといえども、多くの時間は屋根を閉めた状態を見ることになる。ガレージの中はもちろん、雨天時などは走行中もずっと屋根は閉まっている。

したがって、その際のスタイルにも妥協しないことが、第一級のオープンカーを世に出すための"たしなみ"だと考えた。

テーマモデルと設計要件との差異を示したCG。エンジニアとの共創により課題は解決されていった

設計要件の問題をクリアして製作された1/1モデル。こだわって開発された幌のデザインを確認できるように、閉じた状態であることに注目

奥には幌を開けた状態のモデルが見える

三次テストコースでデザインの完成度を確認

宮地「NCロードスターの時は、初めて採用するZ型格納の設計要件が厳しくて、デザインが入り込める余地があまりなかった。それが心残りだったので、今回はぜひソフトトップを担当したいと中山に直訴しました。クーペのように丸い屋根をつくりたくて……」。

そのため、開発の初期から屋根形状の3次元データを設計部門に渡し、幌の骨組み設計に反映してもらうよう、エンジニアとのコミュニケーションを密にした。

何度かのトライ&エラーを繰り返し、最後は開発陣の誰もが満足する美しい幌を造り上げることができた。NCロードスターも担当した宮地の悲願でもあった。

また、この美しい幌は、優れた空力特性にも寄与している。

宮地「テンションをかけて直線にしながら、いちばん後ろの骨をNCより低くすることで、ルーフラインが後ろ下がりで丸く見えるように工夫しました。その結果、空力性能もかなり向上しています」。

Q．今回のプロセスはこれまでと何が違うのか？

A．幌の設計は繊細なリンク構造が絡むため、幌サプライヤーも設計活動に参加して進められる。その際は、単純にコンパクトに畳むための設計だけではなく、耐久性、耐候性の保証を含む、かなり複雑な設計を行なう。これまで幌の形状に関しては、そのような複雑な構造が絡むがゆえに、最後まで設計変更が繰り返されることと、実際にはキャンバスを張ったときの"なりゆきの形状"になることから、準デザイン意匠面という扱いになっていた。今回はそれを純然たるデザイン意匠面レベルまで意識を上げ、デザインとエンジニアが最後まで"形"にこだわり、共創しながら造り上げたことがこれまでと違うアプローチである。

【最終仕上げ。スポーツカーはやはり三次（みよし）で生まれる】

「マツダ・スポーツカーは三次で生まれる」そんな表現が使われるくらい、三次は"スポーツカー創りの聖地"だ。その理由はもちろん、ダイナミック性能を研ぎ澄ますためのテストコースがあることや、スポーツカーにとって重要な空力性能を磨き上げる風洞実験室があるからだ。FDのRX-7開発時には、難題だった空力性能の改善のため、一カ月以上、三次にこもってデザイン開発を行なった話は内外で有名な伝説だ。今日ではコンピューターシミュレーションによって、空力特性の解析がある程度把握できるため、風洞実験は"確認"程度で済ますことができる。しかし我々は、やはり三次にこだわった。

理由は二つある。一つはビューヤードの広さ。風洞実験棟の前には、機密が保て、100m近く離れてデザインモデルを見ることができる専用ビューヤードがある。ここに様々な車を並べて比較すれば、車の基本的なプロポーションを冷静に見ることができるのだ。クレイルームや本社の屋外展示場では気づかなかったような微妙なプロポーションの狂いや、基本的なプレゼンスを検証することができる。アメリカのような大地で見られることを考えると、これは極めて有用な検証方法と言える。

もう一つは、三次という"聖地"が生み出す独特の雰囲気。おおげさに言えば、世の喧騒を離れ、まるで修行僧のようにデザインに没頭できる環境がそこにはある。風洞実験を行なうラボのすぐ隣にあるクレイルームで作業を行ない、風の流れを睨みながら造形し、すぐに外に出してデザインを確認する。テストコースの中にあるため、遠くにはロードスターの試作車のエキゾーストノートが響き、一方では小鳥のさえずりが心地よい、正に

三次テストコースにあるデザイン検討場に1/1モデルを持ち込み、遠くから確認することで、スタジオでは発見できなかった課題を洗い出す

三次テストコースで発見された課題はボディ全体に及び、その後2週間をかけて修正作業が行なわれた

"森の中のデザインスタジオ" なのだ。先人たちがそうしたように、我々もそれらを存分に感じながら作業を進めた。

2013年5月初旬、三次で前田本部長や鈴木副本部長、中牟田部長を呼んで見取り会を行なった。プロポーション取りに要改善ポイントが見つかった。本社スタジオでは気づかなかったのだ。

それから約2週間、いわゆる「三次合宿」が始まった。リードデザイナーの南澤に加えて椿貴記（ツバキ・タカノリ）、淺野リードモデラーや山下瞬（ヤマシタ・シュン）モデラーが三次にこもり、プロポーションをすべて取り直した。

その作業は実にボディ全面に及んだ。設計活動が進んだこの段階で行なうことではなかったかも知れない。しかしチームは悔いを残したくなかったので、大改造を行う手筈を整えた。設計部門との調整を担当していた宮地は「どうやって設計部門に説明すればよいのか?」を必死に考えた。誰も妥協したくなかったからだ。

5月下旬、再び前田本部長を三次に呼び、完成したデザインモデルを見せた。

満面の笑みを見せてくれた。偶然、試乗会で三次に居合わせた山本主査も同席した。みんなで子供のようなスポーツカー談義が始まった。

そこにたまたま三次に来ていた藤原清志（フジワラ・キヨシ）常務執行役員も現れた。しばらくデザインモデルを見たあとで、一言、「惚れた!」と叫び、いつもの豪快な笑いを残して帰っていった。

2013年5月、NDロードスターのデザインが決まった瞬間である。見上げれば快晴の空が広がる、金曜日の午後の出来事である。

中山はそのまま三次から愛車のNAロードスターに乗って軽井沢を目指した。自身初めての"軽井沢ロードスターミーティング"に参加するために。

中山「ロードスターの魅力は、やはりオープンにしたときの開放感にあります。フロントスクリーン以外のすべての方向に、風を感じる生の景色が拡がり、その中を駆けぬける悦び。ロードスターならではのこの体験が、どのように昇華されたのかということも、実際にドライブすることで明らかになります。フロントフェンダーからボンネットへと流れてゆく特徴的なラインと、なだらかなふくらみを持つボンネットは、一体となって、外から見たときも魅惑的な表情で話しかけてきますが、オーナーとなってシートに収まったとき、また別の表情で語る言葉を持っていることに気づくことができます。雲や街路樹や、時には虹かもしれません。頭上に拡がるすべての景色は、進んでゆく路面を広く見渡すフロントスクリーン越しにボンネットの上を美しく揺れながら流れてきます。そしてAピラーをすり抜けて、ドアトリムにデザインしたボディ同色のパネルの上を滑り抜けるように、2人の肩越しに後方へと去ってゆきます。シートに座っていても、まるで自分のクルマを外から眺めているような感覚に包まれる感激が日常のものになります。もし雨が降っていて、幌を閉めなければならないときでも、雨粒の流れにドラマが感じられるような造形が、そこに隠されていることにハッとしてもらえるはずです」。

【折れを使わずボリュームの変化と映りこみで造形を魅せる】

走る歓びと同時に"見る歓び"も与えられるのがスポーツカーの伝統美だ。

そのことにこだわって造形をしてきたし、それを理解して設計者とも死にもの狂いの活動をしてきた。なので、面に一切の妥協はできない。淺野は部下の山下に激を飛ばした。師から愛弟子への伝承。「教えてもらうのではなく、盗め!」。これが淺野流だ。

淺野「職人の仕事は、教わるものじゃなくて、見て、真似して、盗むものなんだと思う。だから若い頃はたくさん失敗するし、どん底まで落ちることもある。それでも、自分で道を見つけて這い上がってくるくらいじゃないと職人にはなれ

キャラクターラインを用いず、リフレクション（反射）を活用して造形されている

CADシミュレーションでボディに縞模様を映り込ませる。ドアの真ん中近辺に水平気味の縞模様が見える

ない。けれどもそういう過程の中で、誰にも真似できない自分だけの何かが必ず見つかる。僕も、そうだったように」。

一方、川上哲治（カワカミ・テツジ）が担当したデジタルデータチームも、何度もクレイルームに足を運び、造形の粋を読み取ろうとしていた。淺野も逆に、データ作成画面を覗きに行っていた。

「どんなにボディが動いても、地平線はまっすぐに通す」。

淺野のこだわりだった。意図を理解していた川上は、それを実行する。

かくして、遠くから見れば強い塊と水平の軸を感じ、近くで見ると動きと美しい映りこみを持つ、神秘的なボディデザインができ上がった。2013年7月下旬、設計部門に引き渡す最終データの作成が始まった。

【日米混成チームにこだわる】

日本のマツダを表現するとはいえ、最大市場はアメリカ。アメリカ市場の意見は無視できない。

彼らの意向を反映する役割を担うMDAのデザイナーには、当初からチームに入ってもらいたいと考えた。しかし一方で、純クリエイティブな理由として、「本社デザイナーだけでアイデアが縮こまらないように」海外のデザイナーを常にインボルブしたいとも考えていた。また、そうすることで、お互いの勉強にもなり、将来のキャリアに役立つことも分かっていた。

幸いにも Julien は日本での長期滞在を苦とせず、チームに溶け込む柔軟な人間性を備えていることは、彼のこれまでの仕事ぶりから分かっていたので、彼には何度も日本に来てもらった。言葉やデザインテイストは違うが、チームの良い刺激になってくれた。彼と一緒に仕事をした藤川新平（フジカワ・シンペイ）は、その後 MDA に赴任することとなり、彼の下で働いている。これもロードスターが結びつけた縁かも知れない。

8. デザインサミット 2013.2

議題はインテリアの造形と、全体のカラーコーディネーション。既にお約束となっていたが、カラー＆マテリアルのプレゼンテーションも、クレイモデルの置かれた隣で行なった。徹頭徹尾、内・外・色の境界をつくらないための工夫だ。谷口が説明をした。もはや異論など出ようはずもない質の高いプレゼンテーションとなった。

2013年2月のデザインサミットで、ステアリングホイール説明をする中山雅

インテリアの造形を確認。カラー&マテリアルのプレゼンテーションもここで実施された

9. インテリアデザインの熟成
【スポーツカーに相応しいステアリングホイール】

　スポーツカー、いやライトウェイトスポーツに相応しい軽快なステアリングホイールを目指し、新型ロードスターでは部品の新設が認められた。径（366mm）と細身のグリップは設計チームから提示があったが、スポーク形状を始めとした全体のアピアランスは、（当然のことながら）デザインチームに委ねられた。

　小川 「それと今回、ステアリングやシフトノブを専用で新作しました。"握りもの"なので、手に自然に馴染む形状になるまで徹底的につくり込んでいます。加えて"テストドライバーの評価"もしっかり取り入れてデザインしています。シフトノブのモデルはサイズ違いで10個ぐらい試作しましたね」。

　基本のコンセプトは"ひと手間感"と"精緻感"。一言で言ってしまえば本物感である。まず、センターのエアバッグ部分は世界最小レベルのコンパクトサイズを目指した。展開すると円形に膨らむエアバッグを極小に畳むためには、本体が円形になるのが原理原則だ。スポークは視覚的に"構造体"をイメージできるようにし、人間の心理的な期待感に応えるデザインとした。9時3時のスポーク太さは極細にして握りを邪魔しないものにした。対して6時スポークはそれにバランスされる適切な太さとした。富士山を見て誰もが感じる"美的バランス"のような、感覚的な黄金比につくったつもりだ。

　小川 「デザイナーとしては、ついついグリップを太くしたいとか、フィンガーレストを大きくしたいと考えがちなのですが、このクルマのダイナミック性能に

ステアリングホイールの基本コンセプトは「ひと手間感」と「精緻感」で、ライトウェイトスポーツにふさわしい形状を目指した

デザイン開発の最終段階で、革シートの表皮を持って説明する谷口弘輔

中央に縦方向だけのステッチが入るシート

マッチしたデザインにしないとギミックになってしまう。試作車を運転させてもらって、"ああ、こんな軽い感じでコーナリングできるんだ"と納得した上で、デザインを決めました」。

スポークに収まるスイッチ類は、操舵時に誤操作を招きにくいように凹形状にした。

【軽やかで包まれ感のあるシート】

シートを担当した前川光明(マエカワ・ミツアキ)は、カラー&トリム担当の谷口と協働してデザインを行なった。今回のシートの特徴はなんといってもネットシートであるが、振動吸収や耐圧分布に優れる反面、表面には通常シートのような"引き込み"形状がつくれず、トラディショナルな立体表現はできないことが分かっていた。

そこで、基本シェイプの美しさを最大限に引き出すことと、縫製パターンによって新さを表現することにした。

岡村「実は13年のミラノ・サローネに魂動をテーマにしたイスを出品したのですが、そこにこういうステッチを使っていたんです。それを今回のシートにも採用したい。ところが手縫いならともかく、量産できるようなミシンはないと言われてしまって……。いや、世界のどこかにあるだろう? 設計部門を通じてミシンを探してもらって、なんとか実現できました」。

また、インテリア全体との調和を創り上げるため、シートもクレイモデルでデザインを煮詰めた。その際は、縫い継ぎの表情までもクレイで再現し、デザインとして"やりたい姿"を造り込んでいった。このシートは、内田佳奈(ウチダ・カナ)モデラーの執念の作である。

【薄く軽いインパネを創る】

今日の自動車インテリアでは、主に衝突安全の法規対応と、HMIやエンタメのデバイス配置、様々な収納スペースを確

インパネ上面を低くし、グローブボックスを設定しないことで、広く開放感のある空間を追求した。座席に座るのはデザイン本部長の前田育男

2013年12月4日のデザインサミットで最終デザインのお披露目が行なわれた

海外拠点のデザインダイレクターがデザインサミットで一同に集まった

保していく中で、インストルメントパネルのボリュームは、昔の車に比べてどんどん肥大して行く一方である。これは本当にお客様の希望を叶えているのだろうか？ 作り手の都合を押し付けていないだろうか？ 当初の"空間コンセプト"で、薄く軽い空間をつくろうと決めていたので、それを阻害する要因に徹底的にメスを入れることにした。この車にはグローブボックスを敢えて設定していない。その、ほんの少しの勇気を持つことで、助手席足元空間は劇的に広くなり、インパネ上面にも低く開放感あふれる空間が実現した。エンジニアとの折衝を担当した鶴見則昭（ツルミ・ノリアキ）が一切の妥協を排した結果だ。鶴見、小川、これまで幾車種となく担当したインテリアデザインのノウハウの、粋を極めた作品と言っても過言ではない。

10. デザインサミット 2013.12

2013年12月4日、デザインサミットで海外拠点のデザインダイレクターが集まった。新しくヨーロッパのダイレクターに就いた Kevin Rice も初めて参加したこのイベントで、最終デザインモデルをお披露目した。

もはや何かを説明する必要はないので、少しドラマティックに演出してアンベールした。参加したメンバーの拍手と笑顔が全てを物語っていた。エクステリアデザインを競い合ったアメリカスタジオの Derek Jenkins が寄ってきて握手を求めた。

「おめでとう。あなたのセレクトは正しかった。グローバルレベルでリーディングエッジのデザインだと思う」。

本当の意味でデザインが一案化され、マツダデザインチームが一体となった瞬間だった。

■ワールドプレミア2014.9

2014年9月4日、中山は、会場につめかけた1,000人を超える日本のファンの歓声に迎えられる新型ロードスターの姿を舞台の袖から見つめていた。

中山「新型ロードスターのすべての造形には、永く所有していただく中で、いつか気づいてくれればいいと思えることまで込められています。けれどもそれらは、トレンドを追いかけたり、アバンギャルドに走るというような安直な手法ではなく、ロードスターとしての心を最大限に引き出すという発想にのみ基づいて生まれてきた姿なんです。ぜひ、皆さんにお伝えしておきたいことがあります。それは、私自身がロードスターをこよなく愛している、ひとりのオーナーだということです。私には、これまでロードスターが築いてきた物語を軽んじたり、裏切ったりする理由など、微塵もないのですから」。

中山「初恋を断ち切る、それほどの鮮烈な出逢いであってほしい。それが新しいロードスターに込めた、デザインのテーマです。つまり、今でもロードスターの顔として多くの人の心に刻み込まれている初代ロードスターへ注がれている愛の意味を、深く理解するということです。例えば3世代にわたって継承されてきた丸形のサイドマーカーの意匠を変更しました。初代がそうであるから同じにしなければならない、ということよりも、こ

生産型のエクステリア。ボンネットのラインがドライバーの正面にまっすぐに伸び、クルマの挙動の把握を楽なものとしている

の先の20年を出逢ったときの新鮮なトキメキのまま共に過ごしてゆける普遍性こそ尊ばれるべきです。なぜならば、そのような価値感こそが、ロードスターに連綿と受け継がれている心なんです。世界中のファンが抱いてくださるロードスターへの愛を守るために、変える。そのような思いで採用したディテールが全身に散りばめられている。それが新型ロードスターなんです」。

「内外一体」のコンセプトのもと完成したドアトリム

生産型のインテリア。インパネを低く配置するなどして実現した"薄く軽い空間"。シートはネット上に表皮を重ねる構造で、振動吸収などに優れる

<資料協力>　マツダ株式会社
<資料出典>　『New Roadster Design Development Story』(マツダ株式会社)　『ロードスターの達人』(山口宗久著　マツダ株式会社)
<参考資料>　『モーターファン別冊　ニューモデル速報第516弾　新型ロードスターのすべて』(三栄書房)

はじめに

　私は今日に至るまでにいくつもの夢を抱き続けてきた。その最初の夢は 1973 年 3 月 26 日に広島の東洋工業株式会社（現マツダ）に入社し、希望するロータリーエンジン研究部に所属が決まったことで叶えられた。その後 22 年の間、初代の SA RX-7 に始まり、2 代目の FC RX-7、そしてレース用ロータリーエンジン（RE）の開発、3 代目となる FD RX-7 の開発に従事した。

　FD RX-7 の開発が終了した時点で、2 代目となる NB ロードスターの開発を担当することになった。その後、NC ロードスター、ND ロードスターの 3 代にわたる開発を担当することになる。当時 FD RX-7 の開発とタイミングが重なっていた初代の NA ロードスターについては、4 代目となる ND ロードスターの開発を終えてからレストアサービス事業を行うこととなり、開発過程や構造などを改めて学び直す機会を得ることができた。こうして 4 世代続いてきたロードスターのすべてを知ることができたのである。

　今、振り返ってみると、私はロードスターを 28 年間担当したことになる。マツダを代表する 3 世代の RX-7 と 4 世代のロードスターに従事してきたことは、私にとって大きな喜びであり、同時に誇りに思うところである。

　ロードスターは、今日のマツダ車を代表するブランドアイコニックカーとして「走る歓び」を体現するモデルであり、「人馬一体」という全車の基盤となる提供価値の基盤を構築したモデルである。また、クルマが本来持つ移動する道具としての製品価値に留まらず、世界中で行われているファンミーティングに見られるように、人と人を繋げて笑顔を量産し、さらに皆さんがカーライフを通じて人生を楽しむことに貢献するという稀有な特徴をもった存在となっているのである。

　御存知の方も多いと思うが、私は ND ロードスターの開発においては、開発主査という開発責任者の役割を任せていただいた。

　2007 年に主査を拝命してからの道のりは多難だった。開発途中で遭遇したリーマンショックでのチーム解散も経験した。ありたい姿を描き、高い目標を実現するために幾多の壁にぶつかりながら、開発チームのメンバーと一緒に NA ロードスターの「志」に原点回帰し、軽量コンパクトで世界一の性能を有するだけでなく、その先を目指して「感」づくりを命題とし、チーム力を結集する「共創」の取り組みを行ってきたのである。

　そして、ND ロードスターは通常より長い 8 年という歳月をかけて開発され、2015 年に皆さんにお届けすることができた。私は ND ロードスターがどのような経過で誕生したのか、その間の開発の中で何を目指し、どのように取り組んできたのかをファンの皆さんにも知っていただきたいと思っていた。本書では、主査として開発のど真ん中で取り組んできたさまざまな内容を、これまで明かされなかったエピソードや取り組みなどで紹介してゆきたいと思う。そして、この本がロードスターファンの皆さん、マツダファンの皆さん、さらにスポーツカーファンの皆さまの心に響く一冊になれば幸いである。

山本修弘

ロードスターの「志」

1983年末、私はドイツのBMWから北米マツダへ転職してきました。その当時、山本健一社長が提言されていたのが "感性エンジニアリング" という考え方です。この考え方を企業戦略の一つの柱として位置付けたデザイン戦略（哲学）を構築し、デザインの立場からブランドの視覚上の認知度確保を目標に据えて開発されたのが、1989年に発売されたNAロードスターです。

その後、NCロードスターの開発初期段階に、私自身はサンフランシスコの美術大学の工業デザイン学部長に就任し、約20年にわたるロードスターの内部関係者としての立場から離れることになりました。

そんなある日、マツダのデザイン部の後輩から電話があり、NDロードスターの開発プロジェクトがスタートすることを聞かされ、「何か想いがあれば教えて欲しい」と問われたのです。私は、「走る、曲がる、止まる」のが楽しいクルマであること、3代目までのロードスターの中に置いても違和感のないクルマであること、夜、寝る前にそっと「お休み」と思わず声をかけたくなるクルマにして欲しいことの3つを伝えました。

その後、主査の山本修弘さんと会うチャンスがあり、確固たる決意と情熱をもって "守るために変えていく" という考え方を語られ、4代目も上手く育てていってくれると確認できたことを覚えています。

NDロードスターの開発、市場導入、育成を成功裡に達成されて、主査からロードスターアンバサダーとなって以降も、4世代にわたる、世界的にも大切な自動車文化財産となったロードスターの「志」（思想や文化）の継続発展に尽力されている山本さんの姿を見ていると、NAロードスター開発時の一員として頼もしい限りです。

私自身も次の30年への橋渡しに向け、ロードスターの「志」の維持発展をサポートできるように、世界各地でのロードスター・イベントや、30歳以下の若いロードスター愛好家の集まりに積極的に参加しています。

NAロードスターの開発において、プロジェクトの「志」をコンセプトとして提案し、先行デザイン開発に関わった者として、誕生35周年という記念の年に、開発担当者みずからがこのような本を出版されることを非常にうれしく思い、心からお祝い申し上げます。

Always Inspired

Tom Matano
（トム 俣野）

サンフランシスコ・アカデミー・オブ・アート大学工業デザイン学部エグゼクティブディレクター
マツダ株式会社 元デザイン本部チーフデザイナーグループ兼グローバルアドバンスデザイン担当 エグゼクティブディレクター

「原点」に無事帰還できたNDロードスター

ND ロードスター。このクルマは私の最後の愛車である。この愛車に乗れなくなる時は、私のクルマ人生が終焉を迎えるときだと考えている。

その ND ロードスターの開発では、多くの市場データによる常識的な考えとは異なる道をあえて選択し挑戦した。開発過程ではさまざまな出来事が存在したが、最初に決めた「原点へ戻ろう」「軽い車体、小さなエンジン、だれもがしあわせになる車に戻そう」という考え方こそがすべてであり、今の ND ロードスターの存在への最大の貢献だ。

この挑戦を開発メンバーとともに戦えたこと、それを最後まで支援し続けることができたことが私の誇りであり、このクルマを愛車にしている理由でもある。

2018 年、私はあるインタビューで「ロードスターはみんなのもので、マツダのものではない」と発言したことがある。

それは、日本のみならず世界各地で自主的に開催されるファンミーティングを見ていればわかる。ロードスター愛好者同志が、お互いを、お互いのロードスターを認めあう姿しかない。そして、平和なのだ。他者を受け入れ、相互にリスペクトする心の大きさ、豊かさこそがロードスタースピリッツだと信じている。そしてこのスピリッツがこのクルマをつくり続けさせてくれるのだ。

そんなクルマをつくり続けない理由は、マツダには存在しない。つくり続けるための挑戦だけが存在するのである。それこそが、誕生から 35 年経過した今でも絶えることなく継続し改良を加え、つくり続けていける理由なのである。

この本は、開発責任者の記録として書かれているが、その文章の裏には、ここまで支えてくれたファン、支援し続けてくれたショップやサービスエンジニアの方々、部品を供給し続けてくれたサプライヤーの方々、支援し続けてくれたメディアの方々などの志と想いが存在している。このことを決して忘れてはいけない。

次の世代へ継承するための「原点」に無事帰還できた ND ロードスター。私は感謝と共に、挑戦し続ける素晴らしい生き方を受け継ぐ後輩たちに期待したい。同時に、この本の記録を多くの方々に読んでいただければと願うのである。

藤原 清志
合同会社 Office F Vision 代表
マツダ株式会社 元代表取締役副社長執行役員 兼 COO

編集部より

自動車歴史関係書を刊行する弊社の考え

日本において、自動車（四輪・二輪・三輪）産業が戦後の経済・国の発展に大きく貢献してきたことは、広く知られています。特に輸出に関しては、現在もなお重要な位置を占める基幹産業の筆頭であると、弊社に考えております。

国内には自動車（乗用車）メーカーは 8 社（うちホンダとスズキは二輪車も生産）、トラックメーカーは 4 社、オートバイメーカーは 4 社もあり、世界でも稀有なメーカー数です。日本の輸出金額の中でも自動車関連は常にトップクラスでありますが、自動車やオートバイは輸出先国などでも現地生産しており、他国への経済貢献もしている重要な産業であると言えます。

自動車の歴史をみると、最初の 4 サイクルエンジンも自動車の基本形も、19 世紀末に欧州で完成し、その後スポーツカーレースなども、同じく欧州で発展してきました。またアメリカのヘンリー・フォード氏によって自動車が大量生産されたことで、より安価で身近な道具になった自動車は、第二次世界大戦後もさらに大量生産されて各国に輸出され、全世界に普及していくことになります。

このように、100 年を越える長い自動車の歴史をもつ欧州や、自動車を世界に普及させてきた実績のある米国では、自動車関連の博物館も自動車の歴史を記した出版物も数多く存在しています。しかし、ここ半世紀で拡大してきた日本の自動車産業界では、事業の発展に重点が置かれてきたためか、過去の記録はほとんど残されていません。戦後、日本がその技術をもって自動車の信頼性や生産性、環境性能を飛躍的に向上させたのは紛れもない事実です。弊社では、このような実情を憂慮し、広く自動車の進化を担ってきた日本の自動車産業の足跡を正しく後世に残すために、自動車の歴史をまとめることといたしました。

自動車史料保存委員会の設立について

前記したとおり、日本は自動車が伝来し、その後日本人の自らの手で自動車が造られてからまもなく 100 年を迎えようとしています。日本も欧米に勝るとも劣らない歴史を歩んできたことは間違いなく、その間に造られたクルマやオートバイは、メーカー数も多いこともあり、膨大な車種と台数に及んでいます。

1989 年にトヨタ博物館が設立されてからは、自動車に関する様々な資料が、収集・保存されるようになりました。そして個人で収集・保管されてきた資料なども一部はトヨタ博物館に寄贈され、適切に保存されておりますが、それらの個人所有の全てを収館することは困難な状況です。私達はそうした事情を踏まえて、自動車史料保存委員会を 2005 年 4 月に発足いたしました。当会は個人もしくは会社が所有している資料の中で、寄贈あるいは安価で譲っていただけるものを史料・文献としてお預かりし、整理して保管することを活動の基本としています。またそれらの集められた歴史を示す史料を、適切な方法で発表することも活動の目的です。委員はすべて有志であり、自動車やオートバイ等を愛し、史料保存の重要性を理解するメンバーで構成されています。

カタログを転載する理由

弊社では、歴史を残す目的により、当時の写真やカタログ、広告類を転載しております。実質的にひとつの時代、もしくはひとつの分野・車種などに関して、その変遷と正しい足跡を残すには、当時作成され、配布されたカタログ類などが最も的確な史料であります。史料の収録に際しては、製版や色調に関しては極力オリジナルの状態を再現し、記載されている解説文などに関しても、史料のひとつであると考え、記載内容が確認できるように努めております。弊社は、その考えによって書籍を企画し、編集作業を進めてきました。

また、弊社の刊行書は、写真やカタログ・広告類のみの構成ではなく、会社・メーカーや当該自動車の歴史や沿革を掲載し、解説しています。カタログや広告類［以下印刷物］は、それらの歴史を証明する史料になると考えます。

著作権・肖像権に対する配慮

ただし、編集部ではこうした印刷物の使用や転載に関しては、常に留意をしております。特に肖像権に関しましては、既にお亡くなりになった方や外国人の方などは、事前に転載使用のご承諾をいただくことは事実上困難なこともあり、そのため、該当する画像などに関しまして、画像処理を加えている史料もあります。史料は、当時のままに掲載することが最も大切なことであることは、十分に承知しております。しかし、弊社の主たる目的は自動車などの歴史を残すことでありますので、肖像権に対し配慮をしておりますことをご理解ください。

弊社刊行の書籍が、自動車関連の歴史に興味がある読者の皆様に適うことを願ってやみません。

三樹書房　編集部

■目　　次■

ND Roadster Design Development Story／2

はじめに／25
ロードスターの「志」　Tom Matano／26
「原点」に無事帰還できたNDロードスター　藤原清志／27

第1章　東洋工業入社からRX-7開発まで（1973年〜1995年）……31
第2章　NB・NCロードスターの開発（1996年〜2007年）……40
第3章　主査拝命……46
第4章　NDロードスターの開発＝ファーストステージ（2007年〜2009年）……64
第5章　NDロードスターの開発＝セカンドステージ（2009年〜2015年）……82
第6章　NDロードスター開発での個別活動の紹介……123
第7章　NDロードスターの市場導入＝サードステージ（2014年〜2017年）……174

カタログでたどる4代目（ND型）マツダロードスター　當摩節夫／205

第8章　主査からロードスターアンバサダーへ……237
第9章　「守るために変えていく」……255

資料　"12 Stories in 4 Generations"／258　「志ブック」に寄稿したマツダの仲間たち／263

グローバル地域別累計販売台数／264
グローバル累計生産台数／265
受賞歴／265

おわりに／266

本書を読んでいただく前にお伝えしたいこと

　この本は、NDロードスター/MX-5の開発主査を務め、多くの技術者のトップとして開発責任者を担当された山本修弘氏ご自身が綿密に書き残されていた「開発ノート」をもとにまとめられました。その内容は、技術分野における開発史ではなく、世界で最も生産されているオープンタイプのライトウェイトスポーツであり、世界でも稀な存在であるマツダの4代目となるNDロードスター/MX-5を開発するにあたって、山本氏がどのように考え、どのように取り組んだのか、そして大勢の開発陣をいかに導いていったのかを時系列に描いたものです。また、NDロードスター発売の1年後にデビューしたロードスター/MX-5 RFの開発にも触れています。また、NDロードスター/MX-5の世界導入後にロードスターアンバサダーに就任した山本氏が、各国の関係者やファンとの交流を通じて、いかにしてロードスター/MX-5というクルマを育み、その普及に取り組んでいったのかも「開発ノート」同様に残された克明な記録から、その一端を紹介しています。

　尚、本書は山本氏による「開発ノート」の記録を忠実に伝えるという編集方針でまとめたため、人名もフルネームで記載し、所属していた部署名なども当時のマツダの社内略号表記のままとしています。その他の事象に関しても、書かれた当時の記述であることをご承知おきください。

編集部

本書の刊行までの経過

　私が山本修弘氏と初めてお会いしたのは、2005年7月につくばで催された3代目のNCロードスターの試乗会の時でした。その際に開発副主査として、私の質問に対して丁寧に説明してくれた山本氏の魅力的な人柄が強く印象に残りました。

　その後、2014年9月に世界同時発表された4代目となる新型NDロードスターの発表会（ワールドプレミア）に、マツダRX-7の開発主査などを担当された小早川隆治氏に同行して出席していた私は、マツダの関係者ブースにおいて再び山本氏とお会いする機会を得ました。

　この発表会は、山本氏によるプレゼンテーションも含めて素晴らしいイベントでした。この時に私は、山本氏に協力をいただいて、この4代目となるロードスターの開発に関する記録を一冊の書籍としてまとめておきたいと思ったのです。

　このことは、その後の発表会などで山本氏とお会いした際に、私からの要望としてお伝えしていたのですが、山本氏はロードスターアンバサダーとして多忙であり、なかなか具体化することができずにいました。そうしていたところ、2023年1月に山本氏から連絡をいただけ、すぐに弊社編集室でお目にかかることになり、山本氏からご提供いただいた資料ファイルを参考にして、NDロードスターの開発に関する書籍を検討することになりました。そして同年2月には横浜で2回にわたり山本氏とお会いし、ご要望も含めて、どのようなコンセプトで書籍をまとめていくかなどを具体的に相談させていただきました。このようにして山本氏の「開発ノート」をベースとした本書がまとめられることになったのです。

　その後、「開発ノート」をもとに山本氏によって執筆が始まり、各章ごとに収録する写真や図版の選択を並行して編集作業を進めていきました。本書に数多く収録された写真や図版に関しては、主に山本氏ご自身から本書への転載許諾の問い合わせをしていただきました。その問い合わせ先は日本国内のみならず欧米などの海外に及んでいます。多くの個人の方々、会社や団体などからは転載に対するご了解をいただくことができましたが、ご返答をいただけなかった写真・図版などに関しては、著作権や肖像権に配慮して掲載を中止しています。編集部に原稿が届いた後の編集・製作期間は7カ月に及びますが、この間こちらからの依頼や問い合わせなどに対して、山本氏は常に速やかにかつ適確に対応していただき、内容面でのさらなる充実が図れたと考えております。本書を企画し、山本氏に執筆をお願いした私としては、ロードスターの本質的な面まで著された内容は、NDロードスターのファンのみならず、歴代のロードスターのファンの方々にも読んでいただければ幸いです。

　最後になりますが、本書に素晴らしい序文を寄せてくださったトム俣野様と藤原清志様、弊社からの一部引用と転載のお願いに対して、快くご了解くださった松永大演様、山口宗久様、AUTOCAR JAPANの佐藤悠太様に心より御礼を申し上げます。ありがとうございました。

小林謙一

第1章　東洋工業入社からRX-7開発まで (1973年～1995年)

　私は1973年3月に高知工業高校から東洋工業株式会社へ入社を果たした。私がどうして広島の東洋工業へ就職することになったのか、どのような業務を経てNDロードスターの開発主査となったのかをまずは知っていただきたいと思う。

■ 原体験と東洋工業への入社

　私はオートバイにまたがって風を感じた原体験がある。それは、私が小学校2年生の頃だった。近所のお兄さんに頼んでオートバイに乗せてもらった。オートバイの燃料タンクの上にまたがってハンドルをもっていた。そうすると風が顔に"ばんばん"当たり、風を感じて走る原体験となったのである。私の家は農家だったのでまわりには、耕耘機やトラクター、軽トラックなどクルマがたくさんあった。このような環境の中で機械に興味を持ち、動くものへのあこがれが膨らんでいったのである。
　このオートバイに乗って風を切って走った原体験が、私がマツダに入ってオープンカーのロードスターを開発することのきっかけになっていたのかも知れないと思っている。
　そして、私の人生の方向を決めることになるロータリーエンジン（RE）との出会いがあった。
　私は中学校2年生のときに広島の自動車メーカーがREを開発したというニュースを知った。ファミリアロータリークーペがとてもカッコよく、5連メーターが並ぶ運転席は憧れだった。夏休みの宿題にファミリアロータリークーペのスケッチを描いて出したことを今でも覚えている。そうした出会いによって私は「将来REを開発しよう」、「REを搭載したクルマを開発しよう」と心に決めたのである。そうした思いから高校は、工業高校を選んだ。そして、故郷の土佐清水市からは約170km離れた高知市内にある高知工業高校を受験し、3年間下宿生活を送った。
　高校ではサッカーに夢中になった。私は高校からサッカーを始めたのでキックもヘディングも他の同級生よりも下手だったが、走力が少し長けていたのでそれを武器に3年生で何とかレギュラーになることができた。チームが強かったので四国大会で優勝しインターハイや国体へも行くことができた。
　目標を達成するには、それぞれの選手がそれぞれのポジションでの役割と責任を全うすることが大切なのだという、チームワークの重要性をサッカーを通じて学んだと思う。この経験は会社生活でも同じだと後で知ることになった。
　私は、REを開発するという夢を実現するためには、東洋工業へ入社しなければならなかった。高知工業高校には東洋工業の技術部門への推薦枠が毎年1名分あったこともあり、すでに先輩が東洋工業へ入社している実績があったので、私もその推薦枠を獲得できるように先生に希望を伝えた。
　ところが、バレー部のキャプテンで親友でもある和田堅一さんも東洋工業を希望しているということを知り、私は彼と話をした。そして東洋工業に行き、どうしてもREの開発がやりたいという胸の内を明かして、推薦枠を譲ってもらったのである。今でも本当に彼には感謝している。彼は日立製作所に入社したのであるが、後に私がREの開発をしている時に、キャブレター設計者となった彼と再び出会うことができたのである。それは運命のめぐり合わせとなった。

■ 希望が叶ってRE研究部への配属が決まる

　東洋工業への入社試験は一泊二日の合宿研修だった。研修での合格通知を受けて翌年の1973年3月26日、私は東洋工業に入社した。そして社会人としての寮生活も始まった。寮は同期入社の同僚との相部屋で、朝

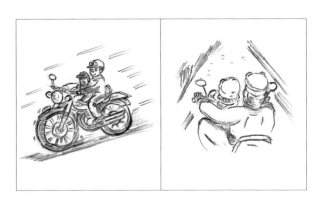

小学校2年生の時、私の原体験となったオートバイで風を感じたときのイメージ。

夕の食事と温泉のような大きなお風呂、隣の敷地には会社のプールもあった。寮の先輩の指導で、新入社員は毎朝近くの山にランニングするのが日課になった。入社後は新入社員の6ヵ月間の現場実習が待っていた。私は"2 購買検査課"というサプライヤーさんからの部品を受入検査する職場に配属された。ここでノギス、マイクロメーター、インサイドゲージや定盤でのギヤ類の精密検査や、ガス溶接・アーク溶接などの講習も受けることができた。この頃の職場は職長さんの元で皆が家族のように仕事をしていたように思えた。

毎月25日は給料日で、当時は午後から封筒に入った給料袋を受け取り14時で退社した。しかし現金給与はやがて銀行振り込みとなり、給料日も定時の17時45分までの勤務へと変化していった。

6ヵ月の現場実習を終えて9月末にいよいよ本職場が決まる日がきた。講堂に集まった1973年入社の高卒技術系新入社員は、たぶん100人ぐらいはいたと思う。私はどうしてもロータリーエンジン（RE）研究部に行きたくて、希望する職場を合宿審査の時から声を出してアピールを行っていた。また、高知工業高校の卒業記念冊子に東洋工業へ行ってREを開発したいことを投稿し、RE研究部に配属されていた高知工業高校の先輩にもアピールしたことを覚えている。私の希望通り、講堂での配属先決定ではRE研究部に配属が決まった。その時は本当に嬉しかった。そして、配属先のRE研究部に最初に行ったときは、高校の先輩である野島信隆さんから「おめでとう」と言葉をかけていただいたことも覚えている。また、学校の一つ先輩で設計部の内装設計課

希望したRE研究部の設計室の様子。製図版が私の仕事場だった。

にいた岩本淳さんからも、「わからないことは何でも聞けよ」と励ましの言葉をいただいた。岩本さんとはおなじ寮でもあったので公私ともに大変お世話になった先輩であった。

このようにして、私の東洋工業でのエンジニア人生は念願だったRE研究部RE第一設計課から始まったのである。

■ 世界一への挑戦

REの研究・開発にはお手本がなく、自分たちがやるしかない活動であった。それは試行錯誤で失敗の繰り返しというとても厳しい開発活動だったが、反面やりがいがあった。新しいことを発見するため、現状の課題を解決する新しいアイデアを出し、実験・克服する活動が続いたのである。社内でのロータリーエンジン開発の実験レポートである『事実速報』を寮に持ち帰って、何日も

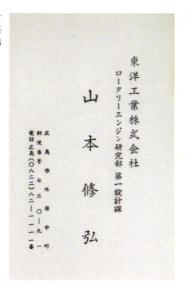

ロータリーエンジン研究部　第一設計課と記された初めての名刺。裏面は英語でROTARY ENGINE DESIGNING SECTIONと書かれていた。

何日もかかって読み続けることもあった。新入社員当時はウォーターポンプやラジエターなどの冷却系の設計グループに配属されたが、一年くらい経過してからは先行開発チームに変わり、灯油エンジンや吸気ポートのアドバンス開発が担当となり、ローターハウジングやローターなどRE本体の設計を行うようになった。

当時、同じ設計課にレース用エンジンを担当するチームがあり、若い人を補充したいという誘いがあった。私はレース用REの開発を担当したいと課長に嘆願書を出し、希望が叶ってついにレース用RE設計担当になることができたのである。「よし、ここでレース用としてのパワーと耐久信頼性をアップして、REの凄さを世界にアピールしよう」と大いにモチベーションを高めたことを覚えている。

しかし、現場では実研担当チーフの松浦国夫さんから、「山本はレースを知らんよのう」と言われたことがとても悔しかった。それに奮起した私は静岡県の富士スピードウェイにマイカーを飛ばし、当時ワークスサポートしていた富士グランチャンピオンレースを観戦しに行ったのである。デザイン本部の先輩である小野隆さんと一緒にマイカーだったカペラロータリーの後席のシートを外してモンキーを積み込み、富士スピードウェイまで二人で一緒に出かけたのであった。金曜日の会社が終わって2号線を岡山まで走り、佐用ICから中国道経由で中間地点となる琵琶湖SAまで飛ばした。小休憩の後、名神高速・東名高速を走り、御殿場ICからワークスチームが宿泊する富士スピードウェイ近くの長田屋へ着いたのは明け方となった。

ワークスチームの皆さんと一緒に朝食をいただき、土曜日の予選に向けてチームメンバーと一緒にサーキットへ出かけた。日曜日のレースが終わると、広島に向けて帰路に就いたのである。御殿場ICまでの道が渋滞するので急がば廻れの抜け道を教えてもらい、御殿場ICから東名高速・名神高速・中国道と約800kmをひた走り、月曜日の朝広島へ到着。寮で1時間程度仮眠のあと出勤するという一泊三日の富士ツアーであった。富士スピードウェイで開催されたグランチャンピオンレース3戦及び耐久レース2戦にすべて参加し、片山義美さん、従野孝司さん、そしてチームのメカニックの皆さんと富士スピードウェイ西門近くの長田屋で寝食をともにしたことでチームの信頼も得ることができた。

1977年のF-1日本グランプリも愛車のカペラロータリーで観戦に行き、富士スピードウェイは身近な存在となっていた。その後は、初代となるサバンナRX-7（SA RX-7）の導入に備えアメリカでのレース参戦が計画され、デイトナ24時間耐久レースに向けたエンジン開発が始まったのである。

その結果、1979年のデイトナ24時間レースでのGTUクラス優勝を契機に、SA RX-7のアメリカでのレース活動が大きく展開していったのである。

1981年、私が26歳のとき最初の海外出張のチャンスが訪れた。自動車レースの世界最高峰レースといわれるフランスのル・マン24時間耐久レースへの出張であった。上司の柴中顕さんの強い支援を得て、2台のRX-7 253で出場する東京のマツダスピードチームと一緒のメンバーとして参加した。2台のRX-7 253はイギリス人ドライバーチームがトム・ウオーキンショー、ウイン・パーシー、ピーター・ラベット、そして日本人チームは寺田陽次郎、生沢徹、鮒子田寛であった。レースは予選通過はしたものの、決勝では駆動系のトラブルで残念だがリタイヤとなった。

しかしながら、ル・マンで日の丸を掲げて君が代を聞いたときは、自分たちが日本代表で来ているんだという誇りを感じた。そして、私はいつかはここで優勝したいという気持ちになったことを覚えている。

戦いが終わってル・マンを後にすることになったのだが、せっかくのヨーロッパ出張なのでこの機会にレース技術を勉強しようと、私は各方面にアポイントを取ってレーシングチームやチューニングショップを訪問することにした。

最初の訪問地はイギリスのエンジンチューナーであるブライアン・ハートチームだった。ここはル・マンで同じチームメンバーだったトム・ウオーキンショーがアポイントを取ってくれた。トム・ウオーキンショーのガ

1981年6月 ル・マン24耐久レースにマツダスピードチームメンバーとして参加した。トム・ウオーキンショーチームのメカニックとマツダスピードの田知本守さん、マツダの小方和男さん。

第1章 東洋工業入社からRX-7開発まで（1973年〜1995年） 33

翌年の1979年デイトナ24時間耐久レースに向けて富士スピードウエイで走行テストを実施中。私はRE設計エンジニアとしてテストに同行した。

デイトナ24時間耐久レースに向けて富士スピードウェイでの走行テスト風景とチームメンバー。その日は雪が降って寒い日であった。

1978年富士GCレースのスターティンググリッド。インサイド（左）は13B RE搭載の従野孝司選手。その後ろには同じく13BRE搭載の片山義美選手が続く。アウトサイド（右）はライバルのBMWエンジン搭載の星野一義選手。

富士スピードウェイのピット裏から富士GCレース観戦中。私の左隣は同行したRE研究部の河内さん。背中を向けているのはRE実研の松浦国夫さん。腕にはREサービスの腕章を付け、REユーザーサービスを行っていた。

富士GCレースと同時開催のツーリングカーレースのスターティンググリッド。メインスタンドはたくさんのお客様で一杯だった。クルマは13BRE搭載のSA RX-7。

GC観戦にはマイカーのカペラロータリーで片道800kmを走行した。写真は山中湖ホテル前での記念写真。後ろは同僚の横倉恒利さん。

レージからヘリコプターで約30分弱飛んでブライアン・ハートの工場に到着した。初めてのヘリコプターはスリルがあった。私は空を飛ぶことにクルマとは全く違う面白さを感じた。ブライアン・ハートの工場では、当時F-2レースで活躍していたエンジンのルーカスの燃料噴射のセッティング技術を教えてもらうことが目的だった。マツダでもウェーバーキャブレターに代え、燃料噴射技術を開発しようとしており、構造がシンプルなルーカス式の機械式燃料噴射から開発を始めていたのである。ブライアン・ハートからはルーカスのセッティング技術については聞き出せなかったが、この時日本の技術力の強みがここにあるのだとブライアン・ハートのこんな言葉によって知らされた。それは、「私の工場には日本製の工作機がたくさんある。"AMADA"だ。日本のモータースポーツの技術力は高くないが、工作機の技術力は高い」との一言であった。

イギリスを後にした私は次にベルギーに飛んだ。ゾルダーサーキットでピエール・デュドネが参加するRX-7でのレースをマツダベルギーの広報マネージャーのウンベルト・ステファニーさんと一緒に観戦した。当時ヨーローッパのツーリングカー選手権では、トム・ウーキンショーチームのRX-7が活躍していたのである。ステファニーさんとはル・マンですっかり意気投合し、私がル・マンで使ったマツダスピードのユニフォームを彼にプレゼントし、代わりにチームベルギーのユニフォームをいただき、ベルギーでは彼の自宅も訪問させていただいた。その後も彼とはずっと交流を続けている。

ベルギーを後にした私はドイツのレバークーゼンにあるMMD(マツダドイツ)を訪問し、これからのヨーロッパでのラリー活動を任せる責任者を見極める会議に本社の広報室長と一緒に臨んだ。それまでトヨタチームで活躍していたA・バルンボルト氏のプレゼンテーションを聞いて、彼に今後のマツダのラリー活動を任せる決断に立ち会ったのである。

その後も私のチューニングショップ訪問は続いた。MMDの広報マネージャーのディットマーさんと一緒にベルギーからドイツにクルマでアウトバーンを移動して、アウディクワトロのロールバーを製作しているマターというショップを見学した。そしてマツダのバッジを外し、日本のメディアであると言ってオペルのワークスチームのショップを訪問し、アスコナ400ラリーカーの取材を実施した。ここでは「体験走行をするので横に乗れ」と言われ、ショップの周りの公道をすごいスピードで走行してアスコナ400ラリーカーの貴重な体験をすることができた。

ドイツ訪問でもう一つの楽しみだったのが、クレーマー・ポルシェの訪問である。ポルシェ935でツーリングカーの圧倒的な速さを呈していたクルマを製作していたクレーマー・ポルシェは、私の憧れだった。出迎えてくれたマンフレッド・クレーマーさんは真っ白いドクタースーツで、いかにもドイツのショップらしい精密さと誇りを感じるものだった。事務所の壁には日本の伊太利屋ポルシェ935と"はかま姿"の生沢徹さんの写真が飾られていた。隣のエンジンベンチでは轟音を響かせてエンジンテストが行われており、私が「何馬力ですか？」と尋ねると、「1000馬力くらいですかね」と答えてくれた。

当時、我々のREは300馬力がやっとの時であり、圧倒的な技術力の差を感じたことは強く心に残っている。クレーマー・ポルシェでは、これからアメリカでレース活動を展開したいというマツダの意向を伝えてアドバイスをお願いした。彼からは「アメリカは夢が開けるところだ。チャレンジを絶やさないことだ」という言葉をいただいたことは強く心に残っている。こうした経験が、その後の3ローター・4ローターREの開発に意欲を持つきっかけになったことは言うまでもなかった。

クレーマー・ポルシェ訪問の後、最後にミュンヘンのロバート・ボッシュ本社を訪問した。ボッシュ社のアポイントメント取得には、東京のロバート・ボッシュ・ジャパンにお世話になった。ミュンヘンのボッシュ社へはRE研究部で当時MME(マツダヨーロッパ)駐在だった加藤和夫さんと一緒に訪問した。目的は、機械式燃料噴射のボッシュ・クーゲルフィッシャーの過給圧コントロー

1981年のル・マン24時間耐久レースを終えて、イギリスのトム・ウオーキンショーチームのガレージを訪問した。その時にF-2エンジンチューナーのブライアン・ハートの工場を訪問した。向かって中央の私の右手にトム・ウオーキンショーさん、その横の青いツナギの方がブライアン・ハートさん。私の左はマツダUKのデービッド・パーマーさん、その隣は東洋工業ブリュッセル駐在の加藤さん。

第1章　東洋工業入社からRX-7開発まで(1973年～1995年)　35

クレーマー・ポルシェを訪問した時の写真といただいた名刺。

ル付きの図面とパーツの供給を受けることだった。出迎えていただいたエンジニアのフンメルさんから要領の説明と図面を入手することができたのである。その後ボッシュ・クーゲルフッシャーの燃料システムは、いくつかのテストを重ねたが、残念ながらロータリーターボの開発が上手くいかずに実践投入することはなく終了した。

ミュンヘンでの最終スケジュールを終えた私は、加藤さんとホテルで別れた後、ミュンヘンからヒースローへ、そして成田へとの一人旅となった。ドイツからイギリス経由での一人旅は、初めての海外出張の私には大きな不安でいっぱいだったが、何とか無事に帰国することができたのであった。この海外出張もまた、それからの私のエンジニア人生にとって大変貴重な経験となったことは言うまでもない。

その後もマツダは、マツダスピードと一緒にル・マンへの挑戦を続けた。そして、私たちの夢への大きな扉を開くきっかけが生まれたのである。

1989年に2年目となる4ローターREで臨んだレース終了後のチームミーティングが行われた時だった。ドライバーから「パワーがあと100PS、燃費が10%改善できたら来年は優勝できる」と提案が出されたのである。現場にいたマツダの商品開発本部長の達富康夫さんは、その場で「ヨシ、やろう！」と約束したのである。

「ル・マンで勝つ」という目標を掲げた達富さんの指示を受け、当時のパワートレイン開発部を中心としたタスク活動が始まった。私も事務局メンバー、そしてタスクメンバーとして招聘された。事務局の仕事はエンジンの目標設定と、目標実現のための実行計画の策定と推進であった。現状の出力である630PSから、出力アップの目標設定が行われた。出力目標は100PSアップの730PS、燃費は10%アップであったが、タスクチームの挑戦目標は出力800PS、燃費20%アップとし、戦略と技術アイデアの知恵を出したのである。これまで「できない」と思われてきたことを「できる」にするために、もう一歩高い目標を掲げ、ブレークスルーする取り組みを行ったのであった。エンジニアからはたくさんのアイデアが出てきた。チームのアイデアをまとめ、エンジン設計部長のレビューを得て承認をもらい、推進することを"死に物狂い"で行った。当時の資料はすべて手書きであった。私はそのアイデアをまとめてイメージコンセプトをつくった。そして大きな用紙にサインペンでエンジンの絵を描き、ボードに貼って説明したことを今も思い出す。

タスクの成果は目覚ましいものだった。パワーも燃費もこれまでできないと思われていた課題を次々に克服していった。そして700PSの4ローターR26Bエンジンが完成し、マツダ787に搭載され、REで挑戦できる最後の年となる1990年のル・マンに臨んだのであった。

しかし、結果はエンジンの耐久性が不十分で、エンジンが壊れリタイヤすることになった。パワーは達成していたが製造品質に問題があった。また、この年は湾岸戦争が始まったこともあり、フランスでの事前の耐久テストができないという準備不足があったこともリタイヤの要因になったように思える。

けれどもREでの挑戦の最終年が1991年にもう一年延長され、再び参戦の機会が与えられた。このことは大きな幸運だったと思う。マツダスピードチームはもう一度念入りに作戦を立てなおして、改良を重ねた787Bを準備して再挑戦することができた。そして、遂に1991年、ル・マン24時間耐久レースで日本車初の総合優勝を達成するという金字塔を成し遂げたのである。

ル・マン挑戦にかけてきたすべての人の夢は叶った。そして、とても誇りに思い関係者全員で歓びを分かち

合ったのである。私も10年前にル・マンで思ったことが実現でき、また一つ夢が叶ったと思った。

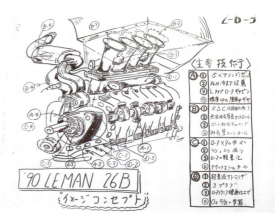

R26B 4ローターロータリーエンジン。

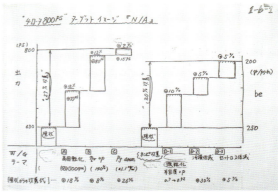

1990年ル・マン24時間レースに向けてプラス100PSと燃費改善に取り組んだル・マンタスク活動でのコンセプトイメージスケッチと目標設定シート。

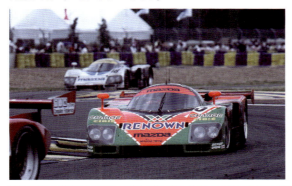

(写真左中)(写真下)1991年ル・マン24時間耐久レースでコースを疾走する2台のマツダ787B。手前は優勝した55号車、後ろは6位に入った18号車。

第1章　東洋工業入社からRX-7開発まで (1973年～1995年)　37

■ 商品開発の世界へ

① FC RX-7、FD RX-7 の開発

　私は、RE 設計でレース用 RE の屁発からエンジン本体の設計業務までを行った。初代の SA RX-7 ではアメリカ向けのデイトナ 24 時間耐久レース車の開発を担当し、2 代目の FC RX-7 では RE 本体の設計活動を行い、開発では 13B ターボで 185PS/7500rpm の性能開発に取り組んだ。FC シリーズの最終型となったアンフィニ 4 では、その出力を 215PS まで高め、トルクセンシング・リミテッド・デファレンシャルなどの開発を推進した。そして、3 代目となる FD RX-7 の開発では、主査の小早川隆治さんのもと車両開発リーダーを貴島孝雄さんが担当し、私は、RE のパワートレイン＆ドライブトレイン開発を担当した。

　その FD RX-7 のデビューがマツダ 787B のル・マン総合優勝と同じ 1991 年になったのだ。FD RX-7 にとって、マツダ 787B の優勝は、RE の雄姿をイメージアップさせるのに大いに貢献した。カタログではマツダ 787B と並ぶ姿が、アンフィニブランドとして発売されたロータリー専用車の FD RX-7 を際立たせる存在となった。私は当時 FD RX-7 の 13B シーケンシャルツインターボエンジンの開発を柱として、新 5 速トランスミッション、大容量のプル式クラッチ、徹底した軽量化活動とエンジンレスポンスの改良を推進し「RE ピュアスポーツカー」FD RX-7 の開発に没頭したことを思い出す。

　しかし、量産を前にエンジンに問題が発生したのである。パイロット段階での走行試験で、検査チームからテストコース走行中に起きた問題を指摘された。それは、加速中に吸気のプライマリーからセカンダリーに切り替わるタイミングで、わずかに排気管から黒煙が発生するという指摘だった。そして、このままでは出荷はできず、その改良のために量産タイミングを遅らせるという全社品質会議での決定が下されたのである。会議の席でその決定を聞いたときは悔しくて涙が止まらなかった。

　開発推進者としてこのようなことは二度と起こさないと心に誓ったことを覚えている。その後、RE 設計と RE 実研チームは燃料噴射のプライマリーとセカンダリーのタイミングと噴射量を見直し、加速フィールが低下しないようにしながら黒煙も出ないという両立スペックを決定し、最小限の遅れでリカバリーを行ったのである。

　このように FD RX-7 の開発では、RE ならではのピュアスポーツをつくろうと RE の特長を生かしたクルマづくりに奮闘したこと、クルマとしてエンジンがどのような役割と責任を果たさなければならないか、クルマ全体の構造やメカニズムなど、多くの学びを得ることができた。あわせてホンダ NSX や日産スカイライン GT-R、トヨタスープラや三菱 GTO、ポルシェやムスタングなど、世界のスポーツカーをベンチマークとして試乗する機会を数多く得たことも自分の運転スキルアップや運動性能の勉強、その評価能力の向上に大いに役立ったように思える。

　そして、FD RX-7 の導入においては、多くのメディア対応や海外での導入イベントなどにも参加することになり、いろいろな知識や経験を得ることができた。特に、マツダ 787B がル・マン 24 時間耐久レースで優勝した年とタイミングが一致したため、レーシングテクノロジーと RE のアピールを効果的に行うことができたことを覚えている。その中でも本社の宇品地区のヘリポートで FD RX-7 とマツダ 787B とを並べて松任谷正隆さんと田辺憲一さんから取材を受けたカーグラフィック TV は良い思い出として記憶に残っている。また、西伊豆での FD RX-7 のメディア試乗会で、ポール・フレールさん、ジョン・ディンケルさん、ジャッキー・イクスさん、山口京一さん、寺田陽次郎さん、そして主査の小早川隆治さんや開発メンバーと一緒に過ごした時間は忘れられないものとなっている。

② ユーノス 800 の開発

　一方、5 チャンネル体制の拡販に挑むマツダは次々と新型車の開発を推し進めた。

　1993 年、FD RX-7 の開発が一段落した私は、次にユーノス 800 の開発推進の仕事に取り組むことになった。ユーノス 800 はユーノスブランドのさらなる発展を牽引すべく、C・D セグメントのカーカテゴリーでのプレミアム路線を担った高級車である。トヨタマーク II、三菱ディアマンテ、ホンダレジェンドなどを競合車とするクルマであり、マツダならではの V6・2.3 リッター、リショルムコンプレッサー過給のミラーサイクルエンジンを搭載した意欲的な商品であった。

　新開発のミラーサイクルエンジンは優れた燃費とコンプレッサー過給による豊かなトルクで、走りと燃費を両立させる新技術であった。しかし、開発は難航を極めた。ミラーサイクルゆえのバルブメカニズムにより圧縮圧力が上昇しないという課題がクローズアップした。加えて極低温時にエンジンが始動しないという問題が発生したのである。試行錯誤の結果、エンジン内部で何が起きているのかを直接確かめることにした。－ 35℃の低温室に入り、始動のメカニズムや燃料噴射の様子

を吸気ポートとプラグホールから燃焼室の内部をマイクロスコープで観察し、原因を特定することで解決の糸口を見つけることができたのである。問題解決に当たっては、現場現物で事象をつかむことが大切だということを改めて認識させられた開発となった。リショルムコンプレッサーからのコトコトという打音にも対策を行った。サプライヤーであった石川島播磨重工業のエンジニアとも試行錯誤を繰り返し、解決策を模索したことが今となっては懐かしく思える。

ユーノス800は数々の賞をいただいたが、その割にはクルマの販売は思うように伸びなかった。当時の商品本部副本部長の山本紘さんから「何とかせい」と言われ、その結果としてユーノス800からミレーニアという名前に変え、2.0リッターの普及グレードを追加することで、マークⅡグランデの対抗商品として、販売を伸ばすことができた。

新技術だけではクルマは売れない。つまり、技術が優れていてもクルマという商品価値がお客様のニーズと一致しなければいけないということである。私たちつくり手側の都合だけで商品を生んでも、そこにお客様がいなければ何にもならないということを学んだ。顧客が欲しいと望むような商品を生み出す力が欠けていたのであった。ユーノス800は、つくり手側からの提案だけでなく市場やお客様の希望を反映した提案が上手くバランスし、お客様の期待に応えるようなマーケティング戦略と商品対策を行うことの大切さを学んだクルマだった。

私がエンジン開発に携わった3台のRE（ロータリーエンジン）搭載車。正面はFD RX-7、右奥はFC RX-7、右手前が1991年ル・マン24時間レース優勝車マツダ787B。

2.0リッターエンジン搭載のミレーニア特別限定車「20Mプレミアムエディション」。2.0リッター登場から1年後の2001年7月に発売された。

第1章　東洋工業入社からRX-7開発まで（1973年～1995年）　39

第2章　NB・NCロードスターの開発
(1996年〜2007年)

■ NB ロードスターの開発

1996年、私はミレーニアの商品対策を終えたタイミングで2代目となる NB ロードスターの開発に参加した。私の職場はプログラム開発の設計・実研を統括する部門となる車両開発推進部という部署で、私は主査の右腕となる開発副主査という役割責任も担っていた。初代の NA ロードスターが大ヒットしたこともあり、この開発は最大市場であるアメリカからのリクエストが強く反映されるモデルチェンジとなった。NB ロードスターの開発は NA のプラットフォームをキャリーオーバー（継続利用）し、各国の新たな規制への対応のほか、外観のデザイン変更、ダイナミック性能、安全装備や商品性対策を実施する取り組みであった。

主査である貴島孝雄さんのもと、NA ロードスターの「人馬一体」コンセプトをさらに進化させるべく "Lots of Fun"（たくさんの楽しみ）の拡大を目指した。チーフデザイナーは林浩一さんが担当され、とてもエレガントで美しいスタイリングが誕生した。

外観デザインではヨーロッパのレギュレーションに対応するため、リトラクタブルヘッドランプが固定式のコンベンショナルなタイプに変更されたが、エンジニアリング的には、モーター駆動やリンクメカニズムのあるリトラクタブルヘッドランプに比べて大きな重量軽減が達成できた。あわせてフロントオーバーハングの重量軽減にもなり、ヨー慣性モーメントの低減にも効果を発揮した。また、NA では特徴的だったドアのアウターハンドルは「使い勝手が良くない」というお客様からの声があり、マーケティング担当からここぞとばかりに使い勝手の良い他の車種と同じ形状にすべきだとのリクエストが出された。スポーツカーファンでありエンスージアストには NA デザインの大きな特徴がなくなることは辛かったが、当時は市場の声に逆らえない状況であった。欧米からの NB へのリクエストには、「クルマを大きく見せたい、インテリアも高級さを増してクオリティを高めたい」という声が大きく、インパネも表皮巻きの高級車スペックになってしまった。

軽量化が重要なライトウェイトスポーツカーに C・D セグメント車のようなソフトパッドのインパネ表皮は必要ないとエンジニアの多くは反対したが、アメリカと

ヨーロッパ側のマーケティングのリクエストに押された形となってしまったのである。ダイナミック領域は、NA ロードスターの弱点であったボデー剛性の向上とサスペンションの進化を追求した。

ボデー剛性の向上には、同じプラットフォームで大きく形状変更はできないので、ボデーの局所にガセットを追加して補強を行った。サスペンションは前後ともダブルウイッシュボーンを踏襲し、ジオメトリーの見直しを行った。フロントサスペンションは、スプリングとダンパーの入力分離構造を採用し、ダンパーの利きを改善した。NA ロードスターの弱点であった高速道路でのインパネの共振（105km/h 付近でのブルブル振動）はそうしたボデー補強とタイヤのユニフォミティ（真円度）の改善によって克服した。

もう一つ NB ロードスターでは大きな新技術開発と商品性向上に取り組んだ。それは6速トランスミッションの採用である。当時マツダには6速マニュアルトランスミッションはなかったので、アイシン・エーアイにお願いしてロードスター用に新型6速トランスミッションを開発した。このトランスミッションは、後に NC ロードスターに変わるタイミングで自社製の6速トランスミッションに置き換わることになった。

NB ロードスターを導入して5年後の2003年に大きな出来事があった。それはこの上なく嬉しく光栄なことだった。

イギリスの「AUTOCAR」誌の "2003年ベスト・ハンドリングカーコンテスト" で NB ロードスター /MX-5 が世界一に輝いたのである。世界中から二十数台のスポーツカーが集められ、数人のジャーナリストによってサーキットで定量データ測定を交えたダイナミック評価を行い、投票でハンドリングナンバーワンの順位を決めるというコンテストであった。コンテストの最後に残ったクルマはポルシェ 911 GT-3 と NB ロードスター /MX-5 である。

審査員のポルシェ 911 と MX-5 に対するコメントは以下のような内容であった。

「ポルシェ 911 GT-3 は素晴らしいスポーツカーだ。しかしこの車は道とドライバーを選んでしまう。サーキットやアウトバーンなど高速走行で運転スキルの高いドライバーでなければこのクルマのポテンシャルを引き出

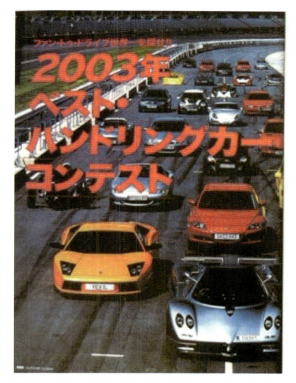

2003年、NBロードスター/MX-5はイギリス「Auto Car」誌の"ベスト・ハンドリングカーコンテスト"で世界一に輝いた。受賞の理由は、「いつでも、どこでも、だれもがこの車のポテンシャルを99％引き出すことができる」……そんな素晴らしい車だと。これはこの上なく嬉しく光栄なことだった（出典「AUTOCAR JAPAN」）。

すことはできないだろう。一方、マツダMX-5（NBロードスター）はいつでも、どこでも、だれもがこのクルマのポテンシャルを99％引き出すことができる」そんな素晴らしいクルマだと。

　私たちはそうしたジャーナリストのコメントのもとに"2003年ベスト・ハンドリングカーコンテスト"で世界一に輝いたMX-5を誇りに思うと同時に、まさに我々のこのクルマのコンセプトである運転する楽しみ「人馬一体」が実証されたことを光栄に思い、マーケットからのエールとして受け止め、大きな自信を持った。そして、この受賞3代目NCロードスター開発の大きな目標につながっていったのである。

　あらためて振り返ってみると、NBロードスターは1998年1月に発売後、次つぎと"Lots of Fun"の商品対策を打ち出し、お客様の期待に応えていったと思う。以下に主な商品対策と限定車を示す。

① 1998.12　10周年記念車
　（日本で500台、世界で7500台）
② 1999.12　NRリミテッド（500台）
③ 2000.7　マイナーチェンジ
④ 2001.5　マツダスピードロードスター（200台）
⑤ 2001.12　NR-A
⑥ 2002.7　商品一部改良
⑦ 2002.12　SGリミテッド（400台）
⑧ 2003.9　商品改良（内外装リフレッシュ）
⑨ 2003.10　ロードスタークーペ（350台）
⑩ 2003.12　ロードスターターボ（350台）172PS

■ NCロードスターの開発

　NCロードスターの開発では2002年から開発メンバーとなった。当時、私は1996年からのNBロードスターとFD RX-7の280PS仕様の開発を終えたのち、1999年からフォードとのジョイントプログラムであるSUV車のトリビュートの開発に参画していたが、そのジョイントプログラムも開発を終えて量産への見通しが立ったこともあり、貴島さんからの声掛けで副主査としてNCロードスターの開発に参画することになったのである。

　NCロードスターはRX-8のプラットフォーム（車台）と共通のアーキテクチャーを使って効率的につくるという構想だった。ロードスター単独で新しいプラットフォームを持つことは、設備投資に見合った生産台数が

1998年1月に発売後、NBロードスター/MX-5は"Lots of Fun"に向けてさまざまな限定車を発売し、お客様の期待に応えていった。
上段左から、10周年記念車、NR-A、下段左からロードスタークーペ、ロードスターターボ。

確保できる見通しが立たないので、RX-8との共通したプラットフォームでつくることが前提となった。ロードスターより一回り大きいRX-8のプラットフォームでは、当然ながらサイズも重量も軽量化に対する大きなハンディキャップを背負うことになるが、そこを知恵と工夫でライトウェイトスポーツカーに仕立てるという大きなタスクが課せられていた。

それともう一つは、この時代のマツダはフォード傘下に入っており、多くの部門がフォードから来たシニアマネージメントによって管理されていた。商品企画、車両開発部門もフォードからの役員であるジョー・バカーイさんがトップだった。幸いRX-8とロードスター/MX-5という二つのスポーツカーはマツダというブランド価値のために必要だという考えであったので、開発は厳しかったがポジティブな判断が下されたことは、開発を進める上で良いことだった。とはいえフォード流の開発プロセスとジャッジが、開発の各ホールドポイント（判断時期）で下されてゆくのである。

NCロードスター開発でその洗礼を受けたのがマネージメントドライブだった。マネージメントドライブとは、開発の節目となるホールドポイントで開発車の実車評価を行うものである。

マネージメントドライブは、ダイナミック性能が事前に取り決めた目標値に到達していることが前提であり、すべての性能機能の特徴別の定量評価データが求められる。例えば加速性能はタイムで示し、コーナリング性能はステアリング角度とコーナリング加速度のデータが必要となる。NVH（騒音・振動・衝撃）は車内騒音レベルや狙いの周波数マップ、ブレーキは停止距離や発生減速加速度などのデータが必要となる。これらがすべてフォードの基準によって計測されるようになったことで、グローバル指標での評価が進んでいった。

また、ステアリングとハンドリングの領域の明確な違いや、ハンドル中央のことをオンセンターと呼び、切り込んだ状態をオフセンターと呼ぶなど、これまでにない評価ワードも数多く知ることとなった。これまでのマツダにはなかった数々の評価手法ややり方を学ぶことができたことは、自分自身にとっても大いに役立った。

そしてマネージメントドライブでは、各性能機能の目標達成をした上で開発車トータルの総合性能としての感応評価が行われる。NBロードスターが「Auto Car」誌のベスト・ハンドリングカーコンテストでナンバーワンになったあの総合性能を超えなくてはならない。NCロードスターは、ドリフトへのスムースな移行が行えるような、アンダーステアでもオーバーステアでもないニュートラルステアを目指した。

車両開発部門の責任者であるジョー・バカーイさんのバックグラウンドはNVHだが、英国フォードのドライビングの先生であるリチャード・ペリージョンズさんの教えも受けており、ドライビングスキルも確かであった。そのリチャード・ペリージョンズさんがNC開発中のジョー・バカーイさんに伝えたのが、「ミラクルを起こ

NC ロードスター /MX-5 のマネージメントドライブの様子。シニアマネージメントのジョー・バカーイさんに各性能機能の目標達成状況の報告を行い、試乗に移行する。

History of Management Drive for NC MX-5

Deputy Program Manager
N.Yamamoto

	< Date >	<Purpose/ Conclusion/Recommendation >
(1)	Aug.7	-- xx Drive modify Rx-8
(2)	Nov.26	-- xxx First Drive : Poor chassis and PT performance; causing concern about target achievement
(3)	Dec.19	-- Good start overall: Chassis dynamics to be evaluated next time
(4)	Jan.28	-- Perfectly finish up as the Top Vehicle of Mazda Brand/ExceedNB in all the areas under all the conditions
(5)	Feb.18	-- Comprehend the issues indicated at the 2/12 RPJ Drive
(6)	Apr.7	-- handling feel is good, But, steering feel is not good.
(7)	Apr.22	-- Better WOT sound during 1-2 up shift and at launch/Steering: Far from its target
(8)	May.28	-- PT NVH not acceptable
(9)	Jun.23	-- Good start sound level
(10)	July.9	-- Cancel USA Test
(11)	July.29	-- Cancel EC Test
(12)	Aug.26	-- Improved / Progressed steering and handling by global circuit.
(13)	Sep.2	-- Steering/Handling improved since the previous drive : Gap toNB : 1.0 point in the previous drive, 0.25 this time)
(14)	Sep.9	-- The management approved the shipment of the vehicle for UK based on the judgment the vehicle has marginally acceptable for JS/RPJ Drive
(15)	Sep.18	-- JS Drive in UK
(16)	Sep.20	-- RPJ Drive in UK
(17)	Oct.4	-- To enhance Ride & Steering more for 10/7 RPJ Drive(Finally NC drive was cancelled for 10/7 Drive)
(18)	Oct.15	-- Verified significant improvement in the following items with good progress overall
(19)	Nov.2	-- Improved / Progressed overall. Partly deteriorated: requiring improvement
(20)	Nov.24	-- Best overall so far
(21)	Dec.7	-- OK for Ride; but Steering is not crisp nor clear with vague on-center
(22)	Dec.17	-- Bakaj-san agreed that the compatibility between Steering and Ride of Sports sus and STD sus which has been a major issue has remarkably improved and finished up to 99.5%; and approved its performance.
(23)	Jan.4	-- Bakaj-san Drive in USA
(24)	Feb.24	-- Remarkably improved RFT Ride (incl. shake) which was indicated at the USA test/Issue identified on yaw overshoot on center, however
(25)	Mar.16	-- Run-Flat Tire STD Sus OK for Sign-Off.
(26)	Apr.6	-- Sign-off not approved
(27)	Apr.27	-- (Next Drive)
(28)	May.6	-- RFJ.Drive
(29)	May.23	-- GLLP Car Drive Again
(30)	June.2	-- GLLP Car Final Drive, Perfect and 100% improved

30 回に及んだマネージメントドライブの実績。

せ」そして「NBを超えるダイナミック性能を達成しなければならない」という言葉であり、それがチーム全員の合言葉になっていた。

NCロードスターの新しいプラットフォームは、NAロードスターより遥かに高いボデー剛性であり、サスペンションのジオメトリーもポテンシャルが高いスペックであったが、NCではNA時代から長い時間をかけてチューニングを行い仕上げてきた四輪ダブルウイッシュボーンから、リアをマルチリンクサスペンションに変更していた。このNCロードスターのステアリング&ハンドリングを仕上げていく過程で、サスペンション形式が新しくなることの難しさを、いやというほど体験した。オンセンターからのクルマの動きが狙い通りにならない問題にぶつかったのである。シャシー設計グループとシャシー実研グループのタスクチームを結成して、徹底的な分析と改善策の検討を3ヵ月かけて実施した。NBとNCのそれぞれのジオメトリー比較を、机上データと実研データで検証を重ねた。ベンチマーク車としてNBの新車もオーダーして徹底的に行った。大きな問題の要因の一つは、リアサスペンションがマルチリンクに変わったことでのトーカーブ変化であったが、これはこのサスペンション特有のメカニズムなので変えられない。エンジニアはその中でも最適なジオメトリー変化を模索し、リアサスペンションだけでなくフロントサスペンションのコンプライアンス変化を最適化するため、ラバーブッシュにスグリ（軸方向の穴）を入れるなど、あらゆる手段を駆使して改善活動を実施した。

この問題の見通しが立ち、リチャード・ペリージョンズさんにも参画してもらってのマネージメントドライブでOKを確認できたのは、量産直前のパイロット段階であった。三次試験場でNCロードスターは「ミラクルを達成した」という承認を得ることができた。数えてみるとこうしたマネージメントドライブは30回を数えた。

NBロードスターは7年のライフサイクルだったが、NCロードスターは2005年からNDロードスターが発売される2015年までの10年間の長いライフサイクルとなった。NC2・NC3と呼ばれている2度のマイナーチェンジで商品対策を行っていった。

2007年に次世代スポーツカーの主査になった私は、量産中のNCロードスターとRX-8の主査も兼任した。

世の中の環境変化が進む中で、特に衝突安全と燃費エミッション規制が増々厳しくなってゆき、NCロードスターとしては、当初は規制対応の考慮をしていなかった歩行者保護衝突安全基準対応などの大きな構造変更

を実施しなければ生産を継続できないという大きな難問が出てきた。

詳細は後述するが、ヨーロッパと日本向けの生産をやめるわけにはいかない状況の中で、歩行者保護衝突安全基準対応という新技術開発を行うことになり、NC3は誕生した。

■ RX-8 Spirit-Rでの幕引き

RE開発出身の私だが、RX-8の開発には従事できなかった経緯がある。2003年にデビューしたRX-8であるが、その時私はフォードとのジョイントプログラムであるトリビュートとフォードエスケープの開発を担当していたため、RX-8の開発に参加できなかったのである。

RX-8はREの復活を目指してFD RX-7のターボ仕様ではなく、REの高回転化の特長を生かしたRENESISを搭載して復活した。加えて4人乗りのスポーツカーという新しいジャンルを開拓したクルマであり、国内とアメリカ市場を主に多くのお客様にご愛用いただいた。

2012年、私はRX-8の生産終了に向けてSpirit-Rを送り出し、REの生産が一旦終わりを告げる幕引きを行う役割を果たすこととなった。RE開発者としてRE車の生産終了の幕引きをさせてもらったのは何らかの"縁"だと思われ、光栄に思った。

2012年6月22日、宇品のRE工場と第一組み立て工場で社内関係者だけのスモールセレモニーを行ったことは今でも心に残っている。その時、RE工場の部長さん、そして集まったメンバーと、いつかはRE復活を果たそうと決意を新たにした。

RE生産終了記念セレモニーで私（左）は記念品を受け取った。

宇品のRE工場内には「ありがとうRENESIS」という感謝の言葉が掲げられた。　2003年、REを記念して製作されたロータリー型腕時計。

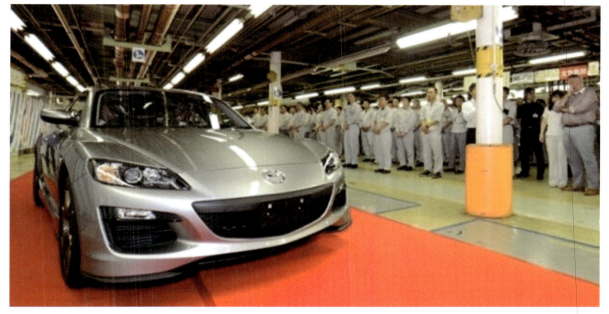

RE工場で行われたRE生産終了の記念セレモニー。参加したメンバーはいつか再びREを生産することを誓った。

　そして11年後の2023年6月22日、生産終了した同日にREは8C型として復活し、生産を開始した。

　2023年4月のオートモビルカウンシル（AMC＝Auto Mobile Council）における「REを諦めたくない」というマツダの専務執行役員である青山裕大さんの発表は、マツダファンの心に訴えるものだったと思う。REはマツダの技術の証であり、「飽くなき挑戦」の精神はこれからも脈々と受け継がれていくことを願っている。

　余談になるが、2003年にREを記念して製作されたロータリー型腕時計がある。その裏面には以下の文章が刻まれている。

　「THE HISTORY OF "ROTARY"　1967-10A 491cc×2ROTOR,1969-13A 655cc×2ROTOR,1970-12A 573cc×2ROTOR,1973-13B 654cc×2ROTOR,1990-20B 654cc×3ROTOR,1991-R26B 654cc×4ROTOR, The Evolution of the Rotary continues...

第3章　主査拝命

■ 主査に任命されて

　2007年6月27日、私は部長の矢冨敏さんに呼ばれ、7月1日付で主査に昇格することを告げられた。突然のことで大変驚いたが反面「ヨシ！」と心に期するところがあったことを覚えている。その時の私は、車両開発本部の開発推進部で副主査として、8人のメンバーとNCロードスター、RX-8、MPV、CX-9、CX-7の担当をしていた。席替えは7月2日と告げられ、慌てて引き継ぎ書を作成し、主査業への取り組みに向け業務の切り替えを行うこととなった。

　担当する仕事は、次世代のFRプラットフォーム主査として新しい価値を持ったFRスポーツカーの企画・検討であった。当時先行してFFのプラットフォーム主査が一括でマツダの商品群のプラットフォーム開発を行っていたが、それと同じ取り組みをFRスポーツカーでも検討してゆくのである。

　人事異動が発表された時、私は同僚から一つのメッセージをもらった。それは「虚心創風」という言葉であった。「虚心」になること。心に何のこだわりもわだかまりもなく大空のように広くすっきりしていること。虚心で悟り、道を知り、現世で人の風をつくる。大切な判断をするときや困難な状況に陥った時、すべては心の所在である虚心と平常心で最善の道をもとめ、自然にできて生きているような風を吹かせる、そんな風を感じて行動する、というメッセージであった。

　7月2日、私は車両開発本部のある技術本館から商品本部のある隣のビルの事務本館4階に移動した。

　7月3日には、主査としての大先輩であり、尊敬する企画設計部長の前林治郎さんに面会し、主査の心得について以下の20項目のアドバイスをいただいた。

1）将来のFRプラットフォームを見直す　（考え直す）こと
2）従来の延長線の考え方から離れ考え直すこと
3）お客様の価値観を見直すこと
4）ロードスター/MX-5、RX-8のお客様の延長線上に新しいお客様はいるか？
5）世代交代、市場の違い
6）基本性能／付加価値性能（変わらない価値でもOK）
7）お客様への提供価値を明確にすること
8）マツダブランドの柱としての価値を持つこと
9）ビジネスとして成立させる（利益を出す）
10）仕様／性能でプログラムする＝プラットフォームスペック表
11）リスクのある提案は話の持って行き方で決まる
12）レシプロとREの混載は有り得ない（REゆえのメリットをぼやけさせる）
13）三大マーケットのウエイト付けを持つこと（それぞれのメリット・デメリットの対比）
14）REは開発スピードが重要→効率的にやること（メリット・デメリットの見える化）
15）うまく決めてもらう材料を提供すること（相手が何を求めているか、日程、リソース）
16）迷ったとき、怒られることを恐れるな
17）流れ、顔色の管理は重要
18）価値観／変化を読む、知る好奇心を持つ
19）オリジナルは何かどう変化／進化したかを明確にすること
20）エンジニアリングの発展の方向性は正しいか（目的、手段、技術が使えるか）

　この時のメモ内容は、その後も私の主査活動のバイブルとして常に意識することになった。

　7月4日には、商品本部の本部長であった常務執行役員の丸本明さんと面談を行い、主査へ期待することについて訓示をいただいた。

　具体的には、以下の目標設定を徹底してやりきること。そのために、主査としてロールフォワード（目前の問題解決）でなくバックキャスティング（ありたい姿を描くこと）でその実現に向けたロードマップを示し、4人の部長とスタッフの協力を得て、目標を完遂せよとのアドバイスだった。

1）どんなお客様にどんな提供価値を与えるのか
2）2020年までのロングタームでの姿を示せ
3）運営とものづくりは何を目指し、どういう共通化を行うのか

　私は、その日のうちに4人の部長とそのスタッフを集めてFRプラットフォーム・タスクフォースチームをキックオフした。

4人の部長とは、商品ビジネス戦略企画の青山裕大さん、商品企画の魚谷滋巳さん、技術企画の冨山道雄さん、企画設計の野間幸治さんであり、キーとなるスタッフは任田功さん、大江晴夫さんをはじめとする企画設計と商品企画の15人のメンバーだった。

翌日からデザインセンターの6Fにタスクルームを整備し、3ヵ月後のプログラム戦略提案構築へ向けて取り組みを開始したのであった。

■ 主査の役割と責任

商品開発における主査の役割と責任は、担当するプログラムによって多少の違いがある。中国市場で販売するプログラムや海外拠点（タイ、メキシコ、アメリカなど）で生産するプログラム、また商用車や軽のようなOEM（Original Equipment Manufacturer＝他社メーカーから供給され販売する）プログラムでは、それぞれの役割と責任の範疇（はんちゅう）が異なる。しかしそれぞれの担当プログラム開発に共通する点は、マツダブランドの発展とビジネスの最大化を実現することである。もう少し具体的に言うと、お客様の期待を超える商品を開発し、目標販売台数を達成して会社の収益に貢献し、マツダを成長させることである。

そのための主査の役割は、世界のベンチマークを目指した商品づくりに向け、企画、開発、生産、販売、広報、サービス、そしてファンとの絆づくりまでと広範囲に及ぶ。より具体的に言えば、ブランド強化では担当プログラムがマツダのブランド戦略に一致した内容となるように方向付けすること。市場導入ではコミュニケーションの核となる商品情報の提供を推進し、導入案の策定に参画しリードすること。導入イベントではマツダブランドを強化するメッセージを発信してゆくことである。

このように、マツダのブランド価値を向上させるために全社の英知を結集させ、その完遂に対して一元責任を有するのが主査の役割であり業務である。

最も重要な商品開発においては、魅力的な商品と効率的な生産やサービスを生むための目標設定が主査の大きな使命である。

そこには、お客様にとってマツダブランドを明確に感じることができる具体的な特徴や、購入したくなる具体的な理由がなければならない。それと同時に、会社のビジネスストラクチャー（経営資源の最適化）や開発タイミング、品質ガイドライン、生産工場のコンプレキシティ（共通化）などとの整合性や生産適合性がとれていなければ、経営の承認を取ることはできない。

すなわち主査に求められるのは、プログラムが計画通りに目標達成できるように実行計画を策定し、その推進を行うことである。こうした取り組みを実行するための社内の定常的な組織が、商品主査・副主査制度である。

ここには主査機能をサポートする副主査を置き、副主査は部門内を個別の商品単位で統括する。副主査の役割はデザイン、設計、実研、購買、技術本部、グローバルマーケティング、品質等の機能組織の各マネージャーに対して等しく責任を持ち、プログラムの成功に向けて相互に有機的な関係を持って最も効率的な働きをすることである。

私はNCロードスターの開発では設計、実研の副主査を務めた経験からも、副主査制度はプログラム運営の要であると考えていたので、主査になってからも副主査との連携と協働の大切さを痛感していた。

そしてこの組織が運営してゆくのがプログラムの"陣立て会議"である。通称"陣立てメンバー"と呼ばれる各部門を代表する副主査を中心としたメンバーが、全社のタスクとしてプログラム運営と推進活動を毎週1回行うのである。そこで主査は、陣立てメンバーと共に承認された目標と商品アサンプション（機種や装備体系等）を各部門別に振り分け課題設定する。

実行に当たっては、各部門では実行計画の間でインプット／アウトプット、順序やタイミングなどの整合を取りながら推進する。必要なリソースの見積もりや、逸脱があればリカバリー課題の設定も行う。それらを実施する過程で生じる、絡み合う問題の解決も推進しなければならない。また、担当プログラムのアサンプションとコモンアーキテクチャー（生産設備の共用）の整合には、その背景を理解し尊重することが必要となり、問題があればガバナンスに提起して問題解決を推進しなければならない。

陣立て会議では、プログラム運営上の商品開発、品質、収益性、日程等の達成状況やプログラム推進上の矛盾する事項、課題や問題点及び改善のためのロードマップをディスカッションし、最良策を提議する。主査は議決権を有し、矛盾する事項や課題、問題点に対する解決策のワークプランの決定、または解決の方針・手段を見出す。陣立て会議で審議が不足する場合は、議事録や問題点フォローシートなどに記録するとともに、その後の各部門の役割・日程を決めて別途、関係部門のワーキング活動による解決策の検討を図っていくのである。

陣立て会議の内容は、陣立てメンバー及び各部門のマネージャーに議事録として配布され、徹底とフォロー

がされていく。また、各部門に対するインプット情報となるような重大な決定事項は、陣立てメンバーと関連部門に指示するためにプログラム連絡書を発行し、徹底させる取り組みを行うのである。陣立て会議によって進められるプログラム開発は、それぞれの開発ステージにおいて経営の承認を取る必要がある。そのことを"マイルストーン"と呼んでいる。構想・企画段階からプログラムの戦略提案、目標設定、アサンプションの確定と目標合意、各市場エリアとの合意、量産開始、導入戦略と販売戦略実施合意等、主査はマイルストーンの上程資料を策定し経営の承認を得なければならない。

プログラムを進める上で経営承認を取ることは、主査業務の中では最も大きな役割責任となる。

■ ロードスターの主査という責務

商品を開発するにはお客様を知らなければならない。担当する商品のお客様はどういう年代で、どのようなライフスタイルを持ち、どんな価値観を持っているのかを理解し、そうしたお客様の期待を超える商品とサービスを提供しなければならない。それゆえに実際のクルマを購入していただくお客様の声やライフスタイルを、自分がお客様の立場になって考えられることはとても重要である。

特にロードスターでは、初代の NA ロードスター誕生から世界中に多くのファンクラブが誕生し、闊達なミーティングなどが行われ活動している実態がある。なのでファンミーティングに参加して実際にお客様との交流を行うことはとても大切なことである。そしてお客様が何を思い、何を価値としてロードスターを愛用しているのかを肌感覚で知ることが重要であり、ファンミーティングに出かけることも主査の大事な役割責任である。もちろん主査だけでなく、商品企画やデザイン、設計、実研、マーケティングや広報、サービスのメンバーも同様にお客様のことを理解しておくことが重要である。このことはロードスターだけでなく、全ての車種のプログラムにも言えることだと思う。

1989 年に NA ロードスターが 23 年ぶりに 2 人乗りの小型オープンスポーツカーである LWS（ライトウェイトスポーツ）として誕生し、世界中で大ヒットした。このことが欧州メーカーが 1990 年代に LWS を復活させるきっかけになり、マツダのロードスター /MX-5/Miata は LWS のパイオニアとなったのである。それゆえに、ロードスターは常に LWS における世界のベンチマークであり続けなければいけないと私は考えているのである。そ

うした中で NB・NC ロードスターは環境安全対応という社会や時代の要請にも対応し、製品性能を絶えず進化させ続けてきた。

しかし一方でお客様からは、NB・NC とクルマの環境安全対応性能も走りもハンドリングも燃費も良くなったが、反面 NA ロードスターが持っていた「楽しさ」が失われていると言われたことが大きなショックだった。

製品価値が進化することはもちろんであるが、それと同時にロードスターの本質的な価値を見失うことなく、その進化を忘れずに取り組むことや、お客様の期待を超えるということは良い製品価値だけではないということをしっかりと認識して取り組むこと。つまりお客様の心を揺さぶる感情価値が何なのかをしっかりと見据えて、"本質的な意味的価値"の進化をはっきりと訴えなければならないと強く思ったのである。

■ 主査としてのスキルアップの取り組み＝評価能力の向上

商品開発主査としてプログラムをリードする職責を果たすためには人格形成やスキルアップが求められる。本書ではその中から私の評価能力と運転技量の向上についての取り組みを紹介したい。

かねがね私はスポーツカー商品開発を行う上で、クルマの運転技量とその評価スキルを高めることが重要であると考えていた。RE 設計のエンジン部品担当設計からクルマ全体の開発推進を担当するようになった 1988 年頃にそのことを特に感じた。担当設計では担当するシステムや部品の機能開発が主体であったが、車両推進となるとクルマ全体の知識もさることながら、どういうクルマを目指すのかというクルマ全体のゴールをチームで共有しなければならない。すべての機能担当実研のメンバーとの話し合いや社外のメディア、ジャーナリストとの話し合いも必要になる。そのためにはクルマの運転ができて、クルマの善し悪しが正しく判断できることが重要なスキルの一つになる。

そこで改めて社内での運転技量とその評価能力向上の場を求めて、社内のドライビングスクールや商品性評価コースのスキルアップに挑戦するようになった。この運転技量アップや評価能力アップはもともと実研エンジニアの育成手段として行われている仕組みだが、私は「設計出身ではあるがスキルアップの必要に迫られている」という意向を上司に伝え、その訓練に参加できるようになった。この時、私は RE 設計時代にレースの仕事で学んだ経験から、目標を設定するならば世界一のレベ

ルを目指すべきであり、その目標に向けて努力を惜しんではいけないことを思い出した。

　当時、実研企画では片倉正美教室、大林達郎教室という車両評価及び運転技量アップの社内塾があり、そこに申し込んで評価の仕方と表現方法を学ぶようになった。商品性評価項目とその実践には社内の開発用ベンチマーク車を使い、社内のテストコースではなく一般道路での社外モニターレポートを作成することで、レベルを上げていく取り組みを行った。モニターレポートは5月とお盆の長期休暇に実家である四国へ帰省する往復約900kmのほか、土日連休でのロングドライブを活用し、自分のクルマと見立て、洗車や給油など日常の使い方を行った上で作成していった。大林さんから多くの指導を受けながら作成した最初のモニターレポートは1991年のユーノスコスモであり、2007年7月に主査となるまでで通算102台のモニターレポートを作成した。主査になってからもこのモニターレポートは続け、2018年までで146台のモニターレポートを作成したことになる。

　ここでは多くの評価レポートを書いた中からBMWアルピナD3、ポルシェ・ケイマンGT4の2台のモニターレポートを紹介したい。

① BMW アルピナ D3

　BMW アルピナ D3 を例えると"滑らかさと包み込まれる安心感"なのに、とてつもなく速い、シルクのようなきめ細かさ、静けさの中に秘めたるパワフルさ、これまで味わったことの無い"ジェントルさと同居する卓越したドライビングプレジャーチューンの流儀を見る"クルマ"だと思った。フロントのAlpinaのエンブレムと20インチ大径タイヤ、そしてボデーサイドのAlpinaのデカール、4本テールパイプでこのクルマが只者（ただもの）ではないことを静かに表現している。室内はブルーの文字盤と緑と青の手縫いのステッチのステアリングホイール、そしてセンターコンソールにはAlpina限定生産の証しとなるサーティフィケーションプレートが誇らしく輝き、インパネ、シート、ステアリングホイールにはAlpinaのエンブレムが輝いている。

　いつものBMW3シリーズのごとくスタートボタンをプッシュしてエンジンをスタートさせると、「ドドドド…」とクルマが揺すられて大きなエンジンが目覚める。スタートしてしまえば静粛そのもので、まさか直列6気

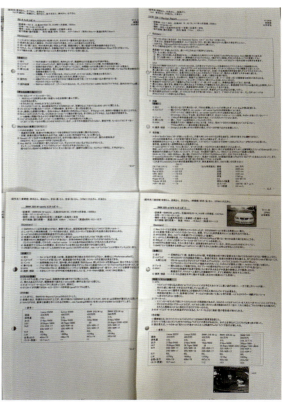

大林達郎教室で学んだ評価のフォーマットに記載した評価レポート。このやり方でアトリビュート（性能機能）別の評価アイテムとその切り口と評価のポイントを学んだ。クルマの全体のイメージを掴んで特徴を表現する方法や、個別のアトリビュート性能との関連付けを行いながら、ダイナミックとスタティックの感どころを習得した。

社外モニターで試乗した車は1991年のユーノスコスモから始まり、2018年のスマート・ブラバスまでで計146台の記録が残っている。

筒・3.0リッターのエンジンにツインターボユニットが収まっているとは想像すらできないほど静粛である。ドライブセレクターをD1にセットしてアクセルを踏みこむと、「おおっ」と感じるものがあった。四輪の接地感とフラットライド感が素晴らしい。ゆっくりした40km/hの世界で何というフラットライド感と静粛さだろう、20インチで扁平率30タイヤが氷の上をスーッと滑っていくそんな気持ちにさせられた。ガソリンエンジンとは異なるイナーシャ感があるが、もたつきはなくすっきりとテンポよく加速し、すっすっとシフトアップしていく。

そしてDドライブ8速の最高段位ギアのどんな状況からでも難なく加速していくトルクフルでスムースな加速フィールは、ガソリン車では味わえない世界観である。Comfortモードでは少しふわふわ感を感じる高速道路走行も、Sportsモードを選択するとステアリングのオンセンターがビシリと締り、あらゆるコーナーを"オンザレール"で駆け抜けることができる。いつもより明らかに車速が高いことに気づかされるドライビングプレジャーはハイウェイを新幹線に乗っているようだ。

レーンディパーチャー・ワーニングは、ステアリングを切っていてもドライバーにハンドルの振動でワーニング信号を発する。レーザー車間距離センサーは赤のワーニング表示で前方車との距離を警告するが、レーンディパーチャー・ワーニングは、高速道路で片側車線のイン-アウトのライン取りで頻繁にワーニングを発するので煩わしくなり、途中でOFFボタンに手がいってしまった。車両価格999万円はベーシックモデルのBMW320iの427万円とは2.3倍の価格差だが、アルピナオーナーはそれに見合った満足度を手に入れることができるだろう。アルピナチューンはそのレベルの高さと技術だけでなく、その志の高さも赤と青のエンブレムに印されている誇りある流儀を感じた。

各アトリビュートのフィーリングは、DE（ディーゼルエンジン）を全く感じない滑らかさ、スムースな走りに驚く。いつでも何処でも思いのままのパフォーマンスフィールは暴力的な加速ではなく、実にジェントルに且つ力強く心地よく走ることができる。真に"駆け抜ける歓び"を感じるものであった。100km/h・1500rpmのハイNV比は、ZF製の8速ATの最終減速比=2.81、8速=0.67のギアレシオで成し得る。エンジン回転数2000rpmで133km/hと国内速度基準を超える。直列6気筒のガソリンエンジンでもこれだけ静かだろうかと

私が試乗した BMW アルピナ D3。

思わせる精密さとシルクのような滑らかさは、どこまでピストン、コンロッド、クランクシャフトのバランス取りを行っているのだろうかと思わせる。DE の燃焼コントロールと合わせてエンブレムの青のクランクシャフトが誇っているように思えた。

　燃費は、高速と一般国道で平均が 15.2km/L 程度であり、カタログの 17.0km/L を下回る結果であった。DE ということで、20km/L 越えを期待したが、3.0 リッター350PS・700Nm のパワーを誇るパフォーマンスカーであれば、十分な燃費性能である（尚、同じルートを走った日産 GT-R35 は 8.5km/L、FD RX-7 は 7.5km/L）。

　ハンドリングはステアリングの操作力は軽く、ステアリングを中央から切り込んでいった時の壁感は全く感じられず繋がりはスムースで申し分ない。Comfort モードでは少し応答遅れを感じるが、Sports モードにすると操舵フィールが一変してオンセンターが締り、"ピシッ" とオンザレールになる。

　乗り心地は、フロントが 245/30-20、リアが 265/30-20 のロープロフィールのパフォーマンスタイヤを履いているとは思えないしっとりと優しいフラットライドで、合わせて四輪の接地感も高い。硬いサスなのに優しい乗り味は不思議な感覚である。少し車速が高くなると、捩じりとピッチングのボデーモーションの収まりが弱い気がしたが、道が変わったかのようなフラットでファームな乗り味だ。

　ブレーキはコントロール性も効きも良好、申し分ない。フロントが 6 ポットとリアが 2 ポットのブレーキは右足の裏でタイヤのトレッドの摩擦を感じるような効き味だった。高速と一般道路での効き味は一変し、ショッピングモールの下り坂でのグローンノイズ（グッグッ音）は、恥ずかしいくらい大きな異音であった。

　ロードノイズは静粛感の高さに驚いた。大径の高性能タイヤなのに室内はとても静かである。遮音というより原音がコントロールされている印象。「一体どんなチューニングを行っているのだろうか！」高性能エンジン搭載のハイパフォーマンスカーではない高級なノイズコントロールを感じる。

　シート性能は、フルアジャストのパワーシートで自在なドライビングポジションが確保できる。Alpina エンブレムとパイピングでコーディネートされた革シートは悪くない。何時間でも疲れることはなかったが、夏で背中は汗ばむことと、革の表皮がもう少し柔らかければ……。横 G が掛かった時の左サポートが不足している（うちの嫁さん曰（いわ）く、シートはロードスターの RECARO の方が良いと）。

　BMW3 シリーズで私が不満に思う点が、視界の悪さだ。ドアミラーをセールガーニッシュマウントでなく、ドアパネルマウントにして、ドアミラーと A ピラーの間に視界を確保すべきだと思った。ドライバー席はドアミラーが視界をふさぐので、狭い所を行く時の視界の悪さを感じた。それと、インナーミラーの位置が低すぎる。右上方（左ハンドル車なので）が見えない。ミラーをトッ

第 3 章　主査拝命　51

好印象だったポルシェ・ケイマンGT4

プシーリングぎりぎりまで上げればよいのにと思う。

　ステアリングホイールは、緑、青、黒の3種類のステッチで手縫いだ。グリップの大きさも3通りある。10時から2時までは他より一回り細めなのはメーター視界確保の配慮か。グリップの大きさ、硬さ、そして柔らかい質感もとても良いと思った。

　せっかくなのでアルピナについて調べてみた。アルピナは1961年タイプライター製造メーカーとして誕生した。1964年にBMWの公認チューナーとして認められた後、1970年にはディレック・ベル、ニキ・ラウダなどの手によるニュルブルクリンク6時間耐久ツーリングカーレースで頭角を現した。1978年には、B6・B7のチューンニングカーを創出。1983年に自動車メーカーの認定を受けるまでに成長する。D3は2014年4月に発表されたB3のガソリンバージョンに続く、DEバージョンである。かつてのアルピナはレースで高性能を誇っていたが、やがて量産車として速いだけではなく、快適な乗り心地、静粛さ、品質感などプレミアムの一翼を担うレベルに進化した。エンブレムの赤は限りない情熱を、青は知性と高い志を表す。赤いマークの中にはダブルチョークウェーバーのエアファンネル、そして青のマークには鍛造クランクシャフトが描かれている。初代の創設の志を記したエンブレムは、手塩に掛けるという思いを感じる。

　BMW3シリーズは、これまで2003年8月のM3 SMG-Ⅱから、318、320、325、335、HEV3とモニターを行ってきたが、M3 SMG-Ⅱで感じたF1のロケットのようなパフォーマンスフィールとは異なった次元での感動を呼び起こさせてくれた。私にとって初めてのアルピナであったが、"禁断の扉"とまでは言わないが、新しい感覚を目覚めさせてくれた一品であった。ロードスターのアルピナチューンはどんな乗り味になるだろうかと想像してしまった。

② ポルシェ・ケイマンGT4

　ポルシェ・ケイマンGT4を一言で言うと「虜になるドライビングエクスペリエンス」だ。

　乗り込んだ瞬間、ヌバック調の細いグリップのステアリングホイールとレバーではなくベルトのインナーハンドルで心ときめいた。エンジンをスタートさせ、ステアリングを切り込んで道路に出てアクセルを少し踏み込んだ時に、「ああいいね！」と思わず声を出してしまった。ステアリングのスムースさ、四輪の接地感、エンジンレスポンス、サウンド、シートのフィット感、クルマとの一体感を走り出してすぐに感じてしまうのか、そう感じら

試乗したポルシェ・ケイマンGT4とNDロードスターを個人的に比較評価してみた。総得点ではNDロードスターがポルシェを1ポイント上回った。

ロードスターRSとの一対比較を行ってみた、"Attribute & 価値判定"
(5:エクセレント、4かなり良い、3良い、2物足りない 1良くない)

	Cayman GT4	ND RS	コメント
1) ダイナミックエクスペリエンス			
(1) パフォーマンスフィール	5	3	－ 圧倒的な加速力と心地よいエンジンサウンドは独特のパフォーマンスフィールも醸し出す。
(2) シフト＆ドライブトレイン	5	5	－ 重いクラッチ、ストローク長いゆったりしたシフト、剛性感とレスポンスのよいトラクションが発揮できるDT。
(3) ハンドリング、ステアリング	5	4	－ オンセンターからの繋がりのスムースは良い、もうほんの少し操舵力が軽かったら良いと思った
(4) ブレーキ	5	5	－ 安心感とコントロール性の高さと圧倒的な制動力。
(5) 乗り心地 w/シート	4	4	－ 911は良くなかったがCaymanのシートはフィットもホールドの心地よさも素晴らしく良い！
(6) NVH,静粛性	3	4	－ エンジンサウンドはniceだが、ロードノイズもこのタイヤでは十分だろう。
(7) ドラポジ	4	3	－ 問題なくドラポジが確保できる。
(8) 視界、視認性	4	5	－ 左側のフェンダーは見えるが、右側のフェンダーのフェンダートップは見ることができず！
2) 安心・安全	4	3	－ 夜間は悪くないが昼間はタコメータが見難いし、メータが反射して映り込む。
3) 燃費・経済性	2	5	－ 燃費が良くないからとこのクルマを買わないということはないが、100km/h=2500rpm
4) 価格	3	4	－ 1168万円vs2230万円vs319万円、GT4は比較的アフォーダブルなのかも知れない。
5) 幸せになれる	4	5	－ Rrxボイラーからは街乗りには似合わない外観である。サーキット専用車ですね。
オーバーオール	48	49	－ NDNRAとCaymanGT4を同時に走らせたが、NDの方が圧倒的に楽しいぞ！

れずにはいられなかった。高速道路のETCゲートをくぐり本線への加速では、あっという間に制限速度に達する。心地よい独特のF6（フラットシックス＝水平対向6気筒）のビートの効いた吸気サウンドと排気音が後から追っかけてくる心地良さを味わう。高速道路でのオンセンターからの繋がりは違和感なく思いのままだ。Sportsモードを選ぶとヨーが速く立ち上がりレスポンスが増すが、修正操舵も必要なく、ノーマルよりSportsモードの方がいいなと思った。乗り心地はノーマルは決して柔らかくはないが、減衰がよく911ターボより良い。Sportsモードでは少しハードになるが、先々代のようなチョッピーライドもなく、極めて減衰が良い。

高速道路のコンクリートの継ぎ目のショックはNDロードスターRSより良いのでは？と思えた。レーシングイエローは目立って仕方なかった。高速道路で道を譲ってもらえるのは嬉しいが、少々派手すぎる。

美祢試験場でサーキットコースを走らせてみた。385PS/420Nmを誇るエンジンはレスポンスが圧倒的に良い優れたNAエンジンである。絶対パワーは911ターボの圧倒的な力強さには敵わないが、いつでもどこでも意のままにエンジンパワーをコントロール可能である。ロールが少なくブレーキングからのターンインはアンダーステアが全く感じられないオンザレールと、アクセルでクルマの向きが変えられる最少舵角でのダイレクトフィールはサーキット走行でも意のままに走ることができる。ブレーキは踏力コントロールで、圧倒的な制動力とコントロール性もストロークコントロールより断然扱いやすく、見事安定力である。Gモニターで発生Gを確認した。スムースに走ってみると、コーナリング時の左右G=1.20、減速時のブレーキG=1.00、加速時の前後G=0.40が、少しペースを上げると、右=1.32、左=1.28、ブレーキ=1.27、加速=0.51と変化すること

が分かった。Gモニターはレベルを確認する意味で優れものだ。

サーキットでは足が勝っているため少しパワーの物足りなさ感はあるが、一般道では、乗り心地、視界の良さ、ホールドが良く疲れないシートなど、一段と洗練されたスポーツマシーンにケイマンGT4は進化している。

スポーツクロノパッケージ付きレーシングイエローの価格は1168万円、911TCの約半額、NDロードスターの4倍のプライスだ！「う〜ん、庶民には手は届かないが、ポルシェ・ケイマンGT4ならではのドライビングエクスペリエンスは、ポルシェファン、スポーツカーファンを魅了するに違いない！」。

レポートは以上だが、参考までに当時個人的に作成したポルシェ・ケイマンGT4とNDロードスターの一対比較を添付する。

■ 主査としてのスキルアップの取り組み＝運転技量の向上

一方運転技量の向上は、社内のドライビングスクールでの訓練と審査を繰り返すことでレベルアップを目指した。社内での運転ランクは大きく5ランクが規定されており、テストコースでの評価テストでは実研評価項目に応じてこの運転ランクが必要となるため、実研メンバーは担当部門の評価項目に応じた運転ランクを取得しなければ実研評価ができないことになる。

私は担当実研メンバーではないが、テストコースで商品性評価をする場合には、運転ランクによって評価項目や車速の制限が出てくることになる。それでは各実研の限界走行やトップレベルの実車評価を体験することはできないのである。車両のすべての評価を車速制限や使用コースの制限なく実施するには、運転ランクのトップとなるSランクと呼ばれるエキスパート運転資格を取

（写真左）2007年度のドライビングスクールメンバーと三次試験場での集合写真。前列右から2人目がインストラクターの片山義美さん。
（写真右）片山義美さんの認定者サインが入っているドライビングスクールのSランク合格証。

美祢試験場でのシニアマネージメントの運転訓練の様子。　　　運転訓練中の藤原清志さん（上）、毛籠勝弘さん（下）。

得する必要があった。私はNCロードスターの副主査になってからこのエキスパート運転資格取得に挑戦した。

日常業務でデスクワークが主体の設計出身のエンジニアがこの運転ランクに挑戦するのは異例であったが、骨太のエンジニアになるためには必要なスキルだと考えた。そのチャレンジは入校審査から始まったが、挑戦するエンジニアは実研メンバーが主体であり、競争率は3倍強の狭き門であった。

入校するには運転ランクのAランクを取得しておかねばならず、Aランクは三次試験場でFD RX-7での技量審査に合格していなければならない。その概要は、車速200km/hからのフルブレーキで4速から3速、2速

へとヒールアンドトーでシフトダウンし、ブレーキGが変化しないレベルであること。三次試験場の周回路を200km/hの車速をキープして周回できること。この周回路は緩やかではあるがアップダウンがあるので車速を一定に保つにはアクセル操作をしなければならず、結構難しい車速コントロールスキルが必要となる。そしてハンドリングサーキットコースで右回り、左回りの両方のラップタイムが基準内で、安定して走行できるなどの総合技量が審査されるのである。そうした基本的な運転技量を有したエンジニアがさらに上の運転技量を習得するために、サーキットコースでクルマのポテンシャルをすべて引き出し、開発車両の限界走行が可能な運転技量を取得することがエキスパート運転資格の訓練である。

　入校審査に合格した私は、他の実研部門のエンジニアと共に2年間のエキスパート訓練に参加した。エキスパート訓練では一泊二日の訓練を三次試験場、美祢試験場で15回実施した。加えて社外サーキットである岡山国際サーキット、大分オートポリスでの訓練も実施した。訓練車はFD RX-7で、延べ走行時間90時間、約6000kmのサーキット走行を実施した。

　訓練の内容は、以下の8項目である。
1) 運転姿勢（乱れや力みがないこと）
2) ハンドリング（タイミング・スムースさ）
3) アクセリング（タイミング・コントロール）
4) ブレーキング（タイミング・安定性）
5) チェンジング（タイミング・スムースさ）
6) ライントレース（安定性・コース特性理解）
7) スピード感覚（タイム・恐怖心）
8) 総合安定性（操作バラツキ）

　これらが判定基準以上のレベルに到達すること。あわせて訓練車のブレーキパッドやブレーキローターの交換、ブレーキエア抜きなどのメンテナンスも実施した。

　2007年11月、2年間の訓練と技量審査を終えた私はドライビングスクールのインストラクターである片山義美氏から合格証をいただくことができた。

　私が主査を拝命したのが2007年7月であり、主査になる前にエキスパート訓練を終えていたことはタイミングとしてとても大事であった。主査になってからでは主査の職務を行いながらエキスパート訓練コースを受講する時間を確保することは難しかったと思うので、私にとってはとても良いタイミングでSランク取得ができたのであった。

　また、Sランク取得者は取得後もその技量維持を行う

必要がある。三次試験場のドライビングスクールから毎年の維持訓練受講案内が届くのである。主査業務が忙しくなかなか参加できないが、時間を空けて参加するようにした。維持訓練は、美祢試験場のサーキットコースや社外サーキットの岡山国際サーキット、大分オートポリスを使って実施された。

　2009年12月には美祢試験場での訓練に参加した。ここでは訓練車のFD RX-7、RX-8、アクセラT/Cという車両特性の異なる3車の運動特性を早期に把握し、特性に応じた操作で車両特性を発揮させる運転技量を習得すること、綺麗なタイヤ摩擦円を描くようなブレーキング、ステアリング、アクセル操作ができること目指し、狙いの成果を挙げることができた。運転訓練後、"次世代スポーツカー"づくりのベンチマークの一台であるポルシェ・ケイマンSに乗ったが、前後タイヤの接地感、ステアリングの切り始めから終わりまでリニアに繋がる特性は感心するものがあった。さすがに良いクルマである。FD RX-7は軽快に動くがケイマンほどのリニアさが感じられない、RX-8は動きが穏やかである、アクセラは動きが早く繋がり感が乏しい、なども把握できた。

　この訓練の成果は、「感」づくりにおける操作性の統一感の観点に基づき、各車の車両諸元と車両挙動関連スペック表の鳥瞰図をつくることで、次世代スポーツカーの"Fun to Drive"のストライクゾーンとスイートスポットを理解する研究材料として、NDロードスター開発で2010年に結成した統一感タスクチームと共有した。

■ メディア対抗ロードスター4時間耐久レースへの取り組み

　マツダにとってメディア対抗ロードスター4時間耐久レース（通称＝メディア4耐）はブランド価値を体現する場として重要なイベントである。1989年にNAロードスターが誕生してから、1991年を除き毎年開催し続けている伝統と歴史のあるイベントである。その狙いはマツダブランドのポリシーである「走る歓び」をメディアの皆さんと共有し、お客様や社会に訴えていくものである。マツダも「人馬一体チーム」で参戦している。

　ロードスター担当主査として、このレースに参加するための運転スキルを身に付け、メディアの皆さんと共に参加することには特別な思いを持つものである。

　また、1989年の第1回大会からマツダのシニアマネージメントがメディア4耐に参加しているのも大きな特徴である。マツダはシニアマネージメントをはじめ幹部が高い運転技量を有しているという特長がある。

フォード傘下となった1997年から2011年までの12回はフォードの役員も参加している。

レースを戦うにはドライビングスキルと安全知識がないと参加は許されない。そのために美祢試験場を使っての運転訓練を一年かけて行い、自他ともに認められてから参加が可能となる。メディア4耐に参加した藤原清志さん、毛籠勝弘さん、広瀬一郎さんはドイツでのヨーロッパ駐在を経験しており、アウトバーンでのスピード感覚を有していることが運転技量上達の背景にあったように思われる。前田育男さんはプライベートでレースに参加している実績があるので十分なスキルを持っていた。役員の皆さんは多忙な業務の合間を縫って、またある時は休日に美祢試験場や三次試験場に出かけて運転訓練を重ね、メディア4耐への出場を果たしたのである。私も運転訓練のカリキュラム作成やコーチングなどでて運転訓練のサポートを行った。

以下、私のレポート記録から、このメディア4耐を紹介してゆく。

① 初参戦する＝2007年9月15日

伝統ある第18回メディア対抗ロードスター4時間耐久レースに、マツダ「人馬一体チーム」のドライバーとして初参加し、多くの経験をすることができた。とても充実した気持ちであると同時に、この"Zoom-Zoom"な経験をスポーツカーづくりに生かしたいと強く思った。

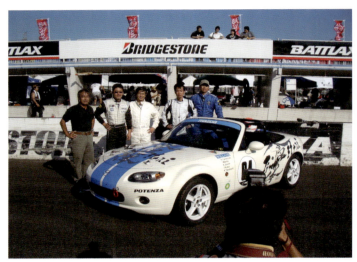

初参戦した2007年9月の第18回メディア対抗ロードスター4時間耐久レース。

2009年9月の第20回メディア対抗ロードスター4時間耐久レース。

上から2007年、2009年、2010年のメディア対抗ロードスター4時間耐久レース。

2007年の人馬一体チームは役員の金澤啓隆さんとダニエル・モリスさんが参加を見送られたため、新しく開発メンバーとして私とデザイン本部の前田育男さん、操安開の高橋宏治さん、走行実研の佐々木健二さん、そしてロードスターパーティレースチャンピオンの加藤彰彬さんの5名と、監督の貴島孝雄さん、現場コーチの木下新郎さんで臨んだ。

レース結果は昨年優勝のTipoチームが見事な作戦で3リッターの燃料ハンディキャップを克服し、連覇を達成した。レース前の予想では、燃料の90リッターをいかに節約し、かつその中でいかに速く走るかが各チームの作戦のポイントだったが、途中ペースカーが2回出ると予測し、それが見事的中して作戦がはまったTipoチームの堂々の勝利であった。

マツダの人馬一体チームも際立ったレースを行った。公開練習から新品タイヤのトレッド形状を理想的に仕上げるセッティングを行い、予選では加藤さんが100分の2秒差で並み居る一流レーシングドライバーを振り切り、見事ポールポジションを獲得した。

ル・マン式スタートではパーキングレバーが一回で降りずにタイムロスしたが、マツダのトップガンである高橋さんが果敢に攻め、並み居る競合のなかで上位をキープしてレースが展開された。レース開始15分過ぎ、最終コーナーでカーナンバー26番カーセンサーチームがスピンしコース外へクラッシュ、ペースカーが入る。レースが再開されたが、晴天で温度が上昇し、タイヤのグリップに苦戦しながらも順位をキープし、2番手の前田さんへバトンタッチした。

前田さんは自らもプライベートでレース参戦し、メディア4耐にも過去2度の参加経験があり、持ち前のアグレッシブな走りでペースを上げ順位を稼いだ。そして、いよいよ初参戦の自分の番が回ってきた。

自分では、ドキドキや妙な昂ぶりもなく、意外と思うほど落ちついて冷静にレースに入って行けたと思う。無理をせずペースを守り、追ってくる早いクルマに巻き込まれないよう安全に注意しながら所定時間をキッチリ走りきり、加藤さんにバトンタッチすることだけを考えていた。無線で応答する木下さんの声もはっきり聞こえ、残燃料の連絡やペース配分、周りの状況など冷静に対応できた。午後6時を回り日没となり、ライトオンのサインが出る。だいぶ暗くなった。ピットボードのサインも読めるが、1分14秒台で思ったほどラップタイムが上がっていない。練習走行では13秒前半できちんと回れたのだが、周りにクルマがいることや暗くなったことで

練習より第1コーナー、第1ヘアピン、第2ヘアピンのブレーキポイントがだいぶ早くなっている。コースが見え難く前車のテールライトがやたら目に入る。

ブレーキはカックンブレーキで戻しのコントロール性が良くない。ダンロップブリッジ手前のクリップ通過後の車速も練習走行では105km/hだったのに100km/hに針が届いていない。スキール音を立てグリップの高いところを使っているようにしているつもりだがグリップが上がらない。最終コーナーは練習中に加藤さんに伝授してもらったように、ストレートからガツンではなく50:50の重量配分が保てるコーナリングに繋がるように優しいブレーキで車両姿勢を安定させ、出口に向けアクセルを踏み込み50:50から40:60へとトラクション重視のドライビングをイメージして臨んだ。

しかし、コーナー入口で速いクルマのテールに付けるも、最終コーナ出口に向けどんどん離されていき、ついて行けない。無理をせずにリズムを守って走りつづける。目の前に迫る車を発見、第1ヘアピンのブレーキでインを突きオーバーテイクを試みるが被さってきたので諦める。第1ヘアピンとダンロップブリッジ下の走りはこっちが余裕あると判断、第2ヘアピンのブレーキングで今度はきっちりインを刺して抜き去り、ストレートではバックミラーの後方に追いやった。

これって気持ち良いねと思わず「ヨッシャ！」と心で気合を入れた。あっという間に時間は過ぎ去り、木下さんより半分終了との無線が入る。ストレートの終わりで燃料警告灯の黄色ランプが灯りあと8リッターの残量になり、ピットの木下さんへ状況を連絡する。

予測していたようで冷静にメーターに注意しながら走行を続けるが、6500rpmを6200rpm位に心もちエンジン回転を落とす。2～3ラップしただろうかイエローフラッグが振られている。第2ヘアピンに突っ込んだ車を発見。ペースカーが入り、各車じゅず繋がりの低速走行となる。燃費燃費と思い5速ギアで我慢して走行を続ける。27番のTipoチームはここぞとばかりにピットロードへ駆け込んでいった。所定の時間がきてペースカーが入っている途中にピットインの指示がでる。ドライバー交替だ。ピットロードの40km/hをオーバーしないようにNo8ピットへ滑り込む。45分間の持ち時間を終え、無事に加藤さんへ繋げることができた。

燃料20リッターを給油する3分間のピットストップは長い。カウントダウンと同時に加藤さんがコースへ飛び出していく。前車より2秒から3秒早いラップタイムで加藤さんの追い上げが始まった。ラップごとにラップ

タイムが上がり、とうとうファステストラップタイムが表示される。順位も2位までアップし、マツダピット内は大いに盛り上がる。監督の貴島さんはレポーターとのインタビューも笑顔が絶えない。最終ドライバーの佐々木さんへのバトンタッチ。最後の燃料20リッターを給油し、レースはいよいよ最終章へ突入した。

トップを走りつづけるTipoチームは12秒台で快調に走り続ける。最終ドライバーはどのチームもこぞってトップクラスのレーシングドライバーの登場だ。ペースカーが2回入ったことでセーブした燃料をここぞとばかり使い、ペースアップが続く。夜になり温度も下がり、タイヤもエンジンも元気を取り戻してきた。軽くなった車体を活かしレーシングドライバーの織戸学選手が最後の最後でファステストラップタイムを塗り替える。午後7時55分、残り5分となり燃料が無くなりピットへ戻ってくるクルマ、コース上でストップするクルマが出てきた。人馬一体チーム号の佐々木さんは燃料ランプをつけたまま我慢の走行だ。午後8時、Tipoチームがチェッカーを受ける。そして04番マツダの人馬一体チームも総合9位でチェッカーを受け、長い戦いが終わった。

NCロードスターの開発副主査を担当してきた私にとって、自分が開発したクルマでメディア対抗ロードスター4時間耐久レースに初参戦させてもらい、そして上記のようなドラマを体験し、さらにメディアの皆さんやジャーナリストの皆さん、お客様と交流ができたことはとても貴重な体験であった。このレースを通じて、意のままに操ることの大切さ、正確でコントロール性のあるハンドリング／ブレーキ、タイヤの使い方、トラクションのかかり方、操作機器やドライビングに必要な視界視認性など、スポーツカーとして多くの大切なことを体感するとともに肌身で感じ取ることができた。ドライバーに推薦してくださった木下さん、そして承認してくださった貴島さん、広報の及川尚人さん、いろいろアドバイスをしてくれた髙橋さん、佐々木さん、そして前田さん、陰でキッチリサポートしてくださったマツダE＆T、東京広報、MRY（マツダR&Dセンター横浜）の皆さんに心から感謝したい。

また、練習走行から本レース中の出来事を含め、選手宣誓（人馬一体チームがポールポジションをとった）、人馬一体チームの紹介、レース途中の1位走行、ヘッドライト点灯の夜間走行、イエローフラッグやペースカー先導、燃料ランプ点灯のひやひや感、遅いクルマのオーバーテイク、表彰式でのお立ち台（最速ラップ賞）、記念撮影などのイベントやセレモニーに参加できたことも幸

運だった。

以上が、初参加の時のレポートだが、その後も私はこのメディア4耐にマツダの人馬一体チームのドライバーとして8回出場してきた。当初からマツダのシニアマネージメントも参加し「人馬一体」を体現するイベントとしてメディアと共に活動を続けた。

マツダチームは、開始当初は広報メンバーが積極的に参加し、マツダ開発チームのトップガンの参加を加えて、参加型モータースポーツとしてマツダらしさを訴求した。マツダの人馬一体チームは途中不参加があるも、レースはリーマンショック後もメディアの強力な働きかけによって中止を免れ、継続することができた。

2011年からは、開発、マーケティング部門の役員も加わり、役員＋主査＋開発メンバーの編成で人馬一体チームとしてのプレゼンスを高め、メディアとの親密さを増した。また、NDロードスターが発売された2015年からは、メーカーの垣根を越えた自動車メーカー連合チームの「チームJapan」も発足し、さらに広がりを持つようになった。メディア対抗ロードスター4時間耐久レースはもはやマツダだけのイベントに留まらず、日本を象徴する参加型のモータースポーツになっている。

② マツダチーム不参加＝2009年

2009年は第20回を迎える記念大会だったが、リーマンショックによる会社経営状況を鑑み、マツダ主催ではなく協賛という形で車両準備と車両提供のみを行うこととなった。マツダの人馬一体チームも自粛して不参加での開催となった。

一方、メディア及びジャーナリストからは20回記念大会ということで、ロードスターというクルマづくりとこのレースが継続することへの賞賛や応援の暖かいメッセージが公式プログラムに寄せられた。そして、レースも無事終了することができた。

私は主査として広報チームと一緒に参加し、メディア及びジャーナリストの皆さんとのコミュニケーションやトロフィー授与のサポートをさせていただいた。マツダを代表して開発担当役員の金澤啓隆さんからは「来年はマツダチームも参加し、皆さんと一緒に"Zoom-Zoom"を味わいたい」と挨拶があった。また、メディア及びジャーナリストの皆さんから、9月20日に三次で開催されるロードスター20周年イベントを楽しみにしているとの声も多く聞かれた。

③ヨーロッパでメディア4耐＝2010年2月9日〜11日

2010年2月、MX-5 20周年記念イベントとして開

催された「欧州国別メディア対抗4時間耐久レース／MX-5 Open Race in Italy」にドライバーとして参加した。レースに参加するヨーロッパ29ヵ国140人のメディア&ジャーナリスト、に加え、54人のTV&カメラクルー、そして主催者のMME（マツダヨーロッパ）メンバーの計258人が集まり、29台のMX-5で一周2.7kmのイタリア・アドリア国際サーキットを走行した。雨の中のレースとなったが、29台全車完走で、MX-5の運転する楽しさ、壊れない耐久性、安心の信頼性を発揮し、ジャーナリストに絶賛され、終了することができた。

優勝はベルギーチームで、5人のジャーナリストドライバーの内、2人は現役のレーシングドライバーだった。ジャーナリストが現役のレーシングドライバーでもあるというチームが他にも多くあり、メディアと付き合う上で話題の重要なポイントになった。マツダチームはMMEの役員3人と、マツダ本社から貴島さんと私の5人。予選、決勝とも最下位だったが、当初の計画通り事故なく完走する目的を達成することができた。MX-5はLWS（ライトウェイトスポーツ）として日頃の"Fun to Drive"からサーキット走行まで安心して運転を楽しめる性能を確保していることを証明できたし、そんなポテンシャルを継承していくことが開発者の役割・責任だと現場で痛感した。また、レース後は多くのメディアがレースの様子をレポートで好評する記事を掲載してくれた。ウエブサイトでにざっと21社が掲載しているし、2月21日にはドイツのTVが1時間の特番を放映する予定になっていた。また、次の週には同じクルマを使って全ヨーロッパのマツダディーラー135社＋他参加者の326人で4時間耐久レースが実施され、こちらも成功裏に終了したことも付け加えておきたい。

MMEはメディアだけでなく販社も巻き込んで走る歓びを体験する場を提供しており、そんな取り組みがすばらしいと思った。

④ 第23回メディア4耐＝2012年

この年はマツダの"Zoom-Zoom"をお客様と一緒に体現させるべくそれぞれの部門を代表して、執行役員の藤原清志さん、毛籠勝弘さん、デザイン本部長の前田育男さん、車開本三次DSのエキスパートの佐藤政宏さん、そしてロードスター主査である私の5名のチームで臨んだ。チームをサポートするスタッフは、監督の車開推の木下新郎さん、マネージャーは1走環開の佐々木健二さん、メカニックはR&Dより公募で選抜された操安開の新居さん、VC開の山本さん、衝突開の勅使河原さんの5人である。初参加となる毛籠さんは、2回目となる藤原さんと一緒に美祢試験場で運転訓練の特訓を受け、安全とテクニックを磨いた。今年はスーパーGTレースに参戦する日本のトッププロレーサーである荒聖治選手、織戸学選手などの参加に加え、トヨタ86主査の多田さん、レクサス主査の古場さん、スバルSTI監督の辰巳さん、ニスモの五十嵐さんなど各メーカーを代表する方々も参加し、大会を盛り上げた。加えて、3日前にモスクワモーターショーで発表した新型アテンザ／マツダ6を筑波サーキットで日本初公開するサプライズも組まれた。また、ロードスターなどお客様のサーキット走行会、ロードスターのパーティレースなど、筑波サーキットはマツダデーで賑わった。

レースは、午前中に車検&レーシングギアの公認確認、その後30分の公開練習、午後からの20分間の予選で各車のスタートポジションが決まる。レース前のドライバーズミーティングでは広報担当の執行役員の光田稔さんがメディアの皆さんへのお礼と、このメディア4耐を決して止めることなくずっと続けるという力強い

イタリア・アドリア国際サーキットで開催された欧州国別メディア対抗4時間レースにも参加した。日本チームは私と貴島孝雄さん、そしてMME（マツダヨーロッパ）のマネージメントメンバーで構成。MX-5の20周年を記念したレースは雨の中のレースとなったが29台全車が完走した。

宣言があり、会場の皆さんから満場の拍手をいただいた。また主催者からは、マツダへの感謝に加え、メディアの皆さんには提供いただいた大切なメディア4耐の様子を"Zoom-Zoom"の精神で露出させること、そして「大事なクルマを壊さないで安全第一でお願いします」との挨拶があった。

レースの45分前には23台の出場者がコースイン。昨年（2011年）の優勝チームからの優勝カップの返却に続き、ポールポジションを獲得したエンジンチームの村上編集長より力強い選手宣誓があり、その後壇上で全23チームの紹介があり、いよいよ本番へと進んでいく。予選は、1分10秒66の素晴らしいタイムをたたき出した前田さん（あの清水和夫氏より速い！）の活躍で11番手の好位置となった。トップ2台は1分09秒台、1分10秒台が15位まで、22位までが12秒台の接戦である。各車コースイン、午後4時のスタートが少し遅れて、毛籠さんのスタートフラッグを合図にローリングスタートで4時間の耐久レースが始まった。

人馬一体チームはスタートドライバーの私に続き藤原さん、毛籠さん、佐藤さん、前田さんの順番で、マツダチームの最高ラップである181ラップ以上での完走を目指す作戦だ。ピット監督の木下さん、マネージャーの佐々木さんは、毎回のラップタイムと燃費をコントロールし、ピットクルーの新居田さん、口本さん、勅使河原さんはピットサイン、給油、ドライバーチェンジのサポートを担当する。ローリングスタート直後の第1コーナーには3台、4台が重なりあうように突入、接触に注意しながらアクセルを開け、後続のクルマに道を譲らない強気でラインをキープ。2～3ラップで各車のペースが落ち着き、縦1列の編隊となってレースが進んでゆく。

ピットの木下監督の指示でスタート直後は6500rpmシフトでポジションをキープすることに努めたが、この日は練習走行なしの本番一発勝負のドライブとなり、今年から新しくなったブリヂストンRE001Aタイヤのグリップと限界付近の滑りだしを探りながらの走行だった。またエンドレスのブレーキパッドは耐久性重視でコントロール性が良くない特性だった。

レース開始から15分が経過し、木下監督からレースが落ち着いてきたので6000rpmにエンジン回転数を下げ、燃費考慮の走行に切り替える指示が来た。6000rpmでもピットサインボードは、1分14秒前半のタイムでタイムロスはない。「このペースをキープしよう」。上位チームは2分間のピットハンディを消化するためピットイン、しかしコースに復帰するとどんどん迫ってくる。結局3～4台に抜かれたように思うが、第1コーナーの突っ込みで1台パスしたときは爽快だった。クルマの調子も安定し、タイムも6000rpmシフトで1分13秒台が出るようになった。「このペースだ！」。しかし前を行く03番のピンクパンサーチーム（女性チーム）に追いつけなく、悔しいが我慢のレースとなった。ピットからピットインのサインがでる。予定の37ラップ、46分の走行があっという間に終了、ピットロードに入る。燃料計はFのまま、シートベルトを緩めて、他車のピットインもあり総合7位の状態で2番手の藤原さんへ無事バトンタッチすることができた。

藤原さんは、昨年は雨のレースで厳しい初参加だったが、今年はドライで飛び出していった。2ラップ目は1分16秒台、3ラップ目は1分15秒台と順調にペースアップができている。特訓の成果が発揮され、予定通りのペースで進んでいて、順位もピットストップで11位まで落ちたが、また7位まで回復してきた。木下監督の指示で6500rpmシフトから燃費を考慮して6000rpmシフトに変更したが、タイムは1分15秒で安定してきた。

30分を経過した頑張りどころの26ラップ目、ダンロップブリッジ下を通過したとき木下さんの携帯にキーという大きなスキール音が飛び込んできた。「スピンだ！」。アクセル全開での右コーナーから左コーナーへの荷重移動の瞬間にオーバーステアとなり、痛恨のスピンとなった。幸いに後続車もなくスポンジバリアー前でストップしており、木下さんの的確な指示で焦ることなくバックで脱出し、コースに復帰することができた。藤原さんはスピンの瞬間チームメンバーの顔が脳裏をよぎったそうだ。クルマはどこも異常がなく、次のラップからは再び1分15秒台をきっちり刻み、予定通りトータル33ラップ41分の走行を終了し、3番手の毛籠さんへ襷（たすき）を渡した。

ここで最初の燃料補給20リッターを行う。給油は3分間のピットストップが義務付けられているため、毛籠さんは余裕をもってドライバーチェンジし、コックピットで給油時間終了を待つ。今年のスタッフも初めての大仕事を丁寧にきっちり給油して完了、そしてカウントダウン「3、2、1、スタート！」。焦る気持ちを抑え、ピットレーンの制限時速40Km/hをキープ、こんなところでペナルティをもらうわけにはいかない。

レースもスタートから1時間半が経過し、各チームとの燃費キープの我慢比べの時間帯だが、どうもペースが上がらない。1分20秒前後でのラップタイムである。練習では1人走行だが、レースとなるとまわりのクルマ

マツダチーム30年の足跡 (1989〜2019, 30回)

NO	年度	優勝Lap	クルマ	マツダ順位	チームの特徴	メンバー
1	1989	178	NA	15	役員、プログラムメンバーTop、広報	達富、立花、島崎
2	1990	180	↓	8	プログラムメンバーTop、広報	立花、伊藤、島崎
3	1992	176	↓	17	広報チーム	久保、島崎、西
4	1993	183	↓	5	プログラムメンバーTopガン、広報	立花、伊藤、島崎、小田、西岡
5	1994	187	↓	X	不参加	―
6	1995	179	↓	X	不参加	―
7	1996	180	↓	X	不参加	―
8	1997	184	↓	17	役員+マツダTopガン	リーチ、伊藤、西岡、小田、立花
9	1998	175	NB	15	役員+マツダTopガン	リーチ、小田、立花、高橋、森山
10	1999	176	↓	7	役員+マツダTopガン	リーチ、小田、立花、高橋、伊藤
11	2000	179	↓	2	役員+マツダTopガン	マーティンス、立花、伊藤、小田、高橋
12	2001	138	↓	16	役員+マツダTopガン	マーティンス、立花、小田、高橋
13	2002	166	↓	20	役員+マツダTopガン	バカーイ、伊藤、前田、小田
14	2003	183	↓	12	役員+マツダTopガン	オデール、バカーイ、伊藤、小田、高橋
15	2004	177	↓	13	役員+マツダTopガン+エンジニア	オデール、バカーイ、伊藤、前田、牧野
16	2005	186	NC	リタイヤ	役員+マツダTopガン	モリス、金澤、伊藤、高橋、佐々木
17	2006	186	↓	11	役員+マツダTopガン	モリス、金澤、伊藤、高橋、佐々木
18	2007	183	↓	8	マツダTopガン+主査+助っ人	前田、高橋、佐々木、山本、加藤（彰）
19	2008	189	↓	15	役員+主査+助っ人	スペンダー、貴島、山本、片山（右京）
20	2009	186	↓	X	不参加（リーマンショック）	―
21	2010	184	↓	X	不参加（リーマンショック）	―
22	2011	173	↓	18	役員+主査+エキスパートエンジニア	ピクストン、藤原、前田、山本、佐藤
23	2012	188	↓	DNF*1	役員+主査+エキスパートエンジニア	藤原、毛籠、前田、山本、佐藤　*1ガス欠
24	2013	184	↓	13	役員+主査+エキスパートエンジニア	藤原、毛籠、前田、山本、佐藤
25	2014	182	↓	9	役員+主査+エキスパートエンジニア	藤原、毛籠、前田、山本、中元
26	2015	179	ND	12	役員+エキスパートエンジニア	藤原、毛籠、前田、廣瀬、中元
		↓		17	自動車メーカ連合	山本(マツダ)、古場(トヨタ)、山中(ホンダ)、松井(三菱)、森(スバル)
27	2016	180	↓	16	役員+主査	藤原、前田、廣瀬、青山、中山
		↓		9	自動車メーカ連合	山本(マツダ)、加藤(トヨタ)、木立(ホンダ)、河本(日産)、森(スバル)
28	2017	182	↓	8	役員+エキスパートエンジニア	前田、青山、梅下、酒井、寺川
		↓		16	自動車メーカ連合	中山(マツダ)、森(トヨタ)、五島(ホンダ)、奥田(日産)
29	2018	123*2	↓	8	役員+エキスパートエンジニア	前田、廣瀬、松本、佐藤、寺川　*2赤旗中断
		↓		16	開発チーム	中山、斎藤、佐々木、川田
30	2019	180	↓	4	役員+エキスパートエンジニア	前田、廣瀬、齊藤、佐藤、寺川

1989年から2019年までのメディア対抗ロードスター4時間耐久レースのマツダの人馬一体チームの足跡をまとめたもの。初回より開発ドライバーと一緒にシニアマネージメントが参加していたことが判る。初回には商品本部本部長の達富康夫さんが参加している。1997年から2011年まではフォードから来られたシニアマネージメントが参加した実績も残っている。その後もシニアマネージメントと主査、エンジニアメンバーでチームを組み、参加していることが判る。マツダはシニアマネージメントも主査も国内公認レースに参加する運転スキルを有している会社なのである。

2019年メディア対抗ロードスター4時間耐久レースのマツダ人馬一体チームのメンバーイラスト（山本作成）。

2012年メディア対抗ロードスター4時間耐久レースのマツダ人馬一体チームの集合写真。

第3章　主査拝命

で自分の走行ラインを自由に走れない辛さを体験している。初めてのレースの厳しさを知ることとなった。しかし、20分を過ぎたころからペースが上がってきた。1分18秒、1分17秒、そして1分15秒までタイムアップしてきた。36ラップ、44分の予定走行を終え、順位は受け取った時の19位をキープして次の佐藤さんへバトンタッチだ。

　最後の燃料給油20リッターが終了。レース開始から2時間24分、残り1時間36分。これから人馬一体チームの2人のエースが順位を挽回するべくチャレンジが始まる。燃料計も3/4を示しており、ほぼ予定通りの燃料消費だ。佐藤さんも2011年は雨のレースだったが、今年はドライなので思いっきり攻められるだろう。しかし、コース上は日没を過ぎかなり暗くなってきた。ヘッドライト点灯でこれからは夜間レースとなるのだ。三次DSのエキスパートの佐藤さんはマツダトップクラスのドライバーだ。前回は雨の中で苦しいレースだったが、今年はドライコンディションで真価を発揮すべく飛び出していった。木下さんからも燃料は3/4で十分あり、7000rpmシフトで追撃開始の指示が出た。いきなり、1分15秒、14秒、13秒と毎回ラップタイムが上がっていく。そしてピットのモニターには04番にベストラップの表示が点灯、1分12秒679！マツダピット内は拍手で盛り上がり、順位も21位から19位へアップした。あっという間に38ラップ47分の予定時間が経過し、アンカーの前田さんへバトンタッチとなった。この時点で144ラップ、3時間12分が経過。レースは残り1時間を切った。

　予選でベストタイムを出した前田さん、今回は調子がいい！燃料計の残量ランプがいつ点灯するか、それまではペースを上げて上位を狙う作戦だ。コースは真っ暗でヘッドライトだけでは路面は十分見えない。昼間の感覚を頼りにチャレンジが続く。2ラップ目に1分14秒を更新し、次々にラップタイムもアップする。13ラップ目には1分12秒164、佐藤さんのベストラップを更新し、順位も16位までアップ。後は燃料が持つかの勝負だ。

　169ラップ目で燃料計残量ランプが点灯し、木下監督よりエンジンを6000rpmに落とす指示。レース終了まで15分以上あり、このままでは燃料がもたないのでさらにペースを落とす指示が出される。ラップタイムも1分22秒までドロップする。コントロールタワー前でストップし、チェッカーを待ってゴールする作戦が前田さんに伝えられたが、奥のヘアピンを通過したところでエンジンがストップし、再始動できず。前田さんはクルマ

を手押しして何とかゴールまでと孤軍奮闘したが、最終コーナーで力尽き、残念ならがチェッカーを受けることなく178ラップでレースを終了した。

　今年は天候にも恵まれ、ペースカーも一度も出ず、ハイレベルなレース展開となった。優勝は歴代最高記録に1ラップと迫る188ラップでティーポ・デイトナチーム、2位は同188ラップのスタートユアーエンジンチーム、3位は同188ラップのホリデーオートチーム、そして入賞の6位までが186ラップ以上とレベルの高いレースとなった。一方で、わが人馬一体チームと同様にガス欠車が計4台あり、スリリングな展開となった。

　優勝トロフィーのプレゼンターと締めの挨拶は私が担当した。メインスタンド前で行われた表彰式、1～6位入賞チームへのトロフィー授与と1～3位までのメダルの授与、副賞としてスポンサーのガルフ・オイルとコカ・コーラより記念品が贈られ、シャンパンファイトで、優勝、入賞チームの栄誉を讃えた。

　最後に、参加された皆さんへのお礼と、"Zoom-Zoom"の精神で皆さんと一緒に笑顔でレースが終了できたこと、たくさんの笑顔と感動への感謝を述べ、そして、「また来年この場所で会いましょう」と締めくくり、今年（2012年）のメディア対抗ロードスター4時間耐久レースは終了した。

⑤「チームJapan」誕生

　冒頭でも少し述べたように、2015年にはメディア4耐にメーカーの垣根を越えた自動車メーカー連合チームの「チームJapan」が登場した。この項の最後にこのチームの誕生の経緯を記しておきたい。

　かねてからメーカーの垣根を越えてスポーツカーについてディスカッションする仲間の集まりであるAEN（Automotive Engineers' Night＝各メーカーのスポーツカーエンジニアの集まり）という取り組みが行われており、私も参加していた。私は2015年のNDロードスターの誕生を機に、メディア4耐を新しいステージにステップアップさせたいと考えていた。そこで、スポーツカーをもっと増やそう、そしてクルマライフをもっと楽しく、若者のクルマ離れをなくすようなワクワクする取り組みを行おうという趣旨を踏まえて、このグループのメンバーで自動車メーカー連合チームをつくり、メディア4耐に参加したいと考えた。その実行を2015年から始めた。

　2015年は、マツダ、トヨタ、ホンダ、日産、スバルのエンジニアに働きかけて、各社の広報経由でその実現にこぎつけることができ、翌2016年も同様の取り組み

として2回目を実現することができたのである。この取り組みはメディア4耐のオーガナイザーのビースポーツや、各メディア、ジャーナリストからも高く評価された。ロードスターが持つ"人と人を繋げ笑顔を広げる"という特徴を良く表した姿だと言えるだろう。自動車メーカー連合チームは、主査を中山雅さんにバトンタッチした2017年まで続いたが、その後は途絶えてしまったことは、私個人として少し残念な気持ちである。

2011年12月の東京モーターショーのプレスデー夜のAEN（オートモーティブ・エンジニアズ・ナイト）でのミーティングの様子。トヨタ、日産、スバル、マツダ、ホンダ、ヤマハのエンジニア45名が集まった。これがきっかけで自動車メーカー連合チームが結成されることになる。

2015年のメーカー連合チームメンバー。右からトヨタの古場さん、ホンダの山中さん、日産の永井さん、三菱の松井さん、スバルの森さん、そして山本。

2015年のメーカー連合チームのロードスター。ボディサイドには各メーカーの名前も入っている。

2016年のメーカー連合チームメンバー。右からホンダの木立さん、トヨタの加藤さん、スバルの森さん、山本、そして日産の河本さん。

第3章　主査拝命　63

第4章　NDロードスターの開発＝ファーストステージ（2007年〜2009年）

　この章からは主題に入ることにしたい。私が主査として取り組んだFRプラットフォームの先行開発から次世代となる4代目NDロードスター/MX-5の商品開発への経過とその後の導入活動を振り返ると、その過程は大きく以下の3つのステージに分けられる。
①ファーストステージ：主査を拝命した2007年7月から、リーマンショックの影響を受けプログラムが一旦解散する2009年3月までの先行技術開発段階と企画構想段階。
②セカンドステージ：2009年4月から量産開始に至る2015年5月までの顧客基盤構築と商品提供価値の創造、製品価値のつくり込み。
③サードステージ：2014年2月から2017年までの市場導入の取り組み。

　それぞれのステージで、何を目指し、どう取り組んできたのか、またなぜそうしたのかを主査としての取り組みを中心に振り返ってみたい。

■先行技術開発、企画構想とは何か
　新たなクルマの開発ではマツダの中期経営計画に沿ったポートフォリオ（マツダ全体の商品体系）に基づき、社会環境や社会要請を踏まえた商品群として、環境・安全規制対応や商品装備を戦略的に織り込んで商品化を行っていかなくてはならない。そのためにはレギュレーション規制や、次世代に必要な新装備や新技術などを一定の先行技術開発としてアニュアル（年間）活動を実施しておく必要がある。
　この先行開発が進んでいるかどうかが商品力を大き

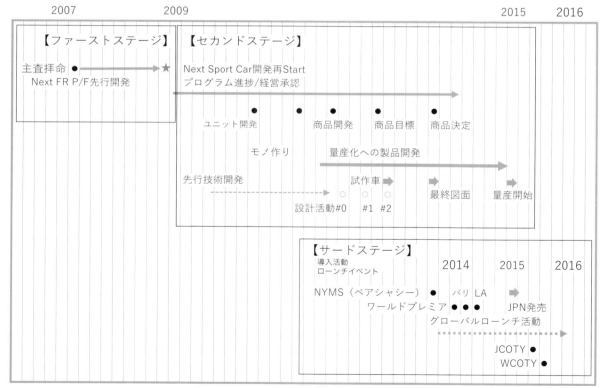

NDロードスター/MX-5の商品開発への経過とその後の導入活動を振り返ると、その過程は以下の3つのステージに分けることができる。
①ファーストステージ：主査を拝命した2007年7月から2009年3月まで。
②セカンドステージ：2009年4月から2015年5月まで。
③サードステージ：2014年2月から2017年まで。

く左右する要素となるので、各自動車メーカーや部品サプライヤーもしのぎを削っているのである。他社に先駆けて新しい価値を提供することが、お客様を獲得する上で大きなアドバンテージになるからである。

マツダでも先行技術開発には力を入れており、将来技術の研究は技術研究所が、要素技術は各担当設計の先行技術開発部門が取り組んでいる。サプライヤーとの定期的な技術交流会や展示イベント、各種学会での先行技術情報、特許のレビューなど常にアンテナを張り巡らし、遅れをとらないようにしているのである。

クルマはボディを構成する鉄やアルミ、プラスチックなどの構造用部材からエンジン部品、電子制御部品、機械加工部品やガラス、シート、塗装やメーター、ライト、オーディオなどのほか、エアバックなどの衝突安全装備やミリ波レーダーなどの電波技術など、非常に幅広い産業構造を必要とするのが自動車産業である。そうした自動車産業の幅広い"すそ野"から生み出された多くの先行技術開発の集合体として、クルマが進化するというのが大きな特徴である。

競争力のある商品を生み出すためには、こうした幅広い領域の産業構造の中で、商品の魅力価値を訴求しながら高めていく先行技術開発に注力し、効率的に効果的に進めていく必要があることは言うまでもないのである。

先行技術開発は新しい価値を創造し、具現化する取り組みである。従ってどういう価値を求めるのか？ という目的が重要である。なぜ、何のためにどういう価値をつくるのかという目的志向をしなければならない。技術開発のためという手段ではなく、目的を明確にすることを忘れてはならない。つまり、どんな価値を持った商品をつくるのかを明らかにすることである。それこそが企画構想である。

マツダにとってのFRスポーツカーの目的は何か、どんなお客様にどんな商品価値を提供するのかを明確にしながら、その実現に向けた必要な技術革新に取り組むことが求められているのである。

マツダのブランド価値をリードする次世代スポーツカーにとっての新しい価値創出に向けた顧客基盤構築とプログラム戦略提案の構築は大きなミッションであり、その担当主査として私が任命されたのである。

私はこれまで副主査として商品価値を実現する製品開発づくりにずっと取り組んできた。即ち製品価値を高める仕事である。エンジニア的な目標を設定して設計活動、実研活動を通じて良いモノをつくっていく活動といえる。

しかし今回の次世代スポーツカーでは、製品価値の前

にまず顧客基盤を構築し、誰にどんな価値の商品を提供するかという、つまり、モノではなく意味的価値を最初に創出して、その次にそれを実現するために必要な企画検討と先行技術開発をスタートさせるというプロセスを踏まなければならないのである。主査にはこれまでのエンジニアリング知識だけではなく、世の中の変化、社会環境の変化、顧客の求めているものは何かという前提を明確に示す取り組みが求められていた。

そういう意味ではこれまでのエンジアリング知識とは異なる考え方や取り組みが求められるため、マーケティングや商品企画に関するメンバーとの関わりも多くなる。もちろん財務知識なども踏まえた衆知の結集が必要になっていくのである。

■当時のマツダの状況

マツダは2003年に、井巻久一社長の下で新たなブランド戦略を打ち出した。2007年3月に中期計画で「マツダアドバンスメントプラン」を発表し、成長と飛躍への道を踏み出した。2006年にCX-9、CX-7を発表し、やがて到来するSUVの時代へのスタートを切ったのである。そうした背景の中で2007年3月には技術開発の長期ビジョンとなる「サステイナブル"Zoom-Zoom"宣言」を策定し、「安全・環境性能」そして「走る歓び」へとクルマづくりのブランド戦略を進めている時代であった。

世の中の自動車は環境対応と燃費向上に向けてハイブリッド車や電気自動車の開発を進めていったが、マツダはエンジン技術を磨き上げSKYACTIVテクノロジーで商品づくりを進めていくという中期計画を打ち出したのである。"SKYACTIVテクノロジー"と"モノづくり革新"という2つを核とする商品づくりに舵（かじ）をきったのである。その成果となる初の商品として2011年に登場したデミオとSKYACTIV-Gエンジンは2012年次のRJCテクノロジーオブザイヤーや2011-2012日本カーオブザイヤー実行委員会特別賞にも輝いたのである。そしてSKYACTIVテクノロジーと魂動デザイン、モノづくり革新を導入し、2012年以降に登場してくる第6世代商品群がFF商品群の一括企画として着々と進められていた。FR商品群も少しスタートが遅れたが、FF商品群の一括企画を踏まえて先行開発に取りかかったのである。

■顧客基盤構築分析

前述のような背景の中で、2007年7月より次世代スポーツカーの開発活動が始まった。まずプログラム戦略

提案に向けてチームが最初に取り組んだのが顧客基盤分析である。

1993年〜2005年と2010年〜2020年の日本市場を予想比較してみると、A・Bセグメント車やスポーツワゴンカテゴリーは増加するも、それは女性のみで男性は縮小する傾向を認識した。分析ではトール系スペースワゴンの顧客層は、年収に対し高価格商品を購入するという特徴的な傾向を生んでいた。これは女性の戦略ウエイトが高まっている傾向を示し、アテンザ以降独身男性層を獲得してきた。マツダのシニア顧客層は、トヨタ・日産に比べて価格志向の顧客比率が高いことが分かってきた。これはマツダが市場の需要構造の変化に十分効果的な対策ができていないということにつながる。

すなわち2007年〜2009年の優良顧客となる高価格購入客層を獲得できる商品戦略が求められていることになる。低価格重視顧客の新しいCセグメントのトール系スペースワゴンやスポーツワゴン、そしてコンパクトカーを購入する女性層に加え、顧客拡大に向けて価格志向ではない優良シニア顧客母体の構築が期待されていた。

アメリカでは2010年〜2020年の顧客価値観において変化が起きていく。1946年から64年生まれでブーマー世代と呼ばれる一定の価値観と安定した経済力を持つ顧客層は、子育てを終了して夫婦ふたりの生活へと変わっていく。ジェネレーションYと呼ばれる一定の価値観を持つ世代の新車購入を見据えると「少し高いが手に入れたい！」と思う商品を、マツダが体現してゆくことが求められている。

市場の変化としては、燃料価格の高騰／バイオテクノロジー、地球温暖化／マテリアル技術ブーム、IT影響力の拡大／若い家族人口の増加などが認められる。顧客の価値観は、独身層は独立心・自己表現、ファミリー層は人間関係重視・家族との積極的な関わり、シニア層は若々しい・人生を楽しむ・自己への贅沢などを求めていることが明らかになった。

一方、ヨーロッパは各国がそれぞれ異なった文化や環境背景のため一つにまとめることは難しく、代表的なドイツ、イギリスで同様の顧客基盤分析を行った。

ドイツは2005年頃より、マツダ3、マツダ6を中心にロイヤリティの高い若年層顧客を獲得しており、トヨタに匹敵する顧客防衛率を持っている。そのため今後はBセグメントカー顧客層ベースの強化が必要となる。2007年〜2009年ではマツダ2の導入で本格Bセグメントカー顧客を再構築する必要がある。そうすることに

よりCセグメント多目的車のファミリー層によるトール系スペースワゴンのさらなる拡大も見込まれる。

イギリスは2005年で見ると若年層の獲得が必要で、若い顧客がマツダを欲しいと思う理由を持たせることが重要となる。チームは市場ごとに明確化された商品要望と進行案をグローバルな視点で優先順位付けし、次世代スポーツカーの戦略提案として役員の承認を得る取り組みを行うことにした。役員からはスポーツカービジネス成長の基軸／ハブモデルを確保し、付加価値の高い高収益車で顧客基盤層を確保し、台数成長を図ることが期待されていた。

■次世代スポーツカーの戦略提案

前述の顧客基盤分析結果を踏まえ、チームはメイン市場であるアメリカの顧客と価値を整理し、顧客と提供価値のストライクゾーンの方向性を定めるべく取り組んだ。アメリカにおけるストライクゾーンの顧客は、高収入のブーマー世代であり、提供価値は「カッコいいスポーツルック」、そして「センス of フリーダム」の価値概念を持つスポーツカーとなる。しかしながら、ジェネレーションY世代は諦めない。彼らが3台のクルマを所有したとき、SUVの横に並べる社会貢献性のあるスポーツカーの存在をイメージすることとした。

そこで、顧客や提供価値を具体的に掘り下げる活動を展開した。次世代スポーツカーはどうあるべきかという「大義」を明らかにして、商品像の方向付けをした戦略提案をつくり込むことである。

「センス of フリーダム」という価値概念は、クルマだけがカッコいいのではなく、所有するお客様が一番カッコよくなければならないだろうと考えた。この考え方はマツダの人間中心のDNAでもあり、いつの時代も変わらないフィロソフィ（哲学）である。そう考えると社会貢献すること、スポーツカーライフへの憧れを持たせ、それを先進技術がサポートすることで、地球にやさしく安全に健康的に、さらに精神的な領域までを包含する価値を持たせるなど、チームの価値概念の検討は進んでいった。そうした考え方をドイツのMME（マツダヨーロッパ）、カリフォルニアのMNAO（北米マツダ）の商品企画メンバーとも電話会議で共有し、ディスカッションを重ねていった。

その過程でドイツのリーンカンプ博士の「夢見ることができるなら、夢は技術で実現できる」という格言も知ることができた。チームのメンバーが次世代スポーツカーコンセプトの大きな夢を描くこと、そしてエンジニ

アと一緒に夢を実現する技術革新に取り組みたいと思い、私は益々モチベーションを高めていったのである。

①戦略提案のベクトル合わせ

2007年8月の終わりには、マーケティング担当の毛籠勝弘さんへのレビューがあった。進むべきベクトルは合っているとサポートいただいたが、戦略提案に向けては課題の構造化が必要であるとの指摘を受けた。

つまりプログラムとしての課題は何で、経営者に何を判断させるのか？ そのための判断材料は何か？ それは次世代スポーツカーが新FRプラットフォームやREを含むエンジンが、投資するに値するか否かという課題であった。

そのためには、
①長期でのスポーツカー需要の将来性
②スポーツカーの継続はマツダの成長に貢献するか
③魅力ある商品像が描けているか
という問いに明確に答えなければならないのである。

その後、丸本明さんへの定例レビューを行うことになった。悩んで前に進めない状況をつくるのではなく、プログラムの戦略提案の上程へ向け、少しずつでも方向を見失わないようにシニアマネージメントと商品のベクトルを一致させる進め方を提案し実行した。丸本さんへのレビューは3ヵ月間にわたり8回ほど行ったが、その間にアメリカではジェネレーションY世代の顧客分析を繰り返し実施した。ヨーロッパのMMEとも戦略提案の上程のやり方、そしてより具体的な次世代スポーツカー像検討の議論を重ねた。8回目のレビューには金井誠太さんにも入っていただき役員の意向を確認し、10月終わりには戦略提案のシニアマネージメントとの合意を取り付け、次のステップへ進めることになった。

具体的には、これまで行ってきた世界のスポーツカー市場と顧客の理解をした上で、いくつかのハイレベルな新たな具体的商品イメージを検討し、競合車との比較評価をした。それらに基づいて、市場競合力の評価、次世代スポーツカー戦略の検討、その使命と意義を定義してゆき、推奨案を絞ってゆく。そして戦略提案への課題を明確にしたうえで、スポーツカー商品群全体の商品力の三角バランス（商品力・市場予測・投資）のとれた商品ビジネス展開像を提案できるように進めていった。

②次世代スポーツカーのハード構想と三角バランス

次は先行技術のハードの検討に入ることになる。具体的な商品価値を、基本構造をはじめとする製品構想として組み立てなければならない。さらにはそれをビジネスとして成立させるためには投資の検討も必要になる。

従ってこれまでの商品企画部門だけでなく、具体的なハード構想とその設計や投資見積もりができる企画設

主査を拝命し、ロードスター/MX-5開発に取り組み始めた頃の職場の様子。室内には打合せテーブルのほか、FD RX-7とNCロードスターも置かれていた。

第4章 NDロードスターの開発＝ファーストステージ（2007年〜2009年）

計、設計部門、技術部門、購買部門なども参画したタスク活動として、プラットフォームの先行開発を行うことになる。企画設計部と連携して企画開発構想／プログラムの商品前提（プログラムアサンプション）を示し、関係部門と活動を開始したのであった。

次世代スポーツカーのプラットフォームのテーマは、必要な商品性・最軽量・ミニマム投資の3つを両立させることである。そのためには実現可能な軽量化シナリオを示す必要がある。理想構造と理想工程に基づくプログラム構想を示し、その中に、ミニマム投資の考え方が入っていること、重量／投資効率がベストとなる2つ目の派生スポーツカーの構想を準備することである。

先行技術のハード構想が独り歩きしないためには、プログラムを成立させるための商品・台数・投資の三角バランス成立の見通しを持って取り組むことが必要である。商品だけが独り歩きして台数や投資が疎かになっては、プログラムが破綻するからである。そのために必要なのは、ミニマム投資額の明確化、収益目標の考え方、三角バランス成立に必要な価格台数条件とその実現性の確認である。次世代スポーツカー戦略提案では、ロードスター/MX-5に加え、REスポーツカーを誕生させたいという強い想いがあった。RE戦略については、生産継続中のRX-8や次期RX-7のアメリカ、ヨーロッパでの市場性など、それぞれ大きな課題を持ち合わせていた。

しかしながら我々は、RE戦略も視野に入れた企画検討を進めていくことにした。プログラムチームは次世代スポーツカー戦略・商品像提案に向けて、経営企画部門、ファイナンス部門、マーケティング部門、商品本部、企画設計、デザイン、設計・実研、技術部門などの協力を得ながら活動を続けたのである。

③戦略提案の否決

その後もプログラムチームはアメリカ、ヨーロッパのマーケティング部門との顧客像の検討、ビジネス検討について役員レビューを繰り返しながら戦略提案内容を深めていった。

しかし、12月の役員レビューで次世代スポーツカー戦略提案は否定された。役員からは、投資が多すぎること、そもそも2つのスポーツカーが必要か？ という点で疑問符がついたのである。そして、2つのスポーツカー提案には複数の課題が存在しており、それぞれを切り分けて個別の議論を重ねていくことが方向付けされた。特にRE搭載スポーツカーを提案することへは大きなハードルが存在した。

④ 2008年の決意

年が明けて2008年が始まった。私は主査として以下の抱負をチーム全員と共有した。

「2008年度は私にとってもチームにとっても一生に一度のビッグチャレンジの年である。世界経済は一進一退を繰り返し、先行きの不透明さはまだまだ続くだろう。苦しいことは承知の上でやりきる覚悟を持ち、"夢"に向け"挑戦"し、"達成感"を味わおう」。

次世代スポーツカー開発は"夢"を叶えるマツダのブランド商品／作品として位置づけ、地球環境問題に見られる環境対応は当然の前提とし、新しい時代の中でお客様の期待を超え"あっと言わせる提供価値"を創ろう！

そのためにはこれまでとは競い合うフィールドを変えてゆき、次世代スポーツカーを論じることが大切で、誰よりも「カッコよく、気持ちよく、速く走りたい」……次世代スポーツカーはその夢を叶え、手に入れる道具である。人が自分の感覚の中で感動することを忘れない限り次世代スポーツカーの存在価値は続くだろう。

私自身も、「虚心創風」で謙虚さを忘れず、コツコツ、テキパキと積み重ねる！ そして、主査としての品格、モチベーション、チームワークを大切し、人材／人脈を育み、共に支えあう共育で進めてゆく、という目標を設定した。こうして厳しい環境の中、次世代スポーツカー開発というやりがいのある目標に邁進していった。

⑤次世代スポーツカーの課題への取り組み

昨年（2007年）は顧客基盤分析を行い、2010年〜2020年までの顧客獲得方向と商品像を明らかにし、役員との合意に向け取り組んだ。そうした中でビジネス成立、ミニマム投資、いくつかの技術課題が立ちはだかっている。私はそれぞれの項目について課題を明らかにし、進むべき正しい道を示さなくてはならなかったのである。

①商品／作品は、新たな価値観を持つロードスター/MX-5とコンパクトFRクーペに絞られる。エンジンは将来の水素社会ならRE一本の道もあるが、REがその期待に応えられるレベルになることが課題。その場合、ロードスター/MX-5は2012年からはCE(コンベンショナルエンジン)でのCO_2改善からスタートさせ、REへの移行を視野にいれる必要があった。REは、燃費・信頼性品質・社内コンセンサスを含め、やり方の改革を行う必要が求められていた。計画を進めていく上ではCEのパッケージ問題も含め、プロジェクトチームとの協議を行っていったのである。

②軽量化への取り組みは商品上の最大の課題であ

る。機能を高める新技術を始め、新材料のアルミニウム、炭素複合材料、ハイテン（高張力鋼鈑）などいずれもコストが高く、どこにどう使うかのシナリオをつくる必要があった。技術開発を伴う項目の主要技術のコンポーネント、システム．共有化検討を早期に開始した。生産上の課題も合わせて進めるように技本、購買と連携を行っていったのである。特にアルミニウム、炭素複合材料、ハイテンの共通化展開は必須事項であった。

③投資の削減は解決案件のなかでも大きな課題である。FR プラットフォームは上記軽量化との兼ね合いで目標設定するため、どこをどこまで変更するかという軽量化とコストのバランスや、投資のガイドラインもしくは評価基準を定めて、正しい判断ができるようにしなければならない。生産、サプライヤー／部品金型費は共通化が重要、部品／サプライヤーの工程をいくつか取り上げ、効率的に取り組むこと。また、RHT（リトラクタブルハードトップ）をどうするかはソフトトップの電動化を含め早く方向付けが必要。スペース効率／超軽量 RHT 構想があれば考慮が必要になっていくのである。

④体制／運営は、プログラムの開始提案の 4 ヵ月前に陣立て会議が発足できるようにし、エンジニアリング活動が早期に着手できるプロジェクト運営リーダーを任命することを提案し、上記課題をやりきるように進めた。

⑤人財／骨太エンジニア集団の育成は、プロジェクト運営リーダー／プロジェクトアシストリーダーの育成を目指す。常に手戻りなく高い目標を達成する業務を遂行でき、担当する領域で想定される構成要素／システム／部品においては、常にそれらの鳥瞰図とカラクリを理解した上で業務を行い、関連部門との連携を忘れず、効率よく迅速に成果を発揮するエンジニアを育成する。

■本質的な魅力価値としての「感」づくりへの取り組み

私は主査として商品の提供価値を考える上で、ロードスター／MX-5 に欠かすことのできないこととして、「運転する楽しみ」を体現することが大切であり、その指標として人が楽しいと感じる本質的な「価値」が重要だと考えた。そこで人がクルマに乗って楽しいと感じる価値の創出、すなわち「感」づくりをテーマとした研究を開始した。

NA ロードスターが誕生し、世界的な大ヒットとなった。その後 NB ロードスター、NC ロードスターとその商品価値は、時代の要請や自動車を取り巻く衝突安全や燃費、排気ガス規制などのレギュレーションを克服しながら進化を続けてきた。そうして進化してきたロード

スターを、お客様は諸手を挙げて歓迎して受け入れてくれていない状況があった。NB、NC ロードスターは、走りもハンドリングも燃費も安全対応も確かに NA ロードスターと比べると随分と良くなった。しかしながら、お客様はクルマに乗せられている感じになり、自分が運転していて感じる楽しさは、製品価値の進化と比べるとそれほどでもないと感じていた。むしろ NA ロードスターの方が「乗っていて楽しい」というのである。そんなお客様の言葉は、我々つくり手やエンジニアにとってとても辛いことであり、また悔しいことだった。

そうした経験から、ND ロードスターの商品価値は物理量で表す性能数値ではなく、お客様が「運転していかに楽しい」と思うかという感覚／フィーリングが最も重要な目標であるべきだと考えた。加速が良い、コーナリング性能が優れている、ブレーキ性能が良い、燃費や安全性能が優れているという製品価値が秀逸であることはもちろん前提であり、それに加えてお客様が運転していて「楽しい！」と感じてもらえることが何よりも重要だということである。

①「三位一体コンセプトトリップ」

私は商品性評価訓練や運転技量アップ訓練、そして本格的なレース参戦などを通じてクルマを運転し、正しく評価できるスキルを身に着けることの体験を積み上げてゆく取り組みを行った。運転技量を高め、多くのクルマに乗りそのポテンシャルを引き出し評価ができるようになった私は、商品開発においても開発メンバーに、ベンチマーク車を含めて多くのクルマに乗ることを推奨した。今までにない魅力価値やそのヒントを発見するためには、クルマを運転する体験を通じてどこが良かった、悪かった、楽しかった、そうでなかったなどをエンジニアで論じ合うことが大切だと考えたからである。

そのきっかけとして、2007 年 12 月に次世代スポーツカー開発メンバーと一緒に「三位一体コンセプトトリップ」を実施した。これはスポーツカーのこれまでにない新しい価値を見つけることが目的で実施したものである。参加メンバーは商品企画、デザイン、車両開発推進、PT 企画（パワートレイン企画部）、商品マーケ、2PMO（第 2 プログラム・マネージメント・オフィス）の 12 名で、評価車両は NC ロードスター、RX-8、FD RX-7、BMW Z4、ポルシェ・ケイマン S、アウディ TT、CX-7 の 7 台とした。

三位一体コンセプトトリップは高速道路、一般道路、ワインディングなど約 200km 走行し、それぞれの乗り味の違いや特徴的なキャラクターなどを体験した。その

上で、これまで感じなかった新しい気づき、守るべきものは何で、変えなければならないのは何か、また、それぞれのクルマの特徴や良い点、気になった点などを話し合った。

その結果、次世代スポーツカーの価値をつくり込む上では、エンジンのキャラクターが重要であることを共有した。そして、運転して退屈にならず、ずっと乗り続けていたくなるような楽しさ、クルマを動かすことが楽しくなることの大切さなどを共有することができた。

私はこの三位一体コンセプトトリップの体験を通じて、開発エンジニアが誇りを持ち、モチベーションを高めて開発に取り組むこと、言い換えれば言い訳のない世界一のスポーツカーづくりのための目標を共有し、確認できたことが最大の成果だと考えている。

そうした想いを踏まえて、2008年2月に「感」づくりを進めるため関係者を集めてキックオフミーティングを行った。関係者は、技術研究所、商品企画、車両実研部、車両開発推進部、PMOのエキスパートの11人である。会議では次世代スポーツカーの商品価値として、「感」づくりをテーマにブレーンストーミングを行い、今後の新技術開発を含めた商品目標へのフィードバックと具体的な開発活動に結び付ける「感」の領域を見つける作業を実施した。会議にあたっては、NA／NB／NCロードスターの開発経過とお客様の声を共有資料として配布した。その中には2003年のイギリスの「AUTOCAR」誌のベスト・ハンドリングカーコンテストでNBロードスター/MX-5がポルシェ911 GT-3を抑えてナンバーワンになった資料も含まれていた。これを資料に加えたのは、「いつでもどこでも、だれもがクルマの持っているポテンシャルを引き出すことができる」という授賞理由が私たちに勇気と誇りを与えてくれ、その後のロードスター開発の大きな目標につながった出来事だったためである。

「感」づくりでは、エキスパートエンジニアと多くの意見交換ができた。そのいくつかを紹介する。

- お客様をウキウキさせたい。そのためにはどういう感覚を持たせることができるのか。40km/hまでの加速はフェラーリと互角。
- 世界一、人馬一体感の追求。人馬一体感とは手の内で車をコントロールできること。操り感があること。イチローのバットは体の一部であり意のままに使える。
- クルマの持っている性能をフルに使い切ることができる。使い切るとは、自分の技量で想定したレベルまで使い切った時。

- 自分の技量より少し上のレベルの方が満足度は高くなる。
- クルマとの気持ちが通じて息遣いが分かるようになる。
- クルマの人格を感じることができ、クルマと対等になれる。また、ほんわかする、温もりを感じて言うことを聞いてくれる感じになる。
- ドライバーの描いているイメージを超えないこと。
- 親近感が湧き、パッと見て分かることが必要。
- 生まれが分かることが大事で商品のハードの裏にあるテーマを感じることができること。
- パッと乗って分かる軽快感は走り始めで体感できることが肝要、数十メートル走っただけで分かること。それにはクルマを軽くして軽快な「感」が大事。
- 自分のアウトプットに対し、適度な遅れを感じるフィードバックさが大事。ハンドルを操舵した時のちょっとした遅れが、正確なコントロールに繋がる。人間は0.2秒程度の遅れが必要か（少し長すぎないか？）。応答が高すぎて遊び（遅れ）がないと気持ち良くない。
- エレキスロットルなどで人の感覚と合っていないものがある。クルマと人の応答（ヒューマン・インターフェイス）にはしなやかさが必要、人間の体のように。
- 「さすがマツダだ」と言わしめるものを構築したい。「これだ、これだ」とすぐに分かるもの。
- 人が感じられる範囲（閾値）がどこにあるのかドライバーに感じさせる必要あり。
- お客様にとって不快なものは入れない。ドイツ車はうまく走るために「こう運転しろよ」と言われている感じ。マツダ車には自由さがある。どう運転してもいい感じで自分の運転を許容してくれる。
- 誰でもが楽しくなるクルマであるべきであり、これまでの欠点は克服しなければいけないが、決して特長をトレードオフすることがあってはならない。大切なことは欲しいと思ってくれるそのターゲット顧客のポイントを押さえて追うことである。

このようなブレーンストーミングを終えて、次世代スポーツカーで最も重要な価値は「楽しさ」であり、それを実現する「感」づくりのための5項目を発想の出発点とした。

それは以下の5項目である。
①一体感
②軽快感
③操り感

④減衰感

⑤フィードバックディレイ（適度なフィードバックの遅れ）

これらの内容は、アメリカの先行開発メンバーとも共有した。アメリカのメンバーからもいくつかのフィードバックをもらったが、アメリカと日本のロードスター／Miata購入者では多くの異なった購入理由があり、それらもすべて検討しておくことが必要であると感じた。そこでアメリカでの実際のオーナーの声についても開発メンバーと共有したのである。そのいくつかを以下に記しておく。

●燦燦（さんさん）と降り注ぐ太陽を楽しみたいので、ただ単純にコンバーチブルを持ちたい。

●若い頃のクラシックカーのフィールをもう一度体験したい（ベビーブーマー）。

●スポーツカールック／イメージのクルマが欲しいが、パフォーマンスについては気にしない。

●エコノミーカーのイメージのない、小さくて効率的なクルマを楽しみたい。

●スポーツカーのハンドリングを楽しみたい。

●速くて軽量のスポーツカーが欲しい。改造してパワーとハンドリングを向上させる予定。

●競技に使いたい（ジムカーナ、サーキットなど）。

これらの経過をたどり、「感」づくりでは以下の5つのテーマを再定義した。

①「一体感」

②「軽快感」

③「走り感」

④「応答感」

⑤「開放感」

この結果を踏まえ、次はさらに多くのメンバーと一緒にもっとクルマも場所も増やして具体的なシーンとその状態を具体化する取り組みを進めたのである。

②「感」づくり社外走行

2008年7月16・17日、27人の開発メンバーが一泊二日の行程で「感」のテーマとなる方向性と光るシーンを共有するための社外走行会を実施した。私は数値だけでは表すことができない価値創造においては、机上だけではなく、実際にクルマに乗って感じるという体験を共有しておくことが重要だと考えていたからである。

メンバーは商企（商品企画部）の松野毅さん、矢吹壮史さん、板垣勇気さん、企設（企画設計部）の任田功さん、中村幸雄さん、浅田健志さん、森茂之さん、板垣知成さん、デザイン部の小泉巌さん、今井真一さん、エクステリアデザインのT.Jフランスさん、車開推（車両開発推進部）の高松仁さん、森谷直樹さん、酒井隆行さん、クラ開（クラフトマンシップ開発）の梅津大輔さん、1V開（第1NVH開発）の濱田雅美さん、操安先開（操安先行技術開発）の高橋宏治さん、操安開（操安性能開発部）の竹川隆茂さん、B開（ボデーシェル開発）の松岡秀典さん、C開（シャシー開発部）の安藤文隆さん、PT企画（パワートレイン企画部）の田島誠司さん、稲田幸裕さん、PF先開（PT企画部プラットフォーム先行開発）の和田隆志さん、走実（走行性能実研）の佐々木健二さん、そして2PMO（第2プログラムマネージメントオフィス）の山口宗則さん、岸本由豆流さん、私の総勢27人のオールスタッフであった。

試乗車は軽スポーツやライトウェイトスポーツ、ミドル＆スペシャリティスポーツカーなどコンパクトセダンから本格的スポーツカーまでの15台（NA／NB／NCロードスター、RX-8、FD RX-7、デミオ、アウディTTクーペ、BMW Z4、ミニ・クーパーS、ポルシェ・ケイマンS、ホンダ・シビックType-R、トヨタ・プリウス、ダイハツ・コペンなど）である。

試乗コースは広島市内から一般道路、高速道路、ワインディング、三次試験場内のテストコースとし、一泊二日の試乗結果を5つのチームに分かれてテーマに挙げた「一体感」、「軽快感」、「走り感」、「応答感」、「開放感」の5つの「感」について発表してもらった。

最初は、『『感』を最も感じたクルマは何か」ということで一人3票をそれぞれの「感」に投票してもらい、総得点の高い「感」を感じたクルマを共有した。結果はトップがポルシェ・ケイマンS＝82点、2位はNAロードスター＝73点、3位はRX-8＝55点となった。

参加者のほぼ全員がケイマンSのフィーリングが優れていることを認識すると同時に、ダイナミック性能の高さも改めて再認識した。ケイマンSに次いでNAロードスターが2位となったことで、メンバー全員がNAロードスターの持つ「感」のポテンシャルを改めて理解することができた。また進化を果たしたNCロードスターが「感」の視点においては37点であったこともチームで共有した。

次にそれぞれ個別の「感」について、良いと感じたクルマとどこにそれを感じたかを意見を出し合い共有した。

「一体感」は、ケイマンSのコックピットのタイト感、視界の良さ、運転のしやすさ。S字コーナーでの切り返しの良さとステアリングとの一体感。自分がクルマと一体になり"からだ"の一部分になった感じがする。そしてエンジンのレスポンスの良さ、などを確認した。

2008年7月16・17日、27人の開発メンバーが一泊二日で「感」の方向性と光るシーンを共有するための社外走行会を実施した。試乗コースは広島市内から一般道路、高速道路、ワインディング、三次試験場内のテストコースとし、試乗結果を5つのチームに分かれてテーマに挙げた「一体感」、「軽快感」、「走り感」、「応答感」、「開放感」の5つの「感」について発表した。これは価値創造においては机上だけではなく、クルマに乗って感じるという体験を共有しておくことが重要だと考えていたからである。

試乗結果の採点表メモ。「感」を最も感じたクルマは何かということで、一人3票をそれぞれの「感」に投票してもらった。結果はトップがポルシェ・ケイマンSの82点、2位はNAロードスターの73点、3位はRX-8の55点となった。参加者のほぼ全員がケイマンSのフィーリングが優れていると認識したが、それに次いでNAロードスターが2位となり、改めてメンバー全員がNAロードスターの持つ「感」のポテンシャルの高さを理解した。

NA ロードスターでは自然と環境との一体感。クルマを操っている感じで一体感、軽快感、応答感の3つがつながっている。人間が操れる範囲にある等身大のクルマである。限界は高くないがクルマへの思いやりや対話しながら走っている感じがする。

「軽快感」は、NA ロードスターの軽さとなめらかさ、ステアリングの細さも軽快さにつながる。コンセプトの割り切りがあり、性能、大きさなど気楽につくられていて気取っていない。ゆったり楽しめる範囲で運転できる。ナルディの3本スポークのスカスカデザイン。

RX-8 のパーキングスピードでの操作系の軽さ。動きそのものの軽さや RE サウンドの軽さとステアリングの軽さにハーモニーさあり。クルマの動きにしなやかさがあり NA ロードスターの DNA を感じる。

「走り感」は、ケイマン S の懐の深さと期待通りのフィードバックでリニアなコントロール性。そして心躍らせる加速 G とエンジンサウンド。クルマを前に押し出す感が嬉しい。自分が走っている姿を外から見ているようなフェンダーアーチがバックミラー越しに見える視界の良さ。走っている姿が想像でき風景が楽しめる。車体をドライバーが認識でき、タイヤの位置が確認できる。パフォーマンスフィールという点でアクセルの微小な動きに対するクルマの動きが感じ取れる。どれだけトラクションがかかっているのかが分かる。期待通りによく走り、どんどん走りたい。止まっているときにクラッチが重い、しかし走り出すと気にならない。

RX-8 は、特徴的な RE サウンド。操作感の統一性が気持ちよくクルマを走らせることができる。RE フィールは異次元感覚で「エンジンってこんなもの」というのとは違う感覚を残しておきたいと思う。特に 9000rpm までの吹き上がりは気持ち良さがある。

「応答感」は、エンジンレスポンスがスパッとアクセルを踏んだだけ反応することが大切。アウディ TT クーペはマニュアルを操る楽しさがない。自分の満足感に繋がらない。マニュアルの進化とはちょっと違う感じがする。

「開放感」は、NA ロードスターの視界やサウンド、自転車に乗っているように風が入ってくる心地よさ。ベルトラインが低く視界が広いこと。外から走っている姿を見ても気持ち良さそう。自分自身が自由になる感じがする。走っていて周りの音が聞こえる。川のせせらぎなどオープンカーの本質を感じる。NC ロードスターはボンネットが高くボリューム感が大きい。

上記のような意見を出し合って、それぞれの「感」のシーンを共有した。そしてグループワークとして5つの「感」のチームを編成して、具体的な「光るシーン」を発表した。

「一体感」チームの光るシーンは、「いつでもどこでも絵になる。24 時間一緒にいたい生活の中での一体感」である。

「軽快感」チームの光るシーンは、テーマ別に発表された。

（運動）＝森林の中でのコーナー＆アップダウンを 60km/h くらいで走行。ロサンゼルスのビーチ沿いのストレート (60km/h)。

（外観）＝スマートなオープン機構の開閉。オープン機構を用いたイージーな開閉。RHT（リトラクタブルハードトップ）の重量感を感じない。

（視界）＝サイズ感を感じさせない視界の提供。そのためには、ヘッダーの後方化、ベルトラインの下方化、A ピラーを細くワイド化し A ピラーの付け根を下げる。これらによって路面情報を多く見せることで車両サイズ感を感じなくさせる。

（色・造形）＝トリム（ヘッダー等）の色／造形による圧迫感の排除。

「走り感」チームの光るシーンは、「イギリスの森の中」（もみの木森林公園）。ペースは 80km/h くらいで、定常走行では周囲の音、景色を楽しむ（森と一体になる）。加速のシーンでは、ちょっと元気に走りたいときは"その気"にさせるエンジン音と小気味よくリニアな加速。減速したい時に必要な減速度が得られる＋下手な人でもヒール＆トゥが決められる寛容性。世界一地球環境にやさしいスポーツカー。

「応答感」チームの光るシーンは、車速の低いところからステアリングとアクセルで姿勢変化が起こせて、それがドライバーにフィードバックされる。交差点でも上手に運転できることが嬉しい。雨や雪の時でも安心して車体のコントロールができる。初心者には低速域、上級者には高速域でそれぞれの技量にあった積極的な FR 車の運転を楽しめる。そのための要素はステアリングの操舵力によるグリップのインフォメーション、エンジンサウンドによる駆動力変化など、クルマの限界状態が音や振動で捕まえられるようになること。いらない音は遮音すること。安心感があり自信をもって FR を操ることにチャレンジできること。

「開放感」チームの光るシーンは、「ネイチャー／オープン／爽快」とし、①自然の中で自然と一体化。②スローな楽しみ、スローを楽しむ。③癒し、癒される。常にゆっくり走ってオープンも "Fun to Drive"（40km/

h)。「エコ／サステイナブル」でガソリンを使う後ろめた
い気持ちからの解放。視線・日光・月光・風・緑・湯・
音・雨・雪を浴びるクルマ。

主査の私は個別チームに入らず、すべてのチームの
ディスカッションの様子を見て回りながら、その都度
ディスカッションに参画したり、質問をしたり、コメント
を述べたりしてコミュニケーションを取り続けた。三次
試験場会議室で各チームがそれぞれの成果を発表し、
感想や提案などディスカッションを深めてゆくことに
より、チーム全員が「感」のシーンを共有することを念入
りに実施したのである。

そして、全員が「一体感」、「軽快感」、「走り感」、「応
答感」、「開放感」の5つの感について光るシーンの個別
レポートを提出した。これらは英訳してアメリカとヨー
ロッパのメンバーとも共有したのである。その個別レ
ポートはもちろん私も提出した。以下に私の内容を記し
ておく。

「一体感」
●ドライバーズシートに座った瞬間からベストポジショ
　ンが得られ、昂まりもなく穏やかに自然に打ち解ける
　雰囲気のあるコックピット。
●インパネは無駄がなくオーバーデコレーションも無
　くシンプルだが、機能美にあふれて"わくわくする気
　持ち"にさせる。
●ハンドルを握る手、ABC（アクセル・ブレーキ・ク
　ラッチ）ペダルを動かす足、シートにフィットする体、
　各種のスイッチもすべて手の感触がきちんと感じら
　れる。
●動き出すクルマ、自然に体の一部となっている感覚で
　クルマを操ることができる。

「軽快感」
●真っすぐなハイウェイもタイトなワインディングも力
　を入れずに走れる感覚。
●視界が良く路面の変化もクリッピングポイントも一
　発でライントレースできる正確な運動性能。
●自在にコントロールできる減速度のブレーキとアク
　セルワークでトラクションがコントロールできる。
●5本の指を自在に動かすように、自分の体の一部のよ
　うに動きが軽やかなこと。

「走り感」
●力強い加速Gよりも気持ちの良い加速をGフィール
　と共にアクセル開度やエンジン回転数に比例して臨
　場感が高まるエンジンサウンドを楽しむ。
●乗せられている感覚ではなくエンジンパワーを使い

切れる感覚。ブレーキやハンドリングで車両の動きが
ドライバーの技量の範囲で正確に使い切れる感覚を
持てること。
●絶対的な速さを求めるのではなく、遅くても満足でき
　る感覚や、加速変化を楽しむ感覚を大切に思わせる
　走りの醍醐味を提供する。
●燃費を大切に考えて運転を変えようと思わせる感覚
　が持てる。

「応答感」
●シフトチェンジやブレーキ、アクセルなどの変化に対
　し違和感なく気持ち良く反応する。
●オーバーアクションは無用、力を抜いてクルマの反応
　を楽しめる感覚が持てる。
●映画「アイロボット」に登場するアウディではないが、
　クルマに話しかけたくなる感覚を持てる。

「開放感」
●ベルトラインの低さや見晴らしの良さ、閉塞感がなく
　心の扉を開いて運転できる感覚。運転すると脳が刺
　激されて元気が出てくる感覚。例えば出勤時は元気
　が出てくる。帰路では一日の疲れが吹き飛ぶような
　オープンマインドで自由さが得られる感覚を持てる。
　これらをまとめたワードとして、次のメッセージを残
　した。
●アフォーダブルでありながらミドル＆ハイスポーツを
　上回る"Fun to Drive"を有すること。
●アップル製品ではないが"Designed & assembled in
　Japan"としての品質やモノ創り／作品のこだわりを
　織り込む。
●ロードスター／MX-5がブランドを持つ存在としてさ
　らに進化させる。

このような活動を通じて「感」づくりの具現化を進め
ていったが、この社外走行でメンバーが体感し共有した
「感」づくりの内容は「感リレーションマップ全体像」、
「キー要件と感の関係」、「キー要件とハードの関係」な
どの資料を作成し、商品性項目や評価項目との紐付け
ができるようにした。

そして、それらを基に基本諸元やレイアウト要件、大
物システムとの関係も見える化し、その後具体的な設計
仕様、実研検証項目へとつなげていく活動へと進めて
いったのである。

■FRプラットフォーム開発

次世代スポーツカーチームは、顧客基盤に基づいた
価値創造とその具体的な開発を行うための「感」づくり

のコンセプトトリップなども行うと同時に、商品がプラットフォームに与える影響が大きいことを勘案し、プラットフォーム開発の先行検討として商品の成立性シナリオ（商品力／軽量化／収益性）を確認するための検討を行うことにした。もう一つの目的は開発と生産のエキスパートの知恵を入れた先行活動を行うことで企画開発構想の精度を上げることであった。チームは2008年10月にその先行開発をキックオフした。

そのゴールは商品性と最軽量でミニマム投資を両立させる企画構想に基づいた商品仕様と販売台数、そしてコスト／投資の三つがバランスされていることである。マーケティングには台数と価格実現性検討のハイレベルサポートをお願いし、経営企画には目標収益とミニマム投資のレベルの検討をお願いした。

こうした検討のやり方は色々な考え方と検討プロセスが考えられるので、その進むべき方向がぶれないように途中で何度も役員との話し合いを行って、正しい方向付けがなされるように進捗を行うことにした。そして私は、プログラム開発のタイミングを2009年8月と見据えていた。

■ FR プラットフォームの検討課題

プラットフォームとは車台を意味する言葉である。FFプラットフォームの場合はBセグメントカー（デミオ）クラスから中型SUVまでの車両サイズの範囲を一括で検討した。共通する領域は固定とし、車両サイズなど変更しなければならない領域を変動要素として一括で検討するのである。

私が担当したFR車の場合、マツダではLWS（ライトウェイトスポーツ）からRX-8までがその検討範囲に含まれている。次世代スポーツカー検討では、将来の世界の社会環境の変化と動向、そしてスポーツカー市場の動向やアメリカ、ヨーロッパ、日本等の市場のお客様の変化とニーズを検討した上で、マツダのスポーツカーはどうあるべきか、そしてマツダはどのようなスポーツカーでビジネスが成長できるかが問われており、我々の出す結論はそれに明確に答えなければならなかった。

顧客基盤分析を通じてアメリカやヨーロッパの市場とお客様を想定した場合、マツダのブランドアイコンであるロードスター/MX-5と、マツダネス（マツダらしさ）を有する2ドアクーペが必要だという考え方が基本であり、その上に立ってFRプラットフォームの検討を開始した。

LWSはロードスター/MX-5を継承するオープンカー

であり、2ドアクーペはRX-8の4人乗りスポーツカーの延長線ではなく、REを搭載するならRX-7の復活をという我々の希望や想いもそこには込められていた。しかし、これまでの検討の中でもREについては今後の燃費改善やエミッション対応への課題など見極められない状態が続いており、決定までの方向付けは得られなかった。けれども16XというREが2007年の東京モーターショーで発表され、将来への期待が高まっていた時であったということもあり、FRプラットフォームは2つの派生車を想定して検討が始まったのである。

NCロードスターの場合は、RX-8のプラットフォームを利用したために、コンパクト化や軽量化への制約が大きくなる経験をしていたので、今回は小さいクルマのベースとなる軽量・コンパクトに特化したミニマムサイズのプラットフォームを目指すことにした。

現実的な取り組みとしては二つの車形の違いは、オープンかクーペか、エンジンが小型ガソリンエンジンかREかであるが、ボデー構造はオープンで衝突性能を満足することができれば2ドアクーペにはそのままそのプラットフォームが適用できる見通しをもっていた。エンジンルームレイアウトも、4気筒1.5リッターエンジンと16X型REの本体サイズ比較では、REの方が長さも高さもコンパクトであることが分かっていたので、大きな問題は無いだろうと考えていた。

■ 軽量化への取り組み

FRプラットフォームの商品開発項目の中で、軽量化活動は最も大きな活動テーマの一つであった。次世代スポーツカーとしての軽量化についても関係部門と一緒に活動を始めていた。

具体的には、エンジンを始め、衝突性能を満足するボデー構造、シャシーでは新しいリアサスペンションの検討、生産技術を巻き込んだ新しい工法による軽量化技術の検討などの活動である。また、商品装備などについてはマーケティング部門にも参画してもらい、本質的な価値ではない装備などを徹底的にそぎ落とすなどの取り組みを開始した。

また、2008年11月には山内孝さんが新社長になりマツダの独自再建への道を進みだした。次世代スポーツカーチームも陣立てメンバーが決定されて、プログラムチームとしての活動が本格化した。

振り返ってみると、ロードスターはNAからNB、NCと世代が進むにつれて世の中の安全やエミッション対応などの規制対応、そして顧客ニーズという商品対策に

第4章　NDロードスターの開発＝ファーストステージ（2007年〜2009年）　　75

よってそのサイズもわずかながら大きくなり、質量も増えていった。4代目となるロードスター/MX-5では、もう一度原点に返って軽量化に徹底的に取り組まなければならないという想いは、私だけでなく全てのエンジニアが考えていることであった。

そこで具体的な目標設定を実行するにあたり二つの取り組みを行った。

一つはNAからNB、NCという経過の中でどのように質量が変化したのか、事実を理解することだった。NB、NC開発では、質量が増えた理由が必ずあるはずなので、そのことを正しく知ることが重要であると考えた。社内のVE（バリューエンジニアリング）センターには過去のクルマの分解展示や、質量情報と部品一点一点をボードに展示しているデータベースがある。この情報を基にNAからNB、NCへの質量変化を各機能設計別に分析して、なぜ、何のためにどんなシステムや部品がどのくらい質量が変化したのかを明らかにした。

その結果、NAからNBでは108.7kg、NAからNCでは176.3kgが増加した。NCで増加した領域はボデー関係が54.7kg、シャシー関係が47.8kg、エンジンと駆動系関係が39.8kg、インテリア関係が27.5kg、エクステリア関係が8.1kgであった。このことは衝突安全対応でボデーの補強が必要になったこと、サイズが大きく重くなることでエンジン排気量がアップされ、エンジンと駆動系が重くなったこと、それに伴ってシャシーのタイヤサイズ、ブレーキサイズなどを大きくしなければならなくなったことが、その要因として挙げられることが分かった。

このことは1960年代に発展したヨーロッパのライトウェイトスポーツカーが、安全対応でクルマのサイズが大きく重たくなり商品競合力を失って衰退し、高出力のため排気量の大きなエンジンを搭載したミドルスポーツやスペシャリティーカーにとって代わられた歴史と同じ経緯を繰り返しているかのように思えた。何としてもその流れをたち切らなければならないと私は決意した。

そのためには、質量アップを未然に防止できる技術を見つけること、すなわち衝突安全対応やエミッション規制対応、その他の時代が求める商品性対策を、新しい軽量化技術によってブレークスルーすることが求められている。それを何としても実現しなければ、次世代スポーツカーの新しいFRプラットフォームはつくれないと強く思ったのである。

もう一つは、質量目標の設定に関してだった。ただ軽ければよいというわけでは決してない。商品としての魅力を持つことが必要であり、そのために各機能部品は、高い魅力的な商品性を確保した上で、いかに最軽量な設計を行うかが問われることになる。今一度原点回帰して、価値創造の上で各機能グループの目標重量を設定することが我々の課題であった。

そうした目標設定を行う上で、各機能別の質量目標もBIC（ベストインクラス）という世界一の軽さを目指すという考え方を取り入れることにした。そのためには現状の軽量化技術だけでなく、将来の新技術開発予測に加え、諸元変更や商品性の割り切りも踏まえた上で、大きな軽量化構想を描くことが求められる。

さらにもう一つ忘れてはならないのが「ライトウェイトスポーツカーのパッケージ哲学」である。それは、以下の5項目である。
①フロントミッドシップのFR方式
②軽量コンパクトなオープンボディ
③50:50の前後重量配分
④低ヨーイナーシャモーメント
⑤アフォーダブル（お求めやすい手頃な価格）

その中でも最後の項目のアフォーダブル（手頃な価格）であることは、ライトウェイトスポーツカーを多くの人に広める上でどうしても守らなければならない哲学である。軽量化のためだからと言って高価な材料や高価なシステムを使うことは許されないということである。あくまでも知恵と工夫によってアフォーダブルな価格でクルマをつくるという我々のパッケージ哲学を守らねばならない。

①軽量化のシナリオ

NDロードスター/MX-5の発表会では、軽量化への取り組みについては1000kgを切ることを目標として進めてきたと説明したが、次世代スポーツカーとしての先行開発の時点では、800kgを切るレベルの軽量化技術を発掘する目標設定を行っていた。各機能グループ別にも先に分析したNAからNCまでの質量経緯を踏まえて世界一となるBIC（ベストインクラス）の軽量化目標数値を設定した。

そのアプローチ方法としては、現状のマツダが保有する第6世代の最新の軽量化技術（構造最適化・機能統合・材料置換）、先行開発中の第7世代の軽量化技術、今後の新技術アイデア・先行軽量化アイデア、そして諸元コンパクト化変更・商品性割り切り（そぎ落とし）、その他アイデア（ここは商品化の段階でグラム作戦として実施）を結集するシナリオを組み立て推進した。

②軽量化とエンジン選定の試行錯誤

　次世代スポーツカーでは、軽量コンパクトが重要な開発要件であることは一貫していたが、エンジンをどうするかは大きな課題であった。スポーツカー専用のオリジナルエンジンを持つことは投資やコストの点で許されず、SKYACTIV エンジンシリーズの中からベースとなるエンジンを選び、それを FF 用から FR 用のスポーツカーエンジンに設計変更することが具体的な取り組みである。搭載上の要件としては、横置きの FF から縦置きの FR への設計変更がどうしても必要なのだが、それ以外のシステムや部品の使用は、FF と共通化することが投資やコスト、部品種類数削減の観点を考えると効率的である。その上でスポーツカーエンジンとしての価値である出力＆トルク特性や振動、音などの要求機能を満足することを見極めてゆかなければならない。

　大きな課題の一つは、レッドゾーンをどこに設定するかという点である。NC ロードスターでは発売 2 年後にレッドゾーンを 7000rpm から 7500rpm に変更した経緯があり、スポーツカーエンジンとしての高回転での伸び感を訴求するためには、NC 同様に 7500rpm は必要だと考えていた。一方でパワートレイン開発のエンジニアには、7500rpm が本当に必要かどうか、FF 用の SKYACTIV-G と同じ 6500rpm ではいけないのか、という葛藤（かっとう）があった。

　そこで私はレッドゾーンを 1000rpm アップすることに価値があるかを検証することにした。

　2007 年 9 月に美祢試験場で PT 先行開発、PT 企画、CE 開発、走行実研、車開発推進、企画設計、主査で試乗会を実施し、6500rpm プラス 1000rpm という回転限界アップの必要性の価値を全員が体験し、共有化した。1000rpm アップすることで 1 速、2 速、3 速での吹き上がり感と高回転での伸び感、コーナリング中のエンジン回転の余裕やコーナーからの立ち上がりの加速力などに明らかに大きな違いが現れ、皆がはっきりとその効果を体感することができた。私自身もプラス 1000rpm の価値を確信し、前に進める決断をした。

　一方で 1000rpm ではあるがアップすることで、FF 用仕様のコンロッドやクランクシャフトなど回転系の部品の材質が、高回転に耐えられるように従来の鋳鉄から鋳鋼に変更しなければならないという、大きな仕様変更が伴った。その結果、当然ながら投資もコストも大幅に増えてしまうのであるが、私はこの判断が決して間違っていないと確信しており、プログラムへの投資やコストへのハードルが高くなることを覚悟した上で、前に進める

ことを誓った。

③軽量ボデーに 1.5 リッターエンジンの走り感

　一方、エンジン排気量を何にするかも大きな決断だった。ロードスター /MX-5 の歴史を振り返ると、NA では 1.6 リッターエンジンでスタートしたが、NB では 1.8 リッターエンジン、NC では 2.0 リッターエンジンと商品力をアップさせるために次々と大きなエンジンを搭載してきた。結果的にスピードは速くなったが重量も重くなり、ロードスターの本質的な価値である軽快さが失われてきたことも事実である。次世代スポーツカーでは、原点回帰してもう一度「感」づくりを達成しなければならないという私の想いに揺らぎはなく、SKYACTIV エンジンシリーズの 1.5 リッターエンジンを選択することに迷いはなかったのである。

　しかし一方で、「速くなった NC ロードスターより走らない」と言われることも避けなければならず、私は、絶対的な加速力やタイムではなく “走り感” として不満のない、いやむしろ走り感が良い特性をつくり込まなくてはいけないだろうと考えていた。そのことを検証することが必要と考え、軽量化ボデーと小排気量エンジンの走行フィールを確認したい旨を車両開発推進部の高松さん、酒井さんにお願いして、試作車を仕立ててもらった。2008 年 11 月に NC ボデーの部品を徹底的にはぎ取って軽量化し、1.5 リッターのトルク特性をエレキスロットルでつくり込んでもらい、テストコースでの試乗検証を行った。走り出しの軽快さ、加速の心地良さ、絶対的な加速力は低いが高回転まで気持ち良く吹き上がるトルク特性の気持ち良さは、994kg という軽量化された車両重量ならではであり、ハイパワーの重量車では味わえない魅力を体感することができた。試乗検証では 1.6 リッターの NA ロードスター、1.8 リッターの NB ロードスターとも比較したが、エンジンフィールの良さやヨー慣性モーメントの少なさ、ブレーキフィールの良さなど、改めて自分たちがやろうとしている軽量化コンセプトが間違っていないことを確信した。

④ボデー構想

　軽量化の中でボデー領域は車両重量全体の約 39% 程度を占める重要な領域である。ボデーはロードスターの「人馬一体」の骨格となる操縦安定性や乗り心地、振動や音の屋台骨であると同時に衝突安全性能を確保するための重要なコンポーネンツである。軽量でコンパクトなロードスターであるためのボデーではあるが、NB、NC と時代が進むにつれて増々厳しくなる衝突安全規制対応で、ボデーは衝突強度を確保するために耐力強

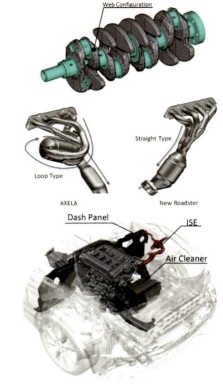
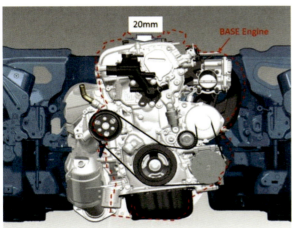
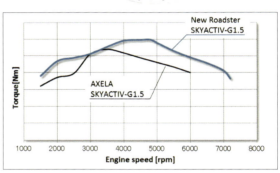
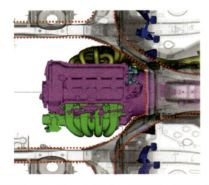
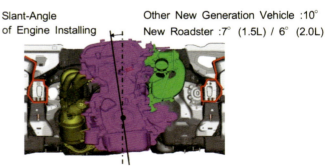

SKYACTIV-G 1.5 リッターエンジンは、2013 年に 3 代目アクセラに搭載されたエンジンをベースに FR で搭載するために、コンパクト化と構造変更を図っている。

高回転まで気持ち良く回る「伸び感」を目指し、回転数はベースエンジン比で 1000rpm 高い 7500rpm とした。フルカウンタウエイト構造を採用し、ウエイトの配置を最適化しバランス率を高めている。排気マニフォールド集合部までのランナー長を 450mm とし 4500rpm と 6000rpm で同調するようにした。排気系では各部径拡大及び FR 搭載化に伴いストレート形状に変更した。

コンパクト化の取り組みでは、オイルパン形状を 3 次元的に最適化した結果、エンジン全高を 20mm 低減し低重心化を図った。

エンジンサウンドは、NC から採用したインダクションサウンドエンハンサー（ISE）を用いて吸気音にて演出した。

エンジンは搭載スラント角を変更することで、エンジンの吸排気スペースを確保し、エンジン後部のバキュームポンプユニットを移設することでエンジンの前出し量を 20mm に抑え込むことで、エンジンのセンター位置を 1.5 リッターエンジン搭載車で 43mm 後方化し、ヨー慣性モーメントを低減した。

度が必要になっている。あわせて乗員の衝撃値を抑えるために衝突エネルギーを吸収するボディー構造が求められ、フロントとリアのオーバーハングはつぶれ量を確保するために長くなっている。

これらはすべて質量アップに繋がる要求であり、それらを達成しつつ、コンパクトに軽量化を図るためには大きなブレークスルーが求められた。

⑤シャシー構想

シャシーは車両重量全体の約23％を占め、ボディー同様に重要な領域である。次世代スポーツカーサスペンション構想として、シャシー開発部検討案であるフロントサスペンションはダブルウィッシュボーン形式でサスペンションクロスメンバーの小型化を主体に進め、リアサスペンションはマルチリンクから軽量化を進めるために小型でシンプルなダブルウィッシュボーンを新設計するという構想をチームで共有化し、検討することにした。特にリアサスペンションは燃料タンクやデファレンシャルギヤのパッケージレイアウトとも関連があるので、企画設計部のレイアウトチームでの検討を並行して進めることにした。また、軽量化と"Fun to Drive"の進化した構造となるサスペンションレバー比、ロアアーム構造、マウント構造など新技術開発にも取り組むことや、パワーステアリングやパワープラントフレーム（PPF）などのシステムセレクションも確かな提案ができることを目指す構想とした。

次世代スポーツカーチームはプラットフォームの骨格となるボディー・シャシー領域の企画構想を進め、商品力／軽量化／収益性（ミニマム投資）の検討と、プラットフォームの理想構造と理想工程が両立する構想を進めていった。

ボディーとシャシーの理想構造検討ではお互いの要求や相反する項目のすり合わせと対応策の検討を進めた結果、ボディー／シャシー領域での軽量化目標として170kgの内138kgを発掘する計画としていたが、この時点では具体的なアイデアは65kgに留まっており、さらに踏み込んだ検討が必要であることが明確になった。そこでボディーとシャシーの相反項目と理想構造での追加軽量化構造の追求、先行する軽量化技術開発領域への踏み込み、違ったアプローチのやり方の検討など、社内の軽量化タスクメンバーとのコミュニケーションを図ることでブレークスルー内容を検討することにした。

⑥軽量化の社内データベースを活用した取り組み

軽量化は社内外のすべての情報とアイデアを活用し、取り組んでいたが、ここでもVEセンターのマツダ車と社外のベンチマーク車を分解して集めた質量データと部品展示を活用した。これまでに分解してデータ化した小型乗用車、普通乗用車、中型＆大型乗用車、スポーツカー、ワゴン、SUV他の機能グループ別や部品別の質量情報を基に、以下の視点で軽量化のブレークスルーのための着眼点を検討した。

1）小型車で1000kg切っているクルマとそうでないクルマの要因分析。

2）室内幅と車両重量の強い相関関係の要因分析。

3）タイヤサイズ及びタイヤ質量と車両重量の関係。

4）安全装備と車体構造の調査（8年間で30〜40kg質量アップの要因分析）。

5）同サイズで重いクルマと軽いクルマの機能領域ごとの質量分析。

検討の結果、上記1）については、9台の小型車の情報から各機能領域別の平均質量と最軽量質量車の分析結果が明らかになった。

領域	平均（kg）	最軽量（kg）	NA1.6L（参考）
ボディー	385	330	367
シャシー	190	178	219（PSなし）
インテリア	110	102	68
エクステリア	45	42	38
空調ユニット	15	9	6（ACなし）
エレキ	20	17	25
エンジン	120	102	162
駆動系	50	36	83
	935kg	816kg	968kg

これを基に機能修正（排気量、FF→FR化、クローズ→オープン化）を行い、目安となる質量目標を見つける取り組みを行った。また、機能領域のダブルウィッシュボーンやソフトトップ、実績のある特徴的な軽量化材料など、現行技術メニューも明らかにする取り組みを進めた。こうした1000kgを切っているクルマの実績を基に、各機能領域別の目標配分がどうあるべきなのか、分析結果を共有化できるようにして進めた。

あわせて、プラットフォームの骨格となるボディー／シャシー領域については、3代目NCロードスターの分解調査した部品を前にボディー／シャシーの設計エンジニアと実研のエキスパート、そして企画設計エンジニアと主査で軽量化のアイデア発掘会も開催した。ここでは特に軽量化の重点領域であるフロントサスクロスやサイドシル構造に関しては、設計エキスパートエンジニアより部品機能となぜそうしたのかについて軽量化視点でのカラクリと機能配分の説明を受けた後で、以下に示

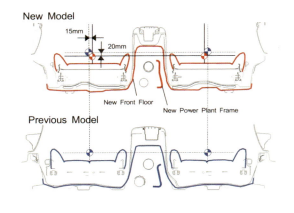
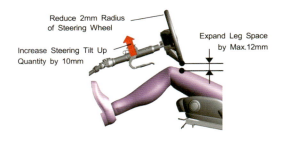
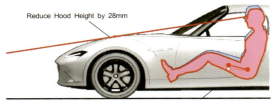

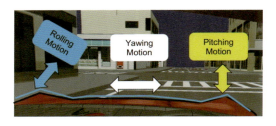

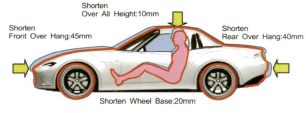
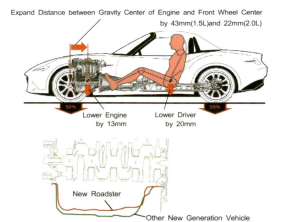

コンパクト化を狙うために、NCから乗員位置を15mm内側、20mm下方にレイアウト。同時にボンネットを28mm低減し、フロントヘッダー部を77mm後方化することで前方及び上方下方視界を拡大。フロントフェンダーに稜線の通ったエッジを織り込み、車両挙動の認知性も向上させた。

人間中心の考え方から乗員に対して真っ直ぐなペダル配置とし、カップホルダーもコンソール後方に移動。直径366mmのステアリングホイールと直径48mmの球形シフトノブの採用で、スポーツカーらしいクイックな操作感を可能とした。シートリクライニング角を2度、スライド角を4度拡大することで、ドライビングポジションの幅を広げた。

コンパクト化を具現化するために、車両サイズはNCから105mm全長を短縮し、歴代モデル最短となった。

フロントボデーのアッパーパスと、フロントサスペンションクロスメンバーにマルチロードパスを採用し、前面衝突のエネルギー吸収の効率化でフロントオーバハングを45mm短縮した。同様にマルチロードパス構造を採用しリヤオーバハングを40mm短縮した。

軽量化は、アルミバンパレインの採用など車両端部への軽量材料の採用に加え、合わせてエンジンを車両重心に近づけることで、NC比11%のヨー慣性モーメントを低減した。

す視点でアイデア発掘を行った。その結果、ボデー領域で 15 項目、シャシー領域で 19 項目のアイデアを発掘することができた。

1) 車両重量絶対値軽減効果（▲170kg）を活かす（コンパクト化、強度、剛性の最小化）。

2) 構造統合：サスクロスでは複数の付加物（ステアリングラック、エンジンマウント、スタビライザー、サスリンク等）、サイドシルでは衝突と剛性／強度、断面形状やレインフォースメントの最適化。

3) ボデー／シャシーの協調連携：どちらか効率の良い部位の片側で強度、剛性を持たせる。

4) 徹底した無駄排除：RX-8 との関連を排除する。生産要件、仕向け地の共通化。

これらの検討を進めた結果、シャシーの下回り部品は防錆面での最低板厚の制約、ボデーでは A ピラーの強度確保にはピラーの角度が大きく影響してくるなど色々な理解も深まった。この検討は深堀りを行うべく 2 回目、3 回目の実施計画を立てて進めたのであった。

■マツダのブランド価値とスポーツカーの役割

これまでのファーストステージの開発を振り返って思うことは、マツダにおいてロードスター /MX-5 と RX-8 は、ブランドアイコンとマツダネス（マツダらしさ）の商品として大きなブランド価値を持つ資産であるということである。

次世代スポーツカー戦略ではこの二つのスポーツカーをどのようにブランド価値とビジネス貢献につなげるかが大きな命題である。

代表的な市場であるアメリカでの顧客基盤分析においては、市場成長を鑑みる上で発売時に 30 歳代を迎えるジェネレーション Y 世代の獲得を外すことはできないというマーケティング分析より、現状の顧客である 40 歳代のブーマー世代からこの世代の顧客価値に適応するスポーツカー戦略を立てることが求められている。

このジェネレーション Y 世代の特徴は、2007 年時点では年齢は 12 〜 29 歳、その価値観は楽天主義、向上心があり社交的など多様性を持っている。それが 2015 年になると年齢が 20 〜 37 歳となり、働き始めた若者達という位置づけになる。一方で 2007 年時点でのスポーツカー購入顧客の主体であるブーマー世代と呼ばれる 40 歳代以上の世代は年齢が 42 〜 60 歳で、価値観はわがままで個人主義、ステータス主義で競争を好むという価値観を持っている。その世代は 2020 年では年齢が 50 〜 68 歳へと高齢化していく。

スポーツカーはこれまでカッコいい存在であった。スポーツカーを持っているだけで注目された時代もあったが、将来においては必ずしもこれまでのようにはいかない社会環境の移り変わりがある。スポーツカーは自動車技術に貢献できているかというと、特に「安全・利便・環境など、社会性への技術貢献」は皆無である。クルマの形はカッコいいのに所有していることはカッコよくない。そこにはかつてのスポーツカーブームのような憧れはなくなっている。

将来の 30 歳代であるジェネレーション Y 世代はそのような価値観のスポーツカーを買おうとは思わないだろう。次世代のスポーツカーには、このようなネガティブなイメージを払拭するような価値観を持たさなければならないだろう。そのためには次世代のスポーツカーは、クルマが主人公ではなくドライバーが主人公になるような、皆が憧れる存在感と価値観を持ち、豊かなライフスタイルを体現するクルマとしなければならない。そして、マツダネスを有するスポーツカーの大義をつくり、社会への貢献をしていることをユーザーも周りの人々も理解する、そんな魅力をつくらなければならないのである。

そのような取り組みを進めてきた中で、2008 年におきたリーマンショックはマツダの経営に大きな影響を及ぼした。そして、次世代スポーツカー開発チームにも大きな試練が待ち受けていたのである。

第5章　NDロードスターの開発＝セカンドステージ（2009年〜2015年）

■リーマンショックとプロジェクトの延期

リーマンショックの影響を受け、世界の経済環境は大きく減速した。マツダも同様で、減収減益となった経営を立て直さなければならない。収益効果の高い商品を優先して市場導入することは当然のことになる。当然ながら新車開発の計画も大きく見直されることとなった。

次世代スポーツカープログラムは、2007年7月より来るべきマツダのスポーツカー戦略を検討し、プラットフォームの先行技術開発活動を行ってきたが、会社の新車開発プランが見直され、2009年3月末を持ってチームは一旦解散することになった。生産台数の少ないスポーツカーは量産タイミングを遅らせて、ビジネスインパクトのあるSUVの開発を優先する取り組みは、仕方のないことであった。

これを受けて、チームは3月終わりまでに実施した活動成果を一旦棚上げし、次の取り組みに備えるため、以下の活動成果を関係部門のマネージャーとタスクメンバーとで共有した。

1）主要諸元変更と確定した主な装備の確認
2）設計提案のまとめ：B開/C開/PT開のこれまでの検討結果のまとめ
3）先行技術開発活動＆集中タスク活動：大物課題の方向付けと活動成果
4）車両主要諸元と大物課題の方向付け
5）軽量化に向けたロードマップシナリオの検討と未確定項目33kgの取り組み
6）動力性能と燃費性能のシナリオの構築
7）収益シナリオ構築に向けた開発投資、ベンダーツーリング（生産設備投資）検討結果とアサンプション（機種や装備体系）変更を含めたステイタスまとめ

これらの活動成果をまとめると共にビジネス検討の領域について振り返ってみると、反省すべき点は多かった。2008年7月から2009年3月までの次世代スポーツカープラットフォーム先行開発においては、ミニマム投資で軽量化を達成するための最小限の仕様や装備を設定して進めてきたが、今回の量産タイミングの延期でそれらの装備の見極めまでは進めることができなかった。

価格と台数の市場予測については、マーケ（マーケティング）と商品企画部門の作業時間が十分に確保す

ることができず、2008年度に提示したアメリカとヨーロッパにおける検討数値のままとなり、前に進めることができなかった。

コスト目標は、現行車のNCロードスターとB・Cセグメント車クラスの部品リスト（キーパーツリスト）をベースに試算し、コスト目標ガイドは主査提案として提示したが、これらも踏み込んだ取り組みまでは進められなかった。そうした中でも、台数の多いFF車の部品をC／A（キャリーアクロス＝横展開して流用すること）による効果があることなどの可能性を見つけることができた。

投資削減への取り組みは、種類数の削減とベンダーツーリング削減への事例研究を進めた。種類数削減は直接的には投資削減に結び付かないが、C／O（キャリーオーバー＝同じ部品を使うこと）、C／A（キャリーアクロス）による投資削減や、つくり方（製造方法、製造工法）に踏み込んだ削減検討の進め方への知見を蓄積することができた。

これらの成果は、今後の取り組みに大いに役立つことになったのである。

■先行開発から量産開発へ

新車開発に向けてはターゲットとなるお客様は誰で、どんな魅力をつくり込み購入してもらうのか、という商品の価値を明確にし、それを製品価値に落とし込まなければならない。そのためには、社会要請となる規制対応や各国の車両レギュレーション対応だけでなく、魅力価値としての製品性能を高めて、競争力のあるものにしなければならない。そうして開発された商品は、競合車（ライバル）にない特別な魅力価値を持ち、そのことが大きなアドバンテージとなることは間違いない。もっと言えばマツダブランドとして、他車にない魅力を持たせることが重要になるのである。

マツダならではの魅力を持たせるためには、独自の技術力やデザイン、製品の特長を持つことが求められる。そのような社会要請への対応や独自技術、魅力価値を生み出すためには、新しい技術開発が必要である。先行開発とは、そのような新しい技術開発を行うことである。

新技術には多くの難問や課題が発生することは当然

のことである。その課題を克服して解決策を見出し、それを量産するための量産化開発へと移行させ、安定した品質でコストを抑えて生産効率を高め、お客様にお届けしなければならないのである。新技術開発はマツダだけでは到底できないので、関係するシステムや部品にはサプライヤーの協力が必要である。新しい材料が必要となる場合は、材料メーカーと力を合わせて取り組まなければならないのである。

試作品をつくるだけなら簡単なことでも、大量生産するとなると別の課題が発生する。一例をあげると、マツダ独自色の"ソウルレッド"塗装の場合、ショーカーモデルのような一品を仕上げるだけなら職人が手で何度も塗り重ねて仕上げれば済む。しかし、量産となると生産設備の限られた時間の制約のなかで数回の塗装回数で完成させなければならず、マツダと塗料メーカーのエンジニアが協力して成し遂げた傑作技術のひとつが、この塗装なのである。

そうした量産化技術開発となる"魂動デザイン"や"SKYACTIVテクノロジー"などの"モノ造り革新"はマツダを支える大きな資産となっている。

■当時のマツダの状況

2009年は、3月にハイドロジェンREプレマシーのリース開始の発表があった。4月にはノルウェー・ハイノールプロジェクト向けのRX-8ハイドロジェンREの1号車が完成した。6月には新型アクセラを発表し、7月にはタイの新乗用車工場が完成した。

一方で、世の中はCO_2削減、燃費向上に向けて進んでおりHEV(ハイブリッド車)がないと生き残れないと言われていた時でもあった。

そういう時に、マツダは独自のクリーンエンジン技術で世の中の荒波を乗り越えようとしていた。9月に開催された第41回東京モーターショーで、次世代SKY-GガソリンエンジンとSKY-Dディーゼルエンジンと共に、

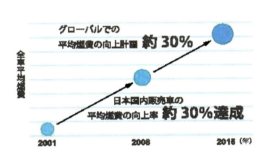

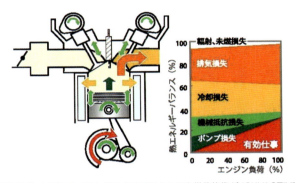

「サステイナブル"Zoom-Zoom"宣言」に基づき「走る歓び」と「優れた安全・環境性能」を高次元で両立させ、実現するための次世代技術が"SKYACTIV"である。そのためにマツダは2015年までにグローバルで販売するマツダ車の燃費を2008年比で30%向上させる計画を発表した。

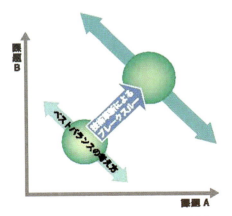

次世代技術の"SKYACTIV"を貫いている思想が「ブレークスルー」の発想である。これは相反する課題のベストバランスを狙うのではなく、技術革新によって同時に解決するという挑戦をしていくという考え方である。

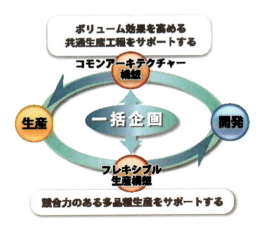

"SKYACTIV"の導入にさきがけ、研究開発から製造にいたるまでのクルマづくりの全てのプロセスを革新する取り組みが「モノ造り革新」である。このプロジェクトから生まれたのが、一括企画に基づいたコモンアーキテクチャー構想とフレキシブル生産構想である。

「走る歓び」と「安全・環境性能」を掲げた、「サステイナブル "Zoom-Zoom" 宣言」をしたのである。そして 2012 年からの CX-5 を筆頭とする第 6 世代商品群で "魂動デザイン"、"SKYACTIV テクノロジー"、"モノ造り革新" を本格的に導入し、世界にマツダのブランド価値を問うていくのである。

■ 新たな出発

2009 年 3 月末で次世代スポーツカーチームは一旦解散したが、次世代スポーツカープログラムが無くなったわけではなく、量産タイミングが後ろにずれただけであった。それゆえこれまでのような人材や資源はかけられなくなり、量産化に向けた設計、実研のメンバーは他のプログラムに移動となったのである。

私は新メンバーと共に、新たな少数精鋭の開発チームを立ち上げて、新次世代スポーツカープログラムチームを 4 月 10 日にスタートさせた。当面の間は新チームには担当設計や担当実研は含まれないが、先行開発部門のメンバー主体で、改めて「2020 年に胸を張って乗れるスポーツカー」のビジネス構築と、具体的な商品像の検討に着手した。ビジネス検討は商品戦略企画、総合商品企画と商品企画、商品収益管理、企画本部のメンバーで行い、商品像は商品戦略企画と市場戦略企画と商品企画本部メンバーが担当した。

こうして次世代スポーツカー開発は、仕切り直しをすることで新たな気持ちでセカンドステージに入ったのである。

私は、これまで 2 年間取り組んできた顧客基盤構築と魅力価値創造、軽量化を柱とした FR プラットフォームの先行開発の技術開発を踏まえ、改めて「2020 年に胸を張って乗れるスポーツカー」の検討開始を宣言した。加えてこれからは、少数メンバーではあるが、高い目標を掲げて、海外拠点との密なコミュニケーションをとり、本質的な価値ある次世代スポーツカー商品開発に取り組むことを決意した。

そして、2009 年度は次世代スポーツカーのコンセプト創出という視点で、シニアマネージメントの金井誠太さん、藤原清志さんとのディスカッションを重ねた。さらに、MNAO(北米マツダ)、MME(マツダヨーロッパ)の製品開発関係のメンバーとのコミュニケーションを密に図っていった。

一方で次世代スポーツカーが延期になることで、現行の NC ロードスター /MX-5 の延命対応も必要になったのである。モデル末期となるスポーツカーの規制対応や商品対応に加え、当初計画していなかったレギュレーション対応についての検討も主査として取り組まねばならない。また、ロードスター 20 周年記念イベントも予定されていた。

世の中が刻々と変化していく中で、車両開発はもちろんのこと、競合車や他ブランドの技術動向や学ぶべきビ

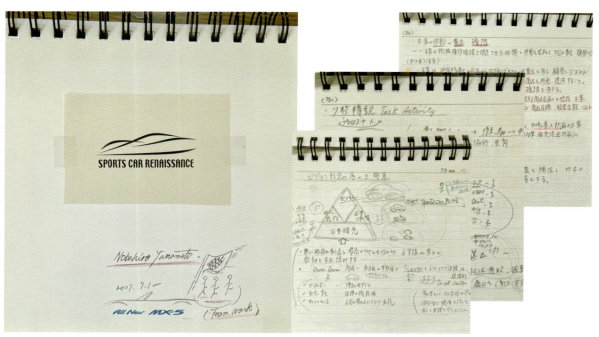

ロードスター /MX-5 開発に取り組み始めた頃に取り組み方法などを書き記したメモ帳。

ジネスなど、多くの取り組みに挑戦していかなければならなかった。

■ NC ロードスター /MX-5 の延命対応

このような経過で主査として再び次世代スポーツカー開発に取り組むことになるが、前述したように NC ロードスター /MX-5 の延命というプログラム運営が必要になったのである。ここではまず、NC ロードスター /MX-5 の延命対応がどのように行われてきたのかを紹介し、その後で次世代スポーツカーすなわち ND ロードスター /MX-5 の開発について述べてゆきたい。

①歩行者保護衝突安全基準対応

2008 年のリーマンショックの後、次世代スポーツカーの量産タイミングが延期になったことで、2012 年からヨーロッパと日本で発売するすべてのクルマに適応される歩行者保護衝突安全基準を、現行の NC ロードスター /MX-5 で対応しなければならなくなった。このレギュレーションに対応しなければ NC ロードスター /MX-5 は販売できないのである。レギュレーション対応ができない場合にはヨーロッパと国内で NC ロードスター /MX-5 を販売しない、という選択肢はマツダには考えられないのである。販売を続けるためには歩行者保護衝突安全基準対応のための新たな開発が必要になる。そして、このレギュレーションは ND ロードスター /MX-5 でも必ず対応しなければならないので、決して無駄にはならず先行して実施するという考え方もできる。

歩行者保護衝突安全基準対応は、万一、歩行者がクルマにぶつかった場合に、歩行者の頭部がボンネットに衝突する時の衝撃値を定められた衝撃値以下にして、歩行者の頭部衝撃の保護を行うものである。通常このレギュレーションに対応するには、ボンネットとその下部にあるエンジンとの隙間にエネルギー吸収ができる量を確保し、頭部が衝突した場合のクラッシュスペースを確保して衝撃値を低くする方策がとられる。しかし、ボンネットを低くするデザインのロードスターではボンネットとエンジンの隙間にスペースはほとんど無く、エンジンを下げるかボンネットを上げるというどちらかの対応策しか考えられない。しかしエンジンを下げるとクルマ自体が成立しないことは明白である。そしてボンネットを上げた場合でも、デザイン的に成立しないことは容易に想像がつく。またヨーロッパではボンネット下方視界基準があり、ボンネットを現状より高くすることができないことも改めて確認した。

それではどうすれば良いかということだが、ボンネッ

トを低くデザインしたいヨーロッパ車では、衝突時にボンネットを持ち上げて衝撃値を緩和させるポップアップ式ボンネット (DHS) が採用されている。その方式は、火薬式、リセットできるバネ式（ベンツが誤爆のリペア対応で導入）があり、衝突開発とボデー開発部で先行技術開発に入ってもらい、シミュレーション検証と実機での検証を早期に行い、投資規模や開発内容、日程検討を行うこととした。

一方、その販売開始時期は、マツダ商品群が「サステイナブル "Zoom-Zoom" 宣言」に基づいて開発されている次世代商品群が登場するタイミングと重なる。NC ロードスター /MX-5 は SKYACTIV エンジンが搭載されているデミオや "フル SKYACTIV 技術 " を導入する CX-5 などの後での導入となり、新パワートレインが搭載されていないことへの説明が難しい状況となることが想定された。従って、市場燃費と競合車燃費より、どの位の燃費改善が必要かを予測し、新 SKYACTIV エンジン搭載の必要性を見極めるなどの検討も必要になったのである。しかし、NC ロードスター / MX-5 への SKYACTIV エンジンの搭載については、FIP（フューエルインジェクションポンプ）がダッシュカウルに干渉し、そのままでは搭載できないことが判っていたため、歩行者保護衝突安全基準対応でのカウル周りの変更と合わせて搭載可能性を探るなど、検討範囲は増えるばかりであった。

レギュレーション対応は、衝突開でのシミュレーションとそれに基づいた実機検証でボンネット打点試験を実施し、予測値とほぼ同等の結果を得た。ボデー開発での DHS アクチュエータのレイアウト検討では、他車が使用中のシステムを仮置きして検討した結果、カウル周り、エプロン、エアコン・ヒーターのダクト、ダッシュ面のアクセルペダルやクラッチペダルなどへの影響が見えてきた。

ミニマム投資、ミニマム開発費のためには変更部品をいかに少なくするかがポイントになるが、生産性の制約も知った上で、ユニット&センサーレイアウトを含め早いタイミングでのミニブロック図レイアウト活動レベルの開発が必要となった。この時点で関連部門を集め全体の構想を打ち合わせることと、主幹部門である衝突開発、ボデー開発、そしてリードする車開推副主査への支援を重ねてお願いした。あわせて、より多くの関連情報を入手するために、既に量産しているメルセデスベンツ E クラスの DHS システムの技術情報を MRE（欧州 R & D 事務所）より入手し、共有することができた。

一方、商品性改善は、7月より競合車比較での商品力と燃費改善の必要性を検討開始した。その後のベンチマーク車分析結果より、燃費改善レベルは＋20％以上が必要となり、マイナーチェンジ時点では実現不可能なレベルにあるという認識を新たにした。この結果より燃費改善については、走りや"Fun to Drive"とのトレードはしないことを方針とした。

夏には衝突開発よりフロントバンパーの足払い実機試験の進捗報告があり、かなり高いレベルの技術課題が顕在化されたので、DHS開発、フロントバンパー（Fr フェイシャ）廻りのミニタスク活動の必要性を提案することにした。同時に車開本本部長の素利孝久さんへの報告と今後の進め方を相談し、目標日程として商品化提案までに先行技術開発を実行する提案を行い、承認を得た。

具体的には、DHSのヒンジ機構はマツダで設計し、アクチュエータ、センサー、ECUはサプライヤーとの共同開発で進める。先行開発に必要な工数、部品購入などのリソースは車開本にお願いした。特に、DHS搭載とフロントバンパーとロアスティフナ（下部の補強）構造にはレイアウト活動が必要であり、ミニタスク的にメンバーを指名し、車開推のリードで開発スピードを加速させることとした。

このプログラムの使命は、ヨーロッパと日本の2年間の販売台数とその収益を確保すること、加えてロードスター/MX-5というブランドを絶やさないということであるが、私は開発投資ミニマム化と手戻りしない新技術の短期開発を行うという目標を設定し、取り組むことにした。

本来の計画であればNCロードスター/MX-5のタイミングでは導入する予定のなかった歩行者保護衝突安全基準対応であるが、前記した通り、この技術は次世代スポーツカー開発にも適用される技術であるので、早いタイミングで技術開発を終えることができ、結果的には次世代スポーツカー開発でもメリットが生まれたことになったのである。

②アメリカの市場調査と商品対策検討

次世代スポーツカーの量産延期に合わせて、アメリカ市場への商品テコ入れも課題となり、そのため市場変化を的確にとらえビジネス成長を果たさなければならなかった。アメリカ市場を主とするグローバル市場調査活動は年間活動に合わせて、スポーツカー商品群の価格ポジションのトレンド分析や、顧客情報の収集活動を行った。2009年から2012年でモデルチェンジもしくは新規投入が計画されている競合スポーツカー商品（トヨタ、日産、ホンダ、三菱他）のポジショニング

の予測も進めた。NCロードスター/MX-5のユーザーについては、北米及びドイツの分析をほぼ完了し、引き続き日本市場の分析に着手した。日本のユーザーの選択範囲は車種および価格の双方において多岐にわたっているため、ホンダ・シビックからBMW Z4まで幅広く検討した。RX-8の北米ユーザーの選択範囲は、シボレー・カマロや日産350Z等のスポーツクーペが中心であり、日本国内ユーザーは、スバル・インプレッサや三菱ランサーエボリューションなどハイパワー系サルーンも検討していることが分かった。

これらの分析結果は商戦本や商本関連メンバーと共有した。具体的には、競合各社（トヨタ、日産、ホンダ、三菱、ポルシェ、BMW、アウディ）とマツダのスポーツカー商品群のライフサイクル、モデルチェンジ、モデルイヤーごとの価格ポジション変化（ポジションアップのさせ方）、派生車（エンジン、駆動方式、オープンカーなどの別ボディ）投入、これらのタイミングと価格ポジション、台数実績変化、パワートレイン系を中心とした商品対策タイミング、頻度と実績変化、そして各社商品群の2012年から2015年までの価格ポジション予測などである。この分析結果を次世代スポーツカープログラムの戦略提案に反映させると共に、今後は節目で行われるグローバルでの商品対策ディスカッションにも参加することを申し入れた。

アメリカ市場でのスポーツカー商品群の価格ポジションのトレンド分析ではエンジン出力に着眼し、過去からの出力と価格ポジションの関係の推移を分析した。何馬力でいくらの価格帯に参入してきたか、その日本製スポーツカー群とヨーロッパ製プレミアムスポーツカー群との違いなど、得られた結果から今後を予測し、次世代スポーツカーが参入する価格ポジションやエンジン性能の決定要件へフィードバックさせることにした。

一方、獲得顧客分析については、日本では独身層と子育て終了世代で顧客の7〜8割を構成している。小規模ながら、独身層は200万円まで、子育て終了世代は300万円以上にさらなるビジネス好機があると分析した。この結果は概ね仮説通りであり、ビジネス好機が立証できた。従って、国内は、独身層と子育て終了世代を中心に顧客を防衛・獲得しながら、価格帯アップによる収益向上を図っていく方向がある。また、子育て終了世代（上位価格帯）のカバー率には、さらに踏み込んでいく余地があることも分かった。

ヨーロッパ市場においても過去からのエンジン出力と価格ポジションの推移を分析した。欧州プレミアムス

ポーツカーは、出力に対する価格ポジションを継続的に維持していることが分かった。それに対し、日本車は出力比価格ポジションをモデルチェンジごとに下げており、その格差は拡大傾向にあり、特に高出力側でその傾向が顕著である。具体的な出力レベルを示すと、欧州プレミアムスポーツカーは180HPで$30,000の価格ポジションを得ているが、日本製スポーツカーでは300HPが必要（2009年時点）となっている。次世代スポーツカーでは出力比価格ポジションをいかに高く持っていけるかが鍵であり、お客様が納得する付加価値付けが課題であった。NCロードスター/MX-5のマイナーチェンジ商品対策は、企画書の指標数値をクリアさせるため、マーケ、商収管と販売増加台数を見直した。今回は前年のドイツ、イギリスの特別仕様車の実績で30%以上の増加実績があり目標数値を達成できたが、目的である収益改善、開発投資効率という視点でのさらなる厳しい取り組みを心がける必要があった。

2010年に実施されたアメリカのJDP（顧客満足度調査）でMX-5はクラス1位を獲得した。

そこでNCロードスター/MX-5の2010年のヨーロッパ特別仕様車をアメリカ、カナダ、オーストラリア向けに1400台追加設定し、収益貢献に対応することとした。

③ 2013年型 MX-5 の導入

当初の計画であるNCロードスター/MX-5の2013年型商品対策は、MX-5の商品目標を踏襲した規制対応＋小規模な改良であり、規制対応でのフロントバンパー新設とDHSシステムが大物新設部品であった。これらの内容と費用を把握のうえで経営承認を得て、開発から量産までの工事内容と日程については、最大限のスリム化を検討することとして進めた。

さらにマツダ初となるDHSシステムのFMEA／FTA（故障の影響解析と原因分析手法）による課題の潰し込みと、誤作動に関する"意地悪テスト"を含めた検証の徹底を、車開本に要請した。

一方、DHSシステムによる質量アップ（＋8.5kg）のリカバリーも必要であった。このままでは、ヨーロッパ向けの最軽量車のEMランク：1130kgランクが維持できない懸念が残っていたのである。アトリビュートプロト車（性能機能プロト車）の質量は計画より＋5.0kgという情報もあり、現状とその改善策の説明を車開本に要請し、解決に取り組んだ。

このようにしてヨーロッパと日本の安全規制対応であるDHSシステムの開発とそれに伴う商品性改良を終えて、2013年型のNCロードスター/MX-5（NC3）は

2012年7月発売された歩行者保護衝突安全基準に対応したNCロードスター（NC3）とロードスターRHT。

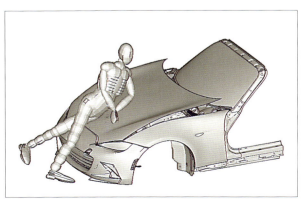
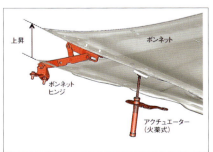

この時開発されたポップアップ式ボンネット（DHS）は、後のNDロードスター/MX-5にも適用される技術となった（作動イメージ図はNDロードスター/MX-5搭載のもの）。

第5章　NDロードスターの開発＝セカンドステージ（2009年～2015年）　87

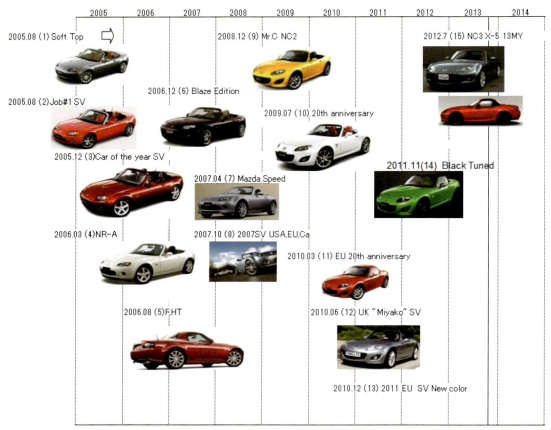

NCロードスター/MX-5は2005年から2015年までの10年間という長いライフサイクルであった。2008年のリーマンショックによりNDロードスターの量産タイミングが延期されたことで、歩行者保護衝突安全基準への対応が必要となるなど、NC2、NC3とマイナーチェンジを行い、NDへのタスキをつないだ歴史となった。

2012年7月に量産を迎えることができた。

規制対応は企業の責任であり、お客様が望んでいるのはロードスター/MX-5としての「運転することの楽しみ」、すなわち"Lots of Fun"の進化である。そこには単なる規制対応だけではなく、マツダのブランドアイコンとしての価値を高め続ける効果的な商品対策が必要であった。もっと言えば、市場ではさまざまな競合車が去っていったが、ロードスター/MX-5は生産累計90万台を記録し、世界中のお客様に愛されつづけているクルマである、という誇りをもつこと。トヨタ86の参入で市場、メディア、お客様が注目しているFRスポーツカーの「真価」という点で、ロードスター/MX-5の商品コンセプトや取り組みは、NC、NC2で紹介したメッセージもあわせてNC3でも継承していくことが求められていたのである。

そのような経過も踏まえて、歩行者保護衝突安全基準対応では安全対応とデザインを両立させるDHSシステムをマツダで初めて導入した。そして新しいデザインはマツダのデザインポリシーに則り進化させ、ソフトトップとRHTのインテリア、エクステリアのカラーコーディネートによって、それぞれの世界観を明確に表現した。進化させていったのは"人馬一体"のフィッシュボーンチャートに示されている「走る・曲がる・止まる・触る・視る・そして軽量化」の部分であり、このクルマの世界を広げる取り組みであった。

こうしてNCロードスター/MX-5は、NA、NBロードスターのライフサイクルが8年であったのに対し、ロードスター最長の10年間に延命され、2015年にNDロードスター/MX-5にバトンタッチしてゆくのである。

■2015年導入に向けての次世代スポーツカーの開発

2009年4月より次世代スポーツカーチームは新たなスタートを開始した。次期ロードスター/MX-5の量産タイミングの延期を受けて、もう一度世の中の変化、顧客と提供価値、競合車環境などを見直して「2020年に胸を張って乗れるスポーツカー」を再検討することになっ

た。本章と次章では、再出発した次世代スポーツカー開発、すなわち ND ロードスター /MX-5 のプログラムがどんな経過を辿ったのか、そのプログラムミッションの達成と立ちはだかる課題解決に我々がどのように取り組んできたのか、当時の「開発記録」を振り返り、年代別の取り組みとテーマ別のトピックスの形で紹介したいと思う。あわせて社内外へのイベント対応、競合車の試乗レポートや社外のメーカーとの懇談会など、私が主査として取り組んだことも紹介する。

■ 2009 年の取り組み

①市場調査と顧客分析

2009 年は市場調査と顧客分析に注力した。

「2020 年に胸を張って乗れるスポーツカー」の商品像はこれまでの延長線ではなく、新しい顧客と提供価値を持たせるために、ブレークスルーする着眼点を見つけてビジネスシナリオを構築しなければならない。アメリカやヨーロッパなどグローバルでの過去のスポーツカー実績や商品価値、顧客ニーズ分析、競合車のコンプレキシティ分析（機種やグレードなどの分析）、スポーツカーの市場実態と獲得顧客の分析をもう一度見直すことにした。

なぜならば、現状の顧客だけではロードスター /MX-5 の将来はない、と思っていたからである。もっと言えば新しい顧客を増やさないとスポーツカーそのものの未来はない、という危機感を感じていたからである。それゆえにアメリカのブーマー（一定の価値観を持つ 40 歳代の顧客層）や日本の 50 歳以上のシニア層だけでなく、もっと若い世代層がスポーツカーを欲しくなり、乗りたくなるような商品をつくりたいと思っていた。それゆえに市場分析と顧客基盤分析はしっかりやっておく必要があった。最大市場である北米市場での MX-5 の実績は、獲得顧客のデモグラ分析（人口、年齢、性別、収入等による分析）によると独身層と子育て終了世代が獲得顧客の大半を構成している。顧客の購入価格帯と価格構成の分析では、MX-5 のソフトトップは独身層主体の〝低価格帯顧客〟を獲得できている。この分析結果より、MX-5 の競合車であるポンティアック・ソルスティス等は、高性能を志向する〝高価格帯顧客〟を獲得している傾向が分かった。

このことを現状、将来予測、販売好機で分析し、これまで検討した知見と合わせて何をブレークスルーすれば良いか検討を重ねた。その結果、以下のような将来の商品対策案を得ることができた。

①ソフトトップ、RHT（リトラクタブルハードトップ）は、ともに想定していた顧客層を獲得できており、この顧客層の防衛、流出防止策を施すことで MX-5 の収益向上と台数維持を図ってゆく。

②RHT では、独身層と子育て終了世代の上級志向層を獲得している。彼らを対象とした販売好機の創出では、上級グレードベースの上質化や高性能化商品の対策が考えられる。

③ソフトトップでは独身層のアフォーダブル志向層（手頃な価格志向層）を獲得している。彼らを対象とした販売好機の創出では、廉価グレードのファッション性の訴求、限定車設定等による展開強化が考えられる。

同様に、同じ視点でヨーロッパ市場（ドイツ／イギリス）についても実績分析を行い、その結果についてもチームで共有した。

また、あわせて社外視点として以下の 2 つよりヒントを出せないかもあわせて検討した。
『2030 年自動車はこうなる』（2007 年、自動車技術会刊）
『未来年表 2010-2020-2030』（博報堂生活総研 HP より）

そして「2020 年に胸を張って乗れるスポーツカー」像として、これまでの検討シナリオで削ぎ落とされて残った「スポーツカーだけが実現できる価値」は、以下の 3 つとなった。

1) 環境性能と "Fun to Drive" の両立
2) スタイリッシュ＆スポーティなスタイリング
3) アフォーダブル（手頃な価格）

これらに加え、以下の内容をブレークスルーの着眼点にできないか考えた。

1) より高度な安全性を有すること
2) 生活を豊かにし運転そのものが楽しみとなる HMI（ヒューマンマシンインターフェイス＝人間と機械をつなぐ技術）をもつこと
3) 商品とセットになった「楽しい生活シーン」を提供すること

安全＋ HMI ＋生活シーンは、それぞれが関連する最新 IT 技術や世の中の先進技術、ネット社会のインフラとコラボレーションした新しい価値を創出するイメージを描く。映画『アイ・ロボット』に登場したアウディ RSQ（2035 年のスポーツカー）では、先進 IT、ロボット技術、バーチャルとリアルワールドの両立や電気デバイスと人の感覚が一致する時代の HMI を持つなど、いくつかの参考事例が見つかった。

これらについてもチームは提供価値と具体的な商品価値への落とし込み、コスト分析などを進めていった。

②商品価値とコスト比較

　価値を商品にするためには技術が必要であるが、採用するかどうかの決定には、絶えずコストが立ちはだかる。いくら優れていても価値に見合うコストでなければ採用できず、"絵にかいた餅"と化してしまうのである。従って企画段階でもその見通しを立てることは大切なことである。ロードスター/MX-5という商品を他の商品群と比較して、どこにコストをかけることができるかを判断するには、商品とコスト構造を知っておくことが重要であり、必要なところにしっかりとコストがかけられるシナリオを持っておかねばならないのである。

　そこで分析を進める中で、商品価値とコストについて固定要素と変動要素という考え方を持つことにした。衝突安全レギュレーション等の必須アイテムは固定要素とし、スポーツカーの魅力を引き出すデザインやハンドリングは変動要素とした。それらを基にロードスター/MX-5を含めた6台の分析を行った。

衝突安全性：A車＞B車＞C車＞MX-5＞D車＞E車
デザイン性：B車＞A車＞C車＞D車＞MX-5＞E車
操縦安定性：A車＞B車＞C車＞MX-5＞D車＞E車

　この分析結果のポジショニングからデザインにはもっとコストをかけたいと思った。またコスト差がどのように違うのかは分かったが、なぜコスト差が発生しているかを引き続き詳しく分析する必要があった。少し細かなところになるが、エンジアリング的にはもう少し詳細まで分析したいという思いがあり、以下の主要部品についてはコスト差要因とその比較分析まで行った。

●フロントサスペンション形式：ダブルウィッシュボーンとストラット
●リアサスペンション形式：マルチリンクとトーションビーム
●ステアリングシステム：電動式と電動油圧式と油圧式
●ホイール＆タイヤサイズ：18インチと17インチと15インチ

　一方でグローバル競合車のコンプレキシティ分析（機種やグレードなどの分析）は、主要競合商品群について、過去20年間の価格ポジション、機種体系、パワートレイン性能と台数実績推移を調査した。この分析の結果から、ビジネスを成功させるための価格ポジションアップのさせ方はどういうものか、派生ボデーを持つ商品の投入タイミングと台数推移、パワートレイン性能と価格の競合関係や推移についても分析を進めた。

　その結果から判明したことは、ライフサイクル中に8〜12％レベル（年度モデルごとに1〜4％）の価格ポジションのアップを実施していることだった。

　上下モデルの連携プレー（下級モデルを加えることで上級モデルのポジションを上げる）により、上級モデルのポジションアップに成功している。また、派生ボデーを発売から1年後までに投入することで台数向上効果を上げていることも分かった。

　一方でマツダの場合は、NAからNBへとロードスター/MX-5は順調に価格ポジションをアップしてきたが、2003年のRX-8投入後は、ロードスター/MX-5もRX-8も価格ポジションをアップできていないことが分かってきた。市場ではMX-5とRX-8はほかの車種との価格ポジション上の連携プレーが無く、同じ価格ポジションで込み合った状態にあった。また、NCロードスター/MX-5発売から1年後にRHTを投入したことは妥当で、台数向上効果があることは良い結果に繋がっていることが分かった。

　同様にヨーロッパにおける過去からのエンジン出力と価格ポジションの推移を分析し、チームで共有した。分析ではヨーロッパのプレミアムスポーツカーは、出力に対する価格ポジションを継続的に維持していることが分かった。それに対し、日本車はモデルチェンジごとに出力比価格ポジションを下げており、その格差は特に高出力側で拡大傾向が顕著であった。

　前途のとおり2009年型車の具体的な出力レベルで言うと、ヨーロッパ車は180HPで$30,000の価格ポジションを得ているが、日本車では300HPが必要となる。次世代スポーツカー開発では、この出力比価格ポジションをいかに高く持っていけるかが鍵であり、お客様が納得する付加価値づけが課題である。

　これらの検討結果をアメリカ及びドイツのマーケティング企画チームと共有し、今後の進め方を合意した。その結果を踏まえて以下の視点を追加することとした。

●導入当初の市場予測の決定依拠と、現状とのギャップという視点で分析結果を見直す。
●その分析結果を理解した上で、より効率的なビジネスに結びつけるための視点を得る。
●そこから適切な比較検討対象を設定してゆく。ヨーロッパには生き残れなかった競合が数多い（MGFやフィアット・バルケッタ等）ので良い結論が得られるはずである。

　また、2009年のその他の取り組みとして、以下のような内容も検討した。

●将来欲しいクルマからのスポーツカー検討視点と課題設定。

- 6月の日本電装技術展示に見る将来技術についての気づき。
- 次世代スポーツカーの "Fun to Drive" におけるブレーキのあり方と車両開発本部への要請。
- ドイツの「AMS」誌（アウト・モーター・ウント・シュポルト誌）のプレゼンテーションから、お客様の持つ "Edge"（鋭い感覚）を大切にすることの重要さ。
- 第6世代 CD セグメント車の "Zoom-Zoom" 魅力検討試乗会への参加。
- VW の Blue Sport（コンセプトカー）についての MME（マツダヨーロッパ）レポート分析内容の共有。
- 2代目 BMW Z4 の RHT、レクサス IS-F の試乗分析内容の共有。
- 将来のスポーツカー像を検討するためのトヨタのエンジニアとの意見交換会とその考察。
- トップランナーになるための国内 B セグメント車の走り、燃費、価格の分析と、スポーツカーの距離感とポジショニングについての考察。
- 若者のクルマ離れの要因分析からスポーツカーの価値の課題を設定すること。
- 「マニア／オタク」分析からマーケティング戦略と商品魅力を探る検討。

このような内容をチームメンバーと共有し、ベクトル合わせと活動の活性化を行っていった。なお、これらの内容の一部は第6章で詳しく紹介する。

また、次世代スポーツカーの価値創造に向け、他業種事例として「テーマパーク」も分析した。

テーマパークの成功の秘訣は、新しい市場（価値）を創造し「テーマ→工夫→ファン→リピーター→集客」のシナリオを構築することにある（ブルーオーシャン戦略）。成功事例としては東京ディズニーランド、旭山動物園、新江ノ島水族館、アムラックスなどがある。設備や動物を並べただけの従来型娯楽施設（受動的アミューズメント）は失敗し、明確に概念化されたアイデア（テーマ）によって施設を構成した娯楽施設（能動的アミューズメント）が生き残っている。それらを「増やす」、「減らす」、「付け加える」、「取り除く」という4つの項目に体系化して比較することで、次世代スポーツカーの新たな価値観を導きだすことも行った。

一方、シニアマネージメントとの話し合いではプラットフォームを新設しないでキャリーオーバーした場合のケーススタディを行うよう指示が出た。この検討が意味することは、少ない投資でビジネスを成功できないかということである。プラットフォームへの投資を最小化す

ることでも商品が成立するかどうかの確認である。

エンジンを新型 SKY-G エンジンの 2.0 リッターと 1.5 リッターとした場合、燃費は現行比 30% 以上の改善が見込まれるが、走りは 2.0 リッターでは改善するが 1.5 リッターでは少し後退となる。質量はエンジンが少し重くなる。しかし新規プラットフォームであればトップハット領域（エクステリア、インテリア、内装など車体から上の部分）の新設による軽量化や、シャシー領域の軽量化で現行比エミッションランク内に留まるレベルとなることなどが想定できた。

結論として、プラットフォームを新設しなければ投資金額は半分以下となるが、我々が望んでいるありたい姿のための軽量化ができないことが最大のネックであった。

この結果をシニアマネージメントの金澤啓隆さんへ報告したところ、逆に経営陣が次期ロードスター /MX-5 の量産を1年早期化したくなるような、より魅力的な内容の提案を要望された。

投資や資源の削減は大事だが、ロードスターの本質である "運転する楽しさ" をもう一度原点回帰した上で、早くつくりたいと思わせるような商品魅力を提案することが重要だということである。キーメッセージは「感動のスタイルとワクワクする運転感覚の実現」であり、そのためには現実的な軽量化の手法を早く提案し、期待に応えなければならないと強く思った。

■ 2010 年の取り組み

2010 年が始まった。

次世代スポーツカープログラムは、リーマンショックで見直されて量産が遅れることになったサイクルプランを確定し、そのためのユニット先行開発をスタートさせなければならない。

コンセプト創造活動も、マツダが考えるブランドの価値や目指す姿を取り入れた進化に向けて、プログラムの技術開発の柱となる軽量化開発を進めるなどやるべき課題が山積している。

2010 年の後半には次世代スポーツカーの商品ビジョンとそれを達成するための技術テーマと課題、そして取り組み体制を整えるようになる。そうした想いと、新年の山内孝さんの社長メッセージも意識しながら、主査として以下の抱負をメンバーに伝えた。

- ブランドを牽引してゆけるマツダでなければ成し得ないスポーツカー商品像を示す。
- 早く新型スポーツカーをつくろうという風を起こし、具体的な活動を開始する年にする。

- 初心に立ち返り、進むべき道を見極めて突き進む。
- 知恵と工夫でプロの成果を導き、チームワークを大切にする。
- タスクチームは少数精鋭で活動を継続させてこのプロジェクトの具体化を図る。

具体的には、"人馬一体"コンセプトの継承と進化を進めるために、軽量化、統一感タスク活動の活性化を中心として、先行開発活動の加速へつなげる全社の技術開発活動との整合をとりながら、選択と集中の明確化を行っていった。あわせて、三角バランス、効率化とスピードアップの追求を目指したのである。

①開発プロセスの構築

今期の業務計画は、以下の6つの重点項目を策定した。
1) 2010年サイクルプランの決定支援
2) ブランド提供価値への対応とコンセプト再構築
3) スポーツカー戦略提案とユニットキックオフ活動
4) 軽量化タスク
5) 統一感タスク
6) チーム体制と運用計画

開発の次のステップとなる商品開発プロセスと日程について、次世代スポーツカーチームは、スポーツカーの特殊性、第6世代商品企画における学びや気づきから、第7世代以降の雛形（ひながた）となることを目指し、本部長の青山裕大さんと平見尚隆さんと報告した。

ビジネス提案、ユニット企画提案については、年内までに具体的な商品像の明確化、市場の方向性や前提の合意、先行技術開発の充実をめざすのだが、特に、商品企画側の想いと市場の想い、デザインの想いを一つにまとめてゆくアプローチに留意することとした。海外拠点メンバーとのミーティングに向けては、自分たちのスポーツカー哲学とDNA、ヘリテージなどつくり手側の理論を優先した装備や仕様を考えた。

商品企画側リードの取り組みと、マーケティングとの考え方の共有に加え、スポーツカーを将来的に継続するためのシナリオには、第6世代商品からの学びにより、「人生最後に誇りを持って乗りたいクルマになる」、そんなイメージも必要との認識をチームで共有した。

一方、全社における2010年のサイクルプランにおいて、次世代スポーツカーの上程とその進め方が最も難しいものとなっており、総計チームが難航していた。会社の経営が厳しい状況下で、台数の少ないスポーツカーは開発も厳しい環境に立たされるのは常であるが、我々の構想にはブランドアイコンとしての存在価値を高める取り組みが、増々求められていると感じた。

スポーツカーのビジョンやミッションから商品像は描けるが、市場規模縮小で期待できる台数が少ないことからビジネスとしての成立が大きな課題となる。販売台数アップ、投資削減のアイデアと対応選択肢をいくつか検討し、上程案を導くようにチームで検討を進めていかねばならない。

4月にスポーツカーのブランドプロポジショニング（ブランド提供価値、存在意義）についてタスクチームより中間報告があった。「顧客との理想状態」や「中核能力」を描く取り組みであるが、環境規定の前提に苦労していた。そこで5月に予定されているグローバル拠点間会議での内容について、各拠点へ協力要請を行うために海外拠点行脚の準備を進めることにした。

②世界の各拠点とのベクトル合わせ

5月に開かれるMNAO（北米マツダ）、MME（ヨーロッパマツダ）と日本のグローバルサミットでは、次世代スポーツカーの存在意義についてのベクトル合わせを計画していた。特にMNAO、MMEには、2020年以降でもスポーツカーが商品ラインナップに意味を持って存在する意義を共有してもらわなければならない。そのことは言い換えれば、スポーツカーの将来の可能性を示した姿を提案し理解してもらうことがチームの命題となる。そのために5月のグローバルサミットでのベクトル合わせの計画を見直した。

ブランドプロポジション活動（ブランド提供価値活動）との仮説シナリオを最終化させ、市場定性調査による仮説検証を行う活動とした。ゴールは8月のサイクルプラン更新時点のマネージメントレビューとし、合意を目指すことにした。ブランドプロポジション活動は、第6世代商品群の活動の中にスポーツカーも組み入れられることになり、役員の藤原清志さんへのレビューのタイミングで、スポーツカータスクチームメンバーも参加する取り組みとなったのである。

一方、MNAOの戦略チームには、スポーツカーシナリオの意味を深く理解してもらい真剣に考えてもらうように働きかけているが、行き詰まっていた。そこで、私はMNAOの湊則男さんにこれまでの経過をテレビ電話会議で説明し、広島本社の取り組みを理解していただいた。MNAOに続き、MRE（欧州R＆D事務所）の松本治幸さん、冨田知弘さん、MMEの浜本俊輔さんにヨーロッパでのロードスター/MX-5のビジネス検討要請を依頼し、協力支援の了解を得ることができた。

そして私は、早急に正式な検討要請をMNAOとMME戦略チームに行い、ワンマツダでの取り組みを本

格化させたいと考えていた。しかしながら、MME より届いた最初の報告書の内容は現状分析に留まっており、スポーツカーシナリオを理解してもらうところから始めなければならなかった。ただし注目点は、顧客価値観分析という手法を用いて、ターゲットカスタマーを社会階級と価値観の 2 軸で 11 のセグメントに分類したもので、アメリカのジェネレーション Y 世代やブーマー世代などの世代年齢分析より細かく、顧客の価値観で分類している点が有効であるように思った。

MNAO の湊さん、MME の松本さんへは、ロードスター /MX-5 のブランドイメージを構築するには、MX-5 の必要性を理解することが重要と訴え、MX-5 の過去からの遺産を理解する資料と情報を提供し共有した。

その内容は、MX-5 を中止したときのインパクトである。MX-5 はマツダの販売総数のわずか 3% に過ぎないが、市場でマツダを最も連想させる車種となっており、マツダのブランドを象徴する "Zoom-Zoom" を牽引してきたクルマであること。RX-8 と MX-5 のビジネス総括の結果、NC ロードスター／ MX-5 から気づいたことは、ライトウェイトオープンスポーツとしての魅力とネームプレートをヘリテージとして継承しながらも、商品コンセプトのリフレッシュが必要であること。

スポーツカー戦略では、NC ロードスター／ MX-5 の顧客分析、競合車分析などをシニアマネージメントと議論した結果、MX-5 の SWOT 分析（強み、弱み、機会、脅威の分析）からでは 2004 年での MNAO 分析結果の高出力化ではなく、"人馬一体" で方向付けが行われたこと。

MX-5 のポジショニング分析では、MX-5 と競合車が車両のサイズや仕様の観点でどのようなポジションにあるのか。さらに、アメリカでの MX-5 のグループインタビューと MRE で実施した 20 〜 43 歳男女 19 人へのグループインタビューの結果などである。

③イベントを活用しての MX-5 の提供価値調査

MNAO で 7 月 17 日にミアータフェスタが開催され、参加した。これはミアータのファンクラブミーティングで、ブーマー世代とジェネレーション Y 世代両方のメンバーが 300 人以上集まるイベントであった。目的は、イベントを活用しての MX-5 の提供価値調査である。

MNAO、MME からの「MX-5 の顧客と新提供価値の明確化活動」の進捗が計画通り進まない状況もあり、私はこのイベントを MX-5 のマーケティングに活かしたいと考えた。

そうした中で、ブランドプロポジショニングについて、

藤原清志さん、青山裕大さん、平見尚隆さんへの報告を行い、今後の方向を定めることができた。マツダユーザーの理想状態の定義については、プロファイリングは色々な想像が掻き立てられよくできている。また、夫婦で一人の人格と考えて、ありたい姿を明らかにし、その後その姿がどのように変わっていくのかを深堀りしてみる。そして、ヨーロッパを意識すること、日本の検討を行うこと。今後のプロセスを再レビューすることにした。

ミアータフェスタは生の声が収集できるまたとない機会である。事前に大まかなアンケートを実施し、当日選考したカスタマーへの調査を行うことを計画した。そして MNAO のプロダクトプランや、R&D のサポートを考慮しながら、MX-5 が将来にわたって存続しうる提供価値のヒントを得ることを考えた。

MNAO 提案については、湊さんより本社のフィードバックが必要という強い思いがうかがえた。その背景には、これまでも MNAO からの提案に対し反応が少なく、本社案を押しつけられてきた認識をもっている様子で、今回の事案を契機に、双方向のコミュニケーションを図れる土台をつくりたいという思いがあるようだった。そこで本社でのブランドプロポジションの検討状況の連絡をすると共に、次のステップとして、MNAO の商品企画チームとコミュニケーションを取って同じ認識レベルにしたいことを伝え、湊さんからサポートをいただける合意を得た。

その概要は、ライフステージビークル案の補強とマツダが考えている若者獲得の悩み、MX-5 の持つ女性的で弱々しいなどのネガティブイメージの実態についてである。これらをミアータフェスタまでにまとめておき、ゴールを詰めてゆきたいと考えた。

私はこれまで 2 年間ずっと悩んでいる本質的な領域について、この活動を契機に MNAO とゴールを共有することで、ブレークスルーのきっかけを見つけたかった。この MNAO 案や現地でのグループインタビューの結果を理解した上で、次のステップとなるユニットキックオフへ向けての検討事項を草案として MNAO に提示した結果、内容を理解してもらい、考え方のベクトル合わせを進めることができたのである。

骨子となる考え方は以下のような内容である。

今回のグループインタビューでのロイヤルカスタマー（ブランドに愛着を持つリピーター）の生の声から、MX-5 の提供価値の思いもよらぬアイデアを得ること。一方で、一般の顧客も同じ提供価値を感じとれるような新しい視点での価値を MX-5 に追加すること。ブランド

2010年7月にMNAOで開催されたミアータフェスタでは、MX-5の提供価値を調べるためのマーケティング活動としてこのイベントを活用した。

アメリカには数多くのロードスター/MX-5（Miata）ファンがいる。次世代スポーツカーの開発では、MX-5の提供価値についてのマーケティング活動や顧客分析は重要な業務となる。写真は25周年を記念して開催された「Miata at Laguna Seca」に集まったMX-5でつくられた人（車）文字。

プロポジションの手法を使って、120% ハッピーになる（皆が納得する）理想状態の明確化と、理想を実現するために顧客にしてあげたら喜ぶことやMX-5が持つべき提供価値とMX-5を持つ前後の顧客の心理状態の違いを明らかにすることなどである。

MNAO 出張後には、ミアータフェスタのお客様の生の声をまとめた MNAO の作成資料が届き、チームで共有した。資料は、アメリカのエンスージアストの声や実体験から生まれた奥深いコメントが多く、国内ユーザーの声との共通項目もあり、MX-5 の提供価値による理想状態、グループインタビューから得られた「キー」となる価値（強み）とシンボリックシーン（代表的な光るシーン）、そして 120% ハッピーになるシーンについて、私は違和感のない貴重な材料を得ることができたのである。

MME の先行商品企画チームの浜本さんやステファンさんともミーティングを行った。MME からは、VW のスポーツカーが 2013 年に登場する見込みのため、次期 MX-5 の早期化をリクエストされたが、それはとても無理であり、一方で提供価値創造領域への具体化提案についてはなかった。MME には本社で検討している提供価値創造、ブランド価値向上案への検証とアドバイスを要請したが、チームの現状は他車種での工数が多く、スポーツカーの検討に当てられる時間が確保できない実情にあることが分かった。

MNAO、MME とはブランドプロポジションの検討項目を共有し、「検討スコープ」、「ターゲットカスタマー」、「コンセプト」、「キーバリュー」を検証してもらう位置づけで協力をお願いした。また、MNAO には商品改良案ではなく、顧客への提供価値拡大という視点での活動もお願いした。これらの活動を通して検討を進めてゆき、MX-5 の提供価値調査を完成させていった。

④商品ビジョン実現のための三位一体活動

商品ビジョンの創造については、MNAO より 7 月のグループインタビューの結果を踏まえた顧客情報の追加レポートが届いた。グループインタビューを通じて見出した次世代スポーツカーとしての理想状態を目指して、これまでの 3 つの中心となる行動特性評価に加えて、今回の新しい評価仮説も検討していった。

一方、商品ビジョン実現を進めるための先行技術検討においては、デザインを巻き込んだ三位一体活動を 9 月にスタートすることにした。

この三位一体活動ではデザインも大きなテーマとなるため、商企、企設での市場調査、NA ロードスターと RX-7 の提供価値の先鋭化、ミニマムパッケージ検討等、

商品ビジョンを策定するための基礎作業について、デザイン本部長の前田育男さん、副本部長の林浩一さんと相談し、三位一体活動の開始について合意を得た。

その中では、RX-7 から続くクーペとロードスター /MX-5 というオープンカーの商品ビジョンとその距離間の違いも共有した。クーペは RE を活かし挑戦するという特別な存在であり、RE ならではの価値を提案することが求められた。オープンカーは、マツダの考える若者の価値観が現実の若者とリンクしているのか、もう少し顧客分析を進める必要があった。

一方、ミニマムパッケージについては、デザインから創作意欲が湧き出るような魅力があるとポジティブなコメントをいただいた。デザインとエンジニアが一緒に夢を描いて共創する取り組みが開始される……そんな思いだった。

三位一体活動の重要な柱となるエンジニアリングについては、特に新技術ユニット先行開発活動に向けてのメンバーの人選と考え方を車両開発本部の本部長である素利孝久さんに相談した。人選については、次世代スポーツカーの商品ビジョンとその分析から、面白い仕事ができそうだと感じさせる活動や、将来に繋がってゆく活動を示し、先行技術開発メンバーの任命をお願いした。

先行開発活動の考え方については、商品ビジョンは価値を実現するための最低限必要なテーマであり、それらのテーマは量産として成立する見通しがあること、商品と技術開発の連携が取れた活動とするために商品ビジョンと技術がリンクされていること、企画とエンジニアリングが商品ビジョンを共有し共創すること、そして、挑戦する風土を体現できる取り組みを目指すこととした。この考え方に対しては大筋合意をいただいた。

ただし、挑戦するアイテムのすべてを技術開発するのではなく、まずはプログラムを提供すること。そして、技術開発のテーマを企画と技術者で相談して決めるに際しての十分な配慮についてもアドバイスいただいた。

素利さんへのレビューを経て、PT 開本の本部長の人見光夫さん、そして PT 主査にも車両開発本部と同様に先行開発の進め方を説明して合意を得た。同様に任命された PT 開本の活動メンバーにも次世代スポーツカーの先行開発の進め方や考え方について説明した。

任命された VDD（車両開発本部）と PTD（パワートレイン開発本部）のプラットフォーム先行のボデー開発、シャシー開発、内装開発、衝突開発、操安性開発、PT 開発のメンバーへは、先行開発のテーマ（案）と商品ビジョンを実現するために、共創によって取り組むエン

ジニアリング課題を、2軸直行軸に表し、ブレークスルー項目を見える化した鳥観図を作成し説明した。

繰り返しになるが、メンバーにも商品ビジョンは価値を実現するための最低限のテーマであり、かつ量産として成立する見通しがあり、商品と技術開発の連係が取れた活動であること。そして企画と技術がビジョンを共有・共創する開発であること。それに向かって挑戦する土壌とする考え方を徹底した。

それを実現するためのブレークスルーすべき商品ビジョンの対象は「性能」、「軽量化」、「ミニマムパッケージ」、「プログラムの課題」、「商品提供価値の変革」であり、それぞれについて具体的な課題と技術テーマを示し、担当する部門の活動体制と活動メンバー表を作成して帰属意識を高めて取り組んでいった。

一方で開発工数を考慮すると、商品ビジョンを実現させるためには任命されたメンバーだけでは解決できない悩みがあり、技術テーマと課題の難易度、仕事量を踏まえた上で、どのようなやり方をするかがポイントとなった。そこでまずは、商品ビジョンを実現するために全社の一括企画に倣（なら）うもの、新しく検討するもの、FRプラットフォーム独自のものに分類して進めることとした。

生産技術本部（技本）にも同様の商品ビジョンと構想案を伝えたところ、スポーツカーは一括生産から外れているので、生産サイドとしては商品の意義が理解できれば最大限協力する、との前向きなコメントがもらえた。

これらと並行して、メンバーとはそれぞれの技術テーマごとの「技術開発計画」を策定する取り組みを進めた。具体的な技術テーマは、「一体感」、「走り感」、「軽量化」、「衝突」、「ボデー構造」、「シャシー構造」、「新型オープンルーフ」、「パワートレインユニット」、「空力」、「ペダルレイアウト」、「マウントシステム」、「エアコン・ヒーターのコンパクト化」であった。

先行技術開発の大きなテーマの一つである軽量化は、企画シナリオを車開本エンジニアで精査した結果、質量見通しは1000kgとなった。ハイレベルでの追加要素（BセグメントカーやNAとの同等化、装備のミニマム化、材料置換の取り込み）を加えても900kgに留まり、商品ビジョンとして設定した850kgに対し約50kgの不足となる。

ユニットキックオフでは課題解決へのロードマップの見通しではなく、いかなる技術に挑戦していくかを上程したいと思った。そうは言っても目標へのシナリオのない開発では筋が通らないので、メンバーは、課題をブ

レークスルーするための各領域の最大の可能性を持つメニュー出しを行い、850kgまでのラフなロードマップを描くことを行った。

その結果、2010年の大きな目標であった次世代FRプラットフォーム技術開発構想と次のステップまでの活動計画と費用については、12月に経営承認を得ることができた。

今年一年かかって技術開発構想に至るブランドプロポジション（スポーツカーのブランド提供価値・存在意義）活動から展開していった商品ビジョンと商品の方向性を示し、技術開発へと繋がる活動テーマを設定することができた。

商品構想は、共通化構想とデザイン構想を早い段階から一緒にコンカレント活動（共同での検証活動）とする工夫を織り込んだ。商品ビジョンを実現する技術開発テーマは、企画の押し付けではなく、エンジニアと共に考え、共創でブレークスルーを見出すような準備と取り組みとした。そして技術開発活動は、11テーマ9部門の個別技術開発計画のタスク活動で実行することとした。

■ 2011年の取り組み

2011年が始まった。例年のごとく始業式での新年の社長メッセージから一年が始まる。メッセージでは4つの方針が打ち出された。「SKYACTIVの導入を成功させること」、「モノ造り革新の実行」、「ブランドロイヤリティの向上」、「さらなる成長戦略の検討」である。

足元の黒字達成の必達はもちろん、10年後に向けてマツダらしさをブレークスルーしなければならない。

次世代スポーツカーへの期待は「マツダらしさ」を象徴させるクルマづくりである。私にとってはお客様の期待を超え、マツダブランドのパイオニアとしての取り組みを示さなければならないと決意した始業式であった。

今年は、昨年承認を得た商品ビジョンの実現に向けた先行技術開発を本格化させて実行し、秋に予定しているユニット先行開発へ繋げなければならない。厳しい開発工数や予算の中で、いかに最小で最高の効率で開発を進めるかが重要である。また、10年先までを見通した新しいビジネスのスタイルを見つけて提案することも求められており、こちらもやりきらなければならない。

運営や取り組みは、これまでのやり方にとらわれず徹底した目的思考で相反課題のブレークスルーに徹底して取り組む。先行技術開発テーマ実行のシナリオを描き、やりきり策を実践する。各部門のサポートを得られるように、舞台を設定する。そのために、陣立て会議の

活性化によるチーム力を高める取り組みを工夫する。計画を立ててシナリオを見える化して、実行する。業務の停滞防止のため、動き出しを早くする。そしてデータと作業工程によって目標達成レベルを絶えず把握しながら業務遂行を進める。

チームメンバーには、業界情報、担当セグメントに関連する一流システム、コンポーネンツを理解するプロを目指してもらう。果敢に挑戦し、成功させることで技術も人も育つ環境をつくる。その結果、「人と技術を地道に育てる」、「人が変革する動機付けを与える」ことができる。2011年はそんなプログラム運営を目指すことを私は誓った。

①ユニット開発へ向けての取り組み

まずは次世代スポーツカーの技術開発について、進捗状況と今後の取り組みの確認から始めた。

取り組み内容（課題）は、商品ビジョンを踏まえた技術開発に基づくユニット開発の立案であり、量産に向けての商品の方向付けは主査の重要な役割責任となる。ユニット技術開発を商品開発へとつなげるためには、スポーツカー開発では商品の考え方をより明確にしておく必要がある。

例えば、単に軽量化という視点でスペックを決めるのではなく、一つひとつのユニットのあるべき姿を議論すること。そうした取り組みを行うためにもマネージメントとの活発な意見交換が必要である。一方で、開発プロセス革新に取り組むというタスクもあり、こちらは4部門の本部長のサポートを得て取り組んでいった。

ここで開発プロセスの全体をざっと解説したい。

新車開発のプロセスは大きく4つの段階がある。最初が商品ビジョンの策定とユニット技術開発テーマの立案、そして、プログラム開始提案を行って具体的なプログラムの目標を設定し、最後にそれらがビジネスとして成立することを証明し、商品化の最終的な承認を得るというプロセスである。

それぞれの過程では、主査はそれを所定の書面にまとめて上程する役割責任を持ち、経営会議で承認を取りプログラムを進めてゆくのである。

ユニット先行技術開発は、具体的な商品開発に向けての主要なユニットの開発である。商品ビジョンを実現するための新規ユニット開発の具現化に向けて、製品仕様だけでなく、顧客は誰でどんな価値を持った商品か、ビジネスの規模はどの程度か、どんなチャレンジをするのかなど、経営陣が資源を投資する価値があるのかを判断できる材料もあわせて提案し、承認を得ることが求

められるのである。

次世代スポーツカーチームは8月には技術開発の取り組み内容（課題）を完了実行し、同時にユニット先行開発の経営承認も得て、次のプログラムへと開発を進めていった。

②商品ビジョン

ユニット先行技術開発で提案した商品ビジョンの内容は以下の通りである。

次世代スポーツカープログラムのミッションは、クルマ文化の発展を牽引するモデルとして、全世界の若者（若い気持ちを持つ人も含む）に手軽に操る楽しさを享受させ続けること。そして、ロードスター/MX-5の築いてきたこれまでの資産を最大限活用し、自動車ビジネスの構造を変えることである。

そうしたミッションを実現するための商品コンセプトは、「人生を楽しみ尽くす／ Joy of time, Joy of life」とした。その心は、このクルマに乗ることにより楽しさの連鎖が始まり、お客様の大切な時間は濃度の高いものへと変わっていくことにある。言い換えれば、「単なるモノとしてのクルマを提供するのではなく、クルマを通じて過ごす充実した時間と人生を提供する」ということである。

現代の若者獲得のための商品要件としては、商品コンセプトの中では「自由に楽しむ」というキーワードを取り上げた。これは、スマートな選択眼、自分らしさの表現や主張、仲間とのつながり、無理しない、我慢しない、という現代の若者の価値観の特徴を踏まえてのキーワードである。反面、慎重な消費行動や多様性を認めること、環境意識の高さ、お金や時間についての自分にとって合理的な消費行動など、実はしっかり真面目で社会的良識を持っている点も配慮している。

こうした経過を踏まえて商品要件は、「人生を楽しみつくす」ための「モノ」と「コト」を実現することであり、「若者獲得」と「ロードスターの価値の進化・継承」とした。

若者獲得の要件としては「楽しみ方の自由を感じさせること」、「所有形態の変革を行うこと」とした。

そしてロードスターの価値の進化・継承の要件としては、「思わず近づきたくなる楽しさ、気軽さ」であり、「クルマと共に豊かな時間を過ごす」ことができ、「ずっと付き合い続けたくなる」を目指すこととした。

商品コンセプトにある「モノ」は製品の価値であり、魅力であり、商品力の高さであることは容易に想像がつくと思うが、もう一つの「コト」とはどういうものかというと、お客様がロードスターを持ち続けることで生ま

れるマツダとの新たなる関係を構築するものである。一般的なビジネスは新車販売に頼ったワンショットビジネスであるが、お客様がロードスターを持ち続けることで発生する様々なニーズにこたえるビジネス、すなわちロードスターだから可能なサービス業への転換である。

ロードスターを通して深い絆（きずな）を築いたお客様は自発的にマツダ車の良さを多くの人達に伝えてくれる重要なパートナーであり、マツダのサポーターである。そういうロードスターを通じて生まれる体験を、ブランド価値の醸成につなげる仕組みをつくっていくことである。

③5つの提供価値

商品コンセプトを具現化するキーバリュー、即ちお客様への提供価値として以下の5つを定めた。

キーバリュー1は「夢中になるドライビング体験」である。乗るたびに深まっていく運転の楽しさである。

キーバリュー2は「心を開放するオープンフィーリング」である。走る時も、止まった時もオープンカーの開放感を感じることである。

キーバリュー3は「自分スタイル」である。手を加えることで自分色に染められる柔軟性である。

キーバリュー4は「仲間とのつながり」である。ロードスターと過ごす日常や、ファンミーティングで仲間と過ごす共感や感動を共有できる存在である。

キーバリュー5は「タイムレスなデザイン」である。どこから見てもほれぼれするスタイリングで、変える必要のない洗練されたスポーツカースタイリングを提供することである。

この5つのキーバリューを徹底してつくり込んでいくことである。

そしてこのキーバリューを実現するための技術ビジョンとして掲げたのが、「軽さ」と「アフォーダビリティ（手ごろな価格）」を進化させ続けることである。これこそがロードスターにとってのコア技術ビジョンである。もちろんその与件（前提）は、オープンカーであること、FRレイアウトであることとした。

もう少し具体的に言うと、キーバリュー実現の基本となるパッケージは以下のキーポイントを実現することである。

● 軽量かつアフォーダブルであること。
● 操る楽しさが提供できる性能諸元であること。
● 扱いやすいサイズであること。
● オープンでもクローズでも美しいデザインであること。

これらを実現させる上で最も重要な目標となる軽量化は、歴代モデルの重量がNAの940kgからNBの1010kg、NCの1100kgへとアップした経過から脱却し、原点回帰させてモデルライフを通じて質量構想の850kgを達成させる取り組みを行うことである。

加えて動力性能は、軽量車体と1.5リッターの小排気量エンジンの組み合わせによる軽快な走りで、日常シーンで常に体感できる走りの気持ち良さを実現してゆくことである。

あわせて燃費性能の目標ガイドは、ライフサイクルを通じてコミューターとしても使えるCセグメントカーレベルのCO_2排出量と燃費を実現するというかなり厳しい目標設定とした。ヨーロッパは燃費に対する感度が高く、スポーツカーといえども社会的な背景からCO_2規制を踏まえた取り組みが必要となる。また企業平均燃費を維持するためにも燃費の良いクルマとしなければならない。

やがて訪れるCO_2規制への対応がHEVやBEVの技術を持たないマツダにとっては大きな課題であることは間違いなく、特にロードスター/MX-5をヨーロッパで販売継続するための大きな課題ともなるであろうことが予測された。そのためCO_2目標数値は、110g前後のレベルを狙うこととしたのである。

④軽量化の専任メンバー

次世代スポーツカーチームは商品ビジョンを実現するための技術課題を明確にするために、短期集中的かつ効率的に取り組む必要がある。そのために技術課題のテーマである軽量化とミニマムパッケージの取り組みについては、専任メンバーの編成を車開本本部長の素利さんに相談することにした。その結果、研究開発の工数確保については10人の専任メンバーをB開、C開、衝突、CAEの各部門から確保することができた。

早速、新専任メンバー10人及び、兼務メンバー、サポートメンバーを集め、商品ビジョンの報告とユニット開発への取り組みを再確認する場を持った。

取り組みのテーマは「共創」とした。第6世代商品群を参考にして、課題をブレークスルーする仕掛けをつくり、挑戦することを提案して合意した。

研究開発メンバー、企画メンバーそれぞれが情報を共有し「共創」する定例会議を毎週運営することとし、手戻りのないように活動を実行した。研究開発タスクは、毎週月曜日に、企画タスクは毎週金曜日に進捗ミーティングを実施し、活動内容は定例会議で進捗フォローを行うこととした。また、素利さんより毎週水曜日に進捗レビューの特別リクエストがあり、このレビューを活

用してプログラムの進捗を確かなものとするように取り組んでいった。

⑤コストおよび投資目標の考え方

2月には、研究開発部門より新技術検討採否の障害となるコストおよび投資目標を示して欲しいとのリクエストがあり、現行車ベースでの考え方のロードマップを定例ミーティングまでに準備することとした。

コストおよび投資目標の考え方としては、第6世代商品群でのモノづくりにおけるCI（コスト・インプルーブメント）や投資削減の考え方をベースに、軽量化、ミニマムパッケージで必要な新技術アイテムをそれぞれゼロベース分析で評価し、一律の目標設定ではなく、アイテムごとの目標値設定とした。

■ 2012年の取り組み

2012年は次世代スポーツカー、すなわち次期ロードスター/MX-5開発が佳境を迎える年となった。

次世代FRプラットフォームの開発は、ユニット技術開発から次世代スポーツカーの世界市場予測に基づいた新商品創造を行ってきたが、いよいよ個別のプログラムとして次期ロードスター/MX-5という具体的商品化企画の開始のための商品戦略提案のステップに進んだ。

言い換えれば、2012年はユニットレベルの技術開発の見通しを付けを完了し、次期ロードスター/MX-5の商品としての戦略提案として、企画立案と商品目標を設定するステージへとステップを進めるのである。

商品目標は、クルマの製品価値とそれをいかにビジネスとして成立させるかという市場エリアごとの販売価格と販売台数を合意していくステージに入っていく。そのためには魅力的な商品であることは大前提であるが、開発投資を抑え、コスト目標を達成していくという大きな難問が待ち受けているのである。

別表に2012年から2015年の量産開始までの主な意思決定のポイントやイベント、また開発上の節目となった出来事を列挙した。その中より、開発順を追ってどのように次期ロードスター/MX-5の開発が進んでいったのかを紹介してゆく。

①業務のやり方変革

これまで商品化企画として「商品コンセプト＆ビジネスビジョン」、「技術ビジョン」、「デザインビジョン」という大きな3つのビジョンを追いかけてきたが、個別プログラム開始に向けては、それらを具現化し経営視点でのビジネス判断を求められるのである。そのため企画提案は"絵空事"ではなく地に足の着いた実現性のあるも

のとしなければならない。

2012年は、一括企画という新しいFFスモールカー開発の業務革新をやり遂げた新世代（第6世代）商品群の第1弾となる、CX-5を市場に送り出すタイミングであった。

そんな中でFRスポーツカーは、FFスモール開発を参考にした上で、より進化した開発とビジネス効率、すなわち従来のやり方にとらわれない新しい開発のやり方を求められていたのである。

次期ロードスター/MX-5の開発における最大の変革ポイントは、これまでのロードスター/MX-5が築いてきた22年間の資産を最大限活用し、自動車ビジネスの構造を変える取り組みであった。そうした中にあって我々は以下のような取り組みに挑戦し、その中で発生した課題解決に取り組んでいったのである。

まず最初はロングライフ商品の企画革新である。長いライフサイクル（10年）を前提に、インサイクルアクション（中間商品対策）の継続的な投入を行うことで、効率的にビジネスを成立させること。一方でこの時点では、極限まで絞った低投資でモデルを生みだすことも求められていた。

2つ目は保有車ビジネスを発展させることである。従来の新車販売というワンショットのビジネスから、お客様がロードスターを持ち続けることで発生する様々なニーズに応えるサービス業への転換の実現である。

そして3つ目は開発革新である。量産開発時にインサイクルアクションを明確化することで、ロングライフ商品に対応した手戻りのない技術開発を低投資で実現することである。さらにお客様がロードスターに喜んで"はまっていく"状況をつくり出すために、開発者がドライバーの感情をコントロールする重要な指標である「感」の領域の定量化と開発に挑戦することである。

さらに4つ目はマーケティング革新である。ロードスターの知名度の高さと、グローバルでのファンの多さを最大限に活用した、新しいマーケティングの試みにチャレンジすることである。これらを具現化する取り組みを我々は進めていったのである。

②課題の克服

しかし現実は簡単にそれらがすんなりと解決できる訳では無く、多くの課題が山積している状況であった。

具体的には、

①収益/諸元/質量/性能の4軸整合の実施。これはプログラムの陣立て会議、個々の課題進捗会議の中で解決を図ることにした。

Development Highlights of to 2015 from 2012

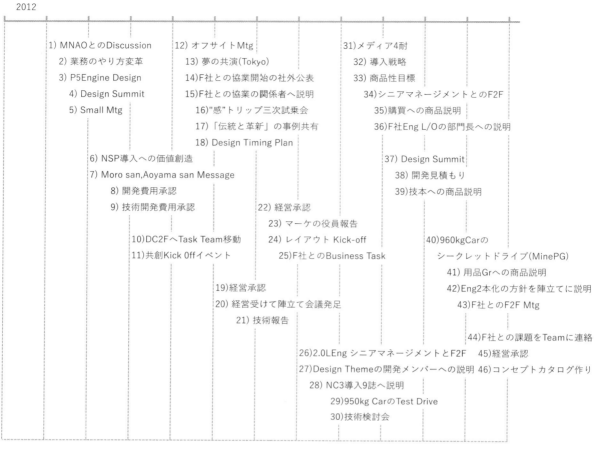

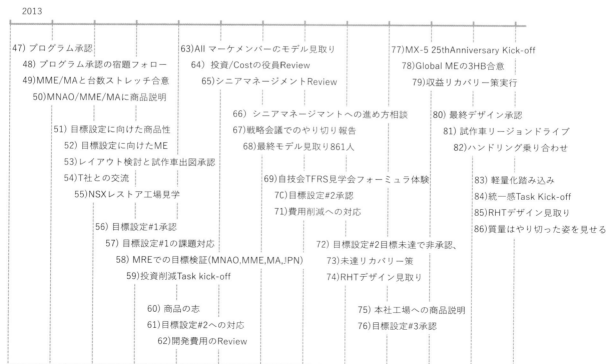

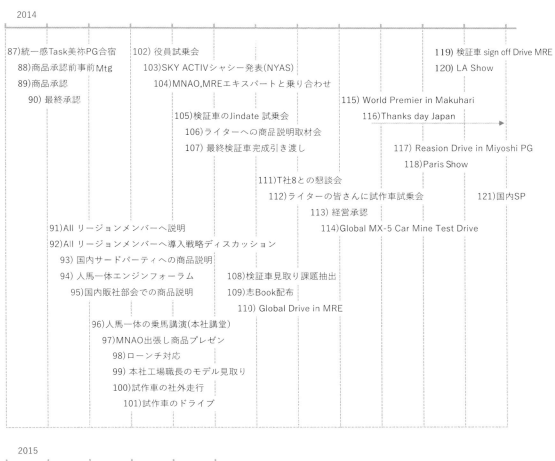

2012年から2015年までの意思決定のポイントや開発の節目となった出来事、活動内容をまとめた一覧表。自分自身の手元資料を調べてみると、この期間中には約500近くの出来事が記録されていた。

②ライフサイクル対応案の具体化。この課題は、インサイクルアクションの理由や魅力の構築と、量産開始タイミングの遵守の要件を明らかにすることで解決を図ることにした。

③ライフサイクルで対応するエンジンの明確化。これについてはプラットフォームへの遵守要件の明確化を行う取り組みとする。

④量産開始タイミングの重量目標の明確化。これは「感」領域も含め、商品力を実現する車両重量の見極めを行う。

⑤デザインニーズの具体化。この領域はデザイン主導で、スケールモデルによりデザインのニーズを具体化する。

⑥「感」領域の評価指標と達成レベルの明確化。主要システム選定と、プラットフォームへのハード要件落とし込み項目の関連性を明確化する。

⑦目標を実現する投資の具現化活動の実施。この領域は全社のサポートを得て、ミニマム投資を実現するビジネス戦略／仕様の具体化を見える化し、さらに研究工事費削減のための試作方策の明確化を行う。

⑧パッケージの大物課題の方向付け。寸法カラクリと理想構造による主要諸元の方向付けを行う。

⑨軽量化メニューの具体化。各ユニット別の軽量化メニュー検証、追加可能なメニューの発掘とユニット間の無駄排除、統合化可能なメニューの発掘、そして最新軽量化技術（材料／工法）の可能性発掘と織り込み検討を加速させる。

⑩理想プラットフォーム構想の具現化。コンピューター解析による理想構造の構築、検証と要素技術の具体化検討を進める。

これらのタスク活動をプログラムチームとして進めることにした。その際、我々の進め方が間違っていないか絶えず検証し、正しい方向に進められるようにシニアマネージメントへのレビューを設定しながら、開発活動を進めていったのである。

③企画設計チームとパッケージレイアウトチームの共創

デザイン開発については商品本部の商品企画チームがデザイン開発と商品開発のエンジニアリング開発を行う。デザインを含む商品コンセプトを製品価値に具現化する商品企画チームは、マツダの商品開発における先行開発の技術の源であり、開発力のバックグラウンドである。

次期ロードスター/MX-5における商品企画チームの

メンバーは、マネージャーの任田功さんをリーダーに、コンセプト＆キーバリュー担当の中村幸雄さん、森茂之さん、板垣勇気さん、市場調査担当の岸本由豆流さん、商品性目標＆感目標担当の清野聡さん、浅田健志さん、板垣友成さん、プラットフォーム担当の甲原靖裕さん、十亀克維さん、アッパーパッケージ担当の望月政徳さん、大野晃史さん、松山寛尚さん、平田春啓さん、エクステリア担当の中浦夏樹さん、インテリア担当の國廣真吾さん、橋口拓允さんのメンバーであった。そして大江晴夫さん、下村剛さんが商品本部のプログラム全体を運営サポートしていった。

担当設計と担当実研をリードしたのは車両開発本部の開発副主査の高松仁さん、開発推進担当の森谷直樹さん、黒木治さん、佐々木恭英さん、酒井隆行さん、小田昌司さんであった。商品企画チームと一緒にパッケージレイアウトを担当したレイアウトチームは、リーダーの大平浩さん、エンジンルーム担当の岩崎陽介さん、ダッシュ＆カウル担当の中村勝利さん、フロアーブロック担当の藤井義雄さん、トップ＆リアーエンドブロック担当の田中和弘さん、アッパー担当の中村實さん。さらに、PMT（プログラムモジュールチーム）とPAT（プログラムアトリビュートチーム）、パワートレインチームのプロジェクトマネージメントチームの藤冨哲男さん、山岡誠司さん、若狭章則さん、秋山耗一さんなどを主なメンバーとして、共にプログラム活動を進めていったのである。

プログラム活動の中でデザイン開発と並行して進めるレイアウト活動は、プログラムの出来栄えを左右する重要な活動である。

ここでの開発活動が終了し、プログラムの量産準備段階に入ってから大きな問題が発生した場合には、開発の手戻りや品質を大きく損なうことになる。それを防止するためには、開発の早い段階で問題点を出しきって早期治療を行うことが必要となる。すなわちここでの活動でいかに問題点を発見し、対応するかがこの活動の大きなテーマになるのである。

そこで次期ロードスター/MX-5開発では、開発と生産の同時並行活動とともに、開発の初期工程での問題点の確認作業を徹底的に行うという変革に取り組んだ。

具体的には、デザイン、商品企画チーム、そしてPMTメンバーが「レイアウト活動概論」講座を受講してその内容を習得し、パッケージレイアウトにおける各活動ステージでの取り組み、各活動での重要な活動工程、判断基準などを明確に理解すると共に、関連部門との役割

分担を決め相互に協力して取り組んだ。

デザインDF（データ・ファイル）に向けた調整の方法では、実現可能性の検証の徹底、期待される出図品質レベルの把握と不足内容の徹底検証などを実施するとともに、生産性を評価するDPA（コンピューター上での部品組み立て）検証、エンジニアリングや認証のエビデンスとなるCAE解析評価など、徹底的なバーチャル検証を重ねることで、正しく確かで実現性のある設計出図品質を目指したのである。

こうしたパッケージレイアウト活動の変革を通じて、マネージマントの期待を上回る「開発投資の削減」、「開発期間の短縮」、「開発品質の向上」、「製造コストの削減」を進めていった。

④次期ロードスター/MX-5 導入における価値創造

2012年の3月というタイミングは、マツダ全体の新車開発として、新型アクセラやCX-3の開発も進んでいた時期と重なる。マツダ車の製品価値は一流であることはもちろんだが、お客様がクルマを所有することへの「意味的価値」を明確にしてゆくことにも取り組んでいた。私は次世代スポーツカーチームとして商品企画チームのメンバーが主体となってマツダならではの「One & Onlyの走る歓び」と「意味的価値」について考えディスカッションを繰り返すようにした。その活動の中から具体的なシーンを導き出し、PMT／PATメンバーと共有するように取り組んだ。

メンバーとのディスカッションで共有した内容は次の通りであった。

「One & Onlyの走る歓び」の具体的なシーン

- 身体感覚の延長で走っている感じ、軽快さ。
- 単に走るだけでなく、見る、さわる、いろいろなシーンの組み合わせで感じる。
- 止まっているクルマをみたとき、「チョエー！」。
- 他人に自慢したくなる、自己満足 No.1!
- 他人にうらやましがられる（BMWなんかとは違う）。
- 子供や家族を乗せて走りたくなる＝楽しくて安全である。
- 走りに行きたくなる（新幹線でなく、あえてクルマで）。
- 他メーカーのFFは怖くて乗れない。
- ドライバーの運転スタイルを確立してくれる。
- 思わず近づきたくなる。
- クルマと共にすごす豊かな時間。
- ずっとつきあいたくなる。
- 手をかけたくなる。Imperfect、欠けている何か・・・。
- 乗ったら分かるではなく、乗ってみたくなる。
- 目でみて分かる、耳で分かる、動画感覚。

- 基本の部分が目で見て明らかに違う。パッと見て「スゲー！」と思わせる。
- 来店してもらって一気に納得。
- 上級セグメントの価値をノンプレミアムで実現している。

「見たとき」の意味的価値

- ロードスター/MX-5 はゴールとしての姿。アクセラ、デミオにバックキャストする。
- ロードスター/MX-5 を待ちこがれている姿（CX-5、アテンザの顧客がガレージに加えたい！）。
- ザ・マツダ＝ロードスター/MX-5。
- 究極の"魂動デザイン"、ただし、"魂動デザイン"が永遠に一貫性をもって進化すること。
- ロードスター/MX-5 ＝重要なブランドとして他の車種に影響する存在。
- 単なるデフォルメでない、本物の造形。
- 動き出すような、乗ってみたくなるような、そんな本物の躍動感。
- 素の自分を思い出させ、自由にさせてくれるような。
- 直感に響く、本能を揺さぶる。
- トキメキと共に血が通った生命感。

「触れたとき」の意味的価値

- ツナクル（マツダコネクト）は独自の発想による機能→シンプルであるべき（ゴチャゴチャでなく）。
- 走る歓びを増すための機能（デジタルな便利機能ではなく）。
- ファンミーティングを活性化してくれるツナクル→ MX-5 族、仲間づくりによる楽しみの価値アップ。
- ツナクルはギミックになってはいけない。
- 走る歓びを知覚させ、増幅させるための道具。

「乗った時」の意味的価値

- 笑顔になるクルマ。
- 究極の走る楽しさ。次世代商品へつながるクルマ。
- コミュニケーションを触発。
- 安全ゆえの走るたのしさ（装備に頼るのではなく、視界を確保し、車両の根幹を鍛える。一番の安全装置はドライバーそのものである、という理念）。

これらの分析結果から、自分のクルマに愛着を感じるという点がスポーツカーにとっては大事なことであり、Imperfectであることも同様なことのよう感じた。

そしてチームメンバーと最後に共有したのが、乗った時に笑顔になる姿は、ロードスター/MX-5 の変わらない本質的な価値であるということであった。

⑤次世代スポーツカーチームの共創活動キックオフ宣言

2012年4月、私はプログラム運営に関し、開発メンバーとなるデザイン、設計、実研、技本、購買、マーケティング、品証などの関係部門の130人全員を集めて「共創活動」のキックオフミーティングを行った。

2010年12月のユニット開発開始から本格的な技術開発を進めてきたが、次のステップとなる次期ロードスター/MX-5のプログラム開始提案を5月に各部門に配布することを宣言した。そして、次期ロードスター/MX-5の目指すべきゴールを認識し、なすべきことを理解してもらい、創意あふれる実現手段の提案を開発者全員にお願いした。このようにして、関係部門の想いや知恵を加えることでプログラムの技術開発を加速する共創活動をスタートさせたのである。

キックオフで共創活動を取り入れるために伝えた活動内容は、以下の8項目である。

1) 活動の意義と進め方の共有
2) 商品概要／商品コンセプト／ビジネス戦略
3) 商品性目標／基本性能計画
4) 質量目標
5) 基本諸元計画
6) アッパー構想
7) デザインコンセプト
8) 今後の検討課題と具体的な共創活動の実践

⑥共創活動の意義とゴールの共有

共創活動のキックオフミーティングでは、共創活動の意義について以下の内容をメンバーに伝えた。

初代NAロードスターが誕生してからNCまでの販売実績を共有し、次期ロードスターではこれまで培ってきたロードスターの大切なものをもう一度原点に立ち返って見直し、お客様の期待を超える姿で世に送り出すことで成功させることが我々の使命であること。

時代、世代、ライフスタイル、競争環境が変わっていく中で、次期ロードスター/MX-5では、製品価値だけでなく、手にすることで得られる感情価値である意味的価値を備えた商品でなければならないこと。それを実現するためには、以下の3項目を大切にする取り組みが必要であること。

その1つ目は「マインドチェンジ」することである。我々は2000年にマツダで経験した「変革か死か」という状況に耐えて挑戦し、生き延びてきた。そこには「風雪に耐えた者だけに見えるものがあった」と考えている。今回のこの開発も厳しい取り組みだが、敢えて耐え

て取り組みたいと思うこと。

2つ目は「感謝の気持ち」を忘れないということである。先人が築いたLWS（ライトウェイトスポーツ）のコンセプトを忘れないこと。そして諸先輩がつくったマツダのスポーツカー哲学とブランド価値活動を理解して、ご愛顧いただいている世界中のロードスター/MX-5とマツダのお客様に対する感謝の気持ちを忘れないこと。

最後は「誇りと情熱」をもち邁進することである。危機感を持つこと、それは変わる勇気を持つことであり、自分自身の強い意志でブレークスルーに向かって行動することである。

私はこれらの内容を、自分自身にも言い聞かせるようにメンバーに訴えかけた。「共創」は我々の仕事を変革するロードマップである。低いレベルの取り組みを生まないことや手戻りをさせないことにもつながる。ここからは訪れる時間や期限という制約の中で、最大の成果を生み出すことが大切となる。

成果がそれぞれの担当実研の機能の集合体という基盤の上に築かれていくと考えると、その成果はレベルの低いところで決まってしまう恐れがある。言い換えると難しいからといってある部門や領域が低い目標設定をすると、到達目標も高さもそこで決まってしまうのである。そうならないように高い目標設定、知恵を出し合うことが重要であり、チームワークをもって「共創」するプロセスが求められているのである。

そこで「共創」の具体的な活動テーマとしては、商品力、ビジネス、開発プロセスを含め商品の目指すゴールを実現するために、次の「変革（ブレークスルー）」したい6項目に取り組むとした。

1) コンセプト／提供価値の構築
2) 商品性目標と「感」の具体的指標の設定
3) 軽量化の具体化
4) パッケージの具体化
5) ビジネス戦略の構築と具体化
6) ミニマム投資を実現する開発プロセスの構築と実践

この変革の実現に向けて、デザインセンターの2Fを利用してタスク小部屋活動を実施することにした。タスク小部屋活動とは、これらのテーマのゴールを実現するために、企画に対する提案を開発者から積極的にトスアップして、主査を中心にプロジェクト全体で具体化活動を実施することである。

当面の開発日程は次のステップとなるプログラム開始提案であり、そして年末のプログラム目標設定というゴールを目指すことである。

プログラム開始提案では商品の理想像を示し、プログラムのビジネス前提、商品前提、そしてハイレベルでのデザインとエンジニアリングが整合していることを示す。そして性能、パッケージ、質量、コストの4軸の技術が鍋に入っている（要素がすべて揃っている）状態を示さなければならない。

年末のプログラム目標設定では、具体的な商品目標と開発目標における数値目標の設定を完了させなければならない。そのためにメンバーへは具体的な商品概要／商品コンセプト／ビジネス戦略について説明をした。

商品概要については、商品戦略の考え方、狙いの顧客、商品体系の考え方と規模、ライフサイクルの考え方を説明した。

商品コンセプトは前述した通り「人生を楽しみ尽くす／Joy of time, Joy of life」である。このクルマに乗ることにより楽しさの連鎖が始まり、お客様の大切な時間は濃度の高いものへと変わっていく。すなわち、単なるモノとしてのクルマを提供するのではなく、クルマを通じて過ごす充実した時間、人生を提供することである。加えて以前に定めた人生を楽しみつくすための5つのキーバリュー、「夢中になるドライビング体験」、「心を開放するオープンフィーリング」、「自分スタイル」、「仲間とのつながり」、「タイムレスなデザイン」、を説明した。そしてそれぞれのキーバリューについては、具体的な内容と実現技術を紹介し、目標設定への取り組みを進めやすくした。

このような形で共創活動をメンバー全員が実行できるように、意義とゴールの共有を図った。

⑦商品性目標の考え方

商品性目標設定の考え方については、先行する第6世代群商品でトライ中のターゲット顧客像の先鋭化の取り組みに加え、スポーツカーでは魅力価値の先鋭化のための目標設定に重点を置いたことを伝えた。

それはこれまでのブランド構築に取り組んできた製品哲学をベースとして、商品一括企画による基盤整備と商品価値創出によるターゲット顧客像の先鋭化から、ブランドアイコン商品としての商品性目標の設定を実践することである。

言い換えれば「明確な商品ビジョンに基づく目標設定」、「商品先鋭化に向けたメリハリ付け」、「ロードスターイズムの継承と進化」により商品価値の先鋭化を行うことである。これらについて変革する具体提案の考え方を以下の通り伝えた。

「明確な商品ビジョンに基づく目標設定」については、競合モデルとの相対的な比較による機械的な目標設定から、顧客感情に影響を与える商品価値実現に向けての目標設定に改めること。特に「感」の領域については物理目標に連動させることを提案した。

「商品先鋭化に向けたメリハリ付け」については、新車でスポーツカーを選択するための"Why buy"への対応として、購入動機となりうる意味的商品価値のつくり込みに向けた目標の設定を提案した。

「ロードスターイズムの継承と進化」については、歴史を築いてきたロードスター哲学／憲法に基づく感性領域（"感・味・タッチ"）の目標化を行うこと。さらに「〜らしさ」をひもとく（カラクリ分析する）ことで守るべき商品価値を具現化するための目標設定を行うこととした。それらは商品性目標イメージとなる「光るシーン」として属性ごとの性能特性と物理目標／特性レベルに落とし込む取り組みをお願いした。

「感」については次期ロードスター/MX-5の最大のアピールポイントとして世界トップレベルの感動を実現すること。お客様が一見して分かる、"誰でも感じられる「感」の世界の具現化を目指す"ことをお願いした。その取り組みの中心は、歴代ロードスターが培ってきた「クルマと自然との一体感」を飛躍的に進化させることとした。「開放感」と「一体感」についてはこれまでその仮説と構成要素を抽出してきたが、今後はそれぞれの構成要素ごとの要件と具体化手段を明確化し、プラットフォームとデザインに折り込むようにする。

具体的には、「自然との一体感」向上のポイントは遮蔽物をなくすこと、透明のガラスも「開放感」を阻害すること、視界や風という単一要素ではなく相互の同時性や協調性で自然との一体感がより高まること、乗員周りのベルトラインより下部の要素は「クルマとの一体感」への影響が大きいことなど、これまでに分かった内容もこの場で伝えた。同様に「一体感」と操縦安定性（操安性）の関係、「走りの軽快感」などもこれまでの経過や分かってきたことを紹介し、理解の促進を進めた。

「動力性能と燃費目標」についてはライフサイクルを通じて日常シーンで誰もが体感できる走りの気持ち良さを実現し、コミューターとして使えるB・Cセグメント車以上の燃費目標を設定することを提示した。

質量目標については商品性目標を達成する最も重要な柱であることを伝えた。

前述した通り、NAロードスターは車両重量940kg（AC／PS無し）でスタートしたが、NBロードスターではそれが1010kgとなり、NCロードスターでは安全規

制対応などで1100kgと重くなった。次期ロードスター/MX-5では初代NAロードスターの「志」に立ち返って徹底した軽量化に取り組むことを宣言した。

ここでは最新技術の折り込みと先行技術の先取りと徹底した装備の絞り込みやシンプルなデザインを実現することでNAロードスター並みの940kgを目標とし、ライフサイクルを通じて進化を続けてゆくことも踏まえ、ビジョン重量は850kgを目指すことを宣言した。

基本諸元計画は、運動性能と軽量コンパクト化にむけての全体パッケージの考え方と狙い、デザインニーズを踏まえた実現のポイントを共有した。

最後に今後の取り組みについては、私は以下の5つの検討課題と具体的な活動に取り組むことを確認した。
①商品目標設定は、キーバリューに基づく拘り性能を抽出する。
②「感」づくりは、カラクリとモノサシづくりを行う。
③質量目標は、940kg達成へ向けてのブレークスルー。
④パッケージ目標は、ギャップ、課題を抽出する。
⑤開発投資&期間短縮は、設計／実研の一体開発構想を行う。

このようにして共創活動のキックオフミーティングを終え、取り組みを開始していった。

⑧個別プログラム開始提案の上程と課題

2012年6月には次期ロードスター/MX-5の個別プログラム開始提案を上程し、フィアット社との協業を踏まえて経営の承認を得ることができた。

プログラムとしては前に進めることができるようになったが、ファイナンスを担当する経営陣からは、世界的なスポーツカー市場の低迷やNCロードスターの販売実績から、果たして次期ロードスター/MX-5にビジネスモデルとしての価値があるのか、という厳しい質問があった。

具体的には、大きな投資をして自分たちが必要と考える製品を開発することが会社の利益にどうつながるのか、その製品のお客様は誰で、どこでどれだけ売るのか、若者を取り込みたいという意気込みは理解するが買ってくれる若者はどこにいるのか、などである。

この課題はマーケティングでどのような可能性や見込みがあるのかをしっかり出してもらう必要があるとの指摘を受けた。

これに対しては、マーケティング担当の経営陣からは、ロードスター/MX-5がマツダに必要なクルマであると認識しており、マーケティングの課題は次のステップを待たずに解決してゆくとの明言があった。

マーケティングの問題はいつも悩まされる課題である。マツダには自分たちの考え方で新たな市場を開拓してきた強みがある。NAロードスター/MX-5の時もそうだった。マーケティング部門からは市場での実績がないから販売は予測できないと言われ、少ない台数しか提示できなかった。しかしNAロードスター/MX-5の登場で市場は活性化し、新たな市場を創造した商品になったのである。

新商品は出してみないと売れるかどうかは分からないが、マーケティング部門は少なくともお客様、売る地域、目安となる台数を見極めなければならない。我々が企画し考えたお客様への提供価値は、マーケティング部門はもちろんのこと、アメリカ、ヨーロッパ、オーストラリア、日本、東南アジアの各拠点とも合意できるように活動を進めなければならないのである。

マーケティング部門は高い数値目標を掲げたいが、達成できなかったら未達として責められる。そのため低い目標設定をすることで数値を達成する方が楽ではある。

しかし開発するからにはそのような妥協した目標設定には絶対ならないように取り組もうと思った。そのために重要なことは、ロードスター/MX-5がマツダブランドにとって必要な理由と新しい魅力価値を持たせることと、お客様の心に訴えかける商品とすることをメンバー全員が共有することである。そのためには主査としてのリーダーシップを発揮し、チームの結束力を強化し、それを実行する「共創」の取り組みが求められていると強く思った。

次期ロードスター/MX-5の開発はFRプラットフォームを使って生み出すプログラム商品開発へと進んでいった。そのFRプラットフォームの技術開発についても報告を行い、アンダープラットフォーム活動を進める提案の承認を得た。

報告したFRプラットフォームの技術開発テーマとその進捗状況は次の通りであった。
①軽量化は目標質量940kgに対する技術メニューの進捗状況の報告。
②商品性領域では新プラットフォームの衝突性能、操安性、NVH性能のCAE解析結果の報告。
③パワートレインユニットは1.5リッターエンジンのパワーアップ検討結果と新トルク特性の報告。
④パッケージ開発は、デザイン変更分をアップデートした上でのエンジン搭載位置、ヒップポイント対策の方向性の報告。

これらの技術開発状況を踏まえて、アンダープラット

フォーム活動も7月から開始されたのである。

⑨アンダープラットフォーム活動

アンダープラットフォーム活動は、担当設計、担当実研及び生産技術、購買、サービス、品質本部などの関連部門210人を集めてキックオフミーティングを実施した。このプラットフォームが適用される次期ロードスター/MX-5の商品コンセプトである「人生を楽しみ尽くす／Joy of time, Joy of life」を改めてメンバー全員で確認した。そして、製品価値だけでなく、意味的価値として「お客様の感情を突き動かし、それに対価を払っていただく」ことを強く意識することを伝え、我々がプラットフォームで実現することとして以下の3項目を共有した。

①「人が際立つこと」。これは人が際立つプロポーションであり、徹底したコンパクトなパッケージを実現することである。

②「感情にまで訴えかける運転の楽しさ」。これは「感」づくりによって、五感を通じて感じ取れる楽しさの追求である。

③「お客様にも誇りをもっていただける哲学を持つ」。これは徹底的に無駄を排した渾身の軽量化を実現することである。

そしてチームメンバーは、それぞれのテーマリーダーの下に下記の5つのテーマのやり切りに取り組むことをキックオフしたのである。

①「感」中心のキーバリューの注力点とその明確化。軽量化の可能性のハードチョイスを踏まえた商品性目標案を磨き上げた上で、コンセプトと商品性目標を設定すること。

②企画前提とデザインの方向付け。

③「感」を実現するための具体的要件の明確化と、その内容をメカニカルパッケージに反映すること。

④質量目標の達成のための軽量化シナリオを構築し、コスト目標との整合の取れたハードチョイスを含めた想定を仮決めすること。

⑤これらの活動を踏まえたメカニカルパッケージ活動を実行すること。

取り組みの実行に当たって、私はチームメンバーに"変革か死か"の決意でリストラを行った時の苦しさを思い出し、敢えて厳しい目標に取り組もうというマインドチェンジすること、LWS（ライトウェイトスポーツ）が持つべきコンセプトやロードスターを生み育ててくれた諸先輩方が築き上げてきたマツダのスポーツカー哲学とマツダの企業活動理念を思い出すこと、あわせて世界中のロードスター/MX-5ファンとお客様への感謝の気持ちを忘れないこと、そして自らが危機感と変わる勇気を持ち、自分発でブレークスルーするための強い意志と行動力を持つことなどを伝えた。これに対しチームメンバーは、この仕事に世界一の誇りと情熱を持ち、取り組むことを誓った。

このようにしてチームはアンダープラットフォーム活動を完成させ、年末の試作車出図に向けて取り組みを進めていったのである。

⑩市場調査分析結果とエンジンの選択

7月には個別プログラム開始提案の課題について、グローバルマーケティングの調査分析結果を丸本明さんに報告した。課題の内容は次期ロードスター/MX-5の顧客、販売予想台数、価格のポテンシャルを明らかにすることだった。

NA、NB、NCの3世代のロードスター/MX-5の過去の販売実績から学ぶべき点として、いつ、どこで、誰に、どの位売れたのかを明らかにした上で、今後の各国の販売ポテンシャルをまとめて報告した。

次期ロードスター/MX-5の先進国を中心とした台数構築を想定すると、依然アメリカが主市場となる。ブーマー世代の需要はこの先10年は拡大する可能性はある。次世代のジェネレーションY世代はコンバーチブルへの憧れはあるが1.5リッターエンジンだとパワー不足というリスクがある。

ヨーロッパは新型スポーツカーとB・Cセグメント車のコンバーチブル市場が壊滅的で、MX-5のレベニュー（収益）ポジションも低く、厳しい状況にある。

日本はNCロードスターのRHT導入で実売価格のアップを実現した。市場拡大の兆しとしてトヨタ86／スバルBRZの動向を注視する必要がある。

中国、インドなどの新興国については、富裕層世帯の新車需要規模を鑑みると市場の可能性は期待できる。

しかしマーケティング部門からの報告では、これらの各市場別の動向を織り込んだ上での全体の市場需要に関しては、過去分析からの将来予測として、大きな市場拡大の期待は持てないというものであった。

そのため、原点回帰で軽量化の実現に向けて1.5リッターエンジン一本に絞り込むことでは、最大市場であるアメリカでの販売台数の確保に対するリスクが大きいことを報告した。そうであると2.0リッターエンジンをアメリカ市場に導入するプランを進めることも決心しなければならなかった。その場合、1.5リッターエンジンと2.0リッターエンジンの両方を持つことで失うものと

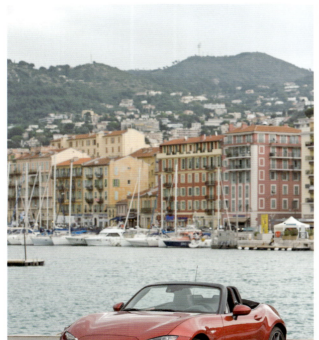

第5章　NDロードスターの開発＝セカンドステージ（2009年～2015年）

得るものを明らかにすることが必要となる。

　スポーツカーでエンジンを2本持つということは、開発費用、期間、コスト、生産のためのさまざまな課題や制約など開発リソース面で良いことはない。となると、「台数規模の大きいアメリカ市場向け2.0リッターエンジンに一本化しなさい」という経営陣からの声が聞こえてくるようだった。

　次期ロードスター/MX-5を成功させるには軽量化が最大の命題であり、そのためには小排気量エンジンの搭載は必至であり、我々の考えるLWSの哲学なのである。

　1.5リッターエンジンを諦めないために経営陣と我々の熾烈な闘いが、ここから始まったのである。

⑪ 2012年の振り返り

　2012年は次世代FRプラットフォームの技術開発と次期ロードスター/MX-5の商品開発の両方を進めてきた。

　次世代FRプラットフォームの技術開発は、年末のユニットの技術開発完了に向けてテーマである軽量化、商品性開発、PTユニット開発、パッケージ開発に取り組んでいった。そのためのアプローチとして、新開発されCX-5から採用されてゆくSKYACTIV技術の水平展開を行い、さらに次世代先行技術の先取り検討、FR独自となる理想構造の追求を行ってきた。

　一方、次期ロードスター/MX-5の商品戦略提案では、商品戦略構想の提案、売り方、コスト目標の提案、商品目標、開発日程などを上程し、経営承認を得て開発を進めてきた。

　次世代FRプラットフォーム開発では、フィアット社との協業を踏まえた3種類のエンジンを搭載するための共通化構想や、パッケージレイアウトの検討を進めることになったが、機密の確保、関係先との協業のやり方、責任と役割分担などの説明を求められることが多く発生し、その都度説明を行うことで協力を取り付けるなど、これまでの単独開発ではなかった難しさと複雑さが伴う開発となった。

　また、次期ロードスター/MX-5の商品戦略提案では、個別プログラム開始提案での課題であったターゲットとなる顧客と売り方について、マーケティング部門と市場、顧客リサーチを続けて各拠点市場の顧客と販売予測を提案することができたが、予測結果は我々つくり手にとっては厳しいものとなった。2つのエンジンを持つことで顧客を増やし収益を上げる方向は間違っていないが、最大市場のアメリカが必要としない1.5リッターエンジンをなぜつくらないといけないのか、2.0リッターエンジンに一本化する方が効率的でないか、などマーケ

ティングやファイナンス担当役員の声は強かった。

　さらにRHTの開発や、協業で生まれる競合車となるフィアット社ブランドとのすみ分けをどうするのかなど、課題は山積していた。特に売り方については、これまでの24年間の長きにわたり継続してきたLWS市場において、他社からはベンチマークとみなされる存在となっており、そのベンチマークとしての売り方を設定することとした。価格設定も若者からブーマー世代までの幅広い顧客の要求に応えるようにし、2.0リッターモデルはより高い価格で売れる販売チャンスを追求することとした。

　次回に向けて作成するプログラム提案にはこれらの課題を考慮した上で、顧客のターゲットから始まり、競合車との戦い方や売り方、商品性目標と主要諸元の考え方、そして収益性を示さなければならない。

　その中でも商品性については、すべての性能や機能の製品価値をこれまでの歴代のロードスター/MX-5を凌駕した上で、その提供価値を「感」に特化した形で魅力をつくり込むことにした。

　また、商品性目標の一つである質量目標については、940kgを目標として進めて来たが、理想プラットフォームの実現性検証とコスト／投資効率の結果より980kgに見直しする戦略提案とした。

　これらの内容を織り込んだプログラム提案は2013年1月に上程し、承認を得ることができた。そしてプログラムチームは、次のステップとなる2013年3月のプログラム目標設定へと進んでいったのである。

■ 2013年の取り組み

　2013年はプログラム目標設定という大きな節目を迎える。プログラム目標設定とは、プログラムのポートフォリオ（マツダ全体の商品体系）により規定された前提に基づき、収益、商品、販売、サービス、広報導入活動など新車開発のすべての目標を設定し、経営承認を得るという重要な取り組みとなる。

　この時期は社内では輻輳（ふくそう）する新車開発プログラムがあり、会社としての開発規模や収益インパクトなど優先順位の高いプログラムにリソースがシフトされる状況が生まれ、NDロードスター/MX-5に工数が掛けられない事態も生まれていたのである。あわせてRHT開発やフィアット社との開発も一緒に進めなければならず、無駄な仕事を省いて開発遅れが生じないようにしなければならない苦しい状況が続いていた時期であった。

しかし、次世代スポーツカーチームはNDロードスター/MX-5が商品戦略提案で設定し進めて来た目標が、実現性の高い目標としてやり遂げられるように活動を進めてきていた。

そのためには研究開発領域の商品性目標設定に加えて、収益の要となるコストおよび投資目標と販売台数目標となる市場販売予測（市場予測）活動のやり切りがさらに重要となるため、各部門へも強力な支援を要請した。

このような中で、3月のプログラム目標設定の上程に向けて準備を進めていったのである。

①プログラム目標設定の準備項目

ここでプログラムの目標設定とはどのようなものなのか、どんなデリバラブルズ（必要項目）を準備しなければならないかをざっと紹介したい。

まず、与件として量産タイミングとライフサイクル期間、投資目標、収益目標が前提となる。

その上で、商品の前提となる商品の志、プログラムミッション、ターゲット顧客、商品コンセプトとキーバリュー、そして商品の開発目標としての商品性、燃費、走り、諸元、質量、サービス性、品質、環境対応、安全、セキュリティの目標を設定してゆく。

さらに市場販売予測として販売戦略、グローバル販売台数を設定する。

収益関係では1台当たりのコスト目標、開発投資目標、プログラムの収益目標を定めてゆく。

そして最後に開発日程の目標と達成の見通しを示すことで、開発を進めることの経営承認を得るものである。

このために主査は関係先の協力を得てすべての資料を準備し、プログラムの目標設定を経営会議に上程しなければならない。

②目標設定の要となる「商品の志」

目標設定ではプログラムの前提として「商品の志」、「プログラムミッション」、「ターゲット顧客」を第一に明らかにしなければならない。

NDロードスター/MX-5では「商品の志」として以下の3つを掲げた。

まずは、"人馬一体"のヘリテージを持つクルマとして、世界に誇るベンチマークであり続けることである。

ロードスター/MX-5は、アメリカの「Car & Driver」誌で8年連続14回の"10 Best Car"の受賞実績がある。そして90万台のギネス記録を持つロングセラーカーであり、世界中のファンクラブメンバーとの確かな絆がある。マツダが世界に誇る小型2人乗りオープンカーとして世界中のベンチマークとして存在し続ける

クルマでなければならない。

次は、乗る人も、見る人も、だれもがこのクルマに夢中になり、心を開放し、そして深くつながっていくクルマであることである。NAロードスターのカタログに謳われている「だれもが、しあわせになる」ことを感じてもらえ、愛着を持てるクルマであることである。

そして最後は、お客様に「感謝」を込めて届けるということである。そのために「人」に注力し、人が楽しむ感覚を進化させる新機軸「感」を追求することである。

③プログラムミッション

そうした「商品の志」を基に「プログラムミッション」は次の2つを設定した。

まずは、ロードスター/MX-5を、マツダのブランドアイコンとして、マツダのブランド価値をさらに強化し、グローバルにマツダの象徴とすることである。

先進国のクルマ好きの成熟したお客様には、時代と共に進化させたLWS（ライトウェイトスポーツ）が持つ新たな価値を提供する。また新興国の若者にとっては憧れのアフォーダブル（お手頃）な存在としてLWSが持つ新たな価値をマツダのブランド価値とし、マツダファンを増やしてゆく。

2つ目は、新車以外の利益の拡大である。

マツダファン拡大のため、マツダにおける「コトビジネス」の強化モデルとすること。クルマの製品魅力だけにとどまらず、ロードスターと共に過ごす様々な体験を通じて「モノ」から「コト」への価値を拡げていくことである。

④商品コンセプト

そうした「志」を体現する商品コンセプトは「人生を楽しみ尽くす／ Joy of time, Joy of life」とした。このクルマに乗ることで楽しさの連鎖が始まり、お客様の大切な時間は濃度の高いものへと変わっていく。我々が提供するのは単なるモノとしてのクルマではなく、クルマを通じて過ごす充実した時間である。たった一度しかない人生を純粋に楽しみ尽くす喜びを届けたいとした。

⑤ターゲット顧客

マーケティングチームと一緒にNDロードスター/MX-5のお客様はどこの誰でどの位の販売が見込めるのか仮説を立てた。世界各地のNAからNCまでの販売実績とお客様を徹底的に分析した。過去がこうだから未来もこうだとは言い切れないが、少なくとも歴代のロードスター/MX-5をご購入して下さったお客様がこれだけいるという実績をしっかりと知ることを出発点とした。

NA／NB／NC ロードスターはそれぞれ年間平均で約5万／3.8万／2.8万台の実績がある。さらに導入後の最初の2年間で見るとそれぞれ7.6万／4.4万／4.4万台と目標台数を上回る十分な販売台数を獲得している。

お客様は40〜60歳に代表される高年齢層がメインであるが、言い換えれば若者への販路拡大のチャンスがあるということができる。

ND ロードスター/MX-5 ではこれまでアプローチできなかった若い顧客層の開拓に挑戦し、台数を増やすという目標設定を行ったのである。

⑥人が楽しむ感覚を深化させる

「商品の志」でも掲げたように、ND ロードスター/MX-5 の進化のポイントは「感謝」を届けるために「人」に注力することである。

新車開発では常に車両性能を向上させる技術進化をしてきたが、その結果として乗る人を限定することもあった。今回は車両性能を進化させながらも、誰もが楽しめるクルマとするために、「人」が楽しむ感覚も深化させる必要があったる。それが「感」の進化である。

そこで今回の開発では、「人」に注力した3つの新機軸を設定した。

最初は「だれもが夢中になる」である。

それは「人が主役」のクルマづくりを行うことである。「人が主役」を実現させるためには、まず人が主役のプロポーションになっていること。人がワクワクする空間であること。そして、人が車両感覚や挙動をつかみやすいこと。人がストレスなく操作できること。人の感覚とずれることなく車両が反応することが必要である。

2つ目は「だれもが心を開放する」である。

そのためにはより外が見えること。開放感を感じる瞬間を逃さないこと。さらに停車時も開放感を感じることが必要であり、いかなるシーンでも人を開放的な気持ちにさせることを求めていった。

3つ目は「だれもがツナガリを感じる」である。

それは人と人がつながる機会を増やすことである。そしてリアルタイムで感動を共有できること。多様な楽しみを提供することで世界観を広げること。スポーツカー文化を伝播させることである。

ロードスター/MX-5 にはファンクラブミーティングというツナガリがもともとつくられてきている。そのつながりをロードスターだけでなく、他のスポーツカーとも SNS などを通じて広げ、ボーダーレスの仲間づくりに広げてゆくことである。こうした取り組みによってスポー

ツカー文化を伝播させたいと考えたのである。

そうした「人が主役」の取り組みを通じて人を理解し、信頼し、尊重して、商品や技術を開発していく。

ND ロードスター/MX-5 で設定した「商品の志」は、言い換えればマツダの DNA であり "Zoom-Zoom" そのものだと思う。そのブランドアイコンであるロードスター/MX-5 が大切にしたいことは、「感謝」である。

ヨーロッパの LWS コンセプトをつくった先達、マツダの諸先輩やロードスター/MX-5 をサポートしていただいている経営陣、社員、そして最も大切な世界中のロードスター/MX-5 ファンとお客様。これらの人々により支えられ、育てられてきたのがロードスター/MX-5 である。「感謝」の気持ちをもって「人が主役」となる ND ロードスター/MX-5 を完成させたい。プログラム目標設定を実現するため、MNAO（北米マツダ）、MRE（欧州 R ＆ D 事務所）、MA（マツダオーストラリア）含むチーム全員がもう一度 "変革か死か" の原点に返りマインドチェンジし、危機感と変わる勇気を持ち、自分発でブレークスルーする強い意志と情熱と誇りをもって「共創」し、ゴールを目指す決意を込めたのである。

プログラム目標設定の上程会議では、役員の方からコンセプトと目標性能と「感」をきっちりやりきり、ブレなく邁進するようにとのエールをいただけた。

この項の最後は2013年1月に社長の山内孝さんからいただいたメッセージで締めくくりたい。それは、

「皆さんモデルを見ましたか？ 現物を見ると市場販売予測の台数も変わってくると思う。元気を出す意味でもモデルも見せる場を設定するように」

というものであった。

そこで3月に予定しているプログラム目標設定を前に、2月7日に関連役員全員に ND ロードスター/MX-5 のデザインモデルの見取りを実施した。結果は山内社長のメッセージ通り、各役員は素晴らしいスタイルの ND ロードスター/MX-5 にワクワクが止まらず感動を共有してくれたのである。

数字の審議は必要だが、この時私は現物を見てもらうことの大切さを改めて痛感したのである。

⑦プロトタイプの出図と試作車での検証

この年は昨年から取り組んできたアンダープラットフォーム開発の検証のため、プロトタイプの出図を進め、その試作車での検証を行う一年でもあった。

アンダープラットフォームはクルマの屋台骨であり、クルマのダイナミック性能はこのアンダープラットフォームで決定される。活動の柱はボデー、シャシー、

エンジン、ドライブトレインの各ユニットの検証である。

ボデーは高いハードルとなったアメリカの衝突安全規制に適応する車体構造の検証であり、衝突性能と軽量化の両立である。

シャシーはボデー構造と統合したサスペンションの前後サスクロスメンバーの剛性や、新しいジオメトリーのフロントダブルウィッシュボーン、リアのマルチリンクサスペンションの検証などに加え、新しく採用するダブルピニオン電動パワーステアリング、電動バキュームポンプシステムによるブレーキシステムなど多くの新技術の検証項目がある。

エンジンは新開発の1.5リッターSKYACTIVエンジンの実車での走り、燃費検証とエンジンサウンド。トランスミッションは新開発の6速、軽量化に徹したアルミケースのデファレンシャルなど、数多くの検証項目に取り組んだ一年となった。

⑧デザイン決定に向けたアッパー開発

また、先行するアンダー開発と並行してアッパー開発が佳境を迎えた一年でもあった。エンジニアとデザイナーは設計・実研メンバー、生産技術、サプライヤーと共に、デザイン決定に向けてエクステリア、インテリアのすべてのデザイン部品の実現可能性を検証し、決定していく必要がある。

美しいプロポーションとスタイリングは、レギュレーションや設計構造、生産構造、また各地域の市場適合性に合致させなければならない。当然そこにはコストや質量の目標を達成しなければならないという課題があり、仕様決定の時には主査も会議に参加して判断することになる。

その中でもスタイリングの大きな要素であるヘッドライトは、デザイン提案を実現する必要があったが、大きく立ちはだかったのがコストの課題であった。デザイン提案を採用するには4灯LED仕様が必要であったが、当時はヘッドランプ性能とコストを鑑みて、ローグレードはハロゲン仕様、ハイグレードはディスチャージ仕様が一般的な仕様として決められていた。そこへ全グレードをLED仕様にする提案を行ったので、コスト目標は大幅未達になり、経営陣からのコスト未達は許さないとの強いプレッシャーがあった。

我々はLED仕様でなければ狙っているフロント周りのデザインが実現できないことを説明し、コスト未達はプログラム全体で吸収するということを約束することで、これまでマツダ車ではできなかった全グレードでの4灯LEDライトを実現したのである。LEDライトは

使用車種が増えることで量産効果が発揮されコストも年々下がり、その後の車種では当たり前の仕様になっていった。しかし当時は、だれかがパイオニアとして突破口を開かなければいけないという、そんな気持ちであったことを思い出す。

一方で、投資やコストをできるだけ削減するという"割り切り"も行うこととした。

ロードスター独自でなくても良いユニットやコモディティは他のクルマのユニットやシステムを使うこと、そして何よりもコモンアーキテクチャー（生産設備の共用）を遵守し、形は違うが生産設備や工程は同じものにすることを遵守する取り組みを徹底した。メーターやヒーターコントロールシステム、エアコンの吹き出し口、ドアミラーやアウターハンドルなどは他車と共通となるようにした。

NAからNCまで共通としていた丸形のサイドマーカーランプは、デザインとのマッチングを考えると同じという訳にはいかなかったが、新しくデザインするのではなくアテンザやRX-8が採用したものと同じ三角形のデザインを流用することにした。また、NCまではセンターコンソールの後ろ側に設置されていたパワーウインドウの集中スイッチは左右のドアパネルに移設した。これは、他のマツダ車から乗り継いでもレイアウトや使い勝手が統一されていることがブランドアイコンとして大事なことだろうと考えたからである。同様にウインカーやワイパー、ヘッドランプの集中操作レバーも共通とした。このようにしてアッパー開発もデザインとエンジニアリングメンバーの実現可能性の検証活動を行うことで、ひとつずつ着実に仕様が決定されてゆき、最終のエクステリア、インテリアデザインが決定されていったのである。

つくり込んだデザインモデルは7月に開発に従事した861人のメンバーの前で披露を行った。

そして今回はチームが取り組んでいる「共創」を実行するべく、本社工場の職長さん200人にもデザインモデルの見取り会を行うことにした。これはこれまでにやったことのない異例な取り組みではあるが、本社工場長の圓山雅俊さんとデザインの協力を得て、本社工場の職長さんたちにもチームが取り組んでいるゴールを知ってもらい、一緒にこのモデルをつくりあげる共創活動の取り組みを強化することが狙いであった。

⑨デザインモデル見取り会でのエピソード

本社工場の職長さんへの見取り会は9月に行った。本社工場には夜勤があるので、200人のメンバーを4

本社工場の職長さんを対象にしたデザインモデル見取り会。

"魂動デザイン"を実現するため、金型職人が鉄の3倍の時間をかけて難しいアルミのフロントフェンダーの金型をつくり込んでくれた。

4灯LEDヘッドライトを採用したフロントフェンダーパネルは、ボンネットの見切りラインを内側に切り込むことで立体的な造形に見せるために、現場とデザイナーで見切りの位置をミリ単位で調整しながら金型を作成してくれた。

114

回に分けて実施した。

デザインセンターのプレゼンテーションルームに職長さんたちを招いて、プログラムの説明は私から、デザインの説明はチーフデザイナーの中山雅さんが行った。

職長さんたちはデザインモデルを見せてもらえることへの緊張の中で、私たちの説明を聞いてくれていた。そしてデザインモデルを見た瞬間には、次期ロードスターのデザインの良さに皆が「カッコいい！」と驚きの声をあげてくれたのである。

しかし、しばらくして一人の方からこんな意見が出された。それは「このロードスターはカッコ良いと思う。しかしわしらはこのデザインは無理じゃ、つくれん」という発言だった。そして、「このデザインは良いけど、このボンネット先端のパーティング形状は難しいし無駄が多い。さらに軽くしたいのは判るけど、このフロントフェンダーをアルミでつくることはできん。こんな深い絞りをプレス型一発で打てるとは思わん。わしらはようつくらん。アルミは鉄に戻してくれ」と。そんな声も上がったのである。

さて、我々は困ってしまった。生産技術とは詰めてきたのだが、現場の職長さんからそういう意見が出るとは思ってもいなかった。チーフデザイナーの中山さんと相談して、我々は職長さんにこう投げかけた。「皆さん、お客様は我々が簡単なものをつくることを望んでいるでしょうか。お客様は我々が難しいものに挑戦し、それを成し遂げることを望んでいると思いますよ。私は皆さんの工場を工場と思っていません、工房だと思っています。皆さんの持っている技と工夫で匠となって"製品"ではなく"作品"をつくって欲しいと思っています」と。

そうすると、しばらく考えていた職長さんは「判った。さっきはできん言ったけど、何か工夫したらできるかもしれん、やってみよう」と言ってくれたのである。そしてもう一人の職長さんは「ヨッシャ。曲がらんものでもわしらが曲げちゃるよ」と力強い声を上げてくれた。

この時、私は「ああ、良かった。『共創』が始まった」と思った。「みんな本当は難しいことに挑戦したいのだ。今はできないから、できないことを安易に引き受けて責任が取れないことを心配していたんだ」と。でも周りの皆と力を合わせて取り組むことで、挑戦への勇気が湧いてきたのだろうと思った。

量産に向けてアルミボンネットの先端の形状を出すのは大変苦労した。何度も型を修正することを行うことになった。アルミのフロントフェンダーも鉄の3倍の時間がかかったが、現場の匠の皆さんが金型を何度も修正し、トライアルを重ねて完成することができたのである。きっと、街を走っているロードスターの姿を見たとき、彼らは「あのロードスターはわしらがつくったんじゃ」と胸を張って家族や友人に話ができるのでは？と私は思っている。

⑩コスト／投資削減

プログラム目標設定のタイミングでの収益目標は、プログラムの大きな課題であった。「商品の志」は良いが、それがコスト目標と投資目標を達成できなければ"絵にかいた餅"になってしまう。

そこでコスト削減と投資削減に向けてタスクチームを組んだ。

私は、現状の商品装備でのベストエフォート（最大限の努力）を示した上での全領域のZBE（ゼロベース見積もり）と投資効率のミニマム化だけでは、目標達成は済まされないだろうと考えた。PA（商品装備）の見直しに踏み込む視点を持つことと、全領域のPAについて投資およびコスト額を示し、目標までのバックキャスティングを示すことが必要である。アプローチの優先順位は投資額の大きいものから削減すると共に、コンセプト実現に影響の少ないものを削減することとした。そして遵守すべき規制対応は最小限化した上で、全体を"見える化"して前に進めることとした。

検討の成果は藤原清志さんの事前レビューを経てから、丸本明さん、金澤啓隆さんの両専務役員のレビューで意志決定できるように計画した。

ここまで投資とコストの未達が続いており、課題が解消できていないのは、我々の取り組みの歯車がどこかで狂ってきているからではないかと思われた。早く「正しいことを粛々と正しくできるようになる」ように、開発が自ら悪い道に迷い込んでいる状況から脱却する道筋を見つけなければならなかったのである。次期ロードスター／MX-5のビジネスシナリオは「小さく生んで大きく育てる」であったので、量産に向けては先鋭化モデルに絞り込むことを取り組まなければならなかった。

それゆえにコストと投資削減へのアプローチの考え方と取り組みを再構築する必要があった。現行車からの進化項目と削減の考え方を示し、各領域での全項目を取り上げて「正しいプロセスで正しく仕事を行うこと」に取り組む。そうすれば結果は必ずついてくるということの宣言でもあった。コモディティ、システム、部品ごとにコスト構造は異なり、その活動も異なってくるため、それぞれのカテゴリーに分けてそれぞれの課題にあった正しい改善活動を正しく進めていくことが必要となる。

正しいプロセスとは、「理想構造であること、理想製造であること、理想調達であることをやり切る」ことである。その結果として、目標を達成するという普通の行動が切迫する工数の中で余裕を生むことにつながり、多くの商品改良と進化の開発を推し進める原動力になるはずだと考え、このような考え方をチーム全員で共有し、同じゴールを目指す「共創」へと突き進んだのである。

具体的には新設部品としてコストアップが発生している6つの領域で、該当するコモディティ、システム、部品の全数を取り上げて、正しいプロセスで仕事が進められているかを検証した。

その領域は、以下の通りである。

1）軽量化
2）デザイン
3）商品性
4）装備
5）各種レギュレーション、NCAP（安全性能試験）対応
6）SKYACTIV 対応

この検証では合計 309 アイテムのレビューを実施した。約8カ月という期間を要したが、2013 年末のマネージメントレビュー時点でコストおよび投資削減の目標を達成し、経営承認を得ることができた。

良い商品をつくることは当たり前であるが、それだけではなく、すべての目標を達成し、ビジネスに貢献できる商品でなければならない。

この活動により、次期ロードスター /MX-5 の最大の課題であった収益確保の見通しを立てることができたのである。

■ 2014 年の取り組み

2014 年は、プログラム開発の最終段階への取り組みとなる。これまで取り組んできたプログラム目標設定での目標をすべて達成して開発完了を宣言し、経営承認を経て、発売に向けての生産準備と量産品質を確保してゆく量産準備へと進めてゆくのである。同時に世界各地での市場導入（ローンチ）活動が始まる一年ともなる。つまり次期ロードスター /MX-5 導入に向けての総仕上げの一年であり、これまでの成果が大きな実を結ぶように取り組まねばならない。

2014 年がスタートすると、チームはいよいよ最終段階での商品コミットメント、そして市場導入プランの実行に取り組み始めた。市場導入に向けてのコンセプトカタログの準備は、"商品の志"に基づき作成を開始した。商企メンバー中心で活動を開始し、デザインカタログの初版完成後にプラン、エンジニア、技本／品質、マーケティング領域を開始し 2015 年2月の導入イベントに向けてのタスク活動を開始させた。

ティザー活動は、マーケティングメンバーと活動を開始した。開発記録については広報部門とキックオフを実施した。マーケティング、広報、広告代理店には 2013 年9月の R&D での品評、及びマネージメントドライブの撮影実施計画、商品コンセプト、導入シナリオ案を紹介し、海外各拠点とも市場導入計画を共有することとした。

2013 年より掲げた「大切なものを継承し、世の中に残し続ける」ということを「守るために変えていく」というメッセージに込めて、私はそれぞれの部門、個人の力を結集し、チーム一丸となって実行することを誓った。

心技体を強く引き締めて、「やり切る」という言葉の意味を改めて重く受け止め、悔いのないように厳しく各自が仕事と向き合った。

また、1年遅れで進めている RHT（リトラクタブルハードトップ）は魅力商品力を持たせる活動計画を立て、キッチリと導入できるようにしなければならない。さらに、2014 年はロードスター /MX-5 の 25 周年のメモリアルイヤーであり、NC ロードスター /MX-5 の 25 周年記念車を導入した上で、原点回帰した「人馬一体」と「感」を達成し、次期ロードスター /MX-5 の市場導入へと邁進できるようにして行かねばならない。

①プログラムの最終承認に向けて

プログラムの最終上程の準備は、素利孝久さんへの商品性の課題である質量目標のレビューを実施することで確実な進捗を図ることとした。

前述した通り、初期の質量目標は 850kg からスタートしたが、技術的な課題やコスト、投資などの現実的な落としどころを鑑みた結果、980kg となり、私は1トンを切るという約束を果たすことを死守し、もう一度、全部品やり切れているかをレビューで確認することになった。

軽量化については、本意ではないがエアコンレスまで踏み込むことも宣言していたが、やり切れているかという問いに対しては、"グラム作戦"もキッチリやり切るという答えである。さらに、削ぎ落とすことだけでなく、"付加価値コンセプト"の提案も必要だと感じた。すなわち、少しコストは高くなるが、本来の機能を確保しながら先進技術も取り込んだ軽量化アイデアの提案である。

燃費については、実用燃費が良いことを優先し、カタログ燃費のために走りの質を落とすことのないようにしなければならない。1.5 ／ 2.0 リッターエンジンとも目標

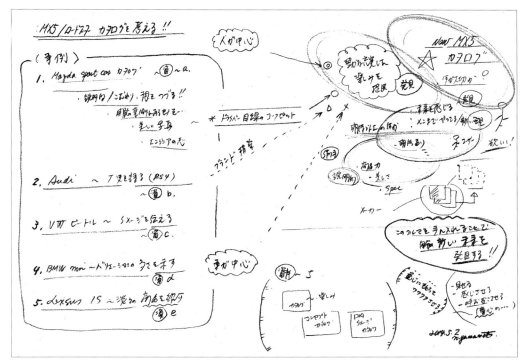

2014年5月に私が作成したカタログに関する記録より。

の燃費を達成し、走りの良さとの両立をアピールできるようにした。

　プログラムを運営するための活動費用の承認に関しては、主査である私の役割責任である。

　プログラム目標設定からの変更を含む追加のプログラム目標（商品性、コスト／投資等）の公約内容や、最終承認までの追加活動費用については、経営会議に上程し、承認を得なければならない。

　目標達成が厳しいコスト開発については、事前報告となるコスト戦略会議では、カテゴリー別の"やり切りプロセス"に従って進捗過程を説明したが、基準車の目標未達という課題を抱えており、引き続き、現場確認によるZBE（ゼロベース見積もり）の検証や少量生産ゆえの専用投資費用の削減、サプライヤーとの取り決めプロセスの見直しなど、量産開始までにやり切る項目を明らかにした。

　商品性については、走りを訴求する観点より、燃費とのバランスを考えた現実的な実施レベルを踏まえた上で、現行車、競合車とのポジショニングを確認し、ファイナルギヤレシオの見直しや数値を公約した。そうした経過を踏まえたことで、1.5／2.0リッターエンジンとも自信を持って訴求できる商品となる見通しを得ることができたのである。

　一方、商品性目標の最大の課題である質量目標については、車開本でのグラム作戦の実施の結果、エアコン、オーディオを搭載した状態で"1トン切り"の目標を見通せるレベルになった。そこで今後は、試作車の実測検証や現物でのグラム作戦を開発完了まで継続することとした。

　また、市場販売予測と収益は、開発完了前の中間報告でセントラル案をボトムラインとして報告し、各地の世界拠点との最終合意に関しては、最終上程時点で報告する進め方を提案した。

　購買部門からはサプライヤーのツーリング計画を考慮した初期3年間の台数計画をクリアにすること、品質部門からはRHTの品質対応計画を見える化すること、マーケティング部門からはロシア対応計画を見える化することを要請された。全体では、最終承認は商品／コストと市場販売予測／収益の2回に分けて進めるやり方に戻す対応などを行い、リカバリーを行った。

　そして、2014年1月にプログラムの最終商品仕様を経営会議に上程し、最終承認を得ることができた。

　その後、研究開発担当専務の藤原清志さんよりチームにメールをいただいた。そのメールには、これまで必死に取り組んできた研究開発及び社内関係者の取り組みに対して、感謝のメッセージが添えられていた。

第5章　NDロードスターの開発＝セカンドステージ（2009年～2015年）　117

振り返ってみると、2007年に開発プログラムはスタートしたが、2008年のリーマンショックで量産開始を遅らす計画が決定され、改めて2009年4月より「2020年に胸を張って乗れるスポーツカー」との命題でチームは活動を再開することとなった。その後、数えてみると社内の経営承認会議35回、役員及び本部長への個別レビュー54回を重ねてきたことになる。

ここからは、最終仕様となる次期ロードスター/MX-5での性能目標と品質目標、そして量産品質のつくり込みという最後のステージを乗り切らなければならない。同時に世界各地での市場導入活動が待っており、まだまだやらねばならないことが多くある。

振り返ってみれば、ここまでの8年間、我々は厳しい環境の中で生みの苦しみを味わってきた。それだけに私は、このクルマを喜んでいただけるお客様の姿を描いて、チームメンバーと一緒に一丸となって、最後まで魂を込めて目標を成し遂げるという強い覚悟を持ったのである。

②車両開発育成とサインオフ

次期ロードスター/MX-5の車両開発と育成は、広島の本社および三次試験場で実車検証が進められた。同時に全世界でクルマを販売するためには、アメリカやヨーロッパなど世界各国の異なった環境条件や道路事情にも対応できるように、市場適合と環境対応を確認しなければならないのである。

クルマを設計し実験するための全世界での市場適合要件に関しては整備されているが、最終的には実車の現地確認テストを実施することが必要となる。アメリカはカリフォルニア州のMNAO（北米マツダ）で、ドイツはフランクフルトのMRE（欧州R&D事務所）の各拠点で現地テストを繰り返し実施した。各担当エンジニアが、それぞれの担当領域について各拠点と連携をとって現地で確認を行い、問題があればフィードバックし解決していくのである。現地確認の最後には、主査も現地に行って"サインオフ"という現車確認を行うことで検証確認が終了するのである。

③量産仕様試作車の完成

2014年5月27日には、量産仕様試作車が完成した。そして実研チームにより実研副主査が作成した評価計画に従って目標未達や不具合項目を抽出し、改善策を織り込んで完了確認をしてゆく検証活動へと進んで行ったのである。

検証活動は三次試験場を中心に本社の実験場で進められ、開発完了を確認する車両を仕上げて三次試験場での主査、部長品評を終えたのち、車両は海外拠点での検証へと進んでいくのである。

海外拠点での検証の目的は、三次試験場では評価できないいくつかの領域の最終確認を行うことにある。ヨーロッパ、アメリカにはそれぞれ特有の道路事情や、その国の人の関心レベル、評価のウエイトなどがあり、国内とは違うところも十分に配慮しなければならないのである。

④全拠点メンバーによるサインオフドライブ

2014年6月にはMNAOとMREでNCの外観をまとったプラットフォーム試作車のサインオフドライブを実施した。乗り心地、ステアリング／ハンドリング、パフォーマンスフィール、エンジンサウンド、NVH（騒音・振動・衝撃）などの目標レベルに達していない点、それぞれの領域の課題と対応方向をMRE、MNAOメンバーと合意した。

ヨーロッパでは当たり前であるが交通マナー（速度規制、追い越しルール）が徹底されていること、フランクフルト近郊はMNAOのあるアメリカ・カリフォルニア州のアーバイン近郊に比べて比較的路面がフラット

2014年5月27日、量産仕様試作車が完成し、引き渡し式が行われた。

（北欧にはロードノイズにもっと厳しい環境もあるが）など、それぞれの地域で特有の道路環境がある。そのためヨーロッパ、アメリカ、日本それぞれの実情を正しく把握して車両開発を遂行していかねばならない。

1.5と2.0リッターのエンジンを持つヨーロッパでは、1.5リッターエンジン車の"Fun to Drive"はLWS（ライトウェイトスポーツ）としての高い価値を実感、アウトバーンも160〜180km/hでストレスなく走行可能。2.0リッターエンジン車はトルクフルな走りが魅力だが、エンジンサウンドのあり方が課題であることも明らかになった。乗り心地、ステアリング／ハンドリングはMNAO同様に改善が必要であった。

今回は研究開発メンバーをはじめとして、MA（マツダオーストラリア）、MNAO、MME、MRE、本社の広報、マーケティング部門のメンバーを加えた13名で、プラットフォーム試作車及びミニ、BMW Z4、アルファロメオ・ミトなど競合リクエスト車を含めた検証活動となり、メンバー全員が共有体験を得る場を持った。

その結果、1.5リッターエンジン車のきびきびと軽快な走りによって体感できる"Fun to Drive"感覚が、NCロードスターを上回るポテンシャルを有することは、全員に共通する認識となった。2.0リッターは明らかにパワフルだが、ハイパワーな競合車がひしめく中、モア・パワーの期待が強い。それぞれの特徴を理解して、今後の導入、販売活動への検討を進めることとなった。また、最終試作車時点でも同様のグローバルイベントを開催することを、MREとも合意し約束した。

一方、1.5リッターエンジン車のポテンシャルをもっと深く探るため、MREにある1.5リッターエンジン車をMNAOに送付し、現地でのダイナミック検証を行うことも約束した。

⑤ヨーロッパでのサインオフドライブ

2014年10月9〜10日には最終仕様の1.5リッターエンジンの試作車のサインオフドライブをMREで実施し合意した。当日は雨天で評価コースはウエットであったが、パフォーマンスフィール、ハンドリング、乗り心地、ブレーキ、NVH（騒音・振動・衝撃）などダイナミック領域の性能確認を実施し、開発を完了した。ただし、オンセンターのフィードバックフィールの領域はまだチューニング代（しろ）があるということで改善の継続を確認した。同様にNVH領域のエンジンサウンドと静粛性は、質量アップと構造見直しの領域があるので、ライフサイクルの中での改善方向で合意した。

一方で、ヨーロッパ送付前の本社確認での課題だっ

た突き上げについては、タイヤの最終仕様での改善が効果を発揮し、大幅に改善されていた。オープン走行での快適さ、軽量化がもたらすクルマの動きの良さは、スタイルの美しさと相まって、ヨーロッパで際立つ存在であることを確信した。特に視界の良さは素晴らしかった。現地では、もはや競合車はジャガーレベルとの声もあったようで、量産仕様の最終品質確保へ向けてこれまで以上に「頑張ろう」という気持ちになった。

そして11月13〜14日には2.0リッターエンジン車のサインオフドライブを実施し、目標達成していることを確認した。こうしてNDロードスター/MX-5は着々と仕上がっていったのである。

⑥海外拠点トップによる試乗会

各地域での最終的な価格設定の前に、各海外拠点の販売目標台数を増やす狙いを加速させるため、10月28日に三次試験場で海外拠点のトップによる試乗会を実施した。

各海外拠点とは、6月にMREで各拠点のマーケティング、広報、研究開発の責任者クラスによるプラットフォーム試作車でのグローバル試乗会を実施した。この試乗会では実際のクルマにさわってドライブすることで、書類上で議論することでは得られないクルマへの理解と商品魅力は既に体感済であった。

しかし今回はさらに外観も最終デザインとなった量産仕様試作車であり、海外拠点トップによる試乗会をホームグラウンドとなる広島で実施することで、商品への自信と導入へのモメンタムを起こす（弾みをつける）ことを狙ったのである。

各リージョンのトップには4代目となるMX-5のスタイル、走りの良さとワクワクするドライブフィールを大いに満足してもらった。競合車となるミニやBMW Z4などと比べても、大きな自信を持ってもらえたと実感した。

⑦最後のサインオフドライブ

アメリカではカリフォルニア州のアーバインの研究開発チームと一緒に、量産仕様試作車のサインオフドライブを2014年10月の終わりに実施することができた。アメリカではアーバインの市街地、フリーウェイ、郊外のワインディングなど多彩な評価コースが設定されており、プラットフォーム試作車での検証結果を基に育成してきたアメリカ向けの2.0リッターエンジン仕様車の検証を実施することができた。

フリーウェイでの加速、ブレーキ、レーンチェンジはヨーロッパの規則正しい走行とは違い、どんな車速からも自由に加減速ができる俊敏さが求められる。市内及び

三次試験場での海外拠点トップによる試乗会。BMW Z4 などの競合車にも比較試乗してもらった。

フリーウェイの荒れた継ぎ目のあるコンクリート路面での乗り心地は、通勤やドライブで疲れないために必要な要件である。郊外に行くと50mph付近でのハンドリング性能が試される。中速でのアンダー、オーバーステアが抑えられたニュートラルステアを確保しなければならない。しかし、市内での信号待ちからのスタンディングスタートでは速い加速が求められる。

大きなクルマやハイパワー車が周りにたくさんいるアメリカでは、ハイパワー車に負けない加速性能が必要であり、ここでは2.0リッターのMX-5が相応しいと感じることがいくつかのシーンで体感できた。

一方、ヨーロッパではドイツ・フランクフルトのMREが研究開発の拠点であり、MREのエンジニアと共に11月中に所定の検証ドライブを終えることができた。

ドイツにはアウトバーンがあり、200km/hを超える高速走行やその中で並走する時のウインドートンネルの影

2014年11月のドイツ・アウトバーンでの走行テスト。

響などは、三次試験場では評価できない項目である。アメリカ同様ドイツでのサインオフドライブでも私は実際にハンドルを握り、その走行性能を体験した。クルマは直進安定性、レーンチェンジ、そして急ブレーキも全く問題なく安定していることを確認することができた。

ドイツではもう一つ郊外の一般道でのすれ違いのシーンでの検証がある。制限速度は100km/hなので、田舎道でもクルマがいなければ、スピードへのためらいはなく走行する。特に狭い道路ではステアリングの正確さが試されるシーンである。バスとのすれ違い、トラックとのすれ違いもある。自分が走行したいラインを1センチも狂わずに走行できるくらいの正確なステアリングが要求され、それができなければここでは安心して運転することができないのである。

このシーンでもMX-5の真骨頂である正確なステアリングを検証することができた。

このようにドイツ、アメリカでの現地評価を終えて、MX-5の仕上がりは目標達成できていると私は自信を深めていった。そしていよいよ量産車としての量産品質検証の最終段階を迎えることになったのである。

■ 2015年の取り組み

2015年はいよいよ4代目となるNDロードスター/MX-5の発表・発売の年となった。

既に2014年9月4日に舞浜のアンフィシアターでワールドプレミアを行い、お客様への4代目ロードスター/MX-5のお披露目は済んでいる。その後は全国のロードスターファンミーティングや試乗会を開いて、発売を楽しみに待ってもらっている状況であり、我々もその量産準備と本格的なメディア導入イベントを行ってゆく一年となる。

①パイロット車の検証から量産へ

2015年2月は、国内向けパイロット車両の品質検証結果を受けて、量産移行への判断を行うための品質会議が行われた。

すべての部品を新設した4代目となるNDロードスター/MX-5は、"SKYACTIVテクノロジー"、"魂動デザイン"、そして"モノ造り革新"を継承したマツダの第6世代商品群の集大成となるクルマであった。ボデー、シャシー、内外装、シート、エレキ、衝突安全、エンジン、トランスミッション、デファレンシャルはコモンアーキテクチャー（生産設備の共用）で効率的な

つくり方を積み上げており、その製造品質も安定した取り組みの上に成り立っている。

一方で、軽量化に向けた新技術や新素材なども多くあり、量産品質の確保は簡単ではなかった。難しい形状のアルミボンネットはバンパーとのチリ合わせが難航し、ボンネットの型修正を何度も繰り返すほど難産だった。

品質会議では、高速走行中のボンネットの振れ対策の防振ゴム形状の最終決定、灯火のレギュレーション対応のためのサイドマーカーランプの修正、ネットシートの品質確保、三分割したAピラーガーニッシュの折り合いと密着力確保など、大きなものから細かなものまで品質の最終確認を終えたのである。

② 3月5日に量産開始を迎える

そして2015年3月5日、遂に量産開始1号車誕生の日を迎えることができたのである。

その日は開発メンバーと一緒に宇品第一工場に出かけた。そして、チーフデザイナーの中山さんがつくってくれた小さなくす玉を割って、チームメンバーや工場の皆さんと一緒にラインオフした量産開始1号車を囲んでささやかなお祝いをしたことが私には忘れられない。

そして4代目となるNDロードスター/MX-5は、3月20日から国内向けの予約受付が開始され、4月15日の出荷開始、そして5月20日の発表、5月21日の発売を迎えたのであった。

2015年3月5日、NDロードスターの量産第1号車のラインオフ。

このラインオフではR&Dメンバーや宇品工場の皆さんと一緒にお祝いをした。

5月23日の量産開始のセレモニーでは社長をはじめ関係部門の代表者に集まっていただいた。左より前田育男さん、素利孝久さん、青山裕大さん、そして私。

第6章　NDロードスター開発での個別活動の紹介

　NDロードスターの開発で、前章の年度別の主な開発活動では紹介できなかった取り組みについていくつかを紹介したいと思う。これらはNDロードスター/MX-5開発における重要な取り組みであり、これらの取り組みによりNDロードスターに"魂"が込められていったのである。

■デザイン開発

①4代目チーフデザイナーの誕生

　NDロードスター/MX-5開発の中で軽量化やハンドリングと並んで最も大きなテーマの一つは、エクステリア、インテリアのデザイン開発であることは間違いないと考えている。デザイン開発もNA、NB、NCとロードスターらしく真価を磨いてきた取り組みである。

　デザインには当然ながら流行があり、トレンドがある。しかしデザインとはマツダのスポーツカーとしての生い立ちや歴史、ブランドの提供価値を象徴するものでなければならないと思う。モデルチェンジの度に流行に迎合して大きくスタイリングが変ってしまうのではなく、変わらない価値とテーマを持ち続けなければならないと私は考えている。

　デザインチームとは、2008年7月のデザインサミットのタイミングで、スポーツカー体験を実施することから始まったように記憶している。次世代スポーツカー（NDロードスター/MX-5）のデザインを開発するにあたり、共通の感動体験をマツダ・グローバルデザインチームで共有することが狙いだった。デザイン本部長のL・G・ヴァンデンアッカーさん、副本部長の林浩一さん、MNAO（北米マツダ）のフランツさん、MRE（欧州R&D事務所)のピーターさんなど海外拠点メンバー5人を含む総勢28人のメンバーで、美祢試験場でのサーキット走行、ジムカーナ体験を実施した。

　大勢のメンバーにスポーツカー体験をしてもらうため、社内の関係部門に協力を仰ぎNA／NCロードスター、RX-7、RX-8、ポルシェ・ケイマン／ボクスター、アウディTT、メルセデスベンツSLK、BMW Z4、ミニクーパーS、フォード・ムスタング、ホンダ・シビック・タイプR等を準備した。このメンバーには、後のデザイン本部長の前田育男さん、NDロードスターのチーフ

デザイナーになる中山雅さんも参加した。

　また、次世代スポーツカーチームに参加したデザイン担当は、アテンザをデザインした小泉巌さんだった。スポーツカーデザインをやりたいと意欲満々だったが、2008年のリーマンショックの影響でプログラムが延期、縮小されたため、小泉さんはチームを離れることになってしまった。

　2009年4月には再び次世代スポーツカーの先行開発が始まり、プラットフォームの検討、ユニット開発段階になると、商品企画、企画設計部門とデザイン部門が定期的なミーティングを持つようになった。

　2010年9月27日には、今後の進め方についてデザイン本部の前田育男さん、林浩一さんとディスカッションを行った。この時はこれまで企画部門で検討してきた市場の顧客分析結果と合わせて、NAロードスター、RX-7のパッケージを基にした次世代プラットフォームにおけるミニマムパッケージの考え方と、商品ビジョンを策定するためのプラットフォーム検討結果を説明した。ここでは、「マツダの考える若者の価値観が現実の若者とリンクしているのか、もう少し顧客分析が必要ではないか」との声が出された。また、ミニマムパッケージの考え方については、創作意欲が湧き出るような魅力があるとの頼もしいコメントももらえた。その結果、今後は商品企画と企画設計とデザインによる三位一体活動が必要であることに合意した。そのためにもチーフデザイナーが必要となったのである。

　チーフデザイナーの指名については当時副本部長だった林浩一さんにお願いした。林さんはNBロードスター開発時のチーフデザイナーで、ロードスターのデザインがどうあるべきなのかということに精通していた。その林さんがチーフデザイナーとして指名したのが中山雅さんだった。林さんは「チーフデザイナーは中山さんしかいない」と自信をもって送り出してくれたのである。こうして中山さんを迎えてNDロードスター/MX-5のデザイン活動は本格化するのである。

②チーフデザイナーの中山さんとの約束とデザイン開発への取り組み

　デザインはロードスターの開発の中でも最も大きな開発テーマの一つである。スポーツカーは、乗る人も見

第6章　NDロードスター開発での個別活動の紹介　**123**

る人も含め、すべてのお客様が心をワクワクさせるカッコいいデザインでなければならないのである。このデザインのビジョンとミッションは、チーフデザイナーの中山雅さんと時間をかけてじっくりと話した。そして一切の妥協を排除して思いっきり取り組んでもらい、世界に冠たる最高のデザインをつくることをお願いした。

目指す理想は、クルマ自体が輝くことはもちろんだが、それにもまして乗っている人が主役として際立つプロポーションで、ワクワクする思いが湧き上がってくるデザインである。そのような人間中心のデザインを目指すことを合意した。そして世の中から「タイムレス」、「このクルマと一緒なら無人島で暮らそうとも退屈しない」と言われるようなプロポーションデザインをつくろうと話し合った。

しかし、デザインは本社デザイン案だけでは決定できないのである。アメリカ、ヨーロッパの各デザイン拠点との合意が必要である。各デザイン拠点で商品コンセプトに基づいたデザインニーズをコンセプトデザインとしてつくり上げ、その中からテーマデザインを絞り込んで、量産デザインへとステップを進めてゆくのである。

さらに、そのデザインはエンジニアリング側の視点からも、確約された機能と生産対応の見通しが得られるものでなくてはならないのである。そのためには、チーフデザイナーと開発副主査のリードによる設計、生産技術との共創活動が必要となる。そして最終的には開発費用やコスト、投資などのリソースを踏まえて経営承認を得るというハードルが待っているのである。

デザイン開発の詳細とはならないが、ここでは主査として取り組んできたプログラムの中から、デザイン開発の概要を紹介する。

③世界の誰もが認める最高のデザインを目指す

デザイン開発は、大きく3つのステージで開発が進んでいく。

最初はアドバンス開発段階である。このステージは商品コンセプトの構築と並行してデザインのアドバンス検討が進められる。アメリカ、ヨーロッパ（ドイツ）、日本の各デザイン拠点が、マツダのデザインテーマと商品コンセプトを踏まえてコンセプトデザインの検討を進めるのである。

ロードスター/MX-5のデザインはマツダのブランドアイコンでなければならないし、メディア、ジャーナリスト、そしてお客様の期待も特に高いので、各拠点とも力が入るのは当然のことである。市場規模の一番大きいアメリカは特にそのような期待が高い地域であり、ド

イツはヨーロッパのデザインに対するこだわりやプライドをかけて取り組んでいる。もちろん日本も同様に彼らに負けないようにその意欲を燃やしているのである。

中山さんとは、ロードスター/MX-5として3拠点が納得する最高のデザインをつくり出すという目標設定をしなければならないと話し合った。市場の声の大きさだけでデザインを決めるのは絶対に避けたい。そうした想いを実現するために、中山さんはこれまではできないと思われたデザインテーマに挑戦し、ブレークスルーするという目標設定を立てたのである。

この目標設定を計算能力で例えてみる。電卓は簡単な入力操作だが簡単な結果しか得られない。スーパーコンピューターは複雑な入力操作で多様な結果を得られる。しかし、タブレット・PC（パソコン）の発達により簡単な入力操作で多様な結果を得られるというブレークスルーが達成された。

今回のデザインテーマでは、自分たちがどうありたいのかを胸に手を当てて考えたとき、「新しいデザイン」か「古典的なデザイン」か、「単純明快」か「表現豊か・情緒的・刺激的」かという相反するテーマの中で、ブレークスルーによりこれらを両立させるデザインを実現する、という目標を設定した。これは、普通なら「こんな目標はできない」というような高い目標設定なのである。この目標が3拠点に提案されて合意し、達成すべきデザインテーマが絞り込まれ、アドバンス検討が進められていった。

2012年2月に各拠点が広島に集まって行われたデザインサミットでは、アメリカ、ドイツ、日本から提案されたコンセプトデザイン段階の1/4モデルが出揃った。この会議では3つのモデルから2つのモデルのテーマ案に絞り込まれるのである。

アメリカ、ドイツからのデザインモデルは、とてもアグレッシブでエモーショナルであったが、私はもっとシンプルでそぎ落としたスマートでありながら胸のすくような美しさが欲しいと感じたことを覚えている。そのことは中山さんもきっと同じ想いだろう考えていた。日本からは、教科書のような美しいプロポーションを持ったデザインが中山さんより提案され、会議ではアメリカ案と日本案の2つに絞り込まれた。

その後この2つを検討してゆき、最終案として1つに絞り込み、デザイン承認を得るという経過を踏んでゆく。

しかし、美しいデザインは簡単にできるものではなく、デザインサミット以降は、企画設計部のパッケージレイアウトで車体骨格を低くし、短いオーバーハングをつく

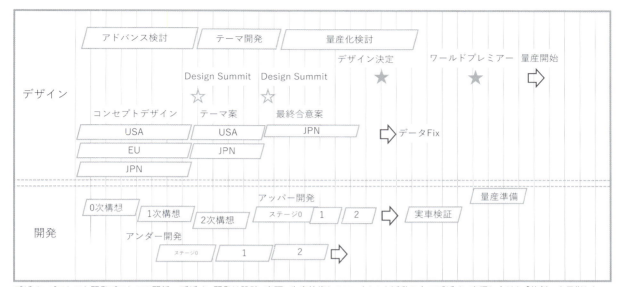

デザインプロセスと開発プロセスの関係。デザイン開発は設計、実研、生産技術とのコンカレント活動の中でデザイン実現に向けた「共創」を目指した。デザインは関係部門との機能、品質、生産性を達成する姿を見つけていかなければ実現できない。

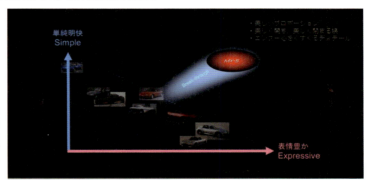

ありたいデザインの姿を求め、声の大きさではなく世界の誰もが認める最高のデザインを目指そうと取り組んだ。「単純」でありながら「表現豊か」、言い換えれば「単純明快」か「情緒的・刺激的」かという相反するテーマの中で、ブレークスルーによりこれらを両立させるデザインを実現するという目標を設定したのである。

各海外拠点から送られてきたテーマ検討モデルの事例。MDA（マツダ・デザイン・アメリカ）案。

本社案（1/4モデル）。

第6章　NDロードスター開発での個別活動の紹介

る、というエンジニアリング課題との闘いが始まった。

これは益々厳しくなるアメリカ、ヨーロッパの衝突安全規制に適応する車体骨格をつくる、という大きな課題を克服するということである。エンジンルームやインパネのカウルポイント、フロント、リアのオーバーハング、ドア構造など、すべてが衝突安全のレギュレーションに適合する内部構造として成立していなければ、エクステリアデザインは形が決まらないのである。

このようにしてエンジニアとデザインの共創の活動が始まったのであった。以後、ミニマムパッケージを合言葉に、デザインがやり遂げたい美しいプロポーションラインをつくり込む活動が展開されていったのである。

④商品コンセプトをデザインサミットで共有する

美しいデザインはもちろんであるが、もう一つ重要なことがある。ロードスター/MX-5の商品コンセプト（企画案）を各拠点のデザインメンバーと共有しておくことである。

そこで2012年2月のデザインサミットでは、プログラムチームから商品コンセプト（企画案）を各拠点のデザインメンバーに伝え、共有した。

その内容は、商品ビジョンとして、プログラムミッション、商品コンセプト、キーとなる商品価値、そうした商品価値を実現させるための技術ビジョンとしての産品要件、パッケージの考え方である。具体的な内容は以下の通りである。

プログラムミッションは、クルマ文化の発展を牽引するモデルとして、全世界の若者に手軽に楽しさを享受させ続けること。そして、ロードスターの築いてきた22年間の資産を最大限に活用し、自動車ビジネスの構造を変えることである。

商品コンセプトはそれを受けて「人生を楽しみ尽くす／Joy of time, Joy of life」とした。このクルマに乗ることにより楽しさの連鎖が始まり、お客様の大切な時間が濃度の高いものへと変わっていく。我々の目的は、単なるクルマを提供するのではなく、クルマを通じて過ごす充実した時間、人生を提供することである。

そのための商品要件としては、楽しみ方の自由を感じさせること、所有体験の変革を行うこととした。加えてロードスターの価値の進化・継承として、思わず近づきたくなる楽しさ、気軽さの提供、クルマと共に豊かな時間を過ごす、ずっと付き合い続けたくなる、という要件も具備することとした。

その上で、キーとなる商品価値として5つの魅力価値をつくり込むことを共有した。

①夢中になる運転体験を感じること。それは乗る度に深まっていく運転の楽しさである。

②心を開放するオープンカーであること。走る時も、停まった時もそれを感じることを追求する。

③自分スタイルであること。手を加えることで自分の色に染められる柔軟性を備えていることである。

④仲間とのつながり。感動や時間を仲間と共有することである。

⑤タイムレスなデザインであること。変える必要がないシンプルなプロポーションで美しさが永遠に輝き続けることである。

このような商品価値を実現させるための技術ビジョンとしての商品要件は、FRオープンカーであることと時代の要請である乗員保護を与件としたうえで、パッケージのキーポイントを、軽量かつアフォーダブル（手頃な価格）、操る楽しさを提供できる性能諸元、扱いやすいサイズ、オープンでもクローズでも美しいデザインであることとした。

そのためのパッケージの考え方は、ボンネットの高さを下げることを最大の注力点とし、それによって視界を改善し、開放感と一体感を向上させることであった。そのためにはタイヤサイズのダウン、ドライバーのヒップポイントのダウン、全高を下げることとした。

上記のような商品コンセプト（企画案）をデザインサミットで伝え、時代の変化、多様化するユーザーニーズ、安全環境規制と競合環境の変化を技術の進化によって克服し、「軽量化とアフォーダビリティを進化させ続ける」ことを私は宣言した。

世界に冠たるロードスター/MX-5をつくるためには、商品コンセプト（企画案）を各拠点のデザイン部門と共有し、同じ考え方でゴールを目指すことが重要なのは言うまでもない。

このようにして、デザイン開発、パッケージ開発が進んでいく過程においても、エンジニアとデザイン部門間だけではなく、国内と海外のデザイン拠点間においても、我々が目指す「共創」によるデザイン活動が進んでいったのである。

⑤デザイン活動での思い出

デザインの取り組みではいくつもの思い出があるが、ここでは2つを記しておきたい。

人が際立ちワクワクするために、「クルマと自分が一体となって、クルマを操っている感覚になれるデザインを目指そう」と中山さんと話し合った。そのためには、運転している時にボンネットの膨らみが確認でき、クル

デザインチームはデザインモデルを確認しながら、目標を達成できているかディスカッションを繰り返していく。

遠くからモデルを眺めてどう見えるか、コンセプトを表現できているか。これまでのモデルなどとも比較して検討が進められていく。

マツダ本社、ドイツ、アメリカの各拠点のデザイン責任者の中でディスカッションを重ねて最終的なデザインが決定されていく。

NCにNDのボンネットを装着し、ボンネットの見え方を検証しているシーン。助手席に乗っているのはチーフデザイナーの中山さん。

第6章 NDロードスター開発での個別活動の紹介　127

マの車幅感覚が把握できることが大切である。ポルシェ911やRX-7では、コックピットからフロントウインドウの先を見ると、左右のタイヤの位置を把握できるボンネットの膨らみが確認できる。私は「NDロードスター/MX-5もそういう感覚をつかめるようにしよう」と、フロントウインドウ越しの視界を考慮して、ボンネットデザインを検討してもらった。

プロポーションデザインが決まり、ボンネットの左右のフェンダーの稜線が狙いの視界の先にあるのかを検証するため、NCロードスターにNDロードスターのデザインボンネットを装着した試作車をつくり、三次試験場の通称"ミッキーマウスサーキット"で企画や実研メンバーとも一緒に試乗会を実施した。もちろんそこにはポルシェ911とFD RX-7も一緒に持ち込み、同時に検証した。

左右のボンネットの膨らみが、フロントウインドウの先にしっかりと確認でき、狙い通りのワクワク感が実現できることを確認した時は、「これだ！」とニヤリとしたことを鮮明に記憶している。

デザイン開発の中では、大幅なプロポーション変更も行われた。プロポーションスタディの前に、企画設計とパッケージレイアウトチームは基本パッケージレイアウト設計を進めて来た。それは人間中心のミニマムパッケージを目指す取り組みで、パッケージレイアウトは人のヒップポイントを決めると室内空間が決まり、ステアリング位置やインパネ、ペダルレイアウトがそれに従い決定されていくのである。

ミニマムにつくるというコンセプトなので、インパネの中のメーター、インパネメンバー、クラッチ、ブレーキペダル、エアコンやヒーターユニット、ダクトのレイアウトなどは1mm単位で検討が進んでいた。既にこの初期段階で、助手席のグローブボックスを確保するスペースは無くなっており、割り切ることを決断していた。

2012年の後半になって、中山さんよりプロポーションスタディの結果、現状のキャビンを後ろに70mm後退させたい、そして小さくしたいという提案があった。そこに示されたプロポーションスタディでは、確かにデザインから提案されたプロポーションは良く、誰もが認めざるを得ないものであった。

しかし、既にパッケージレイアウトを行い、インパネ内のレイアウトを終えたメンバーからすると、もう一度最初からやり直しであると同時に、ただでさえ狭いインパネ内レイアウトを見直すことは、苦渋の選択であり耐えられないものであった。

しかし70mm狭くなったレイアウトが成立する見通しが立っていない中で、企画設計、パッケージレイアウトチームのメンバーはこの無理難題を引き受け、解決していったのである。

その結果として、NCロードスターではメーターフードとフロントガラスの間には指先が入るスペースがあり、その部分のフロントウインドウをタオルで拭くことができたのだが、NDロードスターでは指が入るスペースさえ削られてしまったのである。インパネの前方にはワイパーアームのレイアウトがあり、前側のスペースも広げることはできない。ドライバー側はシフトチェンジのワークスペースを確保しなければならず、後ろにスペースを広げることもできない。本当に1mm、1mmを削って、ペダルレイアウト、ヒーターエアコンダクトや助手席エアバック等のレイアウトの課題を見事に解決していったのである。

私は数々の課題を諦めず、投げ出さずに一所懸命取り組んで成立させたエンジニアたちのチャレンジを誇らしく思った。

⑥中山さんをリーダーとする素晴らしいデザインチーム

中山さんが次世代スポーツカー開発に加わったのは2011年の10月だった。CX-5のチーフデザイナーの仕事を終えて、当時デザイン副本部長だった林さんから「NDロードスター/MX-5のチーフデザイナーは彼しかいない」と太鼓判を押されてチームに参加したのである。中山さんはNAロードスターをずっと愛車としている飛び切りのロードスターファンであり、エンスージアストでもある。そうした背景や、個性的な人柄を持った中山さんへの期待は高まっていた。

デザインチームは中山さんの人柄もあわせて、素晴らしいメンバーが集まった。中山さんを支えデザイン活動を巧みにサポートするデザイン推進担当の糸山翼さん。エクステリアデザイン担当の南澤正典さん。インテリアデザイン担当の小川正人さん。カラー＆マテリアル担当の岡村貴史さん。デザイン開発サポートの鶴見則昭さん、宮地義和さん。エクステリアデザイン・パーツ担当の椿貴紀さん、鳥山将洋さん、佐藤真珠美さん、加家壁亮一さん、中野剛さん、武田航平さん。インテリアデザイン・パーツ担当の中村隆行さん、藤川心平さん、前川光明さん、山下卓也さん。インテリアデザインHMI（ヒューマン・マシン・インターフェイス）担当の久田春士さん、佐藤繁行さん、坪坂弘輔さん。エクステリアクレイモデル担当の淺野行治さん、山下瞬さん、

島田貴文さん。インテリアクレイモデル担当の福澤崇之さん、上別府純介さん、寺西由紀子さん。エクステリアデータモデリング担当の伊藤政則さん、インテリアデータモデリング担当の對馬健一さん、南波大輔さん。これらのメンバーでデザイン開発に取り組んだ。

デザインチームは商品企画チーム、レイアウトパッケージチームとしてPMT（プログラムモジュールチーム＝機能設計チーム）とのデザインフィジビリティ活動（デザイン実現可能性調査）にモチベーション高く取り組み、見事なデザインを実現したのである。

■軽量化開発

軽量化は次世代スポーツカー開発の大きなテーマの一つであり、必ずブレークスルーを果たさなければならない目標の一つである。

時代が進み、環境安全対応や社会生活インフラとの連携など、クルマの質量は益々重くなるばかりであるが、無駄なものを省いて本質的な価値を生み出す技術開発は忘れてはならない。新材料や新工法、新技術によってブレークスルーに挑戦する姿をお客様は見ていると思う。私は車体の軽さは地球環境にとっても優しいことであり、ロードスターにとっては存在意義そのものでもあり、生き続けるための命題であると考えている。

ここでは開発初期における軽量化への取り組み方法と、その具体的な取り組み事例を紹介したい。

①軽量化への取り組み方法

2007年から検討が始まったコンセプト段階では、ボデー、シャシー領域について、800kgの重量を当初のブレークスルー目標として、そのための考え方と進め方を車開本本部長の素利孝久さんに相談して取り組みを進めた。

ボデー領域は、構造最適化、材料置換、新生産工法で達成レベルが約90%。シャシー領域は、構造見直し、スペック見直し、材料置換で達成レベルが約92%の見通しであった。

未達分への取り組みは、ボデー領域では新規構造最適化の掘り下げ、軽量化材料の適用拡大などを、シャシー領域では、マツダAZ-1やロータスエリーゼの分析、フロントサスペンション形式の検討などの深堀りを進めることにした。G開領域（インパネ、シート等）についても検討結果を報告できるようにした。

当初は、ボデー、シャシー、内装、エレキ領域での検討状況は、削減目標に対し122kgが不足していた。そこでWR値（ウエイトリダクション＝重量削減値）が見

積もりできていない領域や、試作車での検証内容の網羅率を上げるため、実研の要となるS開（衝突開）／C開（シャシー開）／B開（ボデー開）のエンジニアを任命し、活動に参画させることで開発を加速させようと試みた。あわせて軽量化材料を使った場合のコストの変動も、ハイレベルで見積もりしながらマネージメントレビューを繰り返し進めた。また、ヨーロッパのモーターショーで発表されたVWコンセプトカーの695kgという重量内訳の分析を進めることで突破口を見つける取り組みも実施した。

何回かのレビューを繰り返す中で、"800kgシナリオ"についてはシニアマネージメントより次のコメントがあった。

まず、次世代スポーツカーの価値は、運転する楽しさをアフォーダブルな価格で提供することであり、そのためにはNAロードスターやSA RX-7に立ち返って軽量化の発想をすること。アイデア出しの段階では制約に囚われぬようにBOP（ビル・オブ・プロセス＝部品生産のための工程情報）の前提を取り除いて発想すること。RHTボデーも含め、オープンカーのボデー骨格のあり方や各構造が最適になっているか再度検証が必要であることなどである。

そこで、この助言を踏まえて、軽量化を加速させるため、車開本と企設で軽量化タスク活動をスタートさせた。具体的には、プラットフォーム、車体骨格に関係する領域のテーマに絞り込んで、次のステップに向けたタスク活動をスタートさせることとした。

軽量化タスク活動の枠組みについては車開本、企設と情報の共有化を行った。次世代スポーツカーとなるロードスター/MX-5の取り組みを、マツダの次世代（第7世代）の軽量化リードビークルと位置づけた活動を提案した。活動はロードスター/MX-5の日程案を踏まえ、プラットフォーム技術開発に先立った先行技術開発として、技術アイデアの拡大とユニット開発スタート時点での技術開発レベル平準化と方向付けた。そしてこれまでの活動レベルを前提に誇大な活動規模としないために、車開本はB開とC開に絞り込み、企設、技研を加える体制で実施することにした。ただし、次世代（第7世代）の軽量化リードビークルとして、先取りする軽量化案取り組みの中で関連部門（B先開、C先開、S開、操先開、V先開、CAE、技研、企設）とも進め方を情報共有して打ち合わせも実施した。

この活動において重点課題であるボデー構造は、衝突性能・操安性・NVH（騒音・振動・衝撃）の機能を高め、いかに軽量化するかという理想構造を研究して

進めていく中で、ブレークスルーの方向性を次の3方向とした。

1) 大断面フレーム構造。
2) サスクロス一体スペースフレーム構造。
3) マルチトラス構造。

この中ではマルチトラス構造が衝突性能と操安性能からの合理性が高いが、引き続きこれらの優位性の分析と軽量化のポテンシャルを検証することとした。

私からも新たな視点を見つけるために、軽量化・低コスト化に向けての資料書籍として新たに購入した『低価格化／軽量化技術2010』（日経BP社刊）を参考に、「鉄でもここまでできる」という内容をまとめ、タスクチームとも共有した。

フロントボデーに続いてリアボデー周りの理想構造も検討を進めた。フロントはトラス構造が上げられたが、リアフレーム位置を衝突、リペアビリティで決まるバリヤー位置より下げることへのメリットはないことが分かった。引き続き新たな可能性の検討とアイデア検討会を実施することにした。

軽量化の大きな手段の一つである材料置換技術の深堀りにも取り組んだ。車体を樹脂化、アルミ化する技術を共有した。世の中はアルミ材料の適用拡大、CFRP（炭素繊維強化プラスチック）の生産性改善が急ピッチで進んでいた。あらゆる領域においてアルミや軽量材料の適用を検討する取り組みもあわせて強化した。

軽量化材料ではないが、時には設計・実研で悩んでいるアイデアに関して、主査としてのレビューもいくつか実施した。ここではシートの前チルトで0.6kgの軽量化ができないかと考えた設計・実研のエンジニアの主査レビューを紹介する。

当初、150cm以下の小柄の体格の人がクラッチを踏むためには、前チルトでシート前端を下げないとドライビングポジションが確保できないという説明を受けていた。しかしこのレビューでは、150cm以下だけでなく177cm以上の体格の人が理想のドライビングポジションを確保するためにも前チルトが必要で、その根拠となるパネラー評価結果の説明を受けた。理想のドライビングポジション確保には前チルトがどうしても必要な機能であることが理解できたのである。しかしこれをすぐに重量削減不要との判断でドロップすることはせず、DCV（最終検証車）での実測で1トン切りへの材料として残しおくことで設計・実研と合意した。そこで私も自分の体格測定をすることでパネラーとしての役割を果たすこととした。最終的に軽量化目標はクリアでき、

前チルトは理想のドライビングポジションを確保する機能としてNDロードスター/MX-5に装備することができた。

軽量化への取り組みは、どうしても必要な機能を残す努力をしながら、目標達成に向けて進められていったのである。

②軽量化への4つの道筋と施策

2009年のセカンドステージからは新たな取り組みが始まったが、軽量化の取り組みは初期から一貫していた。その集大成となったのがSKYACTIVテクノロジー（ありたい姿を掲げ新しい技術でブレークスルーする）の考え方である。その考え方に基づく4つの道筋とその具体的な取り組みを紹介したい。

最初は、最適機能配分とコンパクト化である。

これは、すべての機能について関連するシステムとの関係を考慮したうえで、無駄をそぎ落とした効率的な機能配分とすることにより、最大限のコンパクト化を実行することである。

NDロードスターでは、人間中心にレイアウトしたドライビングポジションと室内空間を確保した上で、小排気量エンジンをフロントミッドシップに搭載し、フロント、リアのオーバーハングは衝突性能の許す限り最小の長さまでそぎ落とし、全高も室内スペースが確保できるギリギリまで小さくした。このように無駄をそぎ落とした機能的なパッケージレイアウトを目指していったのである。

その結果、全長はNAロードスターより55mm短かい3,915mとなり、NCロードスターとの比較でフロントオーバーハングは45mm、リアオーバーハングは40mmの短縮となった。

2つ目は、構造革新を行うことである。

世界最高の技術によって描かれた理想構造と、理想工程でつくることを、生産技術と設計とのコンカレント活動（共同での検証活動）を通じて徹底して行った。

ボデーシェルは骨格となるハイマウントバックボーンフレームの大型断面化とエネルギー吸収に優れるストレート化を徹底した。あわせてエネルギー吸収の最適化を実現するフレーム形状の最適化も実施した。またサスペンション取り付け部となる前後のサスクロスメンバーを、ボデー構造の一部として活用する構造を採用することで、大幅な軽量化構造を実現したのである。

その結果ボデーシェルはNCロードスターとの比較で20kgの軽量化が実現した。

3つ目は、アルミニウムやハイテンなど軽量化材料の

軽量化の4つのアプローチを示す。

誰もが夢中になるドライビング体験

軽量化
・最適機能配分とコンパクト化
・構造革新
・軽量材料の適用拡大
・グラム作戦

SKYACTIV Technology

SKYACTIV-G　SKYACTIV-MT　SKYACTIV-CHASSIS　SKYACTIV-BODY

SKYACTIV技術による構造革新。世界最高の技術によって理想構造を描き、理想工程でつくることを生産技術とのコンカレント活動を通じて徹底した。

・SKYACTIV技術による構造革新

■ ハイマウントバックボーンフレームの大断面化／ストレート化
■ フレームワークの適正化
■ ボディーとシャシー一体での構造追求
　（ボデーシェルはNC比-20kg）

アルミニウムによる軽量化材料の適用範囲の拡大。

軽量材料の適用拡大

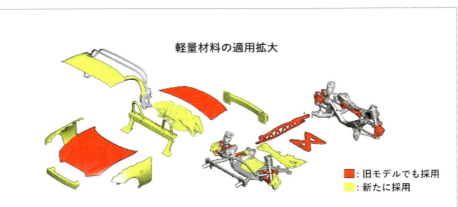

■ : 旧モデルでも採用
■ : 新たに採用

・ヨー慣性モーメント低減へ寄与の高い部位へアルミ材を採用（バンパーレインは-3.6kg、ソフトトップ-3kg）
・バネ下重量低減する（Frナックル-1.56kg）

第6章　NDロードスター開発での個別活動の紹介　131

軽量化と薄型化を狙ったネットシート "S-fit" シートを採用。

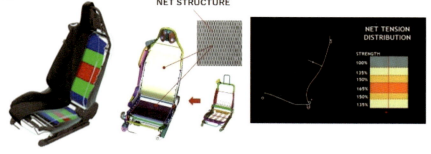

ハイテン材、ホットスタンプ材などの高強度スチール材料の採用。

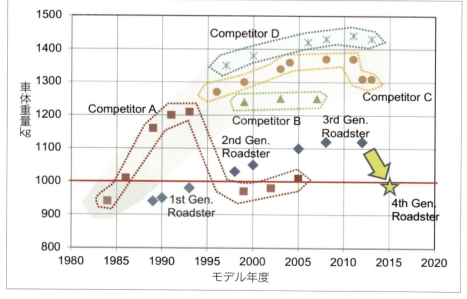

軽量化への取り組みの結果、100kgを超える軽量化を達成し、車両重量は1トンを切った。

適用範囲を拡大することである。

これまでコストや技術課題があって使えなかったアルミニウム材料やハイテンの使用範囲を大幅に拡大すること。コストアップは判定基準を設定してコストパフォーマンスのレベルを規定するが、将来のために敢えて採用する領域も含めた戦略的な適用箇所を設けるなどの取り組みも行った。

NDロードスターにおけるアルミニウム材料の適用箇所は、ボデー周りでは、ボンネットやトランクに加えて、フロントフェンダーや幌の骨組み、シートバックバーやアンダーメンバー、フロントバンパーレインである。そしてシャシー部品ではフロントナックルへの適用を増やしていった。アルミニウム材料の適用箇所は高い位置、前後オーバーハングの先端など、クルマ全体のヨー慣性モーメントの低減に貢献する部位に適用する工夫を行った。また、アルミニウム材料だけでなくスチール材料についても強度の高いハイテン材を使用し、板厚を下げることで軽量化するアプローチを徹底した。その結果、ハイテン材の使用割合はNCロードスターの12%から21%に拡大することができたのである。

4つ目は、グラム作戦を徹底して実行することである。

1グラムとて無駄な余肉をつけない徹底した取り組みを行う。見栄えだけのための部品は排除。あったらいいなという装備も除き、どうしても必要だと判断したものしか装着しないことを徹底して貫いたのである。

具体的には、ボデーパネルのスポット溶接の継ぎ目で強度に影響しない範囲は、徹底して無駄肉をそぎ落とすように波型の形状とした。サスペンションのクロスメンバーも強度に影響しない範囲で、徹底的に軽量化穴を開けた。シートのスライドレバーは操作性を重視した左右両方の手で操作がしやすいタオルバー形状の長いものから、右手だけで操作する最短の長さのシンプルなレバー形状とした。テールパイプは見栄えのためのガーニッシュを廃止し、ステンレスのテールパイプ自体をバフ研磨して見栄えを確保した。

NDロードスター/MX-5では、軽量化はずっと商品開発の"一丁目一番地"の位置づけで取り組んできた。各部門が世界のベンチマークとなることや、予想される先進技術や材料技術、加工技術などあらゆる領域の知見を集めて取り組みを推進した。

幾多の困難やコストアップをどうするかなどの課題を克服し、すべての部品の一つひとつの無駄を徹底的にそぎ落とす取り組みを全社一丸で行ったのだ。その結果、当初の目標からは少し後退はしたが、どうしても

果たしたかった初代NAロードスターと同じ1トンを切る990kgのロードスターを完成させることができたのである。

■「感」づくり

「感」づくりについては、NDロードスター/MX-5の大きな価値創造の取り組みの一つである。「感」づくりは、ロードスターの価値の本質である「走る歓び」を体現する目標として、プログラム当初から設定した取り組みであった。

ここでは「感」づくりへのこだわりをいくつか紹介してゆきたい。

①5つの「感」と走る歓びの体現に向けて

我々は2008年7月に実施した「感」づくり社外走行で共有化した「一体感」、「軽快感」、「走り感」、「応答感」、「開放感」の5つの感とその光るシーンの設定に基づいて、それらの具体的な商品力がどんなものであるかを商品性実研のメンバーと一緒にブレークダウンを行った。その結果、5つの「感」を長く楽しむには以下の価値が必要であることを創出した。

1) 愛着の持てる仕様で購入できること。
2) 高齢になって視力や体力が衰えてきても負担が少ないこと。
3) 一緒に楽しむ仲間がいること。

これらはプラットフォームの骨格に直接影響するものではないが、今後の商品魅力のつくり込みに織り込むべきキーメッセージとしてチームで共有したのである。また、この3要素は当時生産中のNCロードスターでも商品対策の一環として実施できることがあるので、私は提案していきたいと思った。

2012年5月21～22日には「感」検証のため、改めて三次試験場でテストドライブを実施した。

NDロードスター/MX-5が目標とする魅力価値は、製品性能はもちろんだが、それよりも乗って楽しいと思う「感」づくりに重点を置いている。そのことはチームメンバーと絶えず繰り返し共有し、取り組んできた。その「感」をどのようにクルマで感じることができるのか、そのカラクリを明らかにして、定量値に落とし込むためのアルゴリズム(解決の手法)を見つける取り組みは大きなテーマでもある。

このテストドライブではPAT(実研メンバー主体)、PMT(設計メンバー)、タスクメンバーの43人が三次試験場で一泊二日の合宿トリップを行った。PAT／PMT／タスクメンバーがテーマに上げている「一体感」、「軽

軽量化の主要項目

（1）最適な機能配分とダウンサイジング　　約30%

車両エリア			
	シャシー	フロントブレーキ	ダウンサイズ 15インチ→14インチ
		タイヤ&ホイール	ダウンサイズ 205/45R17（7J）→195/50R16（6.5J）
		Fr. & Rr.ハブベアリング	車軸荷重軽減による軽量化、ハブボルト4本化
		ブレーキブースター	軽量化による適正サイズ 9インチ→8インチ
パワートレインエリア			
	エンジン	エンジンメインユニット	小排気量化（メインメカニズム構造）
		吸気システム	小型軽量の吸気システム
		排気システム	小型軽量の排気システム
		冷却システム	小型軽量の冷却システム
	ドライブトレイン	ドライブシャフト	

（2）構造の進化　　約40%

車両エリア			
	ボディ	ボディシェル	フレームワークの適正化／ハイマウントバックボーンフレームの大断面
			ハイテン鋼の適用拡大
	シャシー	Fr. & Rrサスペンション	適切なクロスメンバーとアーム／リンク／クロス断面形状
			ハイテン鋼の適用の拡大
		パワープラントフレーム	前後長さの短縮（51.6mm）、プレート厚みの低減（7.0t→6.0t）
	HVAC	I/P & A/Cユニット	構造／システムの適正化、板厚の低減など
パワートレインエリア			
	エンジン	エンジンメインユニット	
	ドライブトレイン	トランスミッション	
		ディファレンシャルギア	

（3）軽量素材の適用拡大　　約30%

車両エリア			
	ボディ	フロントフェンダー	アルミ化
		Fr. & Rrバンパーレインフォース	アルミ化
		シートバックバー	アルミ化
		アンダークロスメンバー	アルミ化
		バルクヘッドパネル	アルミ化
	ソフトトップ	ソフトトップリンク	アルミ化
	シャシー	フロントナックル	アルミ化
		アルミホイール	新たな減量方法を採用
		エンジンマウントブラケット	アルミ化
		ディファレンシャルマウントラバー	アルミ製インナーパイプ
	シート	フロントシート	ネットシートの採用
パワートレインエリア			
	エンジン	エンジンメインユニット	給水口：アルミニウム→樹脂
		排気システム	排気マニホールド／ヒートインシュレーター：鋼板→アルミニウム
	ドライブトレイン	ディファレンシャルギア	キャリアケース：鋳鉄→アルミニウム

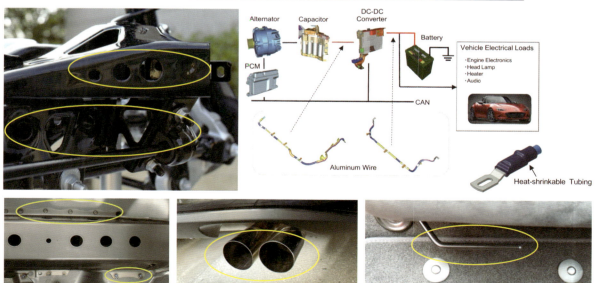

グラム作戦の事例。強度に影響しない範囲で、ボデーパネルのスポット溶接の継ぎ目は徹底して無駄肉をそぎ落とし波型の形状とした。サスペンションのクロスメンバーも同様に徹底的に軽量化穴を開けた。シートのスライドレバーは左右どちらの手でも操作ができるタオルバーの長いものから、右手だけで操作するシンプルな形状の短いレバーに変更した。テールパイプのガーニッシュは廃止し、ステンレスのテールパイプをバフ研磨して見栄えを確保した。右上はワイヤーハーネスのアルミ化による軽量化の事例を示す。

快感」、「開放感」、「手の内感／意のまま感」について同じ感覚を共有することは、活動がブレないようにするために重要である。それぞれのメンバーは実研部門のエキスパートが運転する助手席で、クルマの動きの違いやそのレベルの違いなどを必死に体験して共有し、そしてカラクリを明らかにするテストドライブを行っていったのである。そして、それぞれの経験値や価値観が異なる中、相互に意見を出し、理解し合いながらこのテーマに取り組んでいった。

ちなみに、このテストドライブを通じて私自身が感じたことは、「開放感」では風の流れに気持ち良さを感じることが重要だということだった。風が無いのではなく、動いている風を感じて「風と友達になる」こと。40km/hで走行しているときには、微かに風が入ってくる気持ち良さを感じることができるが、100km/hでの走行になると風と喧嘩しているようになる。私はそんなシーンを体感したのである。また、「開放感」には視界がとても重要である。ベルトラインからフロントウインドウまでのつながりが大切である。ベルトラインを下げてフェンダーを見せること、ヒップポイントが下がり過ぎてもぐりこんだ姿勢にならないようにすることが大事だと感じた。

「一体感」では、まだまだ見えていない部分が多くあり、これはどうなっていくのだろうかという"モヤモヤ感"を感じた。また、競合車のトヨタ86では三次試験場のワインディングコースでステアリングの手ごたえが抜けることがあったが、これはコラムE-pas（コラム式電動パワーステアリング）の所以（ゆえん）なのかも知れないと思った。この「一体感」の「感」づくりに関しては、エキスパートエンジニアである高橋さんと酒井さんがリードしてくれているので、アップデートに期待したいと思った。

② 「感」づくりへの助言

社外からの第三者の声も重要である。

2009年発行の「モータートレンド」誌における"Best Driver's Car"の記事でのMX-5の評価があった。この記事の3位にMX-5がランキングされたのである。

記事の内容では、同誌がBest Driver's Carを選定するにあたり、最適なハンドリング評価を行うために、定量的なダイナミックス測定をする工夫を行うことに加えて、ドライバーの自信を引き出すクルマの能力、人間工学上の良さ、クルマの力量なども考慮していると記されていた。MX-5の自在にコントロールできるハンドリング性能はもちろん、どんな道でもビギナーからエキスパートまでドライバーのスキルに応じた期待に応えられるところなど、興味深い記事内容となっていた。

私はフォードから来られたランドルさんがフォード・ムスタングの元主査だと知り、この記事について、アメリカのジャーナリストとしての視点でのコメントと、MX-5へのアドバイスをお願いした。

「感」づくりでは、クルマの進化だけでなく、ひとがクルマを楽しむ感覚の進化を目指した。

第6章　NDロードスター開発での個別活動の紹介

ランドルさんは、数あるアメリカの自動車雑誌の中でも「モータートレンド」誌はトップマガジンであるとの高い評価を持ち、定期購読をされていた。「モータートレンド」誌のジャーナリストもご存知であり、記事の内容を精読し2週間後にコメントをいただけることになった。

ランドルさんから伺ったこの記事のキーメッセージは、MX-5は高価で高出力のスポーツカーと比べ、ドライバーに安心感と自信を与えるクルマであるということである。また、ランドルさんが通ったムスタングのドライビングレッスンの写真や、ムスタングのレースカーの写真も見せていただき、スポーツカーへの造詣の深さを感じると共に、とても良い時間を持つことができた。

私はこの内容をチーム及び統一感タスクメンバーで共有し、"Fun to Drive"の継承と進化に生かしたいと考えた。そこで、この記事のMX-5評及びランドルさんのコメントを今後の活動に反映することをチームで協議した。

チームで共有した内容は以下の通りである。
「モータートレンド」誌における18項目のダイナミック定量評価項目と6項目の主観評価項目を理解すること。そして、MX-5が第3位になった意味は、楽しいことは定量評価だけでは表せない点にあることを理解すること。その上で、ドライバーがクルマの持つポテンシャルを99%発揮し、99%感じることができる最高のバランスを持っている、というルールに則って提唱されていること。

このような情報を共有することも「感」づくりにはとても重要であった。

③全社プログラムとしての統一感活動

「感」づくりの取り組みは、ロードスターの個別プログラムだけではなく、マツダの全社プログラムとしての活動が求められている内容だと感じた。そこで統一感タスク活動を「技術開発テーマ」に登録するように技術開発チームに提案した。同時に、弱点として指摘されたスタティック（静的）領域も活動に取り込み、ダイナミックとスタティックを合わせたクルマ全体の統一感鳥瞰図を検討することにした。

この検討にあたっては、実車での体験と仮説の検証を行う必要があり、車開推部の酒井さんが無駄な部品をはぎ取って軽量仕様に改造したNCロードスター軽量化車（980kg）を活用することも検討した。また、視点とアイデア出しを拡げるために、操安開／車実／走環開／車開推で構成されているタスクチームに新たにNVH開にも入ってもらうこととした。

こうして「感」づくりタスク活動は徐々に拡大していった。NCロードスター開発で実施したダイナミック統一感活動をより進化させ、ブレーキやNVH（騒音・振動・衝撃）を加え、さらにスタティック領域まで範囲を広げた活動となったことで「先行開発テーマ」に登録され、キックオフすることとなった。

この取り組みは、車実（商品性実研）に推進をリードしてもらい、構成メンバーは車開推、走環実、DT開、操安先開、制動開、VC開、クラ開、商実、C開、B開とし、企設はパートタイムで参画することとした。

新メンバーも加わり、日程、活動前提（車両諸元、重量、排気量）、活動成果報告のすり合わせなどを行い、NCロードスター軽量化車の整備と試作品での仮説検証準備を進めていったのである。

④統一感タスク活動の一例

「先行開発テーマ」に登録された統一感タスク活動の取り組みでは、車実（商品性実研）、車開推のメンバーと定期的に情報共有した。特に、プログラム開発日程や開発の節目となる図面へ織り込む日程の重要さを相互で強く認識した。

また、活動前提のイメージ合わせについては、プログラムの「燃費目標」、「重量」、「主要諸元」の変化をしっかり認識してもらうこと。そのアウトプットと課題のカラクリ解明と先行技術開発活動の重要性も共有し、これらを基に具体的な次のステップへのプラン作成に入ることにした。

ここでは、車両ダイナミック性能にとって重要な、タイヤの摩擦円を最大に使って一体感を増す取り組みとして、美祢試験場で実施した実車検証を紹介したい。

私は、タスクチームのリーダーである車実（商品性実研）のリードで進められたこの実車検証が、新メンバーの意識合わせを含め、チーム力を高める契機にしたいと思った。そのため三次試験場でのタスクメンバー全員での試乗会に続き、今回はさらに踏み込んだ専門メンバーでこの統一感合宿に臨んだ。

参加メンバーは商本／実研エキスパート13人、ベンチマーク車8台。広島から美祢試験場までの一般道路、試験場内のワインディング＆サーキットコースを試乗した後、メンバーが現状の統一感の共有化と目指すべき姿、ありたいレベルについて膝を交えて夜遅くまでディスカッションした。

その結果、テーマに掲げた究極の人馬一体、人が楽しむ感覚を進化させる方向について、それぞれの特性のレベルアップと関連する特性の変化のアルゴリズム

（解決の手法）を見つけることを、メンバーに強く意識づけできた。

この後の統一感タスク活動でも試作車の社外走行は計画され、最終スペックの正式図を折り込んだ検証車での総合検証へと進んでいったのである。

また、合宿ではメンバーと一緒に夕食を囲み交流を深めた。お酒も入りメンバーの統一感タスクへの本音トークも活性化した。その中でメンバーのプライベートな一面も垣間見ることができた。例えば、社内音開発担当の服部之総さんはミュージシャンであること、クラフト開発の水谷彰吾さんは小説家であり、ハンドリング担当の緒方博幸さんはエレキギターの名手であることが分かった。

統一感タスク活動は、このようにセンスある個性のメンバーによって増々活性化し、磨かれていく想いがした。

⑤「感」づくりへ向けたこだわりのパワーステアリング

「感」づくりのリレーションマップから具体的なハードに落とし込んだ事例をいくつか紹介したい。

ロードスターの「意のままのステアリングフィール」を支えるハードの一つにパワーステアリングがある。パッケージレイアウトではステアリングからラックまではユニバーサルジョイントが角度を持たないようにストレートになる工夫を徹底して行う。そしてNDロードスターではSKYACTIVエンジンとなり、パワーステアリングも油圧式から電動式にシステム変更されたのであった。

マツダの商品ラインナップでは、SKYACTIVシリーズの電動パワーステアリングはコラムE-pas（コラム式電動パワーステアリング）であった。しかし、開発構想段階でシャシー設計と実研から、コラムE-pasではロードスターのステアリングフィールを極めることができない

ため、ステアリングラックをダイレクトにアシストするデュアルピニオンパワーステアリングの採用が提案された。デュアルピニオンパワーステアリングはマツダ初のユニットであり、コストも大幅に高いシステムである。そこで、本当に違いがあるのか、ロードスターのステアリングフィールを確保する上で必須なのかを評価することとし、三次試験場で設計・実研メンバーと一緒にNCロードスターに搭載した検証車でその確認を行った。その結果、コラムE-pasの弱点であるオンセンターからのつながりや操作中のソーイングのレスポンス、保舵力のブレなどで明らかにデュアルピニオンパワーステアリングにその優位性が認められた。チームとしてこれは絶対に採用しなければ、と決意させる評価会となった。

ところが、予想通りシャシー出身のシニアマネージメントの金澤啓隆さんからコスト未達の要因となったデュアルピニオンパワーステアリングの採用について質問があった。「なんでコラムE-pasじゃいかんのか、トヨタの86やポルシェも使っており問題ないじゃろうが」という厳しい質問だった。

私は「NDロードスターの人馬一体フィールの重要なポイントであるステアリングフィールにおいて、目標を達成するにはデュアルピニンパワーステアリングは必須です。コストはプログラム全体で目標達成するようにします」と約束して採用を認めてもらったのである。

もちろんステアリングフィールはパワーステアリングだけで決まるものではなく、ボデー全体の剛性やサスペンションのジオメトリー、スプリング、ダンパーのセッティングなど、幅広い領域で協調しながら進めなければならないことは言うまでもない。そのため操安開のエキスパートを中心に、ブレーキ開発、走行実研、NVH開、クラ開のメンバーとタスクチームを結成して取り組

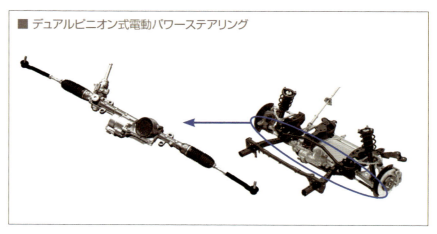

「感」にこだわった結果、マツダ初となるデュアルピニオンパワーステアリングを採用。

第6章　NDロードスター開発での個別活動の紹介

んだのである。その取り組みをリードしてくれたのが齋藤茂樹さんであり、2019年5月からはNDロードスターの主査となっている。

⑥アルミ製ヘッドカバーへのこだわり

「感」づくりはダイナミック領域だけではない。人がクルマを楽しむ感覚は、見て、触って、カスタマイズするところにある。そんな領域まで考えてつくり込んでいる事例を一つ紹介したい。

NDロードスターの開発メンバーの中にはNAロードスターの開発メンバーもいる。彼らはNAからNB、NCロードスターへと進化する過程で、カスタマイズする楽しみがわずかではなく、かなり少なくなっていることを惜しむファンも多くいると感じていた。NDロードスターは、NAロードスター並みの1トンを切る質量目標を掲げており、グラム作戦で1グラムとて余肉は許さないと取り組んでいる。そのような中でも、ボンネットを開けた時に、NAロードスターのようにアルミ製ヘッドカバーが見える光景を取り戻したいという気持ちは多くのエンジニアに共通の想いであり、ファンの期待だと受け止めていた。

このアルミ製ヘッドカバーをやりたいと提案してくれたメンバーがいた。エンジン設計の笹田卓司さんと杉本博之さんである。

二人は『志ブック』の中で、「エンジンルーム機能美向上に向けて『かんざし美人』ではなく、『素肌美人』思想であるべきだ。あれこれ足し合わせることなく、機能美を『魅せる』エンジンルームにしたい。ボンネットを開ければ、ニンマリと！『暖かい機械』思想の具現化。エンジンにコンパウンドやワックスをかけたくなるくらい愛着がもてるものにしたい」と綴っている。

ところが担当設計にはグループの厳しいコスト目標と質量目標があり、自分で自分の首を絞めつけたくはない。設計担当からマネージメント担当になれば余計に目標管理が厳しくなるのが現実である。

そこで私は二人に想いを尋ねた。二人の言葉には、コスト、質量目標が分かっている中で、そのコスト、質量をオフセットする努力を惜しまず両立させたいという強い決意を知ることができた。もちろんこのアルミ製ヘッドカバー案は、チーフデザイナーの中山さんもサポートしてくれるものであった。

アルミ製ヘッドカバーはオーナーが見て、触って、カスタマイズする楽しさにこだわった。

アルミ製ヘッドカバーが見えるエンジンルーム。『かんざし美人』ではなく『素肌美人』思想であるべきとは開発者の言葉。

私は担当設計に「コスト、質量はプログラム全体で処理するからやろう」と伝え、彼らの提案をサポートした。その後、アルミ製ヘッドカバーの実現には量産品質の確保に向けて錆などの多くの課題が発生したが、それらを見事に克服し、量産品質を確保することができたのである。

さらにオーナーがサンドペーパーで磨いてピカピカのヘッドカバーにカスタマイズすることも想定し、ヘッドカバーのコーナーの形状には、杉本さん自身の親指の形をトレースしたアール形状が密かに組み込まれているのである。

⑦ 1.5リッターと2.0リッターの二つのエンジンを持つこと

軽量コンパクトなオープンカーというコンセプトを掲げている中で、NAからNCまでのロードスターのエンジン排気量は1.6リッターから2.0リッターまで大きくなった経緯がある。

NDロードスターでは原点回帰し、小さな1.5リッターエンジンで進める企画で開始した。一方で、アメリカ向けには2.0リッターエンジンを搭載することは避けて通れない課題であった。

アメリカ向け2.0リッターエンジンの導入を進めるに当たっては、サイズ、質量の大きいエンジンの搭載レイアウトが大きな課題であった。技術開発段階から軽量化、ミニマムパッケージ化を進めており、2.0リッターエンジンの搭載余裕は一切なかったからである。どんな工夫を行うか、どうやって搭載を成立させるのか、車両設計部のレイアウトチームと企画設計タスクチームの連携で確認が進められた。

SKYACTIVシリーズの1.5リッターと2.0リッターエンジンは、ボア×ストロークがそれぞれ74.5mm×85.8mmと83.5mm×91.2mmで諸元が異なるエンジンである。すなわち2.0リッターエンジンは1.5リッターエンジンに比べ長さで38mm、高さ(クランク軸合わせ)で14mm大きいのである。さらにクランク軸合わせにした場合、オイルパンが35mm深くなる。

2.0リッターエンジンを搭載するとなると修正は必須である。38mmの長さ延長には、クロスメンバーの位置変更やパワーステアリングギヤと電動パワーステアリングモーターのレイアウト変更など、既に1.5リッターエンジンで成立していたレイアウトを見直す必要が生じた。長さ延長と14mmの高さアップはボンネットのデザイン面の形状に影響を及ぼす重要な変更となる。ボンネットにバルジを追加して2.0リッターエンジンの意匠を際立たせる案も浮かんだが、それでは狙うデザインを妥協することになるので、別のアイデアと工夫での対応案を検討した。

こうした課題に対し、マツダのエンジニアは優秀であった。エンジン搭載角度を1度修正することで、搭載時のエンジンを低くしてボンネットの高さを上げない工夫や、スタビライザーとパワーステアリングモーター、クロスメンバー位置の変更、ラジエターとエンジンの隙間を確保するためのラジエターのスラント角度の変更、AC(エアコン)コンプレッサー本体の位置見直しなど、幾多のレイアウト課題をクリアしていった。この見直しで、すべてのパッケージレイアウトが1.5リッターと2.0リッターで成立するようになったのである。

このブレークスルーにより、アメリカでのビジネス展

軽量コンパクトなオープンカーという原点回帰を目指した結果、搭載された1.5リッターエンジン。

■ SKYACTIV-G 1.5

第6章 NDロードスター開発での個別活動の紹介

開で 2.0 リッターを導入しながら、1.5 リッターの軽量コンパクトさを活かすという原点回帰の魂も貫き、デザインとパッケージを傷めないで初志を守りぬくことができたのである。

ただ、2.0 リッターエンジン搭載による専用投資の発生やコストアップ、そして何よりも質量アップについては避けることができないものとなった。

一方で、つくり手の考えに重きを置くプロダクトアウトが信条のスポーツカー企画ではあるが、1.5 リッターと 2.0 リッターエンジンについては、お客様の声はどうなのかという問いかけにも応えなくてはならず、スポーツカーオーナーへのコンセプトクリニックを世界各地で実施した。

結果は、日本では 1.5 リッターコンセプトは圧倒的に支持された。「軽量ボディに小排気量エンジンという正しいコンセプト」、「クイックで軽快なドライビングを満喫できる」、「優れた燃費性能には好感する」などである。一方、2.0 リッターコンセプトについては、「コンセプトに目新しさもなければマツダらしさもない」、「普通のスポーツカーと同じ」というロードスターのコンセプトを重んじる評価だった。また、技術志向であり女性ユーザーからの受けが悪い傾向もあった。

ヨーロッパの代表市場であるイギリスでの 1.5 リッターコンセプトには、「back to Basics のロードスターであり、小型エンジンと入手しやすい価格（アフォーダビリティ）がエントリーレベルのスポーツカーとして価値訴求できる」という声があった。

マレーシアでも 1.5 リッターコンセプトは、価格ポジションをはじめエントリースポーツセグメントとしても特に若者から好評であった。初代 MX-5 のコンセプトを彷彿させるとの意見や、「エキサイティング」、「ヤング」、「エネルギッシュ」、「熱狂的」でありマツダのコンセプトとしてベターフィットとの意見もあった。

これらは MX-5 がパワーや加速のパフォーマンススポーツではなく、その比類のないハンドリングを楽しむための "Fun to Drive" なスポーツカーだと理解されているということの証だった。

上記のようなコンセプトクリニックにおける 1.5 リッターエンジンを支持するお客様の声を知ることは重要であった。ブランドアイコンとしてマツダらしさを期待するお客様の声に応えることが、1.5 リッターエンジンの提供価値であり、ロードスター /MX-5 の LWS（ライトウェイトスポーツ）としての魅力である。そのため燃費や投資抑制を最優先に考えた場合には、1.5 リッター

エンジン 1 つに絞るという考え方も可能であった。

しかし、これまでは競合車がいなかった LWS 市場であるが、今回は ND ロードスター /MX-5 が誕生する時には、同時にフィアット社のスパイダーが競合車となるという構図が生まれることが分かっていた。

そのため 2.0 リッターエンジンを追加するという選択は、フィアット社のスパイダーに対応するための総合商品力の確保や、高価格化の好機としてワイドな価格設定を実現するためにも、戦略的に間違っていないことになる。加えて、前述したようにロードスター /MX-5 の最大市場であるアメリカの顧客の期待に応えられるという点においても必要であった。なお、このフィアット社との関係については後の項でも紹介する。

このように ND ロードスター /MX-5 が 2 つのエンジンを持つことは、ブランド価値向上とビジネスとして販売展開を最大化する戦略として進めることができる方法であった。

⑧「人馬一体」社内講演

マツダでは、クルマに生き物のような愛着を感じ、ドライバーの気持ちを察するがごとく "阿吽（あうん）の呼吸" を感じるという例えで「人馬一体」という表現を使っているが、ロードスター以外のクルマでも「人馬一体」というメッセージがマツダ社内のあちらこちらで盛んに使われるようになってきていた。

また、メディアやジャーナリストの方から「乗馬も知らないくせに」と言われる声を聞くこともあった。

ND ロードスターおよびマツダの開発メンバーにとって、「人馬一体」がマジックワードにならぬように、もっと知識と見識を持つことが必要だと感じていた。私は、幼稚園の頃に実家が農作業用に馬を飼っていたことを思い出すが、乗馬をしたことはなかった。以前、ジャーナリストの御堀直嗣さんの計らいで、千葉の乗馬クラブで初めて乗馬の体験をさせてもらったことがある。その時の印象は、「馬は嫌がっているなあ、騎手が上から目線で偉そうに命令するのではなく、馬が気持ちよく走るように手綱を捌くことが求められているのだなあ」と感じた。きっと仕事もそうなのであり、「人馬一体」もそういうところに原点があるのでは、と思ったのである。

そんな経験もあり、私はもっと深く本当の馬のことを知りたいと思い、大阪に本社のあるクレイン乗馬クラブを紹介していただき訪問し、人馬一体のプロとして乗馬でオリンピックにも出場した岩谷一裕さんにマツダでの講演をお願いすることができたのである。

岩谷さんはオリンピックの総合馬術競技で 1988 年

「人馬一体」社内講演。3大会連続でオリンピックに出場した岩谷一裕さんが語った「自由自在の操作性」と「至福の安堵感」の言葉はまさに「人馬一体」を表す言葉として心に残った。

ソウル、1992年バルセロナ、1996年アトランタと3大会連続出場し、アトランタでは6位入賞の快挙を成し遂げた。全日本総合選手権競技でも3度の優勝を経験しており、「ミスタークロスカントリー」の異名を持つ岩谷さんは、クレイン乗馬クラブで後進の指導に当たりつつ、さまざまな馬術大会の競技委員を務めるほか、オリンピック選手のコーチとして活躍されている。

2014年3月、その岩谷さんの講演会が実現した。

講演では、クルマの世界で「人馬一体」を目指しているマツダに向けて、馬と心を通わせる至福のひとときのために、いかに乗り手と馬が意思疎通を行っているのか、「人馬一体」とはどんなものかなどについて語っていただいた。具体的には「馬という生き物の存在」から始まり、「スポーツとしての馬術」そして「究極の人馬一体」まで、幅広く奥が深い馬の世界のお話を伺うことができた。

「究極の人馬一体」の中で紹介いただいた「自由自在の操作性」とそれによって得られる「至福の安堵感」は、馬とクルマの違いを超えて同じゴールを共有するものであると強く心に残った。

⑨人間研究を通じて「感」づくりの完成を目指す

NDロードスター/MX-5の開発は、その後「守るために変えていく」という開発キーワードを掲げ取り組んでいった。世界一の製品性能をつくり込むことはもちろんのこと、NAロードスター開発からずっと大切にしてきたこのクルマの本質的な価値である「運転することが楽しい」という人がクルマを楽しむ感覚を、革新のレベルまで引き上げる「感」づくりに取り組んできた。

「感」づくりで目指したテーマは、当初は「一体感」、「軽快感」、「操り感」、「減衰感」、「フィードバック感」の5つを掲げて進めてきたが、つくり込みを進める中で集約や絞り込みも含め「軽快感」、「手の内感／意のまま感」、「開放感」の3つとして最終的な仕上げに向けて取り組むことにした。

それらは統一感タスクというチームが検証活動を進めて行った。最終デザインの折り込まれた試作車での実車検証を三次試験場、美祢試験場、そして夜間の走行を繰り返すことで検証を進めたのである。

「感」づくりは最終的には人間研究を進めていくことに繋がっていくのだと考える。

どういう時に人は感動するのか、人の持つ目、耳、鼻、皮膚、舌を通じて生じる五感（視覚、聴覚、嗅覚、触覚、味覚）を理解してどのように感動を表現すれば良いのか、それらの関係性を正しく把握し定量評価に繋げるためにはどういうアルゴリズム（解決の手法）を発見すれば良いのか、などを研究することであったと思う。

究極的には不変のアルゴリズムを見つけたいと技術研究所にも相談したが、それは脳科学の領域となり、まだまだ先のことになりそうである。

「感」づくりを検証しているときにエンジニアとこんな話をしたことがある。

「ロードスターは遅くても速いと感じ、止まっていてもあたかも動いているかのようにワクワクする気持ちをつくり込みたいよね。例えば、スカイツリーの高速エレ

第6章　NDロードスター開発での個別活動の紹介　141

ベーターはまるで動いていないように思うけど、超速い
スピードで上昇している。上昇への変化は全く感じない
が、到着する時に気圧の変化を耳が感じるよね。またユ
ニバーサルスタジオジャパンのアトラクションでは椅
子自体は動かないのに、目の前のスクリーンの映像が変
化することと、椅子がほんの少し傾くだけで人は谷底へ
真っ逆さまに落ちていく錯覚に陥る。これらは速いけど
止まっているように感じさせるし、止まっていても動い
ているように感じさせるよね。人の感覚をもっともっと
勉強してロードスターの『感』づくりに活かそうや』。

　そんな人間の五感の勉強も必要であると思う。

　『感』づくりは永遠のテーマである。今後も人間中心を
標榜するマツダのクルマづくりに欠かせないアプロー
チだと思っている。

■『志ブック』と共創活動

　ND ロードスター /MX-5 の開発では、「共創」活動も
大きなテーマとして取り組んだ。

　そのためにはメンバー全員のベクトルが一致して、メ
ンバーのゴールへの想いと取り組みを全員で共有する
ことが大切で意義があると思った。そこで私は、ND ロー
ドスター /MX-5 の開発において開発メンバー全員の取
り組む「志」と「行動」を見える化し、全員で共有する
ことを行った。

　2013 年 4 月、開発メンバーのデザインモデルの見取
りが終わり、プログラムの目標設定と「共創活動」の
キックオフイベントを実施した。各メンバーには、ここ
で聞いた内容を踏まえて、自分自身が取り組もうと考え
ている「私の志」とそれを実行するための「私の行動」
を提出してもらうことをお願いした。

　私は、この「志」と「行動」をまとめて一冊の『志
ブック』として製作し、各人に配布することにした。そ
れぞれのメンバーがどういう「志」でどういう「行動」
をするのかをチーム全員が知ることによって、プログラ
ムへの帰属意識をさらに高め、高いモチベーションを
もって ND ロードスター /MX-5 の開発に邁進するエネ
ルギーにしたいと考えたのである。

　それぞれのメンバーは、プログラム開発における自分
の担当職務を踏まえ、その中で「共創」することへの取
り組みを勘案し、それぞれが思いの丈（たけ）を書き記
して提出してくれた。その内容は、各人がお客様に喜ん
でもらうために最高の仕事をするという、強い意志の表
れでもあった。すべてのメンバーの内容を紹介したいの
だが、その中の一部をここで紹介したい。

　開発の大きな課題となったコスト目標と投資削減に
取り組んだファイナンスの加藤昇さんの志は、「マツダ
のステータスシンボルとなる気品と性能と品質を持っ
た車を適正なコスト／投資でつくることを目指す」。そ
の行動は「限られた資源をうまくバランスさせるため、
FtoF（対面）して人と対話し解決策を見出していく」と
記されている。

　またデザイン見取りに参加し、難しいアルミのフェン
ダーのプレスを担当した本社工場の米村昌倫さんの志
は、「造形思想／匠の技とデジタル技術を融合させデザ
インが求める部品形状をつくり込むことでプレス部品
を芸術品に昇華させる」。その行動は「匠の技とデジタ
ル測定・評価技術を融合したモノづくりに進化させ、扱
う全ての部品（金型）を徹底してつくり込む」と記され
ている。

　このように各人が高い志を持ち、力を合わせて高い目
標と高い品質の達成を目指す「共創」の取り組みの証
がこの『志ブック』に集約されているのである。

　そうしたメンバーの想いを強く表すことも表現する
ために、『志ブック』の題字となる「志」と「感」の文
字は技術研究所の西川一男さんにお願いした。西川さ
んが毛筆で書かれた「志」の文字には、チームメンバー
の想いがしっかりと込められているように思った。

　それから約 1 年かかったが『志ブック』は 2014 年 6
月に完成して製本され、さまざまな分野で ND ロード
スター /MX-5 の開発に「志」と「行動」を表明し、携
わってくれた 302 名の同志に配布した。

　『志ブック』は、読み返すたびに自分を奮い立たせ、
開発活動を社内関連メンバーと「共創」するエネルギー
になり、一生の宝物であると共に、我々新型ロードス
ター開発メンバー全員の誇りになったと思う。

　最後のページは、「Let's make the history together
!! 我々が今日までロードスターを生み続けることがで
きたのは、長きに渡りこのクルマを愛していただいた、
たくさんの方々のお陰だと思います。それ故、なおさら
私たちは支えて育てていただいた方々への“感謝”を
忘れてはいけません。大切なものを継承し、つくり続
けることを誇りに思い、お客様に感謝を込めて、新しい
ND ロードスター /MX-5 をお届けしたい。」と私自身の
手書きの文章で締めくくらせてもらった。

■情報収集のためのテストドライブ

　第 3 章の「主査としてのスキルアップの取り組み」で
は評価能力アップの取り組みを紹介したが、ここでは情

『志ブック』の表紙と内容の一部分。開発に関わった302名の「志」と「行動」が記されている。「志」と「感」の文字は技術研究所の西川一男さんによる。

● 商品本部

氏名・所属	担当領域	私の志	私の行動
山本　修弘 商品本部	プログラム主査として企画〜マーケティングまでの全領域の責任を持つ	「守るために変えること」誰もが心から楽しめるLWSを継承し作り続けること、その為の挑戦は私の使命であり責任である。私達は支えて下さった方々への「感謝」を忘れず、「大切なものを継承し作り続ける」ことを誇りに思い新しいMX5/ロードスターをお届けしたい。	SKYACTIV+KODO+人が楽しむ感覚"感"の進化を超えて革新に挑む。一貫した方針で、チームと個人の力を結集させメンバー全員が成長するプログラムを目指す。

● 原価企画本部

氏名・所属	担当領域	私の志	私の行動
加藤　昇 原価企画本部 原価企画部	ファイナンス	MCのステータスシンボルとなる気品と性能と品質を持った車を適正なコスト/投資で作ることを目指す。	限られた資源をうまくバランスさせるため、FtoFで人と対話し解決策を見出していく。

● 本社工場

氏名・所属	担当領域	私の志	私の行動
米村　昌倫 本社工場 車体製造部 プレス課	プレス	造形美思想/匠の技とデジタル技術を融合させデザインが求める部品形状を造り込むことでプレス部品を芸術品に昇華させる。	匠の技とデジタル測定・評価技術を融合したモノ造りに進化させ、扱う全ての部品(金型)を徹底して造り込む。

私自身と、本文中で紹介した加藤さんと米村さんの「志」と「行動」。

第6章　NDロードスター開発での個別活動の紹介　143

報収集という視点から、テストドライブについて述べてみたい。

情報収集と共に競合車のテストドライブは重要な業務である。机上で収集した情報が実車にどのように反映されているのかというリアルな商品力を体験し、肌感覚でつかむことは何よりも重要な情報収集の一つとなる。また、自分自身のスキルアップとモチベーションアップにも欠かせないものだと考えている。

競合車の評価については、テストコースで乗るとどうしても「評価する」という感覚になるものだ。そのためステアリングのインプット操作も少し早く大きくなり、スピードもついつい上がってしまうことがある。すなわち評価のための運転になってしまっているのだ。競合車評価はデータを計測するわけではないので、ゆっくりと走らせることが大切であり、求められる。そういう意味で私は、長期連休などを利用しての社外モニターや一般道路で普通に運転している時の評価を大切にしたいと考え、実行してきた。

①記憶に残る5台のクルマ

これまでに情報収集のためにモニターしたクルマの中で「良かったなあ」と記憶に残るクルマが何台かある。これらのクルマを評価したことがNDロードスター/MX-5の開発にも参考になったということで紹介したい。

試乗した年代別に言うと、最初のクルマは2003年のBMW M-3 SMG-IIである。

このM-3を一言で表現すると「圧倒的な加速力、今まで体験したことのない異次元のドライビング感覚に到達する」そんな感じだった。

BMWはどんな思いでこのクルマをつくっているのだろうか、とカタログを調べてみた。そこには「究極の世界に到達する方法〜BMWを生み出してきたもの、それはいつの時代も情熱です。新たな世界を切り拓く原動力はアイデア〜あなたの夢を仕上げてください」と書かれていた。

私はその時、「お客様に感動を与えるには、開発者の情熱と新たな世界を切り拓くアイデアを持つこと。このBMWに負けないクルマをつくろう」と思ったのだ。

次の2台は、ポルシェ・ケイマンとBMWアルピナD3だ。ロードスターのベンチマーク車としてはボクスターが好敵手なのだが、ケイマンはスポーツカーとしての乗り心地や安心感など、圧倒的な満足感に充たされるクルマであり、「感」づくり社外走行でもベンチマーク車としてメンバーに試乗してもらっている。

BMWアルピナD3は「滑らかさと包み込まれる安心

感なのに、とてつもなく速い、シルクのようなきめ細かさ、静けさの中に秘めたるパワフルさ、これまで味わったことの無いジェントルさと同居する卓越したドライビングプレジャーチューンの流儀を見る」思いがした。アルピナがつくるとロードスターはどんな仕上がりになるのだろう？と興味が湧いたことを覚えている。

ポルシェ・ケイマンとBMWアルピナD3については、第3章の運転技量アップの項に詳しいレポートを乗せているので、思い出していただきたい。

4台目は2018年のメルセデス・ベンツAMG・C63Sである。試乗したAMG・C63Sは、グローバルMX-5カップレースジャパン初代チャンピオンでレーシングドライバーの山野哲也さんの愛車で、山野さんのご厚意でツインリンクもてぎへの移動路で助手席に乗せていただいた。

その時は、走り出してすぐに私は4輪の中にすっかり納まっているタイヤの接地感の良さを感じた。エンジンサウンドやパフォーマンスフィールなどのダイナミックプレジャーやインテリアの質感だけでなく、インナーハンドルをリリースした時のフィーリングやドアを閉めた時の閉まり感では思わず「おお〜」と声が出るほどの絶品である。インナーハンドルの大きく開く角度とドアが開く瞬間の間の良さ、閉まる時の吸い込まれ感のドラマチックさは、例えばブロックゲージの密着度を感じた瞬間や、すっと吸い込まれるように閉まる高級家具のドアにも似ている。大げさだが匠の職人が芸術品をつくったような、そんなAMG・C63Sの興奮は、BMWアルピナのフィーリングとはまた一味違う別格の味わいであった。

5台目はやがて訪れるであろう電気自動車のはしりとなったテスラのロードスターである。

2011年1月、尾道のリゾートホテルのベラビスタ境が浜で開催されたテスラ・ロードスターの公道試乗会に参加した。0-100km/h 3.7秒の加速はフルには確認できなかったが、発進加速のスムーズさと力強さは感じた。ただ回生ブレーキフィールが強すぎて加減速のフィールが人工的なこと、強い加速力に全く感動を覚えない無機質な走りと、トルクがあっても1260kgという重量から感じるハンドリングや乗り味は、ロータス・エリーゼとは全く別物である。残念ながらEVスポーツカーの魅力をエモーショナルに感じることはできなかった。いくらゼロエミッションとは言っても、未来のスポーツカーがこんなEVスポーツカーになることは嬉しくないと思った。試乗は衝撃的ではあったが、この時は

情報収集のために他社や開発中のクルマに試乗することも大切である。写真は試乗車と同型のBMW M-3。

試乗したトヨタ・レクサスLFA。

同じく試乗したEVスポーツカーのテスラ・ロードスター。

試乗した私に未来を感じさせてくれたマツダ・プレマシーハイドロジェンREハイブリッド。

第6章　NDロードスター開発での個別活動の紹介

少しネガティブな印象を持ったことを覚えている。

②開発中のクルマのテストドライブ

ここからは開発中に試乗したいくつかのクルマのテストドライブのことも書いておきたい。

まずは2ペダルのマニュアルトランスミッションのテストドライブを紹介する。

時代が変化し、お客様の多くが2ペダル車（オートマチック車）に乗るように変わってきている。スポーツカーに乗りたいがマニュアルトランスミッションはどうも……というお客様の期待に応えなければならないという考えは持っている。

マニュアルトランスミッションではあるが、2ペダル操作が可能なモーションフィードバックパドルシフター（Motion Feedback paddle Shifter）の技術提案が社外メーカーからあり、試乗を行うことにした。コンセプトのDSG（ダイレクト・シフト・ギアボックス）よりも、軽量コンパクトで低コストであることから"Fun to Drive"をサポートできる新しい価値を見つけられないかという目論見（もくろみ）を持ち、試作品を装着したMX-5を引き取り、本社B地区のテストコースで試乗を実施した。

受領時点では、繋がりのショックが大きくかなりの改善が必要なレベルであると感じた。狙いまでのポテンシャルを確認するため、三次試験場での評価や走行シーンを増やし確認したいと思い、その後しばらく検討を続けたが、現状ではまだ商品化には時間がかかるのではないかという結果となった。

次は、ハイドロジェンRE改良版のテストドライブである。初期のハイドロジェンREはRX-8に搭載した水素REが動力源であったが、進化型では水素REで発電してモーターで駆動する方式に進化し、車種もプレマシーとなった。

エンジン駆動ではないのでREの音やドライバーの期待と異なるエンジンフィールに違和感があったが、改良版では加速フィールがエンジン回転上昇フィールと同調しており、これならREのエンジンフィールとモーターフィールのハーモナイズ感があり、REならではのレンジエクステンダーとしての能力と魅力を感じた。だが走行フィールはまだまだこれからで、期待したモーターのトルク感とレスポンスの良さは感じなかったが、未来を予感させる期待感を垣間見ることができた。

最後は、G-ベクタリングコントロール技術でのテストドライブである。

人馬一体の進化のために、走行中のトラクションはど

うあるべきかを研究することは大変重要なことである。ブレーキ制御技術の大幅な進化によって4輪の制御が可能になる時代が訪れている。「感」づくりのテーマの一つである「統一感」の先行技術で、運転中の加減速コーナリングのGの繋がりを究極化し、綺麗な摩擦円を描くエキスパートドライビングの醍醐味（だいごみ）を、ビギナーの方にも提供できる価値を目指して研究が進んでいた。

2011年、そうした中で操安性開発エンジニアの梅津大輔さんからG-ベクタリングコントロールの提案があった。テスト車は日産フーガ、スバル・レガシィであったが、その試乗会ではハンドル操舵に応じてブレーキコントロールを与えることで、Gの繋がりが改善できることが体感できた。FRのロードスター/MX-5ではもっと軽快でリニアな特性が得られるのではないかと期待が高まる思いがした。これは将来への魅力価値づくりに向けて、研究するに値するテーマである。

その後、この技術は研究が進み、ロードスター/MX-5よりも先に他車種での市場導入が行われたが、ロードスターでもさらに研究が進み、キネマティック・ポスチャー・コントロール（KPC）と呼ぶ、より安定した旋回姿勢を実現する新技術として、NDロードスターの商品仕様に折り込まれていくことになったのである。

③レクサスLFAの試乗

最後に2010年に私自身が試乗したトヨタのレクサスLFAを紹介する。「さすがにマツダではこのクルマはつくれないなあ」と思ったこともあり、ここではフルレポートで紹介したい。

レクサスLFAはトヨタの棚橋主査の作品である。注目のハイ・スポーツカーであり、どうしても試乗したかった。スポーツカー交流会で面識のあった棚橋さんにご無理をお願いして、2010年9月6日にお台場のMEGA WEB（メガウェブ）のテストコースで試乗する機会を与えていただいた。

レクサスLFAでは、トヨタが誇るスポーツカーの味わいとは何か、また6速オートメーテッドシーケンシャルギヤボックス（ASG）の走行フィールに注目した。

アウターハンドルは、ドア表面ではなくリアラジエターダクトに続く内側に隠れている。中指と人差し指で押すと軽いストロークでドアがリリースされる。今までに無いフィールだ（そういえばテスラも同位置にあるがテスラは電動スイッチで開くタイプだ）。

内装はいかにもスポーツカーらしく赤と黒のツートーンのシート、インパネ＆トリム表皮はアルカンターラ仕様

で、上級グレードには革仕様が設定されている。フルバケットシートはオール電動で、調整スイッチは右側シートクッション上に2つあり、前後、上下と操作したい方向に動かせばよく、ベストなドライビングポジションが得られる。シートベルトは世界初のエアバッグ内蔵式で、レース用の4点式を思わせる幅とボリュームがある。

オルガン式アクセル、ブレーキペダルはこのクルマが只者ではないことを彷彿させる。マニュアル式のチルト&テレスコハンドルをセットし、ドライビングポジションは完了した。

カウルが高く2本の太いAピラーが斜め前方視界をさえぎるが、ドアミラーがドアマウントされており、コーナーのクリッピングポイントを見つけることは可能だ。また、フロントカウルからドアまでの視界が一直線上にデザインされているところはさすがだと思った。

イグニッションキーをONにして、2つのパドルシフトレバーを同時に操作してニュートラルを確認し、ハンドルのスタートボタンを押すと、「クンクンクン」と少し長めのクランキング後、「ブオン」とV型10気筒・4.8リッターエンジンが目覚めファーストアイドルに入る。正面の集中メーターは特徴的だ。タコメーター中心にデザインされたメーターは、ハードリングを持つタコメーター内にデジタル速度計、シフトモードギヤポジション、オドメーター、ASGの変速度レベルを液晶パネルで表示する。また、ハンドルのセレクター右ボタンを押すとタコメーターが右に動いて左側にできたスペースに各種の表示が現れる。タコメーターの指針の色表示はベースカラーの青のほか、白、赤の3種類が選べる。スポーツモードではゼロ置針でトップ位置が8000rpmを指し、ベースカラーも黒から白となりスポーツマインドに変身する。また、ASGの変速度レベルはギヤのマークの横に7段階がバー表示される。

前置きが長くなったが、試乗に入る。MEGA WEBのテストコース案内と留意点確認のため、レクサスのインストラクターのドライブでコースイン。駐車場からメインコース直線部で一旦停止、ハンドルが水平であることを確認しストレート150m（?）を加速し、直角左コーナベルジャン路でUターン（ウォーキングスピード）して復路のストレートへ。後半部はシケインもあり、Uターンして元の駐車場に戻る。路面は往路の後半がゆるい下りで、ほとんどフラット。ベルジャンは名の通り石畳、復路もフラットで表面もきれいなアスファルトである。

発進はスムーズ、重めのアクセルを踏むとスーと滑

り出す。日産GT-Rのエンゲージメントを繰り返すギクシャク感はない。Autoモードでゆっくり加速し、2速へのシフトアップを行うと少しの間があって軽い変速ショックを伴いシフトアップ、3速は2速の時よりショックは少ない。そもそもこのクルマはマニュアルなので、Autoモードは相応しくないことに気がつく。ASGのマニュアルモードは、Wet、Normal、Sportsの3モード、Autoを加えれば4モードの変速設定ができる。WetではASGは2レベル、おとなしい発進からの2000rpmでの2速、3速、4速、5速、6速と変速のスムーズさを確認した。少し速い加速で2000rpm〜3000rpmシフトを繰り返して繋がりを確認し、最後はスロットル全開の8500rpmシフトまで確認した。

変速はDSGのようなシームレスな繋がりは構造上できない。クラッチを切りシフトしクラッチを繋ぐ動作をパドルシフトスイッチから油圧でのクラッチ&シフト動作を行うわけだが、“間”が存在するので、変速するというマニュアルシフトの感覚を大事にするものである。少しの「ガツン」というショックと音が判る走行を繰り返す内、トランスミッションの油温が上がったのか、変速直後にガラガラという歯打ち音が聞こえるようになった。歯打ち音を出さないようにパドル操作と同時に変速を予測してアクセルを少し戻したあとアクセルを踏むことでガラガラ音は防止でき、学習して上手く乗りこなす楽しみがあるが、このクルマの価値はそんなところにあるとは思えない。

一方、減速シフトはガラガラ音もなく、違和感のないシフトができる。「ブウォン、ブウォン」とブリッピングを伴った演出は思わずニヤリとする場面だ。ただ、連続での素早いシフトダウンはできない時があった、「ピピッ」とワーニング音が発せられ、シフトダウンがホールドする。パフォーマンスは、1速、2速、3速途中までのスロットル全開では圧巻の加速力だが、日産GT-Rのようなターボの暴力的な加速ではなく、回転数が7000rpmを過ぎると「ブォワ〜ン」という乾いた甲高い、正に管楽器が演奏されているようなサウンドで演出されている。機械的ノイズや振動も全くなく、美しい音色である。こんなサウンドは聞いたことがなく、道がよければ存分にこのサウンドを楽しめるだろう。また、スロットル全開での加速では、緩加速の変速で気になったショックも音も関係なく、0.17秒という瞬時に変速するスピードは人の操作では不可能な早業であり、560PS、48.9kg-mのトルクを操るには機械の力を頼るほうが確実で安全だ。

何ラップか重ねる内、このクルマの静粛性の高さが分

かってきた。フロント =265/35-20、リア =305/30-20 というタイヤなのにロードノイズとライドが良い。このフラットライド感は、車体剛性の高さもあるが、タイヤの接地性、サスペンションのセッティングなど巧みな技術が織り込まれていないか！ ブレンボ製のカーボンブレーキは、ブレーキング中の車両姿勢と四輪の接地感も高く、これなら目いっぱい踏める信頼感がある。それと、ペダル面積が広いオルガン式の操作フィールは安心感がアップすると感じた。

アイドリング中に 5 気筒停止の表示が出て、少しアイドリング振動が感じられるシーンがあった。ある条件下では V10 の片バンクを休止させている。

このようにして試乗を終えたが、レクサス LFA の国内での販売は抽選状態にあるようで、ほとんどのお客様が他の高級車も複数所有されているそうだ。

それにしても凄いクルマだ。官能的なサウンドと加速フィール、四輪の接地感を満喫できる極上の乗り味は、"宝石のような存在" に思えた。それでもアウトバーンかサーキットに持ち込まないとスロットル全開という訳にはいかないが、「最高のスポーツカーをつくる」という夢を追いかけたエンジニアの心血を注いだ情熱と技術成果を感じずにはいられなかった。

以上のように情報収集という視点でいくつかのテストドライブの内容を記してきたが、競合車や他メーカー車、開発テスト車の試乗体験は常に新しい感動を与えてくれるものである。

絶えず自分の感覚を研ぎ澄ましていくためにも、数多くのいいクルマに乗り、そのクルマの持ち味や魅力を肌感覚でつかむことが必要だと思った。

■さまざまな情報収集活動と分析

新商品を開発するには市場の変化、競合車の分析など定常的に情報収集活動とその分析を行っておく必要があることは言うまでもない。ここでは、ND ロードスター /MX-5 の開発過程で行った情報収集内容の一部を紹介したい。

①さまざまな情報源による市場分析

新車開発におけるメイン市場であるアメリカやヨーロッパ市場の主要競合車群の変遷や価格ポジションのトレンド分析と結果は前章で紹介しているので、ここでは、さまざまな資料や情報から行った情報分析例を紹介したい。

市場分析を行う上で有益な情報収集となっているのが、年に一度行われるドイツの「AMS」誌（アウト・

モーター・ウント・シュポルト誌）のプレゼンテーションである。2009 年のプレゼンテーションでは、HEV（ハイブリッド車）も DE（ディーゼルエンジン車）もお客様は経済性を計算して買っているわけではなく、燃料代がセーブできることや環境にやさしいというイメージを大切にし、"Edge"（鋭い感覚）を求めているという内容が印象的であった。お客様はイメージを大切にするという観点でドイツでの販売シェアとイメージの比率を見ると、マツダはシェア＝ 1.7%：イメージ＝ 2.4%、ポルシェは 0.3%：1.7%、アウディは 6.1%：12.0% である。

ここからは顧客に良いイメージを持たれるメーカーになるには、ポルシェやアウディのやり方を研究すべしという "気づき" を得た。この "気づき" に基づく分析結果は次項で詳しく紹介したい。

また競合となりうる他車の商品力を把握して、分析することも重要な取り組みである。

一例として、当時新たに登場した 2 代目 BMW Z4 の RHT の分析結果を紹介してみる。

BMW Z4 RHT の 23i は、2.5 リッター 204PS、8 速 AT で 523 万円、35i は 3.0 リッターターボ 306PS、7 速 DCT（デュアルクラッチトランスミッション）で 695 万円。試乗の印象は、静かで乗り心地良く、快適さや品質感も高い、反面以前よりもスポーティさが薄れた印象であった。ハイモデルの 35i の 7 速 DCT はスムーズでレスポンスも良く、スポーツモードでは明らかに硬くなったサスペンションとステアリングの重さが加わり、ノーマルモードとの 2 面性が表れている。RHT 開閉時間はカタログでは 20 秒だが、ガラス昇降を含めても 24 秒でスムーズかつ静粛な動作だった。Z4 はますます大きく重厚になり、高級スポーツカーに変化している。私はこのクラスの顧客を考えると、そういうポジションに移行せざるをえないのだろうかと感じた。

海外拠点から入手する情報も重要である。

ここでは MME（マツダヨーロッパ）が入手したレポートからの分析例を紹介する。

MME（マツダヨーロッパ）より、VW の Blue Sport（コンセプトカー）のレポートを入手した。市販されると VW の Blue Sport は MX-5 の良いライバルとなる。レポートによると、2.0 リッター TDI（直噴ターボディーゼル）、180PS・350Nm、6 速 DSG（ダイレクトシフトギアボックス）、最高速度 226km/h、0-100km/h 加速 6.6 秒、CO_2 排出量 113g、価格はそんなに高くない予想であった。一方、MX-5 は 2.0 リッター、160PS・188Nm、6 速 MT、最高速度 212km/h、0-100km/h

加速 7.6 秒、CO_2 排出量 177g、価格は 25,000 ユーロ。プラットフォームとパワートレインは VW 共通で、効率的なつくり方である。インテリア、エンジン、トランスミッション、リアサスペンションはゴルフから流用し、フロントサスペンションはポロからである。レポートのコメントの中に、DSG は良いが安くてもっとスポーティブな 6 速 MT が欲しいとか、MR（ミッドシップ）ゆえの過敏なハンドリングに対し、MX-5 は完璧で正確なチェンジ、ハンドリングの"キング"と呼ぶにふさわしい軽快で自然なハンドリング、ダイレクトでパーフェクトなステアリングという表現があり、MX-5 の強みがしっかりと示されている点は誇らしく思った。そしてトップランナーとしてこの MX-5 の強みは守ってゆかねばならないと思った。

新商品開発に限らず、さまざまな情報を収集し、市場分析をしてゆくことは大切である。

②競合他社の企業戦略分析

ヨーロッパのプレミアムブランドとなっているアウディに関しても分析をおこなった。

VW 傘下のアウディだが、リーマンショックの影響もなく着実に成長を続け、ヨーロッパでは BMW に継ぐプレミアムブランドの地位を固めている。当時の日本向けのラインナップをマツダと比較すると、アウディは 18 機種（A3 から R8）、マツダは 14 機種（デミオから MPV）である。販売価格はアウディ 305 ～ 1994 万円、マツダ 119 ～ 330 万円と圧倒的な価格幅の違いがある。排気量／出力ではアウディ =1.4 リッターターボ 125PS ～ V12・6.0 リッター 580PS、マツダは 1.3 リッター 91PS ～ 2.5 リッター 170PS ／ 2.3 リッターターボ 264PS で、最高出力は倍以上の差があることが分かった。

当時、アウディといえば A4 から A8 までの縦置き FF ＋クアトロがキーバリューであった。TSI（ターボチャージャー付ガソリン直噴エンジン）、FSI（ガソリン直噴エンジン）のエンジンテクノロジーで DCT（デュラルクラッチトランスミッション）の S トロニックの駆動系技術も一流である。2000 年のル・マン 24 時間耐久レースで優勝し 2006 年から V10・TDI エンジンで 3 連覇した偉業や空力、オールアルミボデーなどの技術で世界にアウディありと知らしめ、過去の古いイメージは払拭されている。

アウディの技術戦略とまではいかないまでも、その方向性はマツダにとって参考になった。アウディがなぜ成功しているのかをそのビジョン、ミッション、ゴールなどからマツダと比較して探ってみた。そこには 2 つの特徴があった。

1 つはビジョンが明確であることであった。アウディのビジョンは「the number one premium brand（ナンバーワンプレミアムブランド）」。マツダは「新しい価値を創造し、最高のクルマとサービスによりお客様に喜びと感動を与え続けます」であった。明確さではアウディの方がスッキリしている。

2 つ目は、アウディの 4 つあるゴールの 1 つに「Most attractive employer（最も魅力的な就職先）宣言」というものがあった。その内容には「アウディグループは有利な競争をし続けるべく、有能で献身的な従業員を頼りにしていく意向である。……社員に対し魅力ある労働条件、やりがいのある仕事。……内部社員調査が従業員間の高い満足度を裏付けている」とある。このことから、会社もプログラムもナンバーワンになりたいという意志を明確に持つこと、やりがいや魅力のある仕事をするプログラム目標を設定し、運営を行うことをはっきり宣言することが必要だと思った。

その後も MRE 情報をもとに次の項目内容を編集し、グループミーティングで共有した。

1) アウディの革新（顧客が分かる革新の重視）
2) 革新のルーツ (CRM)
3) プロセス革新
4) 生産技術
5) 研究開発、マーケティング、セールスの強いつながり
6) 1980 年からの継続

このようにアウディを分析、研究してゆくと色々な学びを得ることができた。

またトヨタについては、燃費の優れたプリウスの研究も行った。

3 代目プリウスは世界トップの HEV 制御技術はもちろんだが、モード燃費だけでなく実用領域の燃費改善技術も目覚ましいものがあり、その商品力を支える技術について研究した。エンジンとしてアトキンソンサイクルで圧縮比 =13.0 、クールド EGR ＋ VVT 協調制御＋モーター制御が織り込まれている。そのうえで、夏季燃費対策としてエジェクターサイクル（世界初）で AC コンプレッサー負荷を 24％ 改善し、冬季燃費対策では HER（排気熱再循環システム）で水温アップを図り、モード＆実用燃費を向上させている。

そこで 3 代目プリウスとアクセラを比較してみた。比較結果は、車両重量はプリウスが 1310kg と 20kg 軽く、価格は i-stop 付きでプリウスが 220 万円でアクセラが 210 万円だが、プリウスにはエコ減税差が 3.5 万円あ

るので両者の差は無いに等しい。燃費はモード燃費で、プリウス 35.5km/L に対してアクセラは 16.4km/L で圧倒的な差がある。このことから、プリウスでは得られないもの、アクセラでないといけない理由を明確にしないと競合できないことが明白だと分析できた。

ホンダでは 4 代目 CR-Z の商品力や織り込み技術を、同社の「テクニカルレビュー」（2010 年 vol.22）を利用して分析した。その概要は、ホンダとマツダの業績、企業メッセージの比較、CR-Z の誕生までの経過とコンセプトとメインテーマ、そしてロードスター、アクセラ、プリウスとのスペックや価格の比較などである。

分析結果は、CR-Z は得意のハイブリッド技術を核とした「スモールスポーツの新価値創造」であり、4 つのメインテーマの中に、世界一の技術が組み入れられており、デザインに関する技術の織り込みも多く見られる等であった。

③テクニカルレビューからの情報収集

他メーカーから公表される「テクニカルレビュー」も重要な情報収集の手段の一つである。

一例をあげると、ホンダの「テクニカルレビュー」（2009 年 vol.21）では 1 冊目が FCX クラリティ特集編で、燃料電池パワートレイン、新燃料電池スタック、電動シフト、パワードライブユニット、リチウムイオン電池などの内燃機関技術ではない領域の技術解説についていけないもどかしさを感じた。また 2 冊目のインサイト HEV 編では、CVT との組み合わせでエンジン効率の良いところをうまく使いこなす技術紹介もあり、HEV だけでない燃費改善ベース技術の深化がどんどん進んでいることを感じた。また、MT 車クラッチ締結時の車体振動の研究や、ターボラグ改善の定量化技術などは、スポーツカーの "Fun to Drive" 技術として参考になる内容もあり、統一感タスクメンバーにも展開した。

技術の積み重ねが良い商品をつくるベースであることは間違いない。やはり商品開発のプロとしては、業界の技術レベルの推移と自社の技術及びクルマのレベルを理解していることが重要だと思った。

同じく 2009 年の「デンソー技術展」は興味深かった。IT 世代で育った人が HMI（ヒューマン・マシン・インターフェイス）として情報を活用することで得られるワクワク感と、利便性を追求するコンセプトが年代別に提案されていた。2010 年はガジェット（小型電子機器）コンセプト＝インターネット機能の充実が進み、2013 年にはデフォルメ＆プロデューサーコンセプト＝メーターパネルが情報パネルになり、ナビが発展する。

2020 年にはパートナーコンセプトとして、これまでの機能をボイスコントロールで完結させる HMI の完成形が生まれるとあった。テーマのワクワク感の定義やゴールが曖昧（あいまい）なままで、インターネットやナビ機能を進化させるアプローチであり、スポーツカーにおいては HMI のあるべき姿を描いた上での我々の取り組みが必要であると考えさせられた。

④東京モーターショーでの情報収集とその準備

2009 年の東京モーターショーはリーマンショックの影響を受け、海外メーカーが不参加で国内メーカーだけとなり、前回とは異なり地味なローカルイベントとなった。そうした中にあってマツダはすべてのお客様に「走る歓び」と「環境安全性能」を掲げ、2007 年に「サステイナブル "Zoom-Zoom" 宣言」をした。HEV がないと生きていけないと言われる時代の中でマツダは SKYACTIV コンセプトを打ち出し、内燃機関の改良を柱に環境対応を推し進めると宣言したのである。

そんなモーターショーでの各社の社長のプレスカンファレンスの中では、トヨタ新社長の「味つくり」メッセージが印象的に感じられた（マツダの Zoom-Zoom を別の言葉で伝えているように思った）。トヨタが展示

他社のテクニカルレビューも重要な情報収集源である。これは 2015 年のマツダ技法で、ND ロードスターに関する内容も特集されている。

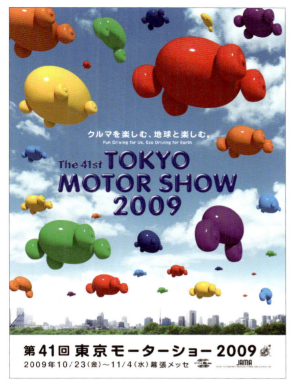

モーターショーなどのイベントに参加することも大切な情報収集源となる。開発メンバーも参加した2009年の東京モーターショーのポスターである。

した2台のスポーツカーは環境対応、EV化の中で、併設展示している部品メーカーにもユニット開発や部品開発の展示が並べられて、技術力、誇り、達成感が現れているように見えた。

目的であったスポーツカー展示車の見取りや他社のエンジニアとの面談も行えたし、メディア、ジャーナリストの皆さんとの懇談の中で多くの情報を入手することができた。その中で興味深かった他社の内容をいくつか紹介する。

- FT86：スバル2.0リッターエンジン搭載FR 2+2クーペのコンセプトカー
- レクサスLFAコンセプトカー＆ベアシャシーモデル：市販発表（500台限定、3750万円）
- ホンダCR-Z：HEV+6MT
- 2輪用コンパクトエンジン＆電動チェンジシステム：アクセル＆クラッチの操作性の精度高さ
- プジョーV10DET/C：2009年ル・マン優勝エンジン、5.5リッターとは思えないコンパクトさ
- LFA トランスアクスル：アイシン精機製、リダクションギア＆シングルクラッチ＋シーケンシャルシフト
- LFA トルクチューブ（マツダのPPF相当品）：ジェイテクト製、スチールパイプ＋2箇所ボールベアリング支持構造
- LFA CFRP（炭素繊維強化プラスチック）ボデーモノコック：豊田自動織機製、RTM製法
- LFA サージタンク＆サウンド：ヤマハ発動機製、ヤマハ楽器の分析技術とのコラボ開発
- LFA アルミペダル：アドヴィックス製、軽量化、操作性

この東京モーターショーでの情報収集活動を通じて一番感じたのは、魅力商品への危機感とスピードであった。のんびりしてはいられない、仮想ライバルを設定して、お客様の期待を超えるスポーツカーを早くつくらなければならないと、私は強く思った。

一方で、開発メンバーがモーターショーなどで、会場のお客様に商品説明をするという大切な役割を依頼されることがある。しかし、自分が担当した商品であれば良いのだが、担当していない場合もある。そんな時は、見ても触ってもいない、ましてや乗ってもいない状態で、お客様との接待をしてもらうわけにはいかない。

2009年の東京モーターショーでは、RX-8とNCロードスターを担当する5人の開発メンバーに対して、事前に三次試験場での試乗会を実施した。

試乗会ではRX-8とNCロードスターに加え、比較競合車としてミニクーパーS、アウディA3ディーゼルを使って、三次往復の高速道路走行や市内走行も含め現車体感を行った。

NCロードスターのエンジンの設計担当で「初めて乗ります」というエンジニアは、レッドゾーンを500rpmアップしたことの意義や価値、達成感を自分自身で直接体感した結果、お客様への対応に自信が持てるようになったとのコメントがあり、成果を生み出した。他のメンバーもRX-8の高回転フィールを味わってみると、ターボ仕様のFC RX-7やFD RX-7にはないREフィールを実感することができ、NCロードスターでは運転する楽しさを実感し、説明員としての対応にも役立った。限られたリソースの中では、開発メンバーといえども誰もが実車体験できるという状況にはないが、この試乗では、ハンドルを握っている時のエンジニアの目は一様に輝いていた。

このようなモーターショー等での説明という機会を得た時には、こういう準備も情報収集のためには大切にしなければいけないと改めて思った。

さまざまな方面からの情報収集を続けながら、その情報を分析、共有し、その内容を反映させながらNDロードスターの開発は進んでいったのである。

第6章　NDロードスター開発での個別活動の紹介　151

■協業が未来を拓く

新規のプラットフォームを開発し、独自のスポーツカーを生み出すには相当の開発投資が必要になる。ロードスター単独ではその投資を回収するだけの販売台数を見込めないことは、ビジネススタディのできる人なら容易に想像がつくのではないだろうか。このことはNCロードスターの誕生において、マザープラットフォームとしてRX-8の存在があったことからでも容易に想像できるだろう。マツダだけではなく、トヨタの86もスバルBRZとの協業が行われているし、新型スープラもBMWのプラットフォームから生まれている。

同様にNDロードスターを生み出すためにもパートナーが必要であった。

協業はトップシークレットであるため、事前にその関係が世に知られることはまず無い。そうした中で、マツダは2012年5月23日にフィアット社との協業をリリースしたのである。その内容は、以下の通りである。

マツダ株式会社(以下、マツダ)とフィアットグループオートモービルズ(以下、フィアット)は、次期「マツダ・ロードスター(海外名:Mazda MX-5)」のFRアーキテクチャをベースに、マツダおよびフィアット傘下のアルファロメオ向けのオープン2シータースポーツカーの開発・生産に向けた協議を開始することで合意しました。

マツダとフィアットは、今後、マツダブランドとアルファロメオブランドで明確に差別化され、それぞれのブランドごとに象徴的なスタイルを持つFRライトウェイトオープン2シータースポーツカーの開発を進めていきます。なお、両社の車種には、それぞれのブランドごとに独自のエンジンを搭載する予定です。また両社の車種をマツダの本社工場で生産することを想定しており、アルファロメオ向けの車両については2015年に生産を開始することで検討を進めます。

このアナウンスによって、ロードスターとアルファロメオブランドのスポーツカーが生産される計画が明らかになったのである。

アルファロメオというブランドは、特にスポーツカーファンにとっては素晴らしいブランドであり、日本にも多くのファンが存在するので、このニュースは好意的に受け入れられたと思われる。

この発表は社内でも大きな反響があった。この協業に関しては、これまでは社内でも一部の関係者しか知りえなかった内容だった。この発表により、私はこのプログラムのマツダ側の主査を兼任する役割責任者として、この協業に関わってくる社内関係先に対し、プログラムの成り立ちから取り組み状況、それぞれの役割と責任、そして今後の進め方についての説明がようやくできることになった。

そして、2013年1月には正式に事業契約を締結したことを発表した。これに伴い、マツダは2015年よりフィアット社傘下のアルファロメオ向けオープン2シータースポーツカーを、マツダの本社工場で生産することとなったのである。

このようにNDロードスター/MX-5の開発は、アルファロメオブランドのロードスターとの共同開発という大きなタスクを加えて邁進することになったのである。

その後フィアット社の都合により、製造ブランドはアルファロメオからフィアット124及びアバルト124に変わったが、NDロードスター/MX-5を誕生させるためにフィアット社と協業を進めることはビジネス上必要不可欠な要素であり、賢い取り組みであったことは言うまでもなかった。言い換えれば、NDロードスター/MX-5はこの協業がなければ生み出すことができないビジネスだったのである。

フィアット社との協業では、同じプラットフォームを有しながら、エンジンやトップハット(車体から上の部分)のデザイン、インテリアなど、両社がそれぞれのブランドの特徴を発揮してオープン2シータースポーツカーを生産することができるようになったのである。NDロードスター/MX-5にとっては協業という初の大きな取り組みとなったが、この協業によってNDロードスター/MX-5の商品コンセプトが変わるということは一切無かったのである。

フィアット124スパイダーは、2016年4月にマツダの宇品工場で生産が開始された。8月には国内向けアバルト124スパイダーの発表があり、10月から販売が開始された。そして2020年8月に生産を終了した。

フィアット社との協業なくしては、NDロードスター/MX-5の誕生はなかったが、協業を合意するまでのビジネス課題の解決や、開発が開始されてからも文化の異なるイタリアや、実際の車両開発を担当したアメリカのクライスラー社との打ち合わせは難航を極めた。けれども2016年4月に宇品工場で行われた量産開始セレモニーでフィアット社のシルビア副社長からの"FORZA Fiat, FORZA Mazda(がんばれフィアット、がんばれマツダ)"のメッセージは、私のそれまでの苦労が報わ

フィアット社と事業契約を締結したことにより、フィアット124及びアバルト124を2015年よりマツダの本社工場で生産することになった。

れる思いだった。

　4年間という短い期間ではあったが、宇品工場でNDロードスター/MX-5とフィアット124／アバルト124スパイダーが並んで生産される風景は、我々にとって未来まで永く想い出に残るシーンであり、スポーツカーの歴史をつくったビジネスとなった。

■新しいビジネスを生むための活動
　新車の開発期間中には、開発そのものの業務以外に、そこから派生して新たなビジネスが生まれるようなアイデアを具体化してゆくことも必要となる。
　特にロードスターのように数多くの楽しみ方を持つオーナーが多く、その中から新しいニーズや需要を見つけ出し、新たなビジネスにつなげることも大事である。そのような取り組みを紹介したい。
①ロードスターの資産を活用するビジネス
　マツダでは経営方針に基づいた全社課題を解決するために、さまざまな部門から横断的にメンバーを集めて構成されるCFT（クロスファンクションチーム）を結成して取り組む仕組みがある。

その活動として、ブランドアイコンであるロードスターの持つ資産を活用した新ビジネス企画を構築するタスク活動チームが結成された。
　2011年1月、その活動のテーマリーダーに任命された私は、活動の視点や応用範囲を検討し、チームメンバーを画策した。チーム構成は、商戦企、商企本、デザイン、グローバルマーケ、MJO（国内営業本部）、サービス、収管本、ビジネス企画からのメンバーで構成することとした。
　新ビジネスタスク活動は各本部から集まった16人のメンバーでキックオフした。活動は週1回のペースとし、初回は「マツダこそがやるべき生活価値革新」活動の事例を紹介してもらった。これは商戦企、商企本、グローバルマーケの3本部合同で取り組んだ活動成果報告で、新ビジネス企画活動への発想に参考にできると判断した。2回目のアイデア発掘会ではハーレダビッドソンビジネスの事例、視点を広げるデザインの人の目という価値変遷の事例などを共有した。そこからビジネス視点となるシンボリックアクション（企業の社会的存在意義）の広がりというアイデア発想を、お客様視点で

第6章　NDロードスター開発での個別活動の紹介　153

クルマの購入前、購入時点、購入後、使用過程、手放し時という5つの時系列で整理し、価値分析を行っていった。その分析からクルマと共に過ごす長い時間の中で、ありたい姿を発想すると、今までの新車販売の利益だけではない、多くのビジネス展開に繋がる視点が見つかった。

さらに平行して、サードパーティ的視点から、クルマという「モノ」的価値ではなく、「コト」的価値となるマツダ車を使った新たな体験価値や感動価値を探ってゆき、マツダの多角的ビジネス構造の見える化を進めることで、どんな変革が実現できるかのヒントを得る取り組みも行うことにした。

特にロードスターと共に過ごす時間の中で、お客様との感情的価値を生むシーンの発想には重きを置いた。サードパーティ的視点でのビジネス検討は、マイナーチェンジにおける新たな価値提供の具体化により、顧客維持のためのサービス内容を向上させるという切り口とした。そこからライフサイクル中（前述した5つの時系列の中の使用過程に該当）のクルマに対して出費いただける価値を提供することで、新しいビジネスの姿を浮かび上がらせるように方向付けし、その視点となる興味深い情報をロードスターの持つ価値の中に見つけるように深堀りを進めていった。

これらの検討を開始して1ヵ月後の中間報告では、役員の合意、最終報告へ向け内容の具体化を加速させることとなった。

そして担当役員への事前レビューの後、社長にロードスターを核とした3つの新事業の具体的提案をした。

その結果、2つは今のマツダの事業枠の中で検討するが、1つは専門チームで継続して具体化と実現への取り組みを進めてゆくことになった。それが"ロードスターを愛し続ける事業"であった。

そこで改めて国内営業本部の専務、本部長、部長、そしてマネージャーに新事業の検討結果を報告した。大変興味深い内容だと理解はいただいたが、中味の実現可能性と販売会社サポートについては、とても慎重な意見があった。その課題解決のために、まずはお客様のアンケートを行い、生の声を明らかにすることにした。

そのための方法として実施したのがお客さまへのアンケート調査であり、対象者をロードスターファンクラブメンバーとマツダウェブメンバーとした。

ロードスターファンクラブメンバーへのアンケートのため、兵庫県三木市で開催されたオアシスミーティングに参加して、100人の方々の生の声を伺った。この時の

アンケートで、"ロードスターを愛し続ける事業"に関してお客様の反応をしっかりと受け止めることができた。ここではロードスターオーナーの50％がこの事業に期待をしてくれていた。これはリアリティのある数字だと思った。

特に大阪のお客様は、「山本さん、このサービスはいいですね。是非実現してください」と熱く語ってくれた。引き続き軽井沢ミーティングでも同様の情報収集を行い、もっとリアリティを高めてゆくことになった。このような過程を経て、"ロードスターを愛し続ける事業"と命名された新ビジネス企画の活動はスタートし、最終的に2017年末に発表したNAロードスターのレストアサービスへと具体化していったのである。

②サーキットでの楽しみ方の提案とビジネスチャンス

NDロードスター/MX-5では、サーキット走行でのポテンシャルを確保することも大きな目標の一つであった。NDロードスターでは、NB、NCロードスターから続いているパーティレース仕様のNR-A構想に加え、アメリカで始めたグローバルMX-5カップレースでも活躍できることが求められた。シャシー設計、操安開とは、ありたい姿の共有を前提に、サーキット走行と一般走行の両立について話し合いを重ねていった。

NCロードスターのNR-Aにおけるサーキット走行での課題は2つあった。1つはコーナー進入時の車両姿勢を安定させること。もう1つは限界付近でのナーバスさを改善してニュートラルステアを実現することであった。その改善に向けての話し合いでは、サスペンションのブッシュ構造とジオメトリーの見直しによるバンプステア特性の改善、コンプライアンスステアのユニット特性のポテンシャルアップ、しっかりしたボディ剛性とタイヤ性能をフルに使いきる荷重移動特性の容易さなどが出た。これを実際のイメージで言うと、筑波サーキットの最終コーナーに狙い通りに進入し、アクセルオンで脱出できるポテンシャルを持たせたいということである。

これらの話し合いにより、課題であったサーキット走行でのポテンシャルを向上させたNDロードスターのNR-A構想について、大筋の合意を得た。

そこで具体的にパーティレースを継続するためのNR-A仕様の開発をキックオフすることにした。

NR-Aは2015年10月を発売目標として、2016年シーズンより実施できるように計画した。

開発項目は、ロールケージ（現行車と同様にJAFの正式認可後に用品設定）、車高調整式のハードサスペンションが独自開発となる。特にロールケージの認可の

ロードスター NR-A パーティーレース仕様車と国内で開催されているロードスターパーティーレース。

遅れは発売時期に影響が大きくなるので、開発工数の輻輳（ふくそう）も配慮することとした。ブレーキパッドやダクト、その他バケットシートや4点式シートベルト、牽引フックなどは従来と同様にサードパーティ仕様を活用し、主催者であるビースポーツとの協議でNR-Aレギュレーションを策定していく取り組みとした。

一方グローバル MX-5 カップレースに向けてはアメリカでの開発が控えており、現地との調整が必要だった。まずは2014年7月にMX-5カップレース専用レースカーに搭載するエンジン選定に当たり、国内向け1.5リッター仕様とアメリカ向け2.0リッター仕様の性能評価を確認することから始めた。現役のマツダ・アメリカのドライバーのトム・ロングさんと日本のトップドライバーである加藤彰彬さんを美祢試験場に招聘して、性能評価試験を実施した。トム・ロングさんは現役のレーシングドライバーでありインストラクターとしても活躍しているトッププレーサーである。彼は性能評価試験でブレーキングやステアリングなど10項目を評価してくれた。

50点満点の総合評価では、1.5リッター＝36点、2.0リッター＝34点、NC＝29点であったが、LSD無しのため、エンジンパフォーマンスはすべて評価できていないが、加速性能は2.0リッター＞1.5リッターで、ラッ

プタイム差もパワーのある2.0リッターが勝っている結果であった。その後アメリカでの車両開発は同国仕様の2.0リッターエンジンMX-5で進められることになり、2016年からアメリカでのシリーズ戦が開始された。

日本でも2017年よりグローバルMX-5カップ・ジャパンシリーズが開幕した。スポーツランドSUGO、鈴鹿サーキット、ツインリンクもてぎ、岡山国際サーキット、富士スピードウェイで年間5戦が行われた。

初年度は13台のエントリーがあり、その中には地元広島マツダのHM RACERSが地元広島のドライバーである桧井保孝選手でのエントリーがあった。初年度の年間チャンピオンは山野哲也選手が手にし、世界戦としてアメリカのラグナ・セカサーキットで、アメリカの代表選手達と素晴らしい戦いを行ったことが印象に残っている。また2年目の2018年度には、広島マツダHM RACERSがクルマを2台体制に拡大し、ドライバーも日本を代表する若手の吉田綜一郎選手とベテランの佐々木孝太選手で臨んだ。吉田選手は2018年度の年間2位となり、同チャンピオンの堤優威選手と共にラグナ・セカサーキットでのグローバルMX-5カップレースの世界戦に広島マツダHM RACERSとして挑戦したのであった。

私はアドバイザー契約した山野選手とともに全戦に

第6章　NDロードスター開発での個別活動の紹介　155

アメリカのグローバルMX-5カップ仕様車と、2017年に日本で開催されたグローバルMX-5カップレース。

参加し、ロードスターアンバサダーとして観戦に訪れたお客様の案内やチームのサポートを行った。また、愛媛からは村上自動車の村上博之さんが2年間フルエントリーしてくださった。

このように日本でのグローバルMX-5カップレース開催は多くの皆さんのサポートに支えられたレースとなったが、残念ながら2019年はエントリーが少なくなり、継続開催はなくなってしまった。

しかし、ロードスターを使った国内のモータースポーツ自体は、スーパー耐久、全日本ジムカーナを始め、パーティレースやマツダファン・エンデュランス（マツ耐）などで参加型モータースポーツとして多くのファンが楽しみ、定着している。もちろんアメリカではグローバルMX-5カップレースが、その後も定着し継続されていることを付け加えておきたい。

NDロードスター開発において、日本ではNR-Aという商品の開発を続けることにより、ナンバー付きロードスターでのパーティレースが継続され、アメリカではグローバルMX-5カップ専用のレースカーが導入されるなど、ロードスターでのさまざまな楽しみ方の幅を広げる提案が生まれ、同時に新しいビジネスチャンスも提供することができたと私は考えている。

③サードパーティとの取り組み

ロードスターのコンセプトの1つである"Lots of Fun"にはカスタマイズする楽しみも含まれている。NDロードスターの場合も、発表後にさまざまなサードパーティショップの製品によってカスタマイズされることは大切なことだと考えている。

そこでNYIAS（ニューヨークインターナショナルオートショー）でのベアシャシーを発表した2014年2月の時点で、国内のマツダと親密な関係にあるサードパーティショップ10社の皆さんに集まっていただいた。そこでNDロードスター発売に向けて商品コンセプト、商品概要などを説明させていただき、発売後にマツダとサードパーティショップの用品販売活動がお互いに"ウィン・ウィン"の関係になることを目指し、このクルマを一緒に育てていく楽しみを理解していただいた。こうした取り組みは他のクルマではやることはなく、ロードスターならではの初の試みとなった。

マツダ本体ではできないサードパーティショップならではのカスタマイズパーツによってお客様の喜びが増し、販売会社と一緒になった新たな「コトビジネス」

のチャンスが広がることを狙った新しい取り組みとして具体化したのである。

■社外との交流活動

社外との交流が重要であることは言うまでもない。直接的な開発業務ではないが、お客様との交流はもちろん、世の中の変化やマーケットの実情を肌で感じることは重要である。また他社との交流もいろいろな刺激や気づき、情報を得ることができるので、新車開発においても重要な取り組みと考えている。

いくつかの具体例でその内容を紹介したいと思う。

①アメリカでのミアータファンとの交流と顧客分析

2010年7月にアメリカのカリフォルニア州で開催されたミアータフェスタに参加した。

ここではファンとの交流はもちろんだが、次世代ロードスター/MX-5が備えるべき核となる強みの再発見に向け、MNAO（北米マツダ）の顧客分析チームと共同でFGI（フォーカスグループインタビュー＝共通属性を持つ少人数へのインタビュー）を計4回28名について実施した。

事前の顧客基盤構築分析から、仮説とした自身への褒美（ほうび）としてのクルマという購入動機については、このFGIで以下のような感想を得ることができた。

この動機から18～80歳までの間で人生の節目のクルマとしてロードスター/MX-5を選択してもらうには、子育て終了世代においては、強みを補強していけば十分存続できるという自信を得ることができた。

一方で、ジェネレーションY（一定の価値観を持つ当時30歳代の顧客層）領域では、オープンカーが持つイメージは、必要性、ケイパビリティ、お金が無い、そしてキュートカーと見られている弱さがあり、彼らにどうしても欲しいと思わせるレベルに至っていないことが実感として分かった。

また、親子でのオープンカー共有は考えられないものの、親から子へクルマを継承することや、一緒に楽しむというライフスタイル、クルマ文化を楽しむシーンはアメリカにはたくさんあり、うまく活用できるチャンスがあるように思えた。

この出張でMNAO顧客分析チーム、R&Dエンジニアリングチームのメンバーとは、ミアータフェスタやFGIを通じて多くの時間を共有し、膝を交えたディスカッションを重ねることで、同じゴールを目指してやろうという一体感が生まれ、困難を乗り越えようというチームワークができたことを実感した。

その後イベント会社からの最終まとめとMNAOチームの完成レポートを受領し、この成果を次のマイルストーンや、ジェネレーションYの深堀りにつなげることができたのである。

②MNAOでのMX-5の20周年イベント

このミアータフェスタでは、MX-5の20周年を祝うためにMNAOにあるR&Dの中庭とイベントホール及び駐車場にブーマー（一定の価値観を持つ当時40歳代の顧客層）世代のファンクラブとジェネレーションY世代のファンクラブのメンバーが初めて一緒に集まるイベントが開催され、出席した。

これまではいくつかあるミアータクラブの中でもブーマー世代中心のクラブとジェネレーションY世代中心のクラブは、お互い交わることが少なかったのだが、このイベントはそれぞれのクラブが一堂に会する機会となり、とても良いイベントになったと思う。

イベントでは歴代のMX-5車両の展示のほか、初代MX-5開発のレジェンダリーメンバーであるボブ・ホールさん、ノーマン・ギャレットさん、マーク・ジョーダンさん、トム俣野さん、ジェームズ・キルボーンさんなどが集まり、MX-5の開発秘話についてのパネルディスカッションが行われた。またお客様のクルマの「かっこいい賞」などのアワードイベントも組まれ、賑やかなイベントとなった。

イベントにはMNAOのオサリバン社長、ロバート・デービス副社長も出席され、広報のジェラミーさんの司会でロバートさんの挨拶に続き、私も壇上で紹介されお客様への挨拶を行った。

私自身も前の晩にジェネレーションY世代が中心のクラブメンバーが集まる会場へ出かけ、直接インタビューをすることができ、さらに彼らがボブ・ホールさん達と一緒に笑顔で記念写真を楽しむ姿から、彼らがMX-5開発者をリスペクトしていることも確認できた。ブーマー世代中心のクラブメンバーとはバンケットでの懇談を通じ、彼らの活動状況を紹介されるなど貴重な体験をすることができた。加えて、今回のイベントを通じてボブ・ホールさん他のキーパーソンの方々とMNAOタウンホールミーティングや、バンケットでのいろいろな貴重なお話しを聞き、アメリカのお客様のMX-5への愛着の深さを実際に感じることになり、ブランド価値を高めていく上での貴重な体験をすることができた。

このイベントではそれ以外にも、MNAO内でのタウンホールミーティングで、ロバートさんより突然壇上に

招かれ、MX-5 が 2010 年の JDP（顧客満足度調査）で 1 位となり、記念のトロフィーを授与された。これは大変嬉しく誇りに思え、広島本社に持ち帰りシニアマネージメントと品証への報告及び宇品第一工場でトロフィー展示を行った。

③ Car & Coffee イベントの見学

アメリカには自動車の愛好家が多く、そんな一般の皆さんが普通に集まり、繰り広げられるイベントに自動車文化を感じることができる。

一例をあげると、毎週土曜日の午前 6 時 30 分から 8 時 30 分まで MNAO が駐車場を開放し、ボランティアで Car & Coffee イベントが開催されている。

このイベントに集うクルマは古いポルシェ、フェラーリ、ジャガー、ベントレー、コルベット、コブラ、ムスタングから最新のポルシェ、フェラーリ、アウディ、BMW、アストンマーティン、テスラに GT-R などさまざまであり、自動車ファンにはたまらないクルマが集まる博物館のようだ。親子、夫婦、友達、そして犬までもが集まって、語り合う風景を見ていると、アメリカのクルマ社会の懐の深さと、アメリカ人がいかにクルマ好きかということを痛感でき、羨ましい限りだった。

④ AEN(Automotive Engineers' Night) での異業種交流

日本のスポーツカー開発では、他社との垣根を越えた交流もある。その中でも AEN(Automotive Engineers' Night) の交流は特別なものであった。

AEN の交流については「日本車全体の価値をあげる」ことを目的として、メーカーの垣根を越えて交流しようという趣旨で発足した。きっかけはトヨタとホンダのエンジニアのディスカッションで、その後、各社のスポーツカー主査にも呼びかけが始まり、2011 年 12 月の東京モーターショーのプレスデーの夜に「エンジニアズ・ナイト」として集まることとなった。私はマツダの代表として参加をした。

この交流会では、参加者が名札を付けて、お酒と食事を楽しみながら、自由な交流会スタイルでディスカッションを行った。そして各社から事前に申し合わせたテーマについてプレゼンテーションを行って、さらにディスカッションを深めるというものであった。第 1 回目となった 2011 年はトヨタ、日産、スバル、ホンダ、ヤマハそしてマツダの 6 社で 45 人のエンジニアが集まった。プレゼンテーションのテーマは「生活と人生」であり、私はマツダを代表してプレゼンテーションを行った。各人のプレゼンテーションにはメーカーのカラーが出ており、とても興味深いものであった。その後は、東京モーターショーか東京オートサロンのプレスデーの夜を開催日としてこの交流会は続けられた。

2 回目は 2013 年 1 月の東京オートサロンで開催され、テーマは「〇〇はどこから来たのか、〇〇は何か、〇〇はどこへ行くのか」で、〇〇の部分を各社で置き換えてプレゼンテーションした。2 回目は参加メーカーも増え、マツダのほかにトヨタ、日産、スバル、三菱、ダイハツ、ホンダ、ヤマハ、スズキの 9 社 104 人の参加となった。また、この AEN がきっかけとなり 2015 年、2016 年のメディア対抗ロードスター 4 時間耐久レースには AEN のステッカーを貼ってメーカー連合チームが参加することにもつながっていったのである。

どこのメーカーであれエンジニアが目指す姿には、メーカーやブランドの違いや個性はあるものの、共感できるものが多くある。競争の世界ではあるが、日本車の価値をあげるために自由に発想し、ディスカッションできる場があることは毎年の楽しみでもあった。AEN には 2017 年の 7 回目の開催まで私も参加し、トータルで 581 人のエンジニアの参加があった。

⑤ トヨタエンジニアとのフリーディスカッション

実は AEN の発足以前からスポーツカーエンジニア同士での交流はあった。スポーツカーづくりに懸ける想いは共通するものである。モーターショーやその他のイ

MNAO でのタウンホールミーティングで、副社長のロバート・デービスさんより突然壇上に招かれ、トロフィーを授与された。これは MX-5 が JDP2010（2010 年顧客満足度調査）で 1 位となった記念トロフィーで、広島本社に持ち帰った。

日本のスポーツカー開発では他社との垣根をこえた交流がある。その中でも「日本車全体の価値をあげる」ことを目的としたAEN（Automotive Engineers' Night）の交流は特別なものであった。第1回目となった2011年は、6社（トヨタ、日産、スバル、ホンダ、ヤマハ、マツダ）45人のエンジニアが集まった。メーカーやブランドの違いや個性はあるものの、各人の目指したい姿には共感できるものが多くある。私はAENには2017年の7回目の開催まで参加した。

ベントをきっかけに知り合う機会は多くあった。

そんなこともあり、2008年の8月にレクサスの主査の働きかけで、トヨタの主査から「マツダのスポーツカーづくりへの取り組みを是非聞かせて欲しい」との打診が入り、スポーツカーについてのフリーディスカッションを行うために3名のエンジニアがマツダを訪問した。

トヨタの新しく発足したスポーツカー部門は、新社長直轄の組織で、儲かるクルマづくりに加えて、クルマを「持つ喜び」、「走らせる喜び」、「語りあう喜び」を体現するミッションを掲げている（私としては、それはマツダのコピーではないかと思ったりもした）。経営トップから、「社内従業員も欲しくなるようなクルマを早くつくれ」と期待とプレッシャーがかかっている様子が感じられた。

また、若者のクルマ離れを防ぐため、全方位であらゆることをやったことも伺えた。BセグメントカーやスモールSUVでは上手くいかないことや、若者のクルマ離れの背景にはクルマへの「夢」がないことが課題であり、やっていないのはスポーツカーをつくることだと語られた。そして「サラリーマンが買えるスポーツカーをつくる」ときっぱり言われたので、スポーツカー市場の活性化が期待できると思った。我々もスポーツカー市場活性化のタイミングを逃さず、マツダならではの次世代スポーツカーをキッチリつくることで、ブランド構築とお客様の期待に応えなくては、と強く思った。

その後もトヨタの主査とのスポーツカー意見交換会は続き、合計で3回実施した。

2回目は2009年8月にトヨタで実施した。マツダからは私とエンジニア2名の3名で訪問し、トヨタは12名のエンジニアが出迎えてくれた。

3回目は2010年8月にマツダで実施した。この時は「スポーツカー市場を活性化させるためにメーカーの垣根を越えてできることはないか」をテーマとした意見交換が中心であったが、その後の社会の変化を踏まえ、「若者のクルマ離れ」や「スポーツカーのこだわり」、「子どもにクルマ好きになってもらえる取り組み」など幅広い話題に広がり、ディスカッションを行うことができた。

⑥ファンミーティング

ロードスター/MX-5の開発を行っていく上で、ロードスターファンミーティングに参加することは、主査にとってとても重要なことである。

2010年5月28〜29日に開催されたロードスター軽井沢ミーティングに私も参加した。この時はあいにくの雨となったが、984台、1520人の参加者があり盛り上

がった。マツダからもデザインの林浩一副本部長、デザインOBの福田成徳さん、NB／NCロードスター主査の貴島孝雄さんも参加し、トークショーなどでロードスターの魅力を語った。参加者へのアンケートは184人から回答があり、貴重な意見やロードスターの楽しみ方、自慢話など有意義な時間を過ごすことができた。"ロードスターを愛し続ける事業"と命名された新事業への反応に関しては、兵庫県でのオアシスミーティングと少し様子が違うと思ったのは、参加者には中古車保有が多いこと、複数台保有が多いことだった。リフレッシュメントなど部品供給のことを気にしていることがその要因のようであり、預かりサービスよりも先に検討しなければいけないことかも知れないと感じた。

その後も軽井沢ミーティングをはじめ、東北ミーティング、オアシスミーティングや大分のジャンボリーミーティング、そして北海道の富良野ミーティングなどにも出かけてファンとの交流を深めた。

マツダはお客様やファンを大切にする会社だと自負している。NDロードスターを例にとると、ワールドプレミアでは400人のメディアよりも1100人のお客様の座席を会場の前席に設置したことや、その年のNYAS（ニューヨークインターナショナルオートショー）で発表したNDロードスターのベアシャシーも、日本ではメディアよりも先に軽井沢ミーティングでお客様に初披露したことなどからも分かっていただけると思う。また、ワールドプレミアしたNDロードスターは9月から全国のファンミーティングを行脚するイベントを行い、ファンとの交流を深める取り組みを実施してきた。お客様やファンとの交流は、直接さまざまな声や情報を聞くことができる大切な機会であり、クルマづくりにも反映されている。

■ NAロードスター主査の平井さんのレクチャー

2010年7月30日、ブランドプロポジション（ロードスターだからこそその提供価値や存在意義）を検証するため、初代NAロードスターがどういう経過で生まれたのか、提供価値をどのようにつくり、ハードに落とし込んできたのか、商品企画のやり方の検証といくつかの疑問について、元NAロードスター開発主査の平井敏彦さんを招聘して直接話を伺う場をもった。

このレクチャーで、当時のカタログや企画書から導き出していたロードスターとSA RX-7のブランドプロポジション的全体像が間違っていないことが確認できた。

SA RX-7は尖ったクルマであったが、ロードスターは

ロードスターの生みの親である平井敏彦さん。2010年7月30日に初代となるNAロードスター誕生の経緯や提供価値などについて伺うことができた。平井さんのロードスターに対する信念のゆるぎなさが印象的だった。

2台のNAロードスター（右のモデルはVスペシャル）。

1989年2月シカゴオートショーでのMX-5ミアータ（NAロードスター）ワールドプレミア風景。

2010年7月30日に開催した元NAロードスター開発主査の平井敏彦さんの講演会の様子。

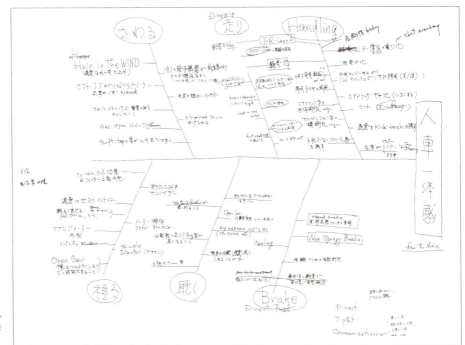
人車（馬）一体感を感じられるクルマにするために平井敏彦さんが作成したフィッシュボーンチャート。

第6章　NDロードスター開発での個別活動の紹介　161

それとは逆で速く走らせる必要はなかった。LWS（ライトウェイトスポーツ）としての優先度は、「コスト・サイズ・重量」の3点で、平井さんの信念はゆるぎ無かったことが印象的だった。FR（フロントエンジンリアドライブ）も当時のRX-7から考えると当然であり、FF（フロントエンジンフロントドライブ）などは有り得なかった。MR（ミッドシップリアドライブ）は生産技術的にも全く新しいものをつくる必要もあり考えられなかったなど、安く合理的につくることへの配慮も窺えた。

主査の立場からは、プログラムを進める上で、邪魔なノイズを排除することや、いろいろな絡みの中でいかに妥協するかが重要だが、複雑化してもめる項目は主査がそうしたいから……という決めセリフで納めていくスタイルは印象的だった。当時とはマネージメントスタイルが異なるので、同じようにはできないが、主査はどうあるべきかという点で私には大いに勉強になった。

■その他の取り組み
①人財育成に向けた仕事塾

主査業務とは直接関係しないが、PMD（プログラムマネージメントデベロップメント）での人材育成の一環で取り組んできた「仕事塾」を紹介したい。

「仕事塾」とは私が副主査の時代に車両開発本部の中で室江洋さんが開校し、そこで学んだことを各職場で講師役として人材を育てるプログラムである。

車両開発本部から主査に異動となりPMDに職場が変更になってからは、PMDの"骨太人財育成"の一環として、室江さんの教えを伝承する孫塾としての「仕事塾」を開催することになったのである。

実施要領は、毎週45分で13テーマを3.5ヵ月間で実施した。PMDでは6人が受講し、2人終了（1人は途中ジョブローテーションとなる）、途中受講の3人は引き続き残4テーマを継続した。各回のテーマとその狙いや受講生から寄せられた気づきを紹介する。

第1回「会議」：会議を生産性という視点でシビアに評価する点。

第2回「計画」：計画は目標からスタートさせるということ。これが「ブレない」ための基本。

第3回「仕事の価値」：やっている仕事を当り前と思わず、仕事の価値とその生産性を上げることを商売人感覚で考えること。

第4回「曖昧な言葉は仕事も曖昧にする」：仕事の定義、役割、目的を明確にすることで、仕事の成果のレベルアップを図れるようになること。

第5回「機能」：仕事でも技術でもすべての事柄は物とか行為の機能で成り立っている。

第6回「人事評価」：人事評価に関する仕事はやる気になってもらう「活性化」のためだ。

第7回「意思決定」：良くない意志決定の事例と意思決定に必要なものを理解する。

第8回「道具は使いよう、使うもの」：普段その目的や価値を考えず、習慣化、定常化している業務の中に道具に使われているものがあることに気づいた。

第9回「見える化」：曖昧な情報を分かり易く可視化することで、意思決定のスピードが向上する。

第10回「積み重ねになる仕事」：見識を持って業務課題を解決するシナリオを作成すること。情報を鵜呑みにしないこと。

第11回「仕事の構造」：「すだれ型」の業務から「扇型」の業務になるよう、課題を総合的に見て本質的なところに手を打つという考え方。

第12回「日常業務の実行・進捗」：風土について考えること。どうして人が育たないかを考える。

第13回「スピード感」：重要だが外から見えにくい業務こそ緊急性の高い業務に押し流されないように工夫進捗するという考え方。

講義で学んだことや気付き、宿題、所感をレポートで提出し、塾長の私と人材育成チームの吉見さんのコメントを添えて、次回講義で解説するのがこの塾の特徴であった。

終了後のアンケートでは、仕事の基本ができていなかったこと、価値のある仕事をするための考える機会を得たことなど、学んだことを具体的に実践する宣言が得られ、今後の成長を期待させる成果が生まれた。そこで、言いっぱなしにしないように然るべきタイミングでフォローすることが肝要であり、フォロー計画を作成して実施した。

②関東工業自動車大学校での特別授業

2010年のメディア対抗ロードスター4時間耐久レースに関東工業自動車大学校の行木教頭先生が広報の紹介で来られ、是非ロードスター及びREの開発の話を学生に話して欲しいと要請があり、引き受けた。

翌2011年2月、関東工業自動車大学校の学生約100人に、第1部、第2部の二回に分けて講演を実施した。

第1部では「マツダのクルマづくりと新型ロードスターの開発秘話」、第2部では「FD RX-7の開発」と「REの夢と技……無限の可能性（ル・マン24時間レースへの挑戦）」と題して講演を行った。レネシス13Bの

1/2 ラピッドプロトを持参したが、これが生徒に大好評で小型 RE 製作に盛り上がった。この時の講演は、Q&A を含め、予定時間を上回る 3.5 時間となった。

また、元 HRC（ホンダレーシング）モト GP の監督であった吉村平次郎さんとのパネルディスカッションでは、クルマもオートバイも、ドライバー、ライダーが扱いやすいことや感動を与え続けられることが大切である、ということで共通点が見出せたこともとても有意義なことであった。

③「伝統と革新」を学ぶ

ND ロードスター /MX-5 開発においては、これまでの延長線上にある従来のモノづくりだけに留まらず、日本の伝統的なモノづくりや、もっとマツダらしさを象徴する取り組みを模索していた。そうした中で藤原さんから「参考にしなさい」とヤマハのオーディオづくりの事例を紹介された。

それは 2012 年 11 月に発売されたヤマハのギターアンプ「THR」だった。このアンプから開発メンバーも「伝統と革新」の必要性を感じ取ることができたのではないかと思っている。

それは音楽市場で従来の常識にとらわれない製品であった。開発ストーリーに耳を傾けると、成熟した「音・音楽市場」で生きていくことを決めた「新生ヤマハ」の息吹が聞こえてくるようだ。コンセプトはライブ会場用、練習用に続く「第 3 のアンプ」である。自宅の居間を再現した開発施設で開発者たちは、家で気兼ねなく使えるアンプの姿を一から模索したそうだ。居間に似合う外観は i-Phone などと接続できる機能を備え、ギター演奏だけでなくオーディオとして音楽を楽しめる。これは奥さんや子どもにも受け入れられる仕掛けづくりだ。

また伝統的な真空管タイプのアンプは、内部からほのかなオレンジ色の明かりが漏れる。この独特な雰囲気も照明を内部に仕込んで再現している。こうしたこだわりがギターをこよなく愛する中高年の男性の心を射止めたのである。

楽器の世界は伝統を重んじるそうだ。しかし時代とともに演奏するシーンは変わる。伝統を重んじながら変化に挑むことで、半世紀の歴史のあるアンプ市場に新しい需要を生み出したのだった。

また、伝統を重んじるバイオリンの世界でも、電子楽器などで培った音響技術、経年変化と同じ変化を木材に短時間で与える技術を全面的に取り入れた製品を送り出し、果敢に挑戦している。木材をたたいた際の音の響きで最適な材料を選び、加工していくことで「ストラ

ディバリウス」など名器の音を目指す試みだ。バイオリンの名器は名工の職人技と、何百年という月日によって音が醸成される。時間を技術で補うのは異端だろうが、そのアプローチの考え方や行動は大いに参考になると思った。楽器に比べれば遥かに短い歴史の LWS（ライトウェイトスポーツ）であるが、ND ロードスター /MX-5 も単に時代に適合するだけの製品づくりに留まらず、日本人が持つ文化と技術の結晶を目指したいと私は強く思った。

また、スカイツリーの建築技法の中にも「そりとむくり」、「藍染の白」、「粋と雅」などの伝統的な技術が組み入れられていると知ると、日本人ならではの感性を持ったクルマで自動車文化に貢献したいとより深く考えるようになった。

これらの話を共有した商品企画のメンバーからは「まさに、うんうん、そうそう、という感じです」と共感を得ることができた。また、あるメンバーからは「ロードスターに携わりだして妙にこれまで培ってきたもの、伝統というものに惹かれるようになってきた。先週とうとう念願の真空管アンプを買ってしまいました」とメールが届いた。そんなタスクメンバーと一緒に ND ロードスター /MX-5 をつくれる歓びを感じ、自分自身を何かワクワクさせる出来事であった。

④伝統工芸の過去、現在、未来を考える

2014 年 3 月には、広島県立美術館で上田宗冏（茶道上田宗箇家元）、前田育男（マツダ執行役員デザイン本部長）、室瀬和美（重要無形文化財蒔絵保存者）、滑川和男（司会／ NHK アナウンサー）によるシンポジウムを聴講した。こちらも大変興味深く、勉強になった。伝統工芸は、単に古いものを模倣し、従来の技法を墨守することではない。伝統こそ工芸の基礎となるもので、これをしっかり把握し、父祖から受け継いだ優れた技法を一層練磨するとともに、今日の生活に即した新しいものを築き上げることも、我々に課せられた責務だと思った。

クルマも意味的価値から伝統工芸の一種と考えると、受け継ぐ伝統（ロードスターというブランド）とはその技術や哲学を受け継ぐだけでなく、新たなものを築くこと（ブレークスルー）と言えるのではないだろうか。

⑤マツダのヘリテージの体験

2011 年 6 月 23 日には、マツダ 787B がル・マン 24 時間耐久レースでの日本車初の総合優勝から 20 周年を迎えた。ル・マン優勝 20 周年を記念してベルギーのピエール・デュドネ氏（当時のマツダ 787B のドライバー＆ジャーナリスト）が、記念書籍（書籍名『NEVER

STOP CHALLENGING』）を出版されることになり、当時の開発メンバーへのインタビューが11月9日から4日間マツダ本社で行われた。

当時の商品本部本部長であった達富康夫さん、モータースポーツ担当の小早川隆治さん、本井伝義則さん、REエンジニアの松浦国夫さん、栗尾憲之さん、船本準一さんなどを招聘し、またマツダスピードの寺田陽次郎さん、三浦正人さんなど多彩なメンバーが出席して当時の背景や取り組みなどについてインタビューを受けた。当時、商本でモータースポーツ事務局だったPMDの井上寛さん、4ローターエンジン開発タスクメンバーだった私もインタビューに参加した。マツダは世界で唯一REを成功させたメーカーであり、当時はまだ日本で唯一のル・マン優勝メーカーであったことは、世界に誇れるものである。そんなマツダの取り組みをPRしSKYACTIV導入への橋渡しになるようにと、ピエール・デュドネ氏の書籍への協力に加え、ミュージアム保管中のマツダ787Bを整備し、6月にル・マンのサーキットでデモ走行する計画が動き出した。

私もマツダ787Bの整備およびル・マン走行に立ち会うことができた。マツダのヘリテージカーの走行に参加したことは、ヨーロッパの人々のモータースポーツ、クルマへの情熱や、マツダというメーカーへの愛情と期待を改めて知ることができた素晴らしい機会となった。そうしたこともあり、当日の私のレポートを掲載する。

2011年6月11日（土）。今日はいよいよマツダ787Bのデモ走行だ。午前8時にホテルを出発し、サルトサーキットへ向かう。途中コース内にはあちこちにテント村が張られており、年に一度のこの祭典を家族や友人と一緒に楽しんでいるようだ。ホテルから10分くらいでマツダブースに到着する。人手の少ないマツダチームはスタッフメンバー全員が力を合わせてお客様の受け入れ準備を行う。テントの前の通路は砂利道でとても埃っぽい。おかげで展示してある787B、シェブロンB16-RE、MX-5、RX-7は土埃をかぶって白くなっており、まずはクルマの清掃から準備が始まるのだ。

そろそろ準備が整った。マツダブースをお客様に公開すると、たくさんの人がマツダ787Bに注目して写真を撮っていく。「ミスタール・マン」こと寺田陽次郎さんはさすがにすごい人気だ。サインを求めて多くのファンが訪れる。私も呼ばれて顔写真のあるところへサインをすると、とても喜んでもらえた。そんなこんなで時間はあっという間に過ぎていった。

午前11時、いよいよデモ走行に向けてマツダ787B

をコースへ移動させる。ブース内はとても狭いのでマツダ787Bを移動用のトラックに積み込むには、トラックにまっすぐ入るように移動しなければならない。前進、後退を何度となく繰りかえし、やっと積み込む体制ができる。その様子をブースの外でお客様が熱心に見つめている。トラックがパドック裏に到着し、マツダ787Bを降ろし始めると、周りはメディアとお客様に取り囲まれた。そしてマツダ787Bのリヤーカウルが外され、エンジンがむき出しになる。メカニックの野村裕之さんの手によって、いよいよ787Bのエンジンをスタートさせ暖気が始まるのだ。

スタートボタンが押されると、「クンクンクン……ブオ〜ン」と4ローターREが目覚める。そのエンジン音でさらに周りを取り囲むお客様の数は増えていく。「ブオブオーブオー」とゆっくりと水温と油温が上がるのを待つ。エンジン音が少し乾いてきた。それを感じて、エンジニアは4ローターREの4連スライドスロットルのリンクに手を掛ける。そして、「ヴォン〜ヴォン〜ヴォン〜」とブリッピングを繰り返し、エンジンの暖気を進めていく。周りのメディアもお客様も息を呑んで4ローターREの暖気を見守る。「ヴォン、ヴォン、ヴォン」とひときわエンジンの回転を上げて暖気が終了した。その瞬間、大きな拍手が沸き起こった。一つの儀式が終了し、これから始まるドラマと興奮に期待する拍手に思えた。周囲に目をやると、パドックの周り、コントロールタワーのピット席の2階、3階の通路、そして階段にも多くの人が群がっていた。オフィシャルの呼びかけがあり、マツダ787Bはピットレーンへと進んでいった。ドライバーのジョニー・ハーバートも1991年と同じ黒とオレンジ色の「CHARGEカラー」のレーシングスーツを纏いマツダ787Bに近づいてきた。オフィシャルの誘導のもと、ピットレーンを逆走し、マツダチームメンバーの手でマツダ787Bは最終コーナーへ進んで行った。スタートの準備完了だ。

ジョニーがコックピットへ座り、5点シートベルトでポジションを固める。マツダ787Bの前には日の丸とマツダのフラッグが置かれた。遠くに見えるル・マンのコントロールタワー、そして真っ青な空と真っ白な雲。すばらしい天候でコンディションも整った。最高の舞台だ！

オフィシャルの3分前のコールが指示される。ジョニーがエンジンのスタートボタンを押す。4ローターREが「ブオン〜」と待ちかねたように目覚める。暖気も十分。あとはスタートを待つばかりだ。

マツダチームメンバーがマツダ787Bから離れる。オ

2011年6月11日、マツダ787Bは20年ぶりにル・マンでのデモ走行を行った。ここではヨーロッパの人々のモータースポーツやクルマへの情熱、マツダというメーカーへの愛情と期待を改めて知ることができた。

2011年のル・マンでは、ロードスターでもパレードランを披露した。

第6章　NDロードスター開発での個別活動の紹介

フィシャルの Go のサインに、ジョニーの手によってマツダ 787B はするすると動き出し、「クオ～ン、クオ～ン」と乾いた RE サウンドを残して、力強く、そして全開で最終コーナーに向けて加速して行った。チームメンバーから「ヨッシャー、ヤッター！」と声が上がり、力こぶしを突き上げるもの、両手を天に突き上げるもの、それぞれのしぐさでマツダ 787B のスタートを祝福した。そして、マツダチームメンバーの全員に「やった！」という達成感があふれていた。

それからチームメンバーは駆け足でピットレーンに向かい、マツダ 787B の帰りを待った。ピットレーンのコンクリートウォールの最前列で、最終コーナーに戻ってくるマツダ 787B を待ちわびる。やがて最終コーナーの横にある大きなスクリーンにインディアナポリスを抜け出てくるマツダ 787B が映し出された。そして、「クオ～ン、クオ～ン」と RE サウンドを響かせて、マツダ 787B が最終コーナーを立ち上がり、メインスタンドのストレートを全開で甲高い RE サウンドをこだまさせながら駆け抜けて行った。

なんという興奮だろうか。ル・マンにマツダ 787B が、そして RE サウンドが帰ってきたんだ！たまらない感激と興奮を覚え、ガッツポーズと心からの拍手でマツダ 787B を称えた。マツダチームスタッフもそれぞれ感慨深い表情をしており、達成感と興奮の中に浸っているように思えた。そして、もう一周 787B がメインスタンドを走りぬけ、23 万人のお客様はスタンディングオベーションでマツダ 787B を称えて下さった。

ジョニーが試走を終えピットレーンに戻ってきた。コントロールタワー前は待ち受けるメディアとお客様でごった返している。マツダ 787B から降りてきたジョニーは、20 年前脱水症状で担架によって運ばれた時を思い出させるようにマツダ 787B に倒れこむしぐさを披露し、周りの笑いを一人占めした。

そのときサプライズが起きた。20 年前ポディウムに一人だけ立てなかったジョニーを、主催者の ACO（フランス西部自動車クラブ）がポディウムに導いたのだ。ポディウムの 1 番の上に立ったジョニーは両手を高々と天に突き上げ、20 年前に果たせなかったことを成しとげるポーズを披露した。ピットレーン上でポディウムを見上げるマツダチームスタッフ、メディア、お客様、その場にいるすべての人がその姿に釘付けになった。私もたまらず熱いものがこみ上げてきて、あふれる涙をこらえることができなかった。「本当に良かった。これでマツダ 787B の優勝は完結できたのだ」……そんな気

持ちが込みあげてきて熱くなり、チームメンバーと肩を抱き合ってその歓びをかみしめた。

こうしてジョニー・ハーバートによるマツダ 787B のル・マン優勝 20 周年のデモ走行を無事に終えることができた。感動と心からの感謝の気持ちで一杯だった。

デモランを終えたマツダ 787B は、マツダブースに戻され、レースが終わるまでお客様に披露された。次の日の 24 時間レースが終了する前に、もう一度マツダブース内でエンジンを始動してお客様に RE サウンドを披露するサービスを行い、マツダのル・マン優勝 20 周年を記念した一連のイベントは終了した。

いつか、もう一度マツダがル・マンに帰ってくる日を。世界中のマツダファンもきっと同じ気持ちで繋がっていると思った。

■ロードスター RF の開発

ソフトトップ車の開発と並行して、電動式の格納ルーフ構造の RHT（リトラクタブルハードトップ）モデルも開発した。ここでは、ロードスター RF の開発内容をまとめて紹介したいと思う。

① RHT モデル開発の考え方

ロードスター RF の導入タイミングはソフトトップから一年遅れであったが、RHT の収納スペースはソフトトップより大きいので、初期のプラットフォームとボデー形状は共通するパッケージレイアウトで決定しておかなければならないのである。

RHT モデルは NC ロードスターから採用したが、市場では好評を得たモデルとなった。

より多くのスポーツカーファンやクルマの愛好家の皆さんへオープンカーの楽しさを届けたい。けれどもオープンカーに憧れはあっても、自分が乗るクルマは屋根があるものを選ぶ、という方は少なくないと考えられる。そうしたお客様にクローズ時の圧倒的なスタイリングの魅力を提供し、さらに屋根を開けた先に広がる驚きや感動をお伝えしたい。そこで ND ロードスター/MX-5 の RHT モデルの開発では「より多くの人々にオープンカーの走る楽しさをお届けする」ことを追求した。そして、そのことは「お客様の心の中に眠っていた昂りを呼び起こす、新たな挑戦」に取り組むことでもあった。

ロードスターがあることで、人生がより楽しく、より濃密になる。私たちは、ロードスターというこの小さなオープンスポーツカーを通じて、もっと多くの方々と『『走る歓び』による輝きに満ちた人生を共有したい」と考え、従来の常識に捉われることなくさらなる進化に挑戦し、

ロードスター RF は 2016 年 NYIAS（ニューヨークインターナショナルオートショー）で世界初公開した。RF の導入でオープンカーの世界観を多くの人に拡げ、ロードスターの「走る歓び」を提供した。

これまでに成しえなかった新しいカタチをつくり上げることに挑んだのである。

RHT の開発は、商品目標とプログラム構想（PA ＝プログラムアサンプション）を前提として、コストと投資の目標に基づき、RHT ユニット、ボデー、トランクなどデザインと設計の検討を進めていった。

RHT 顧客の考えるデザインやセキュリティ、静粛性への期待を超える魅力を実現するために、これまでのRHT 概念を超えるチャレンジングで、魅力的なクーペスタイリングデザインの検討や、課題を克服する挑戦的な取り組みが進んだ。ルーフも NC ロードスターでは手動ロック＋電動開閉であったが、ND ロードスターではフル電動でスイッチのみで開閉できることに加えて走行中（低車速）も開閉できるように進化させることを商品力アップの目標設定とした。

開発が進むことが楽しみであり、ワクワクする実感をもった。シール構造や組み立て精度品質は NC ロードスター開発の経験と教訓を踏まえ、NVH（騒音・振動・衝撃）に関してはベンチマーク車（お手本となるクルマ）を確認することや、風の巻き込みはこれまで経験のないスタイルとなるため、早期に解析分析を実施し、カラクリを明らかにしたシナリオ構築が必要であった。

②電動式ハードルーフのデザイン開発

NC ロードスター /MX-5 の開発では、電動式ハードルーフの RHT モデルを市場導入することでオープンカーの世界観を広げ、より多くのお客様にオープンカーの楽しみを味わって欲しいと取り組んできた。電動で開閉するルーフは、FC RX-7 カブリオレで経験があったが、NC ロードスターではハードルーフ構造とする新しいパッケージレイアウトを成立させるため、ドイツに本社のあるベバストジャパン社と一緒に開発を行ってきた。

ND ロードスター /MX-5 でもノウハウを有するベバストジャパン社と一緒に開発を進めた。NC ロードスターでの経験を踏まえ ND ロードスターでは革新的に進化したデザインとメカニズムを実現しようと高い目標を設定した。

NC ロードスターではソフトトップと同じ形のハードルーフを 3 分割にしてボデー内にすべて格納するという設計を完成させることができた。しかし、オープン時にリアデッキという部品がボデーデザイン意匠より高くなり、ソフトトップのような形状をつくり込むことができなかった経緯があった。ND ロードスターではクローズ時だけでなくオープン時のデザインにも徹底的にこだわり、妥協のないデザインを実現したいと考えた。そのためにはルーフの分割構造と格納技術でのブレークスルーがどうしても必要だった。その過程で、4 分割、6 分割などいくつもの"カラクリ構造"が生まれた。また、軽量化のために電動ではなく手動で格納するアイデアも生まれた。しかし、クローズ時の在りたい姿のデザインと、オープン時のルーフをすべてボデー内に格納

するというブレークスルーを達成することは簡単ではなかった。というより、その答えを見つけることができなかったのである。

チーフデザイナーの中山雅さん、企画設計の任田功さん、副主査の高松仁さん、RHT設計担当の松本浩一さん達と幾度もディスカッションを重ねた結果、我々は何を実現したいのかを原点に立ち返って考え、目的と手段を混同せずにもう一度素直に考えてみようとアイデアを再検討したのである。

そうしたアイデア出しの中から「ルーフをすべて格納しない」というアイデアが生まれた。

これは実に逆転の発想であったが、「ルーフをすべて格納しない」デザインとすることにより、クローズ時の在りたいプロポーションデザインの確保と、オープン時のリアデッキのデザインをソフトトップ同じ低さでスタイリングを実現できるという、正にブレークスルーのアイデアとなった。

このアイデアがきっかけとなり、デザイン開発とエンジニアリングが"一枚岩"となってNDロードスターのRHTデザインが完成していったのである。

それでも、最後の段階で、リアデッキの分割面がリアフェンダーにはみ出して、サイドビューがソフトトップのデザインと違って見える問題が発生した。エンジニアには申し訳ないが、これでは理想のデザインとは言えないということで、RHTのリンクメカニズムをさらに内側に寄せるパッケージ変更をお願いした。もうこれ以上はできないと最初は諦めかけていたエンジニアも、つくりたいデザインのゴールは共有できているので、3ヵ月かかってレイアウトの変更を達成してくれた。

これでみんなが胸を張れるRHTのデザインとパッケージが両立したのである。

③ファストバックスタイルとオープンエア感覚の完成

電動式ハードルーフを持つオープンスポーツとしての魅力をドライバー中心で追求した結果、誰もの心にあるスポーツカーのありたい姿を素直に体現したファストバックスタイルが完成し、リアルーフによって得られるこれまでにない新しいオープンエア感覚を提供することができた。

そして、ハードルーフ構造によって得られる室内で実感する上質さ、静かさに加えて、クローズとオープンがスマートに切り替わる一連の所作は、このクルマと過ごすすべてのシーンにおいて想像を超える感動を生み出すことができたのではないかと考えている。

私は、NDロードスター/MX-5のRHTモデルは、ありたい姿を追い求め、つくり手が高い志を持ってさらなる進化に挑戦し続ける、マツダにしか成し得ない作品の完成だと自負している。

④RFというネーミング

NDロードスター/MX-5のRHTの名称には、このクルマがもたらす今までにない価値をお客様が体験できることを的確に表現し、ロードスターの世界を知らない新しいお客様の心を引き付けるものでなければならないと思った。ロードスターの普遍的な価値を残しながら、新しいお客様の心をも引き付けるネーミングにしたい。その結果、RHT（リトラクタブルハードトップ）の機構を持つファストバックスタイルのクルマという考え方とデザインを表す「ロードスターRF（リトラクタブルファストバック）」と命名した。

⑤ロードスターRFのお客様を定義する

良い製品をつくることはもちろんだが、お客様が誰であるのかを忘れてはならない。NCロードスターのRHTを購入されたお客様、そしてNDロードスターRFで獲

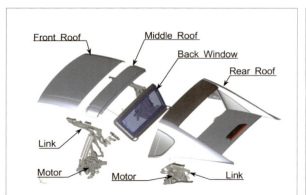
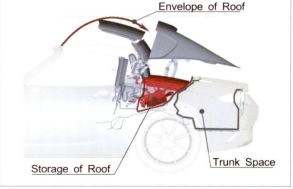

フロントルーフ、ミドルルーフ、バックウィンドウをリンクで連動させ，2個のモーターで駆動。後部のリアルーフは左右の4節リンクで保持され、2個のモーターで駆動する。前部ルーフとバックウィンドウはシート後方のスペースに格納され、トランクスペースを犠牲にしないパッケージとなっている。

流れるような美しい開閉動作のルーフは、フロントルーフにはアルミ、ミドルルーフには鉄、リアルーフにはプラスチックという3つの異なる素材を使うことで、軽量化と機能性を追求している。

得したいお客様がどんな特徴を持つのか明らかにしておく必要があった。アメリカ、イギリス、ドイツ、オーストラリア、日本でのマーケティング調査の結果、RHTの販売比率は約40%で、お客様には以下のような特徴があった。ソフトトップのお客様はエンスージアスティックなクルマ好きの傾向があるのに対し、RHTは裕福な社会的な成功者が多く、実務的で購入予算的にも差がある。また、認識されている商品価値にも違いがある。

ソフトトップはトラディショナルな遊びや楽しさを持つため、クルマに対する情熱や愛情を持ち続ける人に合う。一方、RHTはデザインと機能の良さを両立したモダンでイノベーティブ、かつ安全で実用的な存在であった。

まとめると、ソフトトップは究極のピュアかつオリジナルなロードスターの姿で「ザ・オープンカー」を目指すのに対し、RHTはハードルーフで安全と静粛性と実用性（荷物確保）を妥協せずに実現する「理想的なオープンにできるクーペ」と言える。従って、違う価値観を持った幅広いお客様に、差別化されたコンセプトとデザインを提供することが大切なのである。

⑥ RFならではの3つの価値

ソフトトップとは差別化されたコンセプトとデザインを持つモデルのNDロードスターRFでは、大きな価値観を3つ掲げた。

1つ目は、誰もが心打たれるファストバックスタイルである。

エクステリアデザインはスポーツカーデザインの原点であり、誰が見ても心を打たれるデザインを目指し、ルーフからリアエンドへとスムースにラインがつながっていくファストバックスタイルとした。理想を追求してつくり上げたティアドロップ形状のキャビン。そして、ソフトトップモデルとまったく同じ全長、全幅、ホイールベースによるコンパクトパッケージ（全高のみ+5mm）を実現した。

インテリアデザインは、より質感を高めるためにやわらかな触感のナッパレザーを採用し、落ち着きのある洗練されたインテリアを表現した。三眼メーター左側のインフォメーションディスプレイには、RHT開閉動作中のアニメーションを表示できる専用の4.6インチTFTカラー液晶を採用した。

2つ目は、これまでにない安心できる包まれ感と爽快な開放感を両立させた、新しいオープンエア感覚である。

RHTは、フロントルーフ、ミドルルーフ、リアルーフの3つのルーフとバックウインドウで構成される電動格納式ハードトップとした。開閉時にはそれぞれのパーツの動きをオーバーラップさせることで、約13秒という世界最短のルーフ開閉時間を実現した。オープン時には、フロントルーフ、ミドルルーフ、バックウインドウをシートバックスペースに収納。NCロードスターではマニュアルロック式であったが、NDでは進化させてスイッチ操作のみでのスマートなルーフ開閉を可能にするため、電動式トップロックを新採用した。また、10km/h未満

第6章　NDロードスター開発での個別活動の紹介　169

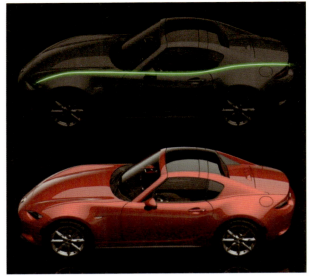
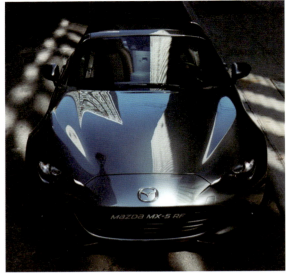

美しいパーティングラインのファストバックスタイルとリアルーフによって得られるこれまでにない新しいオープンエア感覚がロードスター RF の特徴。

新たにマシーングレープレミアムメタリックをボディカラーに追加した。

透明のアクリル製エアロボードの採用で後方視界も確保した。

であれば走行中でもルーフの開閉操作ができる新制御を採用した。

　独自のリアルーフ形状とそれに連動して開閉するバックウインドウにより、オープン時にはトップとともに NA ロードスターの幌のようにバックウインドウも開くロードスター RF 特有のデザインは、安心できる包まれ感と爽快な開放感を両立させた新しいオープンエア感覚を実現した。加えてアクリル製の大型エアロボードを採用することで、後方から巻き込んでくる風を抑制しながら後方視界を確保するようにしている。

　トランク容量はソフトトップモデルとほぼ同等を確保し、ルーフ収納時でも 550mm×400mm×220mm サイズのキャリーバッグも 2 つ積載可能とした。

これは「2 人しか乗れない」という従来のオープンカーの概念から、「2 人だけが乗れる」ことを強く意味づけするために、荷物も 2 人分が収納できることを目指した結果であった。

　3 つ目は、深みのある上質な走りと静かなキャビンである。RHT では少し重量は重たくなったが、ロードスターとしての走りの味は変わらないことを目指した。ハードトップ化によるルーフ強度がアップし、結果としてボデー剛性に変化が発生した。そのためのトンネルメンバーによって車両前後の剛性バランスを最適化し、ロードスターならではの一体感のある走りを実現した。

　また、サスペンションのセッティングをすべて見直すとともに、ダンパーと電動パワーステアリングは RF 専

用のチューニングを実施し、軽快さを損なわないハンドリングとより上質な乗り心地の実現を目指した。フロントルーフ、ミドルルーフの内側に吸音タイプのヘッドライナーを採用したほか、車体やトリム内にもロードスターRF専用の吸音材や遮音材を追加設定した。

このようにしてクローズ時の静粛性を高め、走りの上質さが際立つ室内空間を追求したのである。

⑦ 2.0 リッター SKYACTIV エンジン

ソフトトップでは軽量化を徹底的に追求するために、コンパクトな1.5 リッター SKYACTIV エンジンを採用したが、RFはソフトトップとの提供価値の区別化とRHT化での質量アップの影響を鑑み、2.0 リッターエンジンを搭載することにした。2.0 リッターエンジンは既にアメリカ向けソフトトップ用として開発していたものを使用することで、新たな開発を行わない効率化も果たすことができた。

⑧ ブレンボ製ブレーキへのこだわり

かつてFD RX-7にはフロントブレーキに対向4ピストンブレーキを採用した。その後のマツダのスポーツカーではロードスターもRX-8も対向4ピストンブレーキを採用していない。私は本格的なスポーツカーである以上、最高のポテンシャルを持つブレーキが必要だとずっと考えていたこともあり、主査を拝命してから次のスポーツカーでは、対向4ピストンのブレーキシステムを採用しようと考えていた。そしてNDロードスター/MX-5でそれをついに実現することができた。ブレンボジャパン社長の内田博之さん、担当の生島喜大さんには大変なサポートをいただいたと感じている。というのもFD RX-7の生産終了以降、10年以上の空白期間を経て、再び量産が実現したからである。

NDロードスター/MX-5のスタイリングを見る時、ずっと気になっていたことがある。それはフロントホイールの中に見えるブレーキキャリパーのデザインである。制動性能は申し分ないが、見た目の美しさはそのスタイリングに見合っていないと思っていた。

スタイリングに見合った足元は必要である。開発初期から対向4ピストンブレーキシステムとしてイタリアのブレンボ製ブレーキを採用したいと企画に入れて検討してきたが、設計からは制動性能に大きなアドバンテージがなく、アルミホイールの軽量化を損なうためやりたくないと否定的だった。マーケティングからも価格付けができない、高いブレーキは収益が上がらないからと否定的だった。これはお客様視点での価値分析と価格付けに対する知見や説明が不十分だったことも原因の一つだったのではないかと思った。しかし上質さと高い価格付けの可能なRFではそのネガティブさを払拭することができると考えた。その結果、高いクオリティを目指すRFの商品力に合致するとマーケティングの合意も取れた。また、設計はRFでは17インチホイールを装着するので、鍛造のアルミホイールとセットでブレンボ製ブレーキの設定を行うことができたのである。

その後、ブレンボ製はソフトトップの16インチホイールにも鍛造ホイールとのセットで30周年記念モデルにも採用することになり、NDロードスター/MX-5のスタイリングにふさわしいブレーキを装着することができた。ブレンボ製ブレーキはアルミ製のキャリパーなので、標準装備の鋳鉄より軽量である点もNDロードスター/MX-5の商品コンセプトに合致しているのである。

⑨ RFの導入でオープンカーの世界観を拡げる

冒頭の開発の考え方でも記したように、RFの導入により新たにオープンカーの世界観を多くの人に拡げ、数多くのお客様にロードスターの「走る歓び」を、そして

SKYACTIV2.0 リッターエンジン。

鍛造のアルミホイールとセットでブレンボ製ブレーキも設定した。

2016年10月4日、ロードスターRFの量産第一号車（欧州仕様車）のラインオフ。

そこで生まれた仲間との語らいや豊かなカーライフを提供できることを願っている。そしてもっともっとロードスターと共に「人生を楽しんでいただきたい」という思いが、このクルマに込めた私の一番の願いなのである。

■シニアマネージメントとの話し合い

次世代スポーツカー開発では、シニアマネージメントとの話し合いが重要であった。ロードスターはマツダのブランドアイコンであり、マツダの走る歓びを体現するスポーツカーである。その開発はマツダのブランド経営の大きな柱であることは間違いなく、開発の方向性を明確にするための話し合いが積極的に行われた。

シニアマネージメントの金井誠太さん、丸本明さん、金澤啓隆さん、藤原清志さんへは次世代スポーツカー開発の進捗報告を何度も行った。開発の初期段階では将来の市場変化、顧客価値変化から誰に買ってもらうかというシナリオでなく、新しい価値で市場をつくるという発想に変えるようにとの提言があった。アメリカのジェネレーションY世代の致命的な問題点、すなわちスポーツカーを買わない理由が何かを再チェックすることや、BEV（電気自動車）の対極となるようなアフォーダブルなLWS（ライトウェイトスポーツ）を目指す方向は一致した。

リーマンショックの影響で量産タイミングが延期になった後では、「2020年に胸を張って乗れるスポーツカー」のテーマとして、スポーツカーの客層の拡大に向けた市場の創出検討とビジネス検討について、商戦本と商品企画チームがシニアマネージメントに報告した。

この時は、仮説提案シナリオについては小説的で面白いとのコメントを受けたが、今後ウェブ調査などを実施し、検証を深めることや、価格や他財の事例なども取り込み検討を進めること、ビジネスの「コトづくり」については他社と協業しないで成功しているハーレーの事例や、パーツ戦略なども検討を進めることなどのアドバイスをいただいた。

一方、エンジニアリング領域では、軽量化の取り組みや新技術開発などは素利孝久さんのサポートに大いに助けられたと感じている。エンジニアを叱咤激励し、目標を達成するまで、何度も何度も辛抱強くレビューを繰り返し実施させていただいたことで、技術を磨くことができたと実感している。

環境対応への取り組みとして、2020年時点までの燃費予測を踏まえたハード検討状況を報告した時には、HEVなどのデバイス技術に追従するのではなく、ロードスター/MX-5の「ブランドを守ること」と「守ることを約束すること」の視点で、軽量化がどこまでできるのかに焦点を絞った取り組みを行うようにとの指示をいただいた。軽量化はマツダの第7世代商品のリーディングプロジェクトになるように活動して欲しいと強く要望された。

プログラムの課題解決に向けては、シニアマネージメントの意向を正しく理解し、正しい方向性を共有しておくことに配慮した。そのために経営会議の前にテーマを絞って、シニアマネージメントへの相談という形でスモールミーティングを繰り返し実施した。

一例をあげると、プログラム開始提案では、企画前提の課題報告と開発課題のリカバリー策のスモールミーティングを行った。出席役員は開発担当専務の金澤啓隆さん、執行役員の藤原清志さん、人見光夫さん、素利孝久さん、生産担当の執行役員の菖蒲田清隆さんで、そこにデザイン、商品本部、PT開発の本部長と次世代FRスポーツカーチームのメンバーが加わり、スモールミーティングと言いながらも総勢21人での会議であった。

チームから提案した進め方については、マネージメン

トの合意を得られたが、以下のようないくつかのより具体的なコメントやアドバイスをもらうことができた。

- 企画前提のビジネス課題は、収益の課題はあるが、商品の根幹となる技術シナリオをきっちり構築して進めること。
- まずは軽量化、パッケージレイアウトに集中し、その後は「感」づくりを進めること。その際には各本部の技術開発とリンクさせながら工夫して効率的なやり方を行うこと。
- エンジン出力は、現状でに見劣りするレベルで寂しいので、しっかり出せるように検討を行うこと。
- 軽量化は誰がいつまでにやるという具体化を行うこと。また、つくり方に大きく影響するので基本を押さえ、このクルマにどう適応させるかを明らかにして取り組むこと。
- デザイン案はプロポーションを一つとし、限られた資源を考慮して進めること。
- すべてのビジネス検討、開発プロセスは従来のマイルストーンにとらわれず、このクルマだからできる革新的なやり方を検討すること。

このようにプログラムの意志を尊重した提言をいただくことで、進むべき正しい方向を示してもらった。私はこのスモールミーティングを通じて、各シニアマネージメントと各本部長、そして次世代FRスポーツカーチームが話し合いを続け、知恵と工夫を出すことで、これまでにないスリムで革新的な仕事を目指し、最高の成果を導きだすことに挑戦したのである。

そして我々の次世代FRスポーツカーチームが、このようなモチベーションがある風土を醸成することこそが社内で求められていることだと思い、私は開発に取り組んでいった。

MAZDA MX-5 RF（2016年ニューヨークインターナショナルオートショー展示車）。

第6章　NDロードスター開発での個別活動の紹介

第7章　NDロードスターの市場導入＝サードステージ（2014年～2017年）

■市場導入に向けた主査の役割

プログラムの責任者である主査は新商品を企画、開発、生産するだけでなく、その市場への導入や販売についても世界各地域の特徴に合わせ、限られた予算の中で最大限の効果が得られる導入戦略や活動計画を立案し、経営の承認を得なければならない。この商品導入とその後の活動も主査の大きな役割である。

ロードスター／MX-5の場合はマツダのブランド戦略にとって重要なクルマであり、特に販売台数の多いアメリカやヨーロッパ全体との調整が、特に重要な位置づけとなっている。製品の企画段階や具体的な商品の価値づくりである製品開発でもアメリカとヨーロッパの主張は大きいものであり、日本との違いを考慮した導入戦略は大きな課題であった。導入戦略構想はグローバル広報部の下で企画され、具体的な導入プランを共同で策定するのだが、導入までは絶対にデザインが漏れないように細心の注意を払い、戦略資料は機密保持を徹底した。

NDロードスター/MX-5の販売は2015年春からとしていたが、導入イベントとなるワールドプレミアは2014年とした。初代NAロードスター/MX-5が1989年アメリカで発表されてから25周年を迎えるタイミングに合わせ、世界3拠点での同時ワールドプレミアを行う戦略を立て、導入計画を進めたのである。

■発表前の活動について

世界中のロードスター／MX-5ファン、そしてスポーツカーのエンスージアストも4代目となるNDロードスター／MX-5の誕生を待ちかねているに違いないという自負が私にはあった。そしてそんな皆さんの期待に応える導入をしなければならないとの考えで、発表までの導入計画を策定した。

通常、新車導入はメディアへの発表が先で、その後がお客様という順番であるが、NDロードスター／MX-5の場合はメディアよりもお客様やファンを優先したいという考えを持って、導入計画を策定していった。導入では商品価値や製品紹介はもちろんであるが、開発者が何を目指し、どう取り組んできたのかというプロセスもあわせて知ってもらうことを忘れてはならないと考え、ロードスター25周年アニバーサリーサイトでの「ロードスターの達人」シリーズの掲載や印刷物としての発行なども実施した。

また、NDロードスター/MX-5のエクステリアデザイン（外観）を公開する前に、「人馬一体」のベースとなるエンジン、トランスミッション、シャシーで構成される「ベアシャシー」を展示し、その上に搭載されるボディデザインを想像する楽しみを持っていただけるようにするなど、段階を追って商品を徐々にお見せするティザー戦略を立てたのである。

そして、いち早く国内のロードスターファンにNDロードスターを知ってもらうために、ワールドプレミアとなる「マツダロードスター THANKS DAY in JAPAN」や、それに続く「マツダロードスター THANKS DAY in JAPAN 2nd」を企画し、2015年5月の国内発表会前に実車の展示や試乗イベントなども準備した。

以下、具体的な導入活動やローンチ（発表・公開）活動と、それに伴い参加・見学したイベントの内容を紹介してゆく。

■ NYIASでのベアシャシー展示

NDロードスター/MX-5の導入は、2014年4月のアメリカNYIAS（ニューヨークインターナショナルオートショー）でのベアシャシーの発表から始まった。初代NAロードスターが1989年2月のシカゴショーで発表され、それから25年を経過して迎えた2014年という節目の年に、同じアメリカの地でNDロードスター/MX-5の導入を開始したいという我々の想いがあったのである。

ベアシャシーはエンジン、トランスミッション、デファレンシャルギア、フロントとリアサスペンション、そしてブレーキが一望できる構造である。それを見ていると、どんなエンジンか？ サスペンション形式は？ ブレーキサイズは？ など走る機能を読み取ることができるのである。さらにもう少し詳しく見ると、小排気量4気筒のSKYACTIVエンジンが搭載されており、NAロードスターと同じアルミ製のシリンダーヘッドカバーが装着されていることも分かる。小型のマニュアルトランスミッションとPPF（パワープラントフレーム）、そして同様に小型のデファレンシャルケースもアルミ製であること、さらにフロントサスペンションのアッパー＆ロアーアー

NDロードスター/MX-5の導入は2014年4月のアメリカNYIAS(ニューヨークインターナショナルオートショー)でのベアシャシーの発表から始まった。

NYIASでは25周年を迎えた初代NAロードスター/MX-5も展示した。

NYIASではロードスター/MX-5/Miataの25周年イベントも開催された。ロードスター/MX-5 25周年記念車も展示された(写真右)。

ムのダブルウッシュボーンと、ナックルもアルミ製であること、リアサスペンションはクロスメンバーに特徴があるマルチリンクであるなども読み取れる。そして極めつけは、NCロードスターでは5本に増えたホイールのハブボルトが、初代のNAロードスターと同じ4本に数が減っていることである。ハブボルトがNAロードスターと同じ4本であるということは車両重量が軽いことを示す証である。

これらのことでNDロードスターがいかに軽量化にこだわっているか、ということを世界中のファンにアピールしたかったのである。そして、そんなベアシャシーの姿からどんなエクステリアデザインになるのかを、お客様やメディアの皆さんに想像してもらおうという我々のねらいもあったのである。

さらに、NYIASでは、1989年にシカゴショーで発表したイエローの初代MX-5/Miataの展示も行った。

第7章　NDロードスターの市場導入=サードステージ(2014年〜2017年)　175

多くのミアータファンクラブのメンバーにも来ていただき、メンバーの皆さんや会場にお集まりいただいた多くのお客様とNDロードスター/MX-5/Miataの導入と25周年記念のお祝いを同時に行うことができたのである。

■ 軽井沢ミーティングでのベアシャシー展示

日本やヨーロッパに先駆けてNYIASでNDロードスター/MX-5のベアシャシーが公開されたことは、世界中の話題になった。当然ながら日本のメディア、ファンからもベアシャシーの展示を希望する声が上がったのである。ベアシャシーモデルは翌月の2014年5月末に開催された「ロードスター軽井沢ミーティング」で日本初公開となった。ここでも日本のメディアよりもファンへのお披露目が先となったのである。軽井沢ミーティングでは、多くのロードスターファンにベアシャシーを見ていただき、どんなエクステリアデザインになるのか期待を膨らませてもらったのである。

このような経過を経て、9月4日に千葉県舞浜の舞浜アンフィシアターで開催された「マツダロードスター THANKS DAY in JAPAN」でのワールドプレミアを迎えたのである。

■ NDロードスターのワールドプレミア

NDロードスター/MX-5は、2007年の企画段階から2015年5月の発表までに8年という長い期間がかかっている。その満を持しての導入は、2014年9月4日に世界3拠点同時開催でのワールドプレミアとなった。日本は舞浜アンフィシアター、アメリカはモントレー、そしてヨーロッパはスペインのバルセロナで実施された。日本の舞浜アンフィシアターでは、ロードスター誕生25周年という節目の年を祝う「マツダロードスター THANKS DAY in JAPAN」というイベントに応募いただきご参加下さった1159人のロードスターファンの皆さん、そして450人のメディアの皆さんの前でNDロードスターを披露することができた。

イベントの最初は25周年を迎えるロードスターについての私のメッセージから始まり、これまでのNAロードスター誕生から25周年を迎えるまでの経過や、世界中のファンからのメッセージなども紹介し、会場のファンの方へ「あなたにとってロードスターとはどんな存在ですか」というインタビューをするなどの演出も行った。

その後カウントダウンが始まり、舞浜アンフィシアターのステージのターンテーブルにスポットライトが映し出され、白い煙に包まれた中、ソウルレッドのNDロードスターが回りながらお客様の前に浮き上がって登場した。

その時、会場から大きな"どよめき"が上がったことは忘れられない。そして次の瞬間、会場の皆さんから大きな拍手とご声援をいただいた。我々マツダの開発メンバーも鳥肌が立つような興奮を覚えたことを、はっきりと覚えている。

NDロードスターがアンベール（ベールを脱ぐ）された後、開発に携わった代表メンバーが壇上に進み、メンバーを代表して主査の私からその中の代表的なメンバーを紹介した。チーフデザイナーの中山雅さん、開発

ロードスターのベアシャシー。

NDロードスターのワールドプレミアは2014年9月4日の同時刻に世界3拠点で行った。写真は舞浜アンフィシアターでの様子。

舞浜アンフィシアターでのワールドプレミアにご参加下さった1159人のロードスターファンの皆さん、そして450人のメディアの皆さんの前でNDロードスターが披露された。

お客様へのサプライズイベントでNDロードスターに座ってもらうドライバーズシートチャレンジを行った。抽選に当たった今野繁幸さんは運転席に座って「買います」と宣言してくれた。助手席は友人の多田豊彦さん。

副主査の高松仁さん、PT副主査の藤冨哲男さん、商品企画の中村幸雄さん、そして生産技術副主査の安井伸一さんをフルネームで紹介し、私から4代目となるNDロードスターへの商品への想いを伝えた。その想いは「守るために変えていく」ことであり、次の25年、50年を迎えても愛し続けられるロードスターであるために、大切なものを継承し、つくり続けることへの誇りと、そして走りを心から楽しむことを貫き通すことを新型ロードスターに込めていると語った。そして最後は、「私たちは、お客様に感謝を込めて新しいロードスターをお届けいたします」とお伝えし、締めくくった。

同時刻に実施しているアメリカとスペインとも中継で繋いでグローバルでのローンチの様子も共有した。ファンと一緒に実施することができたワールドプレミアは、正にNDロードスター/MX-5を世界中のファンが待ち焦がれていた発表だったことを物語っていた。さらに今回のワールドプレミアでは、舞浜アンフィシアターの会場の最前列はお客様席とし、メディアの皆さんはお客様

第7章 NDロードスターの市場導入＝サードステージ (2014年〜2017年) 177

会場にはインテリアとエクステリアのクレイモデルも展示した。

参加いただいた皆さんへのお土産には、NDロードスターの透視イラストが描かれた3Dクリスタルを用意した。

の後ろというこれまでにない配列とした。メディアの皆さんからもこの配列について、「マツダはお客様を大切にするメーカーですね」と好意的なコメントをいただけたことが嬉しかった。そして抽選で3組のお客様に発表したNDロードスターに乗り込んでもらうドライバーズシートチャレンジ企画を実施した。抽選で当選した3組のお客様は歓びで一杯だった。特に3組目の今野繁幸さんはNDに乗り込んで「ロードスター買います！」と喜びを表されたことがとても印象的だった。

舞浜アンフィシアターの会場にはNA、NB、NCの三世代のロードスターの展示と、クレイモデルやデザイン検討の経過、ベアシャシーなどの展示物を並べ、お客様にNDロードスター誕生の経過を知っていただいた。発表会でのお披露目の後にはNDロードスターの印象や、自分のロードスターの話など、ファンの皆さんと多くのお話をさせていただいた。そして、ファンの皆さんから「おめでとう」の言葉をいただき握手を繰り返すことで、これまで取り組んできた苦労が一気に吹き飛んでしまう気持ちになった。こちらこそファンの皆さんに「応援していただきありがとうございました」と感謝を申し上げたい気持ちで一杯であった。

また、この発表会には、これまで交流のあった他社のスポーツカー開発エンジニアの皆さん20人も招待した。メーカーの垣根を越えて新しいスポーツカーの誕生に立ち会っていただき、そして一緒にNDロードスターの誕生を祝っていただきたかったからである。こういう取り組みは過去に実施したことがなかったが、他社の皆さんからもポジティブなコメントをいただいた。

最後はこのイベントに参加いただいたファンの皆さんへ記念の「NDロードスター3Dクリスタル」のお土産を感謝を込めてお渡しした。

■筑波サーキットでの初走行の披露

また、ワールドプレミアの翌々日となる9月6日は、筑波サーキットで「第25回メディア対抗ロードスター4時間耐久レース（メディア4耐）」が開催された。ここでもNDロードスターを展示し、その後サプライズイベントとして、NDロードスターの初走行を披露した。

NDロードスターのドライバーズシートに座った私は、執行役員の藤原清志さん、毛籠勝弘さん、前田育男さんに押されてパドックからピットロードに向かったが、NDロードスターの周りは多くのお客様でごった返していた。そしてサーキットに並んでから初めてエンジンをスタートさせた。周りではメディアの皆さんがビデ

筑波サーキットにNDロードスターを展示し、そのNDロードスターの初走行披露を行った。執行役員の藤原さん、毛籠さん、前田さんに押されてパドックからピットロードに進入する時には、NDロードスターの周りは数多くのお客様で一杯だった。

オカメラを回して、NDロードスターのエンジン音や排気音を一生懸命に録画している様子が窺えた。こうして、NDロードスターはメディア4耐のオープニングラップの先導車としてサーキットでの初走行を披露したのである。

■「マツダロードスターTHANKS DAY in JAPAN」イベント

ワールドプレミアで世界中のお客様にNDロードスターのお披露目を終えてからは、ロードスター25周年記念の「マツダロードスターTHANKS DAY in JAPAN」イベントの一環として、NDロードスターとともに全国のロードスターファンミーティングへの行脚を開始したのである。

9月14日の北海道「ふらのミーティング2014」から始まり、9月21日の岐阜「中部ミーティング2014」、9月28日のMRY（マツダR&Dセンター横浜）での「LONG LIVE THE ROADSTER FAN, Yokohama」と続いた。このMRYでのイベントでは、敷地内を走行するシーンをお客様の前で披露した。走行する沿道の周りは多くのファンで埋まり、ハンドルを握った私は、笑顔のお客様にこちらも思わず笑顔になってしまうという印象的な想い出のシーンであった。

それからは、10月12日に大分「ロードスタージャンボリー2014」、10月19日には宮城蔵王「東北ミーティング2014」、11月2日は山梨「ERFC清里ミーティング」、11月9日は広島本社マツダミュージアムでの「MAZDA ROADSTER 25th ANNIVERSARY」、そして12月7日には岡山国際サーキットでの「マツダファンフェスタ2014」とお客様にNDロードスターを披露するイベントを次々と行ったのである。何よりもロードスターファンの皆さんに新型NDロードスターを見ていただきたい、そんな我々の取り組みは、ロードスターが25周年を迎えるまで支え続けてくれたファンへの感謝の想いをお届けすることであった。

■メディアへの対応

一方、メディアの皆さん向けには12月15〜19日に伊豆の修善寺のサイクルスポーツセンターでのシークレット試乗会を行った。これがNDロードスター/MX-5

第7章 NDロードスターの市場導入＝サードステージ（2014年〜2017年） 179

9月28日のMRY（マツダR&Dセンター横浜）でのイベントのファンとの集合写真。

MRYの中庭でお客様へのNDロードスター披露を行った。

MRYでのイベントでは敷地内を走行するシーンをお客様の前で披露した。

MRYでのイベントにて、マツダメンバーの集合写真。

の初試乗会となった。

　この試乗会で私は、事前に商品説明をしてから試乗してもらう従来のスタイルから、一切の商品説明やスペックの説明をしないまま試乗してもらうスタイルに変更した。その理由は、事前のプレゼンテーションでは、我々も良く伝えようと力が入った説明となってしまうので、つくり手側の意図や予備知識なしに真っ白な気持ちで乗ってもらい、数字やスペックで評価するのではなく、ジャーナリスト自身が感じたことをそのまま言葉にして読者に伝えてもらいたいと考え、また、試乗で感じるところがなければ、いくら数字や商品説明で訴えても、それは押し売りになってしまうとも考えたからである。

　今回のND ロードスター /MX-5 が、メディアの皆さんの期待をはるかに上回り、その興奮と感動を読者へ記事として伝えてもらえるような試乗会にまで昇華させたい。このクルマの本質を、表面的でなく、ジャーナリストの方が感じたまま読者にどうしても伝えたくなる、そしてそんな記事を書きたくなるようなレベルに試乗会が高まることを願っていたのだ。

　ジャーナリストの皆さんには、ND ロードスター /MX-5 をどう感じて、どう評価したか、試乗後に一対一の対面で話し合うスタイルを取らせてもらった。そのために、試乗が終わってからは、彼らが気がついたところやQ&A に関して、「気がついていただけましたか？」「実はそこはこんな仕掛けや技術が入っています」と説明するための準備をしっかり行い、試乗会に臨んだ（そのために私は質問にきちんと答えられるように、準備した狙いと取り組んだ内容、そして想定するコメントなどを別紙で作成し、用意していた）。

　ジャーナリストの方は、詳しい内容が判らないままの試乗のため、必死になって評価に没頭してもらえるのではないか。ジャーナリストの皆さんに真剣な試乗をしていただいた上で、このクルマを評価していただきたいと思った。結果は、「これは良い。ND ロードスターを購入しますよ」、「いいものは理屈なしに良い、コメントはいらんね」などの言葉をジャーナリストの皆さんからいただいた。しかし一方で、「自分の評価技量を試されているようですね」と言われたことも印象的だった。

　このように5 日間かけて16 誌53 人のジャーナリストの皆さんとのND ロードスター /MX-5 初試乗会を行い、無事に終えることができた。

　以下に、この時ジャーナリストの皆さんからいただいた代表的なコメントを記しておきたい。皆さんからいただいたコメントは本当にありがたい内容ばかりであっ

た。このようなコメントをいただけたことで、自分たちが取り組んできたことは間違っていなかったという自信と誇りを持つことができた。

（M.K さん）

●乗って楽しい。

●クルマが軽いので操安性能については苦労されている／がんばってつくった感がある。

● NA に近いモノにしようとしたことが分かった。

（H.M さん）

●何も考える必要なく、自然にクルマが動く。五感が使えるクルマで、素直で分かりやすい。

●ポルシェ・ケイマンなど現代のスポーツカーはパフォーマンス重視になってきていて、サーキットを走らないとわからないクルマが多い（高級貴金属をもっている感じ）中で、こんなクルマがあることが、嬉しい。

（H.O さん）

●僕の好きなスッキリしたドライな感じでいい。とっても分かりやすい。

●ステアリングの切れ味や手応えは僕も一番いいと思う。重さでスポーティさを出しているメーカーもまだ多いが、僕は違うと思っている。やっぱり切れ味。

（Y.I さん）

●シフトがカッチリというか「カチッ」という感じでスゴイと思った。

●路面の凹凸がある時の乗り心地の良さがいい。

●このクルマの印象は、「軽さ」と「カッチリ」。それにあのしなやかさがあるので、このクルマの質感になっている。

（N.S さん）

●え、このエンジンってこんなに気持ちよく走れるんだな。どうしてこんなに洗練されているのかという印象。

●日常域のグリップ、レスポンスや操作性の良さ、しなやかな完成度をよくこんな小さいクルマで実現したな。

（H.K さん）

●排気量とかは関係ないということでいいと思う。絶対的なパワーは使いこなせない。

● 一体感の演出というか、透き通り感が上手い。

●アクセルとクラッチを踏んでいる感覚が運転しているときにない。それがおもしろいと思った。

（Y.M さん）

●軽いというより「新しい気持ちよさ」をこのクルマは見つけた。お金があったら買い替えたい。

●多くのロードスターファンの好きな範囲に入ってい

る。世のトレンドではないが、マツダ流の考え方が分かるロードスター。

●ベアシャシーを見て、デザインを見て想像する作業は楽しかったよ。ちょっともったいぶったけど。（K.K さん）

●がんばらなくてよいスポーツカーとして共感できる。

●マツダのクルマづくりには「武士道」を感じる。

●人の手を感じさせてくれるもの。ストーリー・歴史・スピリットに人はお金を払っても惜しくない。それがブランド。

また、情報解禁日が過ぎ、記事を公にしていただけた 2015 年 2 月の各誌の記事は、私たちの期待を上回る ND ロードスターへの高い評価内容だったことを付け加えておきたい。

ND ロードスター /MX-5 の試乗会はメディアだけでなく、10 月 28 日にはアメリカ、ヨーロッパ、オーストラリアなど各地域の関連会社社長や関係者にも三次試験場で試乗してもらった。1.5 リッターの排気量について疑問に感じていたメンバーも試乗を終えるとみんな笑顔いっぱいであり、このクルマの楽しさを満喫してもらうことができた。あわせて国内販売会社の代表者の皆さんには、12 月 26 日に美祢試験場で試乗会を行い、コンセプトの体験を通じて販売への自信をもっていただいた。

■「マツダロードスター THANKS DAY in JAPAN 2nd」イベント

年が明け 2015 年は、引き続きファンの皆さんへ「マツダロードスター THANKS DAY in JAPAN 2nd」というイベントを行い、2 月 11 日〜 3 月 15 日の期間に全国 6 ヵ所の公園やイベント会場で、国内発表前の ND ロードスターへの試乗会を開催した。この期間中に延べ 300 人のロードスターファンの皆さんに ND ロードスターのハンドルを握ってもらった。また、3 月 16 日〜 22 日には横浜みなとみらいのホテルを拠点にメディア、ジャーナリスト 120 人の皆さんへの発表前公道試乗会を開催している。さらに、経済メディアの皆さんには 5 月 7 日〜 9 日に東京の台場で試乗会を開催した。

このように国内発表会までの ND ロードスターのお披露目は、メディアよりも先にファンの皆さんにという姿勢がずっと貫かれていたのである。このようなイベントを経て、2015 年 5 月 20 日の ND ロードスターの国内発表会を迎えたのである。

■ ND ロードスターの国内発表会

2015 年 5 月 20 日の国内発表会は、「ベルサール東京日本橋」地下 2F イベントホールで 3 部に分けて行われ、1 部は 13 時〜 14 時 30 分で経済メディア、アナリスト、官公庁、自動車 WEB ニュース等の皆さんに、2 部は 16 時〜 17 時 30 分で自動車専門メディア、ジャーナリスト、一般誌等の皆さんに、そして 3 部は 19 時 30 分〜 21 時 30 分で一般の方やマツダファンの皆さんに参加していただいた。多くの皆さんに ND ロードスターの発表を早くお伝えしたかったことに加えて、ファンの皆さんにも参加してもらいたいという想いを込めて 3 部構成となった。

さらに 3 部ではロードスターファンだけではなく、他のマツダ車のファンにも参加してもらおうと、CX-5、アテンザ、アクセラ、デミオ、CX-3 などの主査も参加してマツダファンとの集いを行ったのである。ロードスターを通じて、マツダブランドとの繋がりがマツダファン全体に広がるようにとの想いを込めて実施したのである。

■軽井沢ミーティングでの納車式

国内の先行商談会は 3 月 20 日より先行予約を開始した。ND ロードスターの発売を待ち焦がれていたファンは、予約販売の開始をウェブの前で待ってくれていたのである。

そして 5 月 31 日の軽井沢ミーティングに予約購入した ND ロードスターで参加してくれたファンがいた。昨年の 9 月 4 日のワールドプレミアのドライバーズシートチャレンジで当選した今野繁幸さんだ。今野さんは軽井沢ミーティングで、ND ロードスターの保護シートビニールカバーを剥がす納車式を企画した。何とも象徴的な、心に残るセレモニーであった。

軽井沢ミーティングでは、5 月 20 日に発売されたばかりのソウルレッドの ND ロードスターを展示してファンの皆さんに見ていただいた。昨年はエンジンとシャシーだけのベアシャシーの展示のみだったので、参加された多くのロードスターオーナー、ファンの皆さんへ ND ロードスターの全貌をお見せすることができた。

トークショーではチーフデザイナーの中山雅さん、開発副主査の高松仁さん、プロジェクトマネージャーの山口宗則さんと一緒に、ND ロードスターの狙いや価値、魅力点や苦労話などを紹介させていただいた。

国内発表後の最初の展示会となった軽井沢ミーティングでは、多くのファンに囲まれた ND ロードスターが元気よく笑顔を見せてくれていたように私には映った。

■社内対応と関係部門への商品紹介

　メディアやファンへの商品紹介と合わせて、マツダ社内関係部門への商品紹介も実施した。社内でも開発メンバーや開発担当メンバー以外の人達へ、NDロードスター/MX-5がどんな商品なのか紹介して欲しいというリクエストを受けるようになり、2015年2月12日には生産技術関係の500人に対し、本社講堂で商品紹介を行った。新型NDロードスター/MX-5が何を目指し、どのように取り組んできたのか、商品コンセプトや提供価値、そして「製品価値」にとどまらない「感」づくりを目指して社内の関係部門とともに「共創」した取り組みやその挑戦を紹介した。

　5月15日には防府工場からのリクエストにも応えて同様の商品説明を実施した。あわせて5月18日には広島郷心会（広島県でマツダを応援してくださっている企業団体の皆さん）の総会でこの年の新車である新型NDロードスターの商品紹介を行った。

　このように、社内、メディア、ファンなどすべてのステークホルダーの皆さんにNDロードスター/MX-5を知っていただく取り組みを行っていったのである。

　少し時間が前後するが、NDロードスター/MX-5は宇品第一工場で3月5日に計画通りラインオフを迎えることができた。私とチーフデザイナーの中山さん、開発副主査の高松さんはじめ多くのスタッフとともに、お祝いの小さいくす玉を準備してNDロードスター第一号車のラインオフを迎えた。私はこの時に工場の皆さんとも一緒にお祝いしたことが忘れられない。また量産開始のセレモニーは、5月23日に宇品工場で社長の小飼雅道さんや関係役員をはじめ、開発や生産、購買やマーケティングなど全社の関係部門の代表者が集まって行われた。「志」と「道」を極めるという本社地区の宇品工場での力強い宣言のもと、NDロードスター/MX-5の生産が始まったのである。

■スペイン バルセロナでのグローバルSP

　2014年9月4日のワールドプレミアでのNDロードスター/MX-5発表後の導入活動は、国内だけではなく海外でも実施したため、私はとても忙しい日程の中、世界中を駆け巡ることになったのである。

　10月1日からのパリモーターショー、11月19日からのLAモーターショーへの出展に続き、2015年1月にはバルセロナでグローバルSP（発表前のプロトタイプ車両によるメディア向けの試乗会）を行った。

　国内メディア向け試乗会を2014年11月に伊豆の修

善寺で行ったことは前述したが、海外メディアについては、この2015年1月26〜30日にスペインのバルセロナ郊外で行ったグローバルSPがこれに該当する。

　このグローバル試乗イベントの目的は、ワールドプレミアで見ていただいたスタイリングで与えた「驚きと感動」以上のものを、ダイナミック性能でも感じていただくことが1つ。ライトウェイトスポーツのコンセプトを守り、進化・発展を続けるロードスター/MX-5について、正しい理解と高評価を獲得することがもう1つである。

　そうすることで、グローバルに影響力の高いトップメディア・ジャーナリストの方々による記事を通じて、世界中のファンに「驚きと感動」や「守るために変えていく」というNDロードスター/MX-5に込めた想いをお届けできると考えた。

　今回対象として招待したのはヨーロッパ13ヵ国、アメリカ、カナダ、オーストラリア、中国、フィリピン、シンガポール、日本（海外在住）の計20カ国からグローバルに厳選されたトップメディア44媒体と2名のフリーランスジャーナリスト（合計46名＋5名のカメラマン）の皆さんである。マツダ本社からは、広報担当役員の原田裕司さん、商品開発担当役員の藤原清志さん、商品開発担当主査の私と、チーフデザイナーの中山さん、車両開発の高松さん、パワートレイン開発担当の岩崎龍徳さん、そしてエンジニアで車両サポートの酒井隆行さん、川田浩史さん、八木淳さん、広報担当本部長の工藤秀俊さん、広報担当の松本佐和子さん、湊美穂さん、藤井智香さん、西本裕子さん、陳佳子さんの15名が現地に赴いた。そしてMRE（欧州R＆D事務所）からは研究開発担当の猿渡健一郎さん、エンジニアのヨーナスさん、マークさん、フレデリックさん、マーカスさん、MME（マツダヨーロッパ）社長のガイトンさん、広報のジェロームさん、クラウスさん、ヘレナさん、ジルケさん、イザベルさん、通訳の岡田さん、篠窪さんの13名のメンバーとともにイベントに臨んだ。

　今回はバルセロナのマツダブランドスペースを使って実施する計画であったが、この場所は街中で狭く、試乗のスタート場所としても不便であったので、事前にバルセロナ近郊の新たな場所をMREのスタッフと探し、ちょうど良い場所を見つけていた。1月23日にバルセロナ入りした我々は、翌24日に全員で会場の準備と試乗コースのドライブを行った。招待したメディアのジャーナリストの方々がどんなコースを走るかは知っておく必要がある。試乗コースはMREのスタッフと昨年下見をして、新型ロードスター/MX-5のダイナミクスの特徴

スペイン・バルセロナで実施された発売前のメディア向けの試乗会。初日は7ヵ国、2日目4ヵ国、3日目3ヵ国、4日目2ヵ国4チーム、最終日は5ヵ国のメディア／ジャーナリストにNDロードスター／MX-5の持つ運転する楽しさを披露することができた。

各国のメディアを少人数のグループに分けて直接対話ができるようにした。

グローバルSPのスタッフメンバーの集合写真。

が発揮されるようなコースを選定していた。その時はもちろん私も立ち会って確認をしている。

そして、いよいよ26日からはメディアの試乗が始まった。

初日のグループはオランダ、ポーランド、オーストリア、ベルギー、フランス、イタリア、スペインの7ヵ国である。国内の試乗会と同様に事前の商品説明は行わず、何の情報もないまま試乗してもらった。理由も国内の時と同様で、余計なつくり手側の意図を与えないでクルマの乗り味を味わってもらいたかったからである。試乗車は3台＋スペアカー1台であった。2時間の試乗を終えた後、オープニングセッションで藤原さんからのメッセージがあり、その後それぞれのテーブルで私から新型ロードスター/MX-5が何を目指し、どうしたかったのかというコンセプトと価値を短く紹介した。そしてその後デザイン、シャシー、エンジンについて個別に一対一で話し合うというスタイルをとった。さらにランチをとりながら追加のQ&Aや、各国の自動車事情などについてもコミュニケーションを図った。

以後同様に、2日目はスイス、スウェーデン、ドイツ、ロシア、3日目はイギリス、カナダ、オーストラリア、4日目はアメリカからの3チームともう一組のドイツ、最終日となる5日目は日本、イギリス、フィリピン、シンガポール、中国による試乗が行われた。

試乗車は右ハンドルとなる日本仕様の1.5リッターエンジン車であったが、アメリカ、ヨーロッパ各国、中国、オーストラリアなどから参加していただいた各ジャーナリストからとても高い評価をいただいたことを覚えている。このイベントをもって世界中のメディア／ジャーナリストに、NDロードスター/MX-5のダイナミクス性能と運転する楽しさを披露することができた。そして、この試乗会が終わると同時に、昨年12月に実施した国内メディア向けシークレット試乗会の情報解禁日を迎え、NDロードスターの試乗記事が自動車誌、ウェブなど世界中で公開されるようになったのである。

余談となるが、この試乗会が終った翌日となる1月31日は、私の還暦となる誕生日であった。広報メンバーが私の誕生日のお祝いとして、参加してくださった世界中のメディアの皆さんに私へのメッセージをお願いして、巻物に寄せ書きとして書いてもらっていたのである。イベントが終わった夕食の席でそのプレゼントをいただいた私は、こんなに幸せなことがあるのだろうかと思った。私に知られないようにこの企画を実行して下さった広報の皆さん、そしてメッセージを書いて下さったメディアの皆さんには本当に感謝の気持ちで一杯だった。この誕生日の

プレゼントは私の一生の宝物となった。

■グローバルでの導入イベント

ヨーロッパでのNDロードスター/MX-5の最初の公道試乗会は、フランスのニースで2015年6月12日から21日まで約2週間かけて毎日国別にグループを分けて実施された。この導入イベントは、海外イベントの中でも全ヨーロッパ地域のメディアを呼んで実施するものであり、主催するMME（マツダヨーロッパ）の徹底したホスピタリティと万全の車両準備が行われて実施された。

本社からのメンバーは、主査の私とチーフデザイナーの中山さん、開発副主査の高松さん、酒井さん、広報チームの湊さん、藤井さんの6名に加え、1月のバルセロナでグローバルSPを一緒に実施したMMEの広報チームとMREのエンジニアメンバーで対応した。

イベント会場となったニースのホテルの中庭には、プレゼンテーションルームとベアシャシー、実車の展示スペースと、3人が個別にインタビューできるスペースを持つプレハブの建物が準備された。

毎日10〜20人くらいのメディアに対し、MME代表の社長または副社長からのプレゼンテーションでイベントが始まり、ヨーロッパにおけるマツダブランドの存在感や、今後のNDロードスター/MX-5の販売計画などが紹介されると、その次は主査の私がスライドを使って商品説明や、NDロードスター/MX-5のマツダにとっての意義や商品コンセプトとその価値について、何を狙い、どのように取り組んできたのかをエピソードを交えて紹介する。デザインについては中山さんが実車を前に狙いと特徴を紹介する。試乗コースは高松さんが地図を使って説明する。その後、個別のQ&Aセッションはそれぞれ主査、チーフデザイナー、エンジニアリングのテーブルで3人が分かれて対応した。これらのプレゼンテーションが終わると試乗が始まる。試乗後はランチテーブルで試乗インプレッションや他のクルマ談義で盛り上がった。

試乗車はヨーロッパ向けの1.5リッターと2.0リッターエンジン車が準備された。ジャーナリストから「山本さんは1.5リッターと2.0リッターのどちらが良いと思うか？」という質問を受けた。そのたびに「私は1.5リッターが好きですね」と答えると、多くのジャーナリストは親指を立てて「Yes, I think so, too」と言ってくれたのがうれしかった。ヨーロッパのメーカーはモデルチェンジの度にクルマが大きく重くなっている。そんな

フランス・ニースで実施された全ヨーロッパのメディアへの試乗会。2015年6月12日から21日まで約2週間かけて毎日国別にグループを分けて実施された。

会場となったホテルの中庭には、プレゼンテーションルームとベアシャシー、そして実車の展示スペースなどが設けられた。

MRE副社長の猿渡健一郎さんのプレゼンテーション。

開発副主査の高松仁さんによる試乗コースの説明。

「私は1.5リッターが好きですね」「Yes, I think so, too」。

デザインについて説明するデザイナーの中山雅さん。

このイベントは本社からのメンバー、MME の広報チームと MRE のエンジニアメンバーで対応。MME のホスピタリティは素晴らしかった。

中で多くのジャーナリストから、「マツダが新型 MX-5 のフルモデルチェンジで、小さく軽いクルマを登場させたことは本当に素晴らしい」と褒めていただいたことが印象的だった。

また、期間中の MME 広報のホスピタリティは素晴らしく、我々がちゃんと仕事ができるように準備を万全に整えてくれていた。チームのウエアからプレゼンテーションの段取りや会場のしつらえまで、日本ではあり得ないくらいの周到な準備であった。その準備されたプレスキットは USB に収められ、英、独、仏、伊、西の 5 ヵ国語が準備された。63 ページにわたるこのプレスキットでは、以下のコンテンツが紹介されていた。

1. THE ALL-NEW MAZDA MX-5・・・At a glance
2. INTRODUCTION・・・Making more fun a reality
3. EXTERIOR & INTERIOR DESIGN・・・Love at first sight
4. CONNECTIVITY, FUNCTIONALITY & EQUIPMENT・・・Tune in, turn on and drive
5. POWERTRAINS・・・Punching above its price tag
6. CHASSIS & BODY・・・Jinba Ittai: For the love of driving
7. SAFETY・・・Uncompromising peace of mind
8. TECHNICAL SPECIFICATIONS・・・The all-new Mazda MX-5
9. PRODUCTION & SALES・・・Mazda MX-5
10. CONTACTS・・・Mazda Motor Europe

写真もニースでの走行中 53 枚、停車 74 枚、インテリア 8 枚、ディテール 30 枚の計 165 枚と、グローバル写真が 91 枚。山本、中山、高松の 3 人の写真が 6 枚とバイオグラフィが収められていた。加えて MX-5 開発

2015年6月フランス・ニースでの導入イベント開催時に準備されたプレスキットの一部。NDロードスター/MX-5の詳細が10のコンテンツに分けられ紹介されている。単なる製品紹介だけでなく、背景にある開発の考え方が詳しく紹介されている。

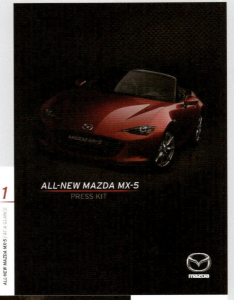

POWERTRAINS
PUNCHING ABOVE ITS PRICE TAG

The Mazda MX-5 has never been about breakneck speed, but rather the right balance between power, weight, responsiveness and agility. These are the ingredients for maximum fun, and the all-new MX-5 and its SKYACTIV powertrains take the legendary roadster that much closer to perfection.

Under the bonnet of the all-new MX-5 is one of two proven direct-injection petrol engines - the SKYACTIV 1.5 or SKYACTIV-G 2.0 - specially tuned for the Mazda's newest icon. Both are mated to an especially crisp SKYACTIV-MT six-speed manual adapted for the MX-5's classic front midengine, rear-wheel drive (FMR) layout.

They share much with the naturally aspirated powerplants found in other new-generation Mazdas, like piston cavities, high tumble ports, multi-hole injectors, dual sequential valve timing and other efficiency enhancing features (see box).

go up to 150Nm of peak torque at 4,500rpm. That's more power than the MZR 1.5 offered on the outgoing MX-5, and with significantly

CHASSIS & BODY
JINBA ITTAI: FOR THE LOVE OF DRIVING

The redesigned chassis and body make the all-new Mazda MX-5 the most user-focused and confidence inspiring generation yet. That's a truly an astonishing

The all-new model is the lightest since the first generation MX-5 at only 975kgs, which is perfectly balanced between the front and rear of the car. In fact, this car feels more than ever like an extension of the driver. It's that special relationship Mazda calls Jinba Ittai, a Japanese term referring to the connection between the rider and horse in

the MX-5's forgivingly enjoyable handling on to other new-generation Mazdas. Their goal here: To further enhance the iconic roadster's confidence-building nature by transferring the SKYACTIV principles to the Agile, ground of its front midengine, rear drive (FMR) layout.

They retained the front double wishbone and rear multi-link suspension set-up, reworking various components in the name of lightweight strength and superior stability, particularly in corners. To enhance traction and reduce understeer for example, they raised the front caster angle. A new truss

structure for the rear cross-member meanwhile, improves suspension rigidity, while a repositioning of the rear links increases cornering controllability.

Direct, precise feedback

As for the steering, the all-new model is the first MX-5 with a space-saving dual-pinion electric power assist steering system, which replaces the outgoing MX-5's hydraulic power assist system. It delivers even more direct feedback, since Mazda situated the steering system closer to the front wheels - and therefore the road surface. Enhancing the system's stiffness below the steering column improves linearity, especially in the high g-force range, while, changing the steering gear ratio from 15:1 to 15:5 makes the new model more fun to control. The result: a lighter steering overall that responds more faithfully, transmitting road input directly and precisely, just like a fun lightweight roadster should.

Thanks to revised brake booster characteristics, the MX-5 delivers a linear response at low g-forces and solid power at higher loads for more refined stopping capacity overall from the front ventilated and rear solid disc brakes. By heightening control over load shifts, these measures boost stability, smoothening the transition between longitudinal and lateral g-forces upon releasing the brake. And that boosts control as well as comfort. Taken together, it makes for a cornering experience that actually improves upon the widely established prowess of previous MX-5s.

SAFETY
UNCOMPROMISING PEACE OF MIND

The Mazda MX-5 is the epitome of lightweight sports car fun. In the fourth-generation model, the fun factor embraces the peace of mind of Mazda Proactive Safety, meaning a remarkable level of active and passive safety for an affordable two-seater.

The Mazda Proactive Safety philosophy uses state of the art technology to reduce significantly the potential for accidents and thus take pressure off the driver. And should an accident occur, the goal is to protect passengers and pedestrians to the greatest degree possible.

Always on guard, i-ACTIVSENSE is Mazda's line-up of active safety technology - now available for the first time on the MX-5 in the form of several systems*.

The first, **Blind Spot Monitoring** (BSM), employs 24GHz quasi-millimetre wave radar to detect approaching vehicles in blind spots to the side and rear of the car. Operating from speeds as low as 15km/h, BSM flashes a visual warning in the respective door mirror and sounds a buzzer if the driver signals to change lanes into the path of an approaching vehicle. It also incorporates **Rear Cross Traffic Alert** (RCTA), which uses BSM's sensors and warning signals to alert the driver of other vehicles when reversing.

TECHNICAL SPECIFICATIONS
ALL-NEW MAZDA MX-5

Dimensions

Body type	Convertible roadster
Doors	2
Seating capacity	2

Interior		
Headroom	mm	950
Shoulder room	mm	1,325
Hip room	mm	1,320
Legroom	mm	1,096
Hip point distance from floor	mm	145
Boot		
Volume**	l	130
Boot floor, distance from ground	mm	430 / 437*
Depth to boot floor	mm	455
Load floor length	mm	640
Width at floor	mm	1,100
Boot opening threshold, distance from ground	mm	821 / 828*
Boot opening width	mm	808

SKYACTIV-MT:
Smaller, lighter, crisper

Originally inspired by the MX-5, the SKYACTIV-MT six-speed manual has now been adapted for the first time on the all-new MX-5 for a front engine, rear drive layout.

// Maintains the precise quick shifting praised on all MX-5s going back to the first generation
  - same sporty 40mm shift stroke as previous models

// Direct-drive sixth gear lowers the final gear ratio to improve real-world fuel economy by lowering resistance in top gear
  - also enables an ultra-compact light-weight differential unit to be used, lowering energy transfer loss by around 25%

// Shift link structure simplified to reduce sliding resistance for smooth, light yet still crisp shifting that seems to draw the gearshift into the right position

// Newly developed transmission oil maintains consistent viscosity and with it light, easy shifting even in cold weather

// Clutch pedal stroke (length and pressure) tweaked to minimise driver burden when changing gears

// Lightweight design - some 7kg lighter overall than the outgoing six-speed manual transmission - with low internal friction helps save fuel
  - new die-cast aluminium transmission housing with varying thickness for the best possible balance of weight and strength
  - better oil flow control optimises the amount of transmission oil in the casing
  - plastic used on clutch pedal and cylinder

// Rear differential unit also lighter and smaller thanks to:
  - enhanced gear rings for the direct-drive sixth gear
  - aluminium casing
  - 740kg lighter (depending on engine) than the outgoing MX-5's differential
  - revised shape and structure of powerplant frame (connecting the transmission to the differential) cuts more weight without affecting rigidity

のエンジニアとして、主査の山本、チーフデザイナーの中山、開発副主査の高松、パワートレイン担当の藤冨哲男、プランニングの中村幸雄、生産技術の安井伸一、クレイモデラーの浅野行治、トランスミッションエンジニアの延川克明と石川美代子、パフォーマンスエンジニアの佐々木健二と星野司の計11人の「志」が紹介されていた。このことは、単に製品価値だけでなく、背景にあるエンジニアの考え方や取り組みを丁寧に紹介することで、NDロードスター/MX-5理解してもらいたいという我々の考え方を大切にしてもらった結果である。

マツダらしく新しいロードスター/MX-5を海外でも導入するために、MMEとも共創できたことがこのイベントとプレスキットにも現われている。

■ **イタリアのブレンボ社へ**

ここで少し横道にそれたい。フランスに来た機会を有効に使いたいという想いで、私は2015年6月22日にイタリア・ベルガモのブレーキメーカーのブレンボ社、そして23日にドイツ・シュトゥットガルトのシートメーカーのレカロ社を訪問し、その後6月25日からイギリスの「グッドウッド・フェスティバル・オブ・スピード(Goodwood Festival of Speed)2015」に参加した。この訪問には、マツダやNDロードスター/MX-5にも関係する情報も含まれているのでここで紹介したい。

ブレンボ社はイタリアのベルガモという町にあり、6月21日にニースから列車でミラノ、そこで乗り換えてベルガモへ行くことにした。ヨーロッパで列車に乗ったのは初めてで、日本と改札のやり方が違うなど不安があったが、ミラノ駅での乗り換えも無事にできてベルガモに到着した。

ベルガモでは日本ブレンボの生島さんがホテルで出迎えてくれた。そして6月22日、レッドウォールで有名なブレンボ社を訪問し、NDロードスター/MX-5から初めて採用する同社のブレーキの製造工場を見学させていただいた。世界中のスーパースポーツカーやパフォーマンスカーのブレーキを製造している工場だけあり、ク

イタリア、ベルガモのブレンボ社のレッドウォール前で。

ブレンボ社のショールーム前。

ブレンボ社の皆さんと。右端は日本ブレンボの生島さん。

ラフトマンシップの高い工場だと感じた。この工場で製造されるブレンボ社のブレーキが、ついにNDロードスター/MX-5に装着されるという実感と同時に、世界トップレベルの品質を持つブレンボ社の誇りを感じた。工場見学を案内してくれたブレンボ社の皆さんとの交流と記念写真を撮らせていただき同社を後にした。

■レカロ社の訪問

翌朝はベルガモの空港から小型プロペラ機でレカロ社のあるシュトゥットガルトへと飛んだ。空港ではレカロ社の販売担当重役のバキ・パラさんが出迎えてくれた。ブレンボ社同様、私にはレカロ社の訪問も初めてのことであった。

レカロ社を訪問し、バキさんの案内で工場とシート職人の研修センターを見学させていただいた。レカロシートは6代目ファミリアから採用している経緯もあり、マツダとは古いつながりがあるメーカーである。スポーツシートとしてデザイン、性能ともに世界トップブランドであり、NDロードスター/MX-5ではRSグレード用にレカロシートを設定した。レカロ社はシートはどうあるべきかを常に考え、クライアントの要求に合致したシートを提案してくれる信頼できるシートメーカーである。

工場や研修センターの写真は撮れなかったが、本社ロビーにはレカロシートが採用されている各ブランドとそのシートが展示されていた。まだNDロードスター/MX-5のシートは展示されていなかったが、やがて展示する計画があることを伺って安心した。

■メルセデスベンツミュージアムの見学

シュトゥットガルトはメルセデスベンツ、ポルシェがあるドイツ自動車産業の中枢都市である。ここに来たならメルセデスベンツとポルシェのミュージアムもぜひ見学したいと思っていた。

メルセデスベンツミュージアムは初めてだったので大変興味深かった。最初に驚いたのは見学コースの入口となるエレベーターを降りると、目の前に馬のオブジェが展示されていたことである。そのオブジェには意外にも「我々は馬が大切です、クルマは一時的なものです」と書かれていたのである。ここもレカロ社のバキさんの案内で見学することができたのだが、このような思いもよらなかったことも教えてもらうことができた。

歴史コーナーのタイタニックの写真についても、4本ある煙突の内1本はフェイクだと初めて知った。「どうして？」と尋ねると、ヨーロッパのデザインへのこだわりだと教えてくれた。タイタニック号の大きな船体に3本の煙突ではバランスが良くないのでそのためだけに煙突を一本増やしたそうだ。なるほど、そこまで徹底するのだと思った。

また、空中に展示しているメッサーシュミットのエンジンとプロペラを指さして、「あのエンジンが倒立（シリンダーヘッドが下でクランクシャフトが上にレイアウト）しているのはなぜか分かりますか？」と質問を受けた。これはピンときて、「パイロットの視界を良くするため」と答えると"Yes, that's right"。通常のレイアウトでV型エンジンの大きなシリンダーヘッドを上側にすると、パイロットが機関銃で敵機を撃ち落とすことが難しくなるため採用した合理的なレイアウトである。

従って、エンジンはドライサンプ潤滑システムで、当時から燃料は直噴を採用していたそうだ。要求にこたえるために技術がどんどん進化していくのだと思った。

この歴史コーナーではジョン・トラボルタのサタデーナイトフィーバーのヒットやビートルズ、エルビス・プレスリーの写真、アメリカのケネディ大統領がベルリンを訪問した時の様子など、あらゆる歴史的な話題も展示

レカロ社本社のパネル前での記念写真。

ロビーに展示されているレカロ社のシート。

第7章　NDロードスターの市場導入＝サードステージ（2014年〜2017年）

されている点は興味深かった。

それから、メルセデスベンツミュージアム訪問のもう一つの注目点は、ベンツがロータリーエンジン（RE）を開発した記録だ。REを搭載したC111が展示されており、RE単体の展示もあった。RE出身の私にとってこの場所は、とても親近感が湧くとともに共感できる場所でもあった。最後に衝突実験用のダミー人形と一緒に写真が撮れる場所があり、これもユニークだと思った。

■ポルシェミュージアムの見学

ポルシェミュージアムは2回目の見学となる。メルセデスベンツミュージアムが「世界の歴史と自動車の発展の展示」とすると、ポルシェミュージアムは「テクノロジーと理念の展示」のように思えた。ここではポルシェの輝かしい歴史と、その誕生の背景や織り込まれた技術が紹介されているように思える。軽量化や空力の技術、世界での数々の華々しいレース戦績とトロフィーが眩しいばかりに展示されている。2015年のル・マン24時間耐久レースで優勝したポルシェ919ハイブリッドも誇らしく展示されていた。

■マツダが冠スポンサーである「グッドウッド・フェスティバル・オブ・スピード2015」へ

最後に向かった場所はイギリスの「グッドウッド・フェスティバル・オブ・スピード2015」だ。この年はマツダが冠スポンサーであり、主催者のマーチ卿により「今年のフェスティバルのテーマは、"全開で恐怖なし、これが先端のレーシング"です。これはまさに、常にエンジニアリングの常識を打破し、独創であることにひたむきであり続けるマツダそのものです」と告げられた。

マツダは、日本からは1991年にル・マン24時間耐久レースで優勝したマツダ787Bと787を、そしてアメリカからは4ローターRE搭載の792PとRX-7GTOの計4台の4ローターREを並べるという豪華な展示となり、そしてすべての車両がヒルクライムコースを走行し、4ローターサウンドを轟かせるものであった。

このイベントを象徴するセントラル・フィーチャーは、マツダが日本のブランドであることを表現するため、神社などに用いられる「組物（くみもの）」という日本の伝統的な建築様式をモチーフとした40メートルのモニュメントとし、その先端に飾られたのは「マツダ787B」と

2015年のグッドウッド・フェスティバル・オブ・スピードでは、NDロードスター/MX-5もヒルクライムコースを走り、多くの観衆の注目を浴びた。ドライバーは毛籠勝弘さん。

左からグッドウッドのブラックタイパーティの招待状、マツダのパンフレット、記念メダル。

「マツダLM55」である。

6月25日の夜にはセレモニーとパーティが行われ、続いて27日の夜はグッドウッドハウスでのブラックタイパーティが行われた。そして28日には、毛籠さんのドライブで新型NDロードスター/MX-5のヒルクライム初走行を披露し、デビューに花を添えることができた。

以上のような素晴らしい展示やイベントは、「グッドウッド・フェスティバル・オブ・スピード招待ツアー」に当選された日本からの9名のお客様やメディアの皆さんにも楽しんでもらえたと思う。

■その後の導入イベント

その後、導入イベントはオーストラリアからフィリピン、ニュージーランド、バルセロナ、そして帰国後すぐに筑波へと続いていった。

2015年8月3日〜5日まではオーストラリアのブリスベンでメディア30名と、翌日はマツダディーラー関係者300名とのディーラーミーティングを実施した。そして8月8日にシドニーからマニラに移動して、フィリピンでの新型MX-5の「ターンオーバーイベント」に参加した。その後8月19日にはニュージーランドのオークランドで新型MX-5の試乗会を実施。そして8月25日〜9月2日まではスペインのバルセロナでヨーロッパのSLP（発売直前のメディア向けの量産車による公道試乗会）を実施。このSLPでは試乗車30台が準備され、ヨーロッパ全域からのメディア、ジャーナリストとスペインのMX-5ファンを交えての試乗会となった。

その中でもフィリピンの「ターンオーバーイベント」ではMCP（ミアータクラブ・フィリピン）のメンバーへの新型MX-5の納車式を、マニラ市内の道路を封鎖して大々的に行った。マツダフィリピン社長のスティーブン・タンさんのリードにより、多くの皆さんと笑顔の中で新型MX-5の納車式が行われたことは心に残るイベントになった。そして帰国後の9月5日には筑波サーキットでのメディア対抗ロードスター4時間耐久レースにドライバーとして私も参加したのである。

■MNAOによるアメリカの導入イベント

アメリカでのLLP（発売3〜6ヵ月前の有力メディア向けのプロトタイプ車両による試乗会＝主に海外）は、5月11日から29日まで11のメディアに対してMNAO（北米マツダ）で実施した。こちらは日本からのスタッフの派遣は行わず、スタッフがMX-5の商品価値を現地のメディアに伝えることで対応した。対応したメンバーは、広報担当のジェレミー・バーンズさん、エリック・ブースさん、ヤコブ・ブラウンさん、テクニカルエンジアリングはデイブ・コールマンさん、デザインはケン・スアードさん、デレック・ジェンキンスさん、そしてマーケティングはロッド・マクラフリンさんであった。

アメリカでの導入イベントは、一緒にNDロードスター/MX-5を開発したMNAOのメンバーが現地のマーケット状況やお客様のことを一番理解しており、彼らの戦略と戦術、そしてセンスで導入することが最も正しいやり方だと信じていたからである。そしてこの現地スタッフによる導入イベントも成功裏に終えることができた。

■シンガポールでの導入イベント

2015年秋もNDロードスター/MX-5の海外での導入イベントが続いた。

10月15日はシンガポールでの導入イベントに参加した。場所はユーロカーズ・グループ（EUROKARS GROUP）の販売店で、午前中はメディアイベント、そ

フィリピンでのターンオーバーイベントにおける新型MX-5の納車式。

スペイン・バルセロナでのSLPはメディア、ジャーナリスト、ファンを対象に実施した。写真はスタッフメンバーとの集合写真。

第7章　NDロードスターの市場導入＝サードステージ（2014年〜2017年）　193

2015年10月シンガポールの新型MX-5導入イベント。会場となったユーロカーズでのメンバーとの集合写真。

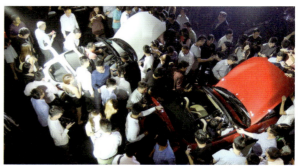
大勢のファンが押し寄せてくれた。

して夕方からはファンイベントであった。参加したメディアはシンガポールを代表するストレーツタイムス紙、チャンネルニューアジアTV、ホイールズアジア誌、カーマート誌＋ウエブサイト、バーンペイブメント誌であった。新型MX-5の発表会は、和太鼓の演奏という日本テイストでのオープニングで始まった。ユーロカーズ・グループ社長のオン・レイ-リンさんの司会のもと、新型MX-5ついて主査の私からスライドを使って説明し、デザインについてはチーフデザイナーの中山さんがイラストを描きながら説明した。商品説明が終わると、メディアからのインタビューが行われた。その後はエンターテイメントとして弦楽四重奏のライブ演奏が披露され、会場を華やかでリラックスした雰囲気に包み込んだ。演目にはビートルズの"Hey Jude"や"Let It Be"などもあり、親しみを感じる演奏だった。

夕方からはファンとの集いとなり、多数のMX-5ファンが会場に押し寄せた。ファンからのサインに応じることや実車での商品説明など、ファンの皆さんと新型MX-5を囲んで楽しい時間を過ごすことができた。ここでもユーロカーズ・グループの皆さん、マツダから一緒にきたASEANグループ、広報の皆さんと一緒に撮った集合写真が心に残る記念と想い出となった。

■ユーロカーズでプレミアムブランドを体験

ユーロカーズ・グループは、クルマのエンスージアストで情熱的にビジネスを運営する起業家、カルソノ・クウィー氏により1985年に設立された。シンガポール最大の私的ディストリビューターとして、同グループはポルシェ、ロールスロイス、ミニ、マツダ、マクラーレンを販売している。インドネシアもポルシェ、ロールスロイス、マセラッティ、BMW、ミニ、そしてマツダのディストリビューター、あるいはディーラーとして販売をしている。また中国の南寧にあるロールスロイスの販売会社の株式を取得し、オーストラリアのパースではマツダの販売会社も取得した。それ以外にも3Mも扱っている。同グループは、取り扱うブランド全ての各ブランディングとポジショニングの独自性を大切にしながら何年にもわたり、大きな成長を遂げ、非の打ちどころがない業績を収めている企業である。

このようにユーロカーズはヨーロッパのプレミアムブランドを販売しているが、その中にマツダが入っていることはとても誇りに思えた。同社において紹介されているマツダブランドの案内文を読むと、そのブランドメッセージは正にマツダが目指している本質を表しているように思った。参考までにロールスロイスとポルシェ、マクラーレンの3社も合わせて紹介しておく。こちらもそれぞれのブランドの特徴を良く表しているように思った。

マツダ：丹念につくりこまれ、果敢に開発されたマツダ車は、全てのクルマがエンジニアとデザイナーの一体作業でつくり上げられたパフォーマンス・マシーンだ。KODO（魂動）デザインにより、新世代のマツダ車は、瞬発力と運動性能によって心に感動をもたらし、人を元気にする。

ロールスロイス：ヨーロッパで100年以上にわたり、世界で最も洗練された車をつくり続けているロールス

ユーロカーズのトラックにはポルシェ、ロールスロイス、ミニ、マクラーレンとともにマツダのエンブレムが表示されているのが誇らしかった。

ロイス。全ての車両が最上の自然素材を使って、巧みな手作業を経てつくられており、非常に技能の高いグッドウッドの匠たちが美しい最終仕上げをほどこして、全ての車両を真に豪華な芸術作品にしている。

ポルシェ：スポーツカーと言えばいつだってポルシェだ。パフォーマンスと日常での扱いやすさの両立。伝統と革新のコンビネーション。近寄りがたいのに、世間から受け入れられている。そのデザインと機能の融合が全体としてのハーモニーを生み出す。このコンセプトをポルシェ・インテリジェントパフォーマンスと呼ぶ。

マクラーレン：マクラーレンはレーシングとエンジニアリングを中心に据えて全活動を行っている。レースで培った技術、賞賛を受けるほどの革新性と詳細へのこだわりを提供しつつ、全てのクルマがドライバーを中心につくられている。また、マクラーレンは顧客満足を最優先にすることに誇りを持っている。

それから、せっかくのチャンスなのでミニ、ポルシェ、ロールスロイスの各店舗がどのようなものかも見学させてもらった。それぞれのブランドの特徴を反映した店舗は、そのブランドが際立つようなしつらえがされていると思えた。ポルシェは内装や外板色のバリエーションが豊富で自分で自由に選べるシステムが実現されている。カスタマイズには時間がかかるが、店頭に並んでいるクルマはお求めやすい価格で、「すぐに納車できますよ」との営業の方の説明は流暢（りゅうちょう）だった。

ロールスロイスの店舗は圧巻だった。ポルシェの製品価値を訴求する空間から、豊かな生活をする空間へと店舗のしつらえが一変する。圧倒的な高級感漂う接客空間は、超高級ホテルのラウンジを思わせる雰囲気である。ここではコンシェルジュの方が接客をされるが、クルマの説明ではなく、クルマとともに暮らすマナーやその接し方を丁寧に教えてくれるのである。ロールスロイスの観音開きのドアを開いて後席へも座らせてもらった。

柔らかい革のシートは、何とも言えない落ち着きと豊かさを感じるものだった。「こういう世界観があるんだ」という貴重な体験をすることができた。

また、執務室も見せていただいた。ポルシェの販売台数が世界的にもトップレベルであることの証である表彰状のほか、ポルシェのメモリアルなモデルなども多数展示されていた。

ユーロカーズの店舗を去る時に、ガレージに止めていたトラックのサイドパネルに目がいった。そこにポルシェ、ロールスロイス、ミニ、マクラーレンとともにマツダのエンブレムが表示されているのを見つけ、誇りに感じたことが忘れられない。

■ 台湾での導入イベント

2015年の海外での最後の導入イベントは11月20日から台湾で行われた。

私は11月19日に福岡空港から台湾の桃園空港へ飛んだ。空港にはMMT（マツダ台湾）の松村さんが出迎えてくれ、日本と同じ新幹線で高尾へ約1時間40分で移動した。高尾ではホテルにチェックインした後、イベント会場となるサーキットの下見を行った。レーストラックの試走と新型MX-5のアンベール、プレゼンテーションのリハーサルを行い、翌日の本番に向けての準備を実施した。

本番の11月20日は午前中がメディア対応で、新型MX-5のプレゼンテーションとインタビューであった。MMTのCEOである浜本さんよりオープニングスピーチがあり、その後私から商品説明を約30分実施した。その後は新型MX-5を発注されたお客様との記念撮影とジャーナリストへの取材対応を行った。メディアはオートドライバー誌、u-carドットコム、マークラインズ社、オートバーン誌など11人だったと思う。

午後からは「MX-5 CELEBRATE DRIVING FESTIVAL」

台湾での導入イベントでは、午前中はメディアへの対応とお客様との記念撮影。午後からはサーキットでの「MX-5 CELEBRATE DRIVING FESTIVAL」でオーナーやファンの皆さんに商品説明などを行った。

第7章　NDロードスターの市場導入＝サードステージ（2014年〜2017年）　195

台湾のイベントでは数多くのMX-5オーナーやファンにNDロードスター/MX-5のお披露目ができた。左前中央はMMT（マツダ台湾）の浜本さん。

として台湾のロードスター/MX-5オーナーやファンと一緒に新型MX-5のアンベール、メディア対応の時と同じくオープニングと商品説明を行った。その後、私が新型MX-5でサーキットの裏側からコースを逆走して30台近く集まったMX-5と50人位のMX-5オーナーとファンが待ち受けるサーキットのピットロードへ登場する演出を行った。そしてコース上で新型MX-5に豊かな表情があるエピソードを実車を使い紹介した。また、エンジンルームを見せてSKYACTIV-Gの説明などを熱心に聞いてもらった。最後は皆さんと一緒に新型MX-5を囲んで記念撮影をして、イベントを終えることができた。

ロードスター/MX-5には世界中に熱いファンが数多くいる。ここ台湾でも例外ではなく、若い皆さんが本当にMX-5を大好きだということを実感したイベントであった。私はMMTの浜本さんのリーダーシップと、マーケティングチームのフランディさん、シゲさん、松村さん、レイネイさん、カスパーさんのチームワークとホスピタリティの素晴らしさに感謝している。

■ COTY沖縄試乗会

マツダは海外での導入イベントを進めながら、日本での2015年度のRJC（日本自動車研究者 ジャーナリスト会議）及びCOTY（日本カー・オブ・ザ・イヤー）実行委員会のカー・オブ・ザ・イヤー賞への対応も進めていた。10月18日～24日はCOTY沖縄試乗会を実施した。街中や高速、海沿いの道からワインディングまでをNDロードスターで堪能していただけるように、工夫したコースを準備した。また、那覇空港から会場までは広報チーム、開発メンバーが5台のアテンザで送迎し、

コミュニケーションを深める取り組みもした。試乗出発時には一人ひとりのロードスターとの記念写真を撮影し、お帰りの際に私とチーフデザイナーの中山さんの自筆のメッセージを入れてお渡しするなど、手づくり感満載のイベントとなった。

■ ロードスター＆新世代車の鹿児島試乗会

年が明けた2016年も導入イベントが続いた。発売後初めて年を越えたNDロードスターの記事化の促進とマツダブランドのアピールも兼ねて、1月25日～29日まで「ロードスター＆新世代車の鹿児島取材会」をマツダが開催した。この時は、37メディアの90人近いジャーナリスト、カメラマンなどを4つのグループに分けて参加していただいた。

今回、NDロードスターは「冬でもオープン走行が楽しい」というテーマを設定していた。ところが当日は鹿児島ではめったに降らない大雪でイベントが始まったのである。鹿児島市内は一面の雪景色となり、さすがのロードスターもノーマルタイヤでは上り坂を登れないので、ザイルチェーンを装着しての試乗となった。

メディアの皆さんは逆にめったに経験できないこの貴重な雪上走行で、チェーン走行でもロードスターが安心して走れることを実感していただけた。試乗会全体を通しては鹿児島の最南端となる指宿までのスカイラインや、景色の良い海岸線をドライブしていただき、また別にNR-A仕様も準備していたので、こちらのクルマに興味を持っていただいたメディアも多数おられた。

このようにして5日間のイベントは、無事に終了することができたのである。

COTY沖縄試乗会では、記念写真と私とチーフデザイナーの中山さんが自筆メッセージを作成し、参加いただいた皆様の一人ひとりにお渡しした。

鹿児島での新車試乗会の初日、鹿児島市内は大雪となった。

試乗用ロードスターもザイルチェーンを装着した。

■メキシコでのファンイベントに参加

　2016年2月4日から7日まで、私はメキシコのアカプルコへの出張となった。これはメキシコマツダからMX-5の紹介とプレミアムファンとの交流イベントを行うにあたり、参加の要請を受けたためである。

　今回のイベントは昨年メキシコマツダが10周年を迎えたことを記念して、"Mazda MX-5 Experience"として選ばれた10組のND MX-5オーナーが、メキシコシティからアカプルコまで自走で参加するイベントだった。アカプルコの会場となるホテルでは、マツダデザインOBのトム俣野さんがNAロードスターのデザインについて語った。

メキシコマツダの依頼により、MX-5ファンイベントに参加。

　私はライトウェイトスポーツの歴史とNDロードスター/MX-5の開発経過に加えて、ブランドアイコンとしての誇りと情熱を持ち、大切な価値を継承することで、運転する歓びを進化させてきた挑戦の取り組みなどを、実車を前に愛着の湧くエピソードを交えて紹介した。

　NDロードスター/MX-5にはフェラーリやポルシェのように構えて乗る必要がなく、気軽に運転を楽しむことができ、プレミアムスポーツカーと並んでも引けを取らない価値や魅力があることを、メキシコのお客様はちゃんと知っているように感じた。「世界のどこへ行ってもロードスター/MX-5ファンは変わらないなあ」と感じさせてくれたメキシコファンとのひと時だった。

■沖縄メディアとの試乗会

　メキシコから帰国した私は羽田から沖縄へ飛んだ。2月9日と10日は沖縄のマツダ販売会社と沖縄メディアへのNDロードスターの商品説明と試乗会である。今回はCX-3とロードスターの2車種の試乗を同時に実施した。沖縄マツダの若く元気が良い営業担当との会話は、ワクワクして楽しかった。メディアの皆さんにも熱心に聞いていただき、楽しい試乗会を終えることができた。

■ロードスター/MX-5 RFの発表

　2016年3月には、開発を進めて来たハードルーフで電動開閉機構を有するロードスター/MX-5 RF（リトラクタブルファストバック）をアメリカのNYIAS（ニューヨークインターナショナルオートショー）で発表した。

　満を持して準備を進めてきた発表会には、マツダからは広報担当専務の原田裕司さん、MNAOの新社長／CEOに就任した毛籠勝弘さん、デザイン担当執行役員の前田育男さん、主査の私とチーフデザイナーの中山雅さん、広報の町田晃さん、松本佐和子さん、湊美穂さん、藤井智香さん、太刀掛史絵さん、石坂啓太さん、そしてアメリカ、ヨーロッパ、オーストラリア、カナダからも広報担当が参加するオールスタッフで臨んだ。

　ロードスター/MX-5 RFの訴求ポイントは、何といってもそのスタイリングにある。ネーミングが示すようにルーフからリアエンドまでなだらかに傾斜するルーフラインを描く美しいファストバックスタイル、そして、独自のリアルーフ形状と開閉できるバックウインドウによる新しいオープンエア感覚のふたつが最大の特徴となる。フル電動式へと進化したルーフは、10km/h以下での走行中も開閉可能である。

　NCロードスターRHT同様にソフトトップモデルと同じ荷室容量を維持しつつ、今回のファストバックスタイルを実現した。もちろんコンセプトは変わらない。26年間一貫して守り続けてきた"Lots of Fun"の価値を体現するロードスター/MX-5ファミリーの一員である。ロードスター/MX-5 RFはオープンカーへの興味層など、潜在的な新規顧客を含むより多くの幅広いクルマ好きのお客様に「オープンカーの楽しさ」をお届けするものである。

　ロードスターMX-5 RFの導入ではその商品価値をより多くのお客様に認知してもらうために、自動車専門誌に加えライフスタイル誌へのアプローチを試みた。その取り組みの一環として、NYIASの前日となる3月22日に世界中からメディア約300人を招待してプレイベントを実施した。会場は"Beauty in the Detail"と題した花をテーマにしたしつらえでフラワーアーティストによる「生け花」を展示して、ロードスター/MX-5 RFの世

界観とのシンクロをイメージさせようと試みた。会場に飾られた「生け花」と天井から吊り下げられた数多くの花は、これまでに見たこともない美しい世界であった。

プレイベントのショーは毛籠さんのスピーチで始まった。エレベーターから登場したマシーングレーのMX-5 RFがターンテーブルで回転し、電動ルーフが開閉されると、会場からは驚きと賞賛の拍手が沸き上がった。MX-5 RFのルーフの開閉シーンは見ごたえのあるものであった。このシーンをその場にいて見た私自身は、参加者の心をつかんだと確信した。

マツダがオールスタッフで臨んだMX-5 RFのプレイベントのショーはそのような雰囲気で進み、世界中のメディアに衝撃を与えたと言えるのではないだろうか。

■フレンド・オブ・MX-5・イン・バルセロナ

NYIASから帰国すると、次はヨーロッパでのイベント対応のため2016年4月4日～8日までスペインのバルセロナに出張した。MMEがロードスター/MX-5のメディア対抗レースを計画しており、そのサポート要請がきたのである。ヨーロッパにおけるグローバルMX-5カップカーを使ったイベント対応である。

ヨーロッパのメディア、ジャーナリスト30人を招待し、バルセロナのマツダイベントスペースを拠点として、バルセロナ近郊のパルクモートル（Parcmotor）サーキットを使ったサーキット走行、ジムカーナ、低ミュー路走行を2日間に分けて実施するイベントである。私の役目はMX-5に関するプレゼンテーションと質疑応答の対応であるが、事前に2日間で14回のメディアインタビューとグループセッションが組まれていた。

今回のイベントはMMEからは副社長のヴォイチェフさん、広報のジェロームさん、クラウスさん、ヘレナさん、通訳の岡田さん、そしてグローバルMX-5カップカーを開発したアメリカのトム・ロングさん、さらにイギリスからはマツダ787Bをドライブして1991年のル・マン24時間耐久レースで優勝したジョニー・ハーバートさんも参加された。ジョニーさんはブランドスペースでのイベントのMC及びホスト役に加え、サーキットでのデモ走行も披露してくださり、メディアの皆さんにとっては格別な時間となった。私もサーキットではジョニーさんの助手席でグローバルMX-5カップカーの体験走行をさせていただいた。また私が運転するMX-5の助手席でジョニーさんはドライビングのコーチングもしてくださり、こんな素晴らしい時間まで持たせてもらえて幸せいっぱいのイベントとなった。

■「グッドウッド・フェスティバル・オブ・スピード2016」への出張

昨年に続いて2016年もイギリスの「グッドウッド・フェスティバル・オブ・スピード2016」への参加要請を受けた。

この年は、2016年4月にロードスター/MX-5の累計生産台数が100万台を達成し、世界ツアーでNDロードスターの車体に世界中のファンの皆さんにサインしていただいた記念車を展示することと、MX-5 RFをヨーロッパで初披露をすることになった。そして6月24日～26日まで、私とチーフデザイナーの中山さんが会場敷地内のマツダVIPホスピタリティエリアでメディア対応を一緒に行うことになった。「AUTOCAR」誌のインタビュー対応などのほか、MX-5 RFの展示会場では"Friend of MX-5"ツアーでの各国からのMX-5オーナーとの交流を行った。またドイツからはマツダクラシック・オートモービルミュージアム（Mazda Classic-Automobil Museum Frey）のオーナーであるフライさん家族も訪問してくれたので、VIPホスピタリティエリアにお迎えして交流をさせていただいた。

MMEが計画するヨーロッパでのグローバルMX-5カップカーを使ったメディア対抗レースへのサポート要請があり、フレンド・オブ・MX-5・イン・バルセロナへ赴いた。

このイベントはヨーロッパのメディア、ジャーナリスト30人を招待し、バルセロナ近郊のパルクモートルサーキットを使って行われた。

第7章　NDロードスターの市場導入＝サードステージ（2014年～2017年）　199

初日となる24日の夜はホテルで、ヨーロッパのマツダ関係者、マツダヘリテージカーコレクションで参加してくださったファンの皆さんの前でお礼のスピーチを行った。その時のメッセージをここで紹介したい。キーメッセージは、以下の3つである。

● NDロードスター/MX-5の導入、販売実績、そして各アワード（賞）へのお礼
● ロードスター/MX-5 RF導入への想い
● 100万台達成への感謝と今後の取り組み

「皆さんこんばんは、マツダMX-5開発主査の山本でございます。本日はここ、LWS（ライトウェイトスポーツ）の聖地であるグッドウッド・フェスティバル・オブ・スピードでこうして皆さんとご一緒に楽しい時間を過ごせることを、とても幸せに思います。さて、少し時間をいただき、MX-5導入の振り返り、そして新しく仲間に加わるMX-5 RFについて、私からのメッセージを聞いていただきたいと思います。

2014年9月4日、NDロードスター/MX-5はワールドプレミアを行いました。

ワールドプレミアはヨーロッパ、アメリカ、日本、世界3拠点同時に、そしてロードスター/MX-5にとって何より大切なお客様と一緒に迎えることができました。それから、昨年のグッドウッド・フェスティバル・オブ・スピードでは、マツダの冠スポンサーのもと、マツダ787Bに代表されるモータースポーツと新型NDロードスター/MX-5の登場で、多くのマツダファン、MX-5ファンを魅了させました。そして、お客様からも大きな反響がありました。さらに、イギリスのカー・オブ・ザ・イヤーを受賞することができ、LWSの聖地での受賞に涙が出るほど感動しました。

それらの結果、今年の4月末時点で、世界販売台数34,142台（目標の33,000台を達成）、ヨーロッパでは10,983台、日本10,804台、アメリカ9,004台、オーストラリア1,606台、他のエリア1,745台と素晴らしい販売実績を残せました。ちなみに日本はNCロードスターソフトトップ10年分の生涯台数を、最初の1年間で販売する快挙となりました。

そして、今年はロードスター/MX-5 RFがデビューします。3月24日は、私達そしてマツダにとって忘れられない日となりました。MX-5がNYIASでWCOTY（ワールド・カー・オブ・ザ・イヤー）とWDCOTY（ワールド・デザイン・カー・オブ・ザ・イヤー）のダブル受賞というすばらしい栄誉をいただきました。皆さんと、世界中のMX-5ファンやマツダファンの皆さんと一緒に歓

びたいと思います！"We made it !!"そして、その同じ会場でMX-5 RFのワールドプレミアも迎えることができました。MX-5 RFの導入にとって、これほど素晴らしいスタートはないと言っても過言ではないでしょう。

私達はロードスター/MX-5 RF導入に向け、『クルマはどこまで人を幸せにできるだろう』と考えてきました。意のままにクルマを走らせる歓びを、あらゆる人に感じてもらいたい。マツダはこの想いでロードスター/MX-5をつくり続けてきました。

初代の誕生から27年経った今も、私達がこのクルマに込めている情熱は、何一つ変わっていません。MX-5 RFは、クローズ時の美しいファストバックスタイルとオープン時の爽快なオープンエアフィールを備えたモデルです。自分の体の一部のようにクルマを自分の意思で動かしている感覚。究極の人馬一体と走る歓びの追求は、マツダのクルマづくりに共通する志です。その姿勢を貫きながら、常識にとらわれることなくつくり上げたマツダの新たな挑戦のカタチがこのMX-5 RFです。MX-5 RFの登場によって、お客様の心の中に眠っていた昂ぶりを呼び起こしたい。そして多くのお客様にオープンカーの楽しさを味わっていただきたいと願っています。

そして、もう一つ嬉しいことがあります。世界中のファンからたくさんのご支援をいただき、ロードスター/MX-5は、4月22日に世界累計生産台数100万台を達成しました。ファンの皆様への感謝を胸に、一人でも多くの皆様とクルマを通じた歓びと幸せに満ちた人生を共有していけるよう、これからもマツダは『守るために変えていく』挑戦を続けてまいります。ご清聴ありがとうございました」。

そして2日目となる25日の夜はグッドウッドハウスでのドレスコード＝ブラックタイ（Black Tie）のパーティに参加した。ここではホテルから会場のグッドウッドハウスまではホテル前の広場からヘリコプターサービスで移動する。イギリスではヘリコプターがタクシー代わりに使われている。ヘリコプターがグッドウッドハウスの敷地内のサーキットに降り立つと、そこからはマツダ6の送迎で毎日色分けしたVIP用のクレデンシャルを提示して会場の中へ入るのである。

2016年はBMWがメインスポンサーで、テーマは"Full Throttle（フルスロットル）"を掲げていた。マツダはMX-5 RFをモーターショー会場で展示し、"Raise the Roof"ライブミュージックディスプレイ（Raise the Roof＝祝いなどで屋根を持ち上げるほどに大騒ぎする）を行った。

グッドウッド・フェスティバル・オブ・スピードでは自動車ファンが小さい時に憧れていたクルマから現在に至る最新のクルマまでを、またスポーツカーからF1カーまでを一気に見て楽しむことができる。自分の人生の中で憧れるすべてのクルマをその日のうちに体験できるという夢のようなイベントである。機会があれば、ぜひ、見に行っていただきたいと思う。

■ 本格的な導入活動の成果と講演活動

この章の最後に、NDロードスター/MX-5の導入活動の反響や効果、成果ともいえる内容をいくつか記しておきたい。

NDロードスター/MX-5の発売が始まると、世界中で試乗会が開催されるようになった。それと並行してさまざまなところからイベント参加や商品紹介、開発物語についての講演依頼の要請を数多くいただいた。これらの活動は、NDロードスター/MX-5の導入が始まった2014年4月のNYIAS（ニューヨークインターナショナルオートショー）から始まり、主査としての導入活動が終了し、2016年7月にアンバサダーとなってからも続いていった。

振り返ってみると、退職する2023年2月までの間に、イベントが76回、講演が83回、計159回（海外出張27回を含む）を数え、退職後の現在も続いている。

■ 日本カー・オブ・ザ・イヤーの受賞

COTY（日本カー・オブ・ザ・イヤー）の選考は、2015年11月25日の富士スピードウェイでの"10ベストカー"の試乗会を終えて、12月7日に発表当日を迎えた。

選考は事前の予想通りホンダS660との一騎打ちになったが、2位のS660を抑えて得点442点で2015-2016年の日本カー・オブ・ザ・イヤーに選出されたのである。この受賞は本当に嬉しかった。開発中は辛いことも多々あったが最後まで皆で頑張ってきたかいがあったと感じている。その成果をメディアの皆さんに認めていただけたことが本当に嬉しかった。

授賞式での役員の藤原さんの受賞スピーチは、さんざん心配をかけた先輩役員のこと、NDロードスターの完成を見ることなく病に倒れたエンジニアのことなどにも触れ、涙を流しながら話された時には、我々も感極まる想いがして目頭が熱くなったことを覚えている。

本当に数多くの人の想いが込められたNDロードスター/MX-5であり、開発をともにした広報メンバーを始め多くのエンジニアの顔が浮かんだこと、多くのサプライヤーの皆さんに支えられたこと、そして何よりたくさんのロードスターファンの後押しがあったことをより一層強く思ったことが忘れられない。同時にこの受賞に慢心することなく、我々はこのNDロードスター/MX-5をこれからも育てなければならない、そんな強い決意をしたことも昨日のことのように思い出される。

そんな一生に一度の忘れられないCOTY授賞式であった。

■ ワールド・カー・オブ・ザ・イヤーでのダブル受賞

2016年3月23日は、NYIAS（ニューヨークインターナショナルオートショー）でのMX-5 RF発表のプレスデーであると同時に、WCOTY（ワールド・カー・オブ・ザ・イヤー）の発表の日でもあった。

この日はMNAO（北米マツダ）のCEOである毛籠さん、副社長のロバート・デービスさんによるプレスカンファレンスが行われた。私も日本から来られたメディ

開発をともにした広報メンバー、エンジニア、多くのサプライヤーの皆さんに支えられたこと、そして何よりたくさんのロードスターファンの後押しがあったことをより一層強く思ったことが忘れられない。数多くの人の想いが込められたNDロードスターでの日本カー・オブ・ザ・イヤーの受賞だった。

第7章　NDロードスターの市場導入＝サードステージ（2014年〜2017年）　201

マツダの世界中の広報チームが一堂に集まった中でWCOTYとWCDOTYのダブル受賞を祝うことができて本当に幸せな時間であった。早速NYIAS会場に展示しているMX-5 RFの前に2つのトロフィーを掲げ、その受賞の喜びを世界中のスポーツカーファン、マツダファンの皆さんにお届けした。

アの取材が数件あった。けれどもそれ以上にこの日のNYIASでは、「今年こそは」と臨んだWCOTYの発表が待ち遠しかった。

　NYIASのWCOTY発表会場は数多くのメディア、ジャーナリストでいっぱいだった。そしてベスト3に選出されたアウディ、メルセデスベンツ、マツダの3台が壇上に展示されていた。マツダ関係者の席は一番前に確保されていたので、我々はそこで発表を待った。

　最初にWCDOTY（ワールド・カー・デザイン・オブ・ザ・イヤー）の発表があった。"Mazda MX-5"と呼ばれた。「おおお！」と我々は驚きだった。まさかデザイン賞をいただけるとは思っていなかったのである。毛籠さんが壇上に呼ばれトロフィーが授与された。毛籠さんは受賞スピーチのあと、デザイン担当の前田さんとチーフデザイナーの中山さんの二人を壇上に招いて、トロフィーと一緒に記念撮影に応えた。

　次はいよいよWCOTYの発表である。主催者代表のピーター・ライオンさんより"Mazda MX-5"の名が告げられた。その瞬間マツダメンバー全員が歓びの声を上げた。「やったー！」と両手を高々と掲げて周りのマツダメンバーと抱き合って喜びを分かち合ったことを覚えている。

　ピーター・ライオンさんから一回り大きなWCOTYのトロフィーが毛籠さんに手渡された。毛籠さんは私を壇上に招いてくれて、一緒にトロフィーの重さを味わった。そして会場にいた世界中のマツダ関係者と喜びを分かち合い記念写真をとった。日本からもドイツからもイタリアからもオーストラリアからも、世界中の広報チームが一堂に集まった中でWCOTYとWCDOTYのダブル受賞を祝うことができて本当に幸せな時間であった。

　そしてこのことは世界中のロードスター/MX-5/Miataファンにとっても本当に嬉しい受賞であったと思う。早速NYIAS会場に展示しているMX-5 RFの前に2つのトロフィーを掲げ、その受賞の喜びをMX-5とともに世界中のスポーツカーファン、マツダファンの皆さんにお届けしたのである。

NDロードスターの導入活動（社内外講演 / イベント対応）2014-2023

E＝イベント P＝プレゼンテーション

NO	年月日 /year_month_day	E	P	導入イベント/講演のタイトル Launch Event/Subject	場所 /Place
1	2014.04.16	1		New MX-5 launch Event at NYIAS	USA New York
2	2014.05.25	1		New MX-5 launch Event at Japan	karuizawa meeting
3	2014.06.26-28	1		Goodwood Speed in UK	UK
4	2014.09.04	1		New ND Roadster World premiere	千葉 舞浜
5	2014.09.06	1		New ND in Tsukuba（メディア4耐）	筑波サーキット
6	2014.09.21	1		Thanks day Japan fan meeting in Tyubu	岐阜
7	2014.09.28	1		Thanks day Japan fan meeting in Yokohama	横浜
8	2014.10.01-02	1		Pari Motor Show	フランス パリ
9	2014.10.12	1		Thanks day Japan fan meeting in Oita	大分
10	2014.10.19	1		Thanks day Japan fan meeting in Tohoku	福島
11	2014.11.02	1		Thanks day Japan fan meeting in Kiyosato	長野
12	2014.11.09	1		Thanks day Japan fan meeting in Hiroshima	広島
13	2014.11.19	1		LA Motor Show	USA ロスアンジェルス
14	2014.12.07	1		Mazda Fan Event 2014 in Okayama	岡山TIサーキット
15	2014.12.15-19	1		Japan SP in 修善寺	修善寺_伊豆
16	2015.01.26-30	1		Global_SP in BCN	バルセロナ_スペイン
17	2015.02-03	1		Thanks day 2nd全国キャラバン	日本全国
18	2015.03.16-20	1		「新型ロードスター」発表前試乗会横浜ベイホテル東急	横浜
19	2015.05.11		1	「新型ロードスター」防府工場での勉強会	防府
20	2015.05.18		1	「新型ロードスター」広島郷心会	シェラトンホテル広島
21	2015.05.20		1	「新型ロードスター」国内発表会atﾞﾙｻｰﾙ東京日本橋	東京
22	2015.05.30		1	「新型ロードスター」ファンミーティング	軽井沢
23	2015.06.12-21	1		NewMX-5 Global　LLP in Nice	ニース_フランス
24	2015.06.08-12	1		「新型ロードスター」公道試乗会	伊豆_静岡
25	2015.06.25-28	1		Goodwood Speed in UK	UK
26	2015.07.15		1	「夢なきもの歓びなし」at 高知工業高校	高知
27	2015.07.16		1	「守るために変えていく」at 西四国マツダ	高知
28	2015.07.23		1	「守るために変えていく」at 神戸クスノ木会	神戸
29	2015.08.06-7	1		NewMX-5 Australia	ブリスベン_豪州
30	2015.08.09	1		NewMX-5 Philippine	マニラ フィリピン
31	2015.08.18	1		NewMX-5 NZL	オークランド_NZL
32	2015.08.25-9.2	1		NewMX-5 EU LLP in BCN	バルセロナ_スペイン
33	2015.09.5	1		メディア4時間耐久レース	筑波サーキット
34	2015.09.08		1	「守るために変えていく」at オラクル	東京
35	2015.09.09		1	「守るために変えていく」at R&D 伝承塾	本社会議室
36	2015.10.10		1	「守るために変えていく」at 広島アルミ	国際会議場_広島
37	2015.10.17		1	「守るために変えていく」at 大崎上島	大崎上島
38	2015.10.09		1	「新型ロードスター」at 自動車技術会中部	沼津_静岡
39	2015.10.14-16	1		NewMX-5 シンガポール	シンガポール
40	2015.10.18-24	1		COTY 沖縄試乗会	那覇_沖縄
41	2015.10.28-29	1		Tokyo Motor Show	東京
42	2015.11.10	1		RJC試乗会	茂木
43	2015.11.11-13	1		「守るために変えていく」at 国内試乗会	伊豆_静岡
44	2015.11.16		1	「守るために変えていく」at 埼玉まごころ会	埼玉_関東工業自動車大学校
45	2015.11.20	1		NewMX-5 Taiwan　LLP in Taiwan	台湾
46	2015.11.25	1		COTY試乗会	富士SW
47	2015.12.03		1	「守るために変えていく」at OB会	広島のホテル
48	2015.12.04		1	「守るために変えていく」at 東広島商工会議所	東広島
49	2015.12.06	1		Mazda Fan Event 2015 in Okayama	岡山TIサーキット
50	2015.12.07	1		COTY発表会 in Tokyo	東京
51	2015.12.17	1		「守るために変えていく」at 福岡経済記者	福岡
52	2015.12.23		1	「守るために変えていく」at ブランドスタイル大阪	富士SW
53	2016.01.14	1		Auto Motive World Panel Discussion in Tokyo Big site	東京
54	2016.01.25-29	1		ND鹿児島メディア試乗会	鹿児島
55	2016.02.05-07	1		NewMX-5 at Mexico	メキシコ
56	2016.02.10	1		沖縄マツダND試乗会	沖縄
57	2016.03.16		1	「守るために変えていく」at Toyota	豊田_愛知
58	2016.03.18	1		NHK TV Face放送	NKH TV
59	2016.03.20		1	「夢なきもの歓びなし」at 防府青年会議所	防府_山口
60	2016.03.22	1		RF lauch in New york Motor show	NY_USA
61	2016.03.24	1		WCOTY,WDCOTYダブル受賞　in NYIAS	NY_USA
62	2016.04.04		1	「守るために変えていく」at 小松製作所	大阪
63	2016.04.06-08	1		「Friend of MX-5」in BCN	バルセロナ_スペイン
64	2016.04.27		1	「夢なきもの歓びなし」at 総務若手メンバーへ	本社201
65	2016.05.08	1		OASIS Meeting	淡路島
66	2016.05.26		1	「守るために変えていく」at 人とクルマのテクノロジー展	横浜
67	2016.05.29		1	「RFプレゼン」at Karuizawa meeting	軽井沢
68	2016.06.04		1	「守るために変えていく」at 神戸マツダ ファンフェスタ	神戸
69	2016.06.07	1		NewRoadster/MX-5RF Co-Creation PIE 2nd in MNAO	MNAO_CA
70	2016.06.13		1	「守るために変えていく」at 在京記者クラブ	東京
71	2016.06.23	1		GWFS inUK	UK
72	2016.06.29		1	「守るために変えていく」at 品質本部	ツナガリカフェ本社
73	2016.07.13		1	「守るために変えていく」at サービス本部	ツナガリカフェ本社
74	2016.07.15		1	「守るために変えていく」at 福井大学	福井
75	2016.08.24		1	「守るために変えていく」at R&D技管本	本社
76	2016.09.16		1	「守るために変えていく」at 広島ライオンズクラブ	ANAクラウンプラザH
77	2016.09.24		1	「守るために変えていく」at 新日鉄	鹿島_茨城
78	2016.09.25	1		Mazda Fan Fest in Fuji	富士SW
79	2016.10.01		1	「夢なきもの歓びなし」at 新卒内定式	クレド_広島
80	2016.10.09	1		ジャンボリーミーティング	大分

E＝イベント P＝プレゼンテーション

NO	年月日 /year_month_day	E	P	導入イベント/講演のタイトル Launch Event/Subject	場所 /Place
81	2016.10.14		1	「守るために変えていく」at 復建調査設計研究所	広島
82	2016.10.15		1	文字文化フォーラム「らしさのデザイン」at 大阪	大阪
83	2016.10.25-26	1		Mazda Australia The four generations Mazda MX-5 drive event	オルベリー_豪州
84	2016.10.28		1	「守るために変えていく」at もの作りフォーラム 日刊工業新聞	福岡
85	2016.11.01	1		走る歓び試乗会 at つくば	筑波_茨城
86	2016.11.07	1		「RF LLP in 天王洲アイル東京 試乗会」in Tokyo	東京
87	2016.11.12		1	「夢なきもの歓びなし」TM INTERNATIONAL 2016 in 広島	JMSアステールプラザ_広島
88	2016.11.17		1	「夢なきもの歓びなし」もの作り総合技術展 in 高知	高知
89	2016.11.26	1		Mazda MX-5 Fan event in Philippine	マニラ_フィリピン
90	2016.12.04	1		Mazda Fan Fest 2016 in Okayama	岡山TIサーキット
91	2017.01.14	1		MAZDA MX-5 RF EUROPEAN PRESS LAUNCH in BCN	バルセロナ_スペイン
92	2017.01.20	1		TAS2017	千葉幕張メッセ
93	2017.02.15		1	「守るために変えていく」at 日本テニス産業セミナー	グランピアホテル広島
94	2017.02.24		1	「守るために変えていく」at 自動車産業の未来2017	名古屋
95	2017.03.02		1	リクナビ就活イベント広島	広島産業会館
96	2017.03.24		1	「あなたの夢は何ですか？」at 品川源氏前小学校	品川_東京
97	2017.03.06		1	「守るために変えていく」at 日本機械学会中国四国支部　シニア会特別講演	広島工業大学
98	2017.04.08	1		Mazda Fan Fest 2017 in 東北	Sugoサーキット
99	2017.06.01		1	「ロードスターとモータースポーツ」at 自動車技術会MS委員会	東京
100	2017.06.04	1		「目指せ未来の子供達へ」at Open day Mazda	Mazda 体育館
101	2017.08.05-07		1	AMC2017	千葉幕張メッセ
102	2017.08.24,28		1	「あなたの夢は何ですか？」at インターンシップ研修	ふれあい会館
103	2017.09.21		1	「守るために変えていく」at IT本部研修	本社
104	2017.10.01		1	「夢なきもの歓びなし」at 新入社員内定式	本社講堂
105	2017.10.28		1	「夢なきもの歓びなし」at 経営者・技術者が語る山口と会社と私の夢	山口周南市
106	2017.11.08		1	「あなたの夢は何ですか？」at 「働く人に学ぶ会」広島観音中学校1年	広島観音中学
107	2017.11.21		1	「守るために変えていく」at NEC全国販売経営者会「奔馬会」in MAZDA	本社201会議室
108	2017.12.03	1		Mazda Fan Fest 2017 in Okayama	岡山TIサーキット
109	2017.12.06		1	「守るために変えていく」at 広島県神社庁	広島天満宮
110	2017.12.13-14		1	NA Restore説明会　at MRYx2, 広島x1	横浜&広島
111	2018.02_		1	「あなたの夢は何ですか？」at BS大阪	大阪
112	2018.02.17		1	NA Restore at ノスタルジック 2 Days	横浜
113	2018.02.22		1	「目指せ未来の子供達へ」at 広島本郷西小学校	本郷_広島
114	2018.03.02		1	「広島で造る意義を問う」at ～ リクナビモノ造りイベント ～	産業会館_広島
115	2018.03.14		1	「守るために変えていく」at 尾道郷心会	尾道_広島
116	2018.05.09-15		1	MX-5 Yamamoto Signature in Italy	モデナ_イタリア
117	2018.05.17		1	「守るために変えていく」at IBMシンポジウム	国際会議場_広島
118	2018.05.27	1		軽井沢ミーティング	軽井沢
119	2018.06.25		1	「あなたの夢は何ですか？」at 広島本郷西小学校	本郷_広島
120	2018.07.02		1	「守るために変えていく」at Lexus	Toyota Museum_愛知
121	2018.07.20		1	「ものつくりの哲学と戦略」経営管理研究科ビジネス・リーダーシップ専攻	広島県立大学
122	2018.08.20		1	「あなたの夢は何ですか？」at インターンシップ研修 x2回	ふれあい会館
123	2018.08.27		1	「夢なきもの歓びなし」at SKYACTIVセミナー x2回	群馬&美祢PG
124	2018.08.26		1	「マツダロードスターの変遷」at ヌマジMuseum	広島
125	2018.09.23		1	「あなたの夢は何ですか？」atマツダ販社内定者の皆さんへ	FujiSW_静岡
126	2018.11.14		1	「あなたの夢は何ですか？」at 「働く人に学ぶ会」広島観音中学校1年	広島観音中学
127	2018.11.23-26	1		Miata Club Philippine (MCP) Event at Manila	マニラ_フィリピン
128	2018.11.30		1	「夢なきもの歓びなし」at 神奈川県立東部総合技術校	横浜
129	2019.03.01		1	誇りの持てる仕事とは　at 商品本部	501,2会議室
130	2019.03.15		1	「守るために変えていく」at 日本自動車工業会第69回サービス懇話会	本社 201会議室
131	2019.03.15		1	「守るために変えていく」at 第62回 V E 西日本大会	本社講堂
132	2019.04.26	1		12 STORIES IN 4 GENERATIONS in AMC スタンドツアー	幕張メッセ_千葉
133	2019.05.10	1		Special MX-5 show in Mazda Museum "8 STORIES In 4 GENERATIONS"	Mazda Classic _ドイツ
134	2019.05.16		1	「守るために変えていく」at 2019トヨタサービス テクニカルシンポジューム	本社 201会議室
135	2019.05.20		1	「守るために変えていく」at オートザム表彰式	ANAクラウンプラザホテル
136	2019.06_20-25	1		MX-5 Icon's Day in MMI	Torino_Italy
137	2019.08.19		1	「あなたの夢は何ですか？」at インターンシップ研修 x2回	ふれあい会館
138	2019.08.26	1		ドイックラウスさんRo80で来社対応	本社
139	2019.09.15	1		ロードスターふらのミーティング	北海道富良野
140	2019.09.22	1		ZoomZoomロードスター30周年イベント in FSW	富士SW
141	2019.10.12-13	1		ロードスター30周年三次イベント	三次試験場
142	2019.10.22	1		NA Restoreカナダメディアの取材対応	本社
143	2019.11.19	1		自動車殿堂歴史遺産車表彰式 in Tokyo学士会館	東京学士会館
144	2019.11.22	1		Mazda Fan Fest 2019 in Okayama	岡山TIサーキット
145	2020.02.19		1	「あなたの夢は何ですか？」at 広島ビジネス実験	広島県庁
146	2020.10.27		1	「あなたの夢は何ですか？」at 広島経済大学 特別講義	広島経済大学
147	2021.02.09		1	「あなたの夢は何ですか？」at リモート「働く人に学ぶ会」 広島観音中1年	リモート
148	2021.03.17		1	CLASSIC MAZDA NA レストア サービスの紹介at 広島ビジネス実験	広島県庁
149	2022.03.09		1	IAAEセミナー（NAロードスターのレストア事業）	東京ビッグサイト
150	2022.05.20		1	火力原子力発電技術協会中国支部への講演	広島中国電力本社
151	2022.06.23		1	販社役員候補者へのプレゼン「We love Mazda」	Mazda Museum
152	2022.09.12		1	西四国マツダでの講演「We love Mazda」	西四国マツダ
153	2022.09.18	1		MX-5 THE RECORD-BREAKING EVENT in Modena Italy	モデナ_イタリア
154	2022.10.04		1	AZ北神への講演	Mazda Museum
155	2022.10.20		1	自動車教員研究会での講演	東京府中市
156	2022.11.04		1	Roadster Fanへの講演"We love Roadster"	Mazda Museum
157	2022.11.19		1	千葉マツダファンイベントでの講演	銚子スポーツタウン
158	2022.11.24		1	MMUK Dealer meetingでの講演	Mazda HQ
159	2023.02.06		1	「あなたの夢は何ですか」at 広島本郷西小学校	広島本郷

カタログでたどる4代目（ND型）マツダ ロードスター

　2014年9月4日、初代NA型ロードスター、NB型、NC型と続き今回4代目となるND型ロードスターの発表は、マツダ ロードスター誕生25周年を記念し、ファンへの感謝の意を込めて、千葉県浦安市の舞浜アンフィシアターにロードスターのファン約1200人を招待して開催された「マツダ ロードスター THANKS DAY IN JAPAN」の会場で行われた。この日は日本だけではなく、スペインのバルセロナ、米国カリフォルニア州モントレー（時差の関係で9月3日）の世界3拠点同時に初公開された。

　紙面が限られており、詳細な情報を伝えることはできないが、国内仕様のほか、海外で発行されたカタログ（海外名：Mazda MX-5）の一部を含め、4代目ロードスターの変遷をたどってみる。（この頁下段の写真は2016年に香港で発行されたカタログより引用）。

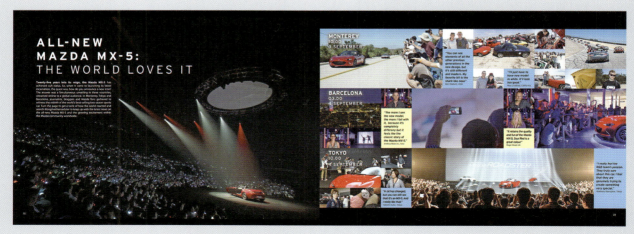

ND量産第1号車ラインオフ（2015年3月）

2015年3月5日、マツダ本社宇品第1（U1）工場で、4代目ロードスターの量産が開始された。写真は量産第1号車（日本仕様車）。

4代目ロードスター（ND）発売（2015年5月）

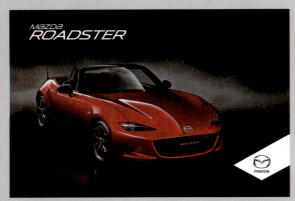

2015年5月に発売された4代目ロードスターの日本版のカタログ。コピーは「ロードスターでは『感（Kan）』をキーワードに、人がクルマを楽しむ感覚の進化を徹底追求……すべては、誰もが夢中になる「人馬一体」の走りを徹底して研ぎ澄ますために」とある。

グレードは上から、S Special Package の 6 速 MT と 6 速 AT、S Leather Package の 6 速 MT と 6 速 AT、S の 6 速 MT の 5 種類。新開発の直噴 1.5L ガソリンエンジン「SKYACTIV-G 1.5」131ps/7000rpm、15.3kg-m/4800rpm をフロントミッドシップに搭載し、前後重量配分を 50：50 としている。

S Special Package

サイズは全長 3915（先代は 4020）mm、全幅 1735（1720）mm、全高 1235（1245）mm、ホイールベース 2310（2330）mm と歴代モデルのなかで最もコンパクトで、ボディーには、アルミや高張力鋼板、超高張力鋼板の使用比率を 71％ に高め（前モデル 58％）、さらに剛性を確保しながら軽量な構造を追求するなどして、先代モデル比 100kg 以上となる大幅な軽量化（車両重量 990kg ～ 1,060kg）をしている。

S Leather Package

コックピットは、優れた視界、操作性の優れた機器配置、ドライバーに対して正対するペダルレイアウトなど、スポーツカーとして理想的なドライビングポジションを実現している。

S

カストマイズ＆カーライフカタログ（2015年2月）

実に多くの魅力的なアイテムが用意されているが、これは MAZDA SPEED の
エクステリアアイテムを装着した例。

これはイタリアのアルカンターラ社（Alcantara S.p.A.）製素材をインパネやドアトリムに採用したモデル。

フロントピラーガーニッシュ、シートバックバーベゼル、ブルーミラーなどを装着した例。

マツダ・モーター・ヨーロッパが発行したスペイン語版カタログ（2015年2月）

スペイン向け仕様には、1.5Lと2.0Lエンジンが設定され、トランスミッションは6速MTのみであった。ビルシュタイン社製サスペンション、レカロ社製スポーツシート、フルスケール240km/h（国内仕様は200km/h）のスピードメーターなどを装備する。

マツダ・モーター・アメリカが発行した2016年型カタログ（2015年6月）

米国市場最初の4代目（ND型）MX-5のカタログは2016年型として発行された。このカタログについては全頁を紹介する。

カタログ内に書かれたコピーは「もしみんながロードスターに乗ったら、世界はもっと良くなるだろうか？」「すべてのボルト、すべてのワイヤー、すべての縫い目を交換するのはやりすぎだろうか？そうではない」

左頁の写真の下方に魂動（Kodo）の解説で、「魂動：〝動きの魂〟。動くエネルギー。動く力。それはすべてのマツダ車のデザインを支えています。普通の金属板を生き物の生命力を体現するものへと変貌させる〝魂動〟は、獲物に飛びかかる瞬間の野生動物のような力強さとエレガンスを醸し出しています」とある。

「2点間の最短距離は本当に最良のルートなのか？」「MX-5 Miataの何が、もう少し長く乗りたいと思わせるのか？ 26年間も乗り続けていると、何が重要なのかが分かってくる」「148ポンド（67kg）以上痩せる。そしてあなたもそれを見せびらかしたくなるでしょう」「マツダのエンジニアたちは、26年経った今でも、MX-5 Miataの前後重量配分をほぼ完璧な50:50にすることに情熱を注いでいる」

「史上最も売れたロードスターを改良することは可能か？」のコピーを掲げ、SKYACTIV テクノロジーを紹介している。

「The Mazda MX-5 Miata Club」の紹介と、「the SCCA Mazda MX-5 Cup」レースの紹介。

「クルマは体の延長であるべきだ。運転は魂の延長であるべきだ」「2 人乗りのスポーツカーに何もかも装着できないなんて誰が言った？」のコピーを添えて、コックピット、シート、室内の快適な装備について紹介。

左側の頁ではルーフの開閉がものすごく簡単なことを紹介。右の頁では「我々はクルマをつくった。ファンが文化を築いた。ミアータ・コミュニティー」のコピーと、2014 年 9 月 5 ～ 7 日に Mazda Raceway Laguna Seca で行われた MX-5 生誕 25 周年記念イベントを紹介。全米に 125 以上ある MX-5 クラブから 1900 台以上のファンが参加した。

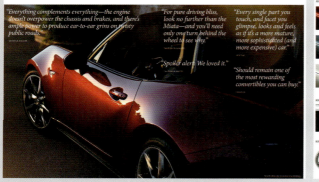
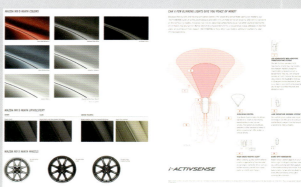

左はメディアによるインプレッション。右はボディーカラー、シート生地、ホイールのサンプル。そして「数個のライトが点滅するだけで、安心できるのだろうか？」のコピーとともに「i-ACTIVSENSE」を紹介。

グレードは16インチホイールのSPORT、17インチホイールのCLUBとGT（GRAND TOURING）の3種で、それぞれ6速MTまたは6速ATが選択可能。エンジンは「SKYACTIV-G 2.0」1997cc 水冷直列4気筒 DOHC16バルブ 155hp/6000rpm SAE ネット、148lb-ft(20.5kg-m)/4600rpm SAE ネットを積む。

最後に慈善プログラムの紹介。「マツダ・ドライブ・フォー・グッド®は、1992年以来、マツダが米国全土で数百万ドルを寄付してきた慈善プログラムのひとつです。それがマツダのやりかただからです」とある。

マツダ・モーター・ヨーロッパが発行したオランダ語版カタログ（2015年5月）

ネーデルランド（オランダ）むけMX-5のグレードは、1.5LモデルがSKYMOVE、SKYDRIVE、SKYCRUSEの3種に、2.0LモデルのSPORTをあわせて4種類設定されている。価格は付加価値税を含めて2万2490～2万9990ユーロ。ボディーカラーにオプションのメタリックソウルレッドを選択すると＋650ユーロ（税込み）必要。「生まれ変わったアイコン」「JINBA ITTAI MX-5の真髄：ドライバーとの一体感」などのコピーがある。

マツダ・ニュージーランドが発行した英語版カタログ（2015年8月）

「想像力がわれわれを駆り立てる」のキャッチコピーの後に「このカタログでは、想像力がいかに革新的なクルマに不可欠な要素であるかを示している」とある。グレードは1.5LのGSX（6速MTのみ）と2.0LのLimited（6速MTまたは6速AT）が設定されている。

マツダ・モータース・UK が発行した英語版カタログ（2015 年 8 月）

「どんな新しいアイデアも、挑戦から始まる」のコピーで始まるこのカタログには、2015 年 3 月に受賞した、ドイツの「レッド・ドット・アワード 2015・ベストオブザベストカーデザイン」についても記されている。モデル構成は 1.5L と 2.0L に SE-L/SE-L Nav（ナビ付）、Sport/Sport Nav があり、ベースモデルの 1.5L SE が加わり合計 9 種類。トランスミッションは 6 速 MT のみ。

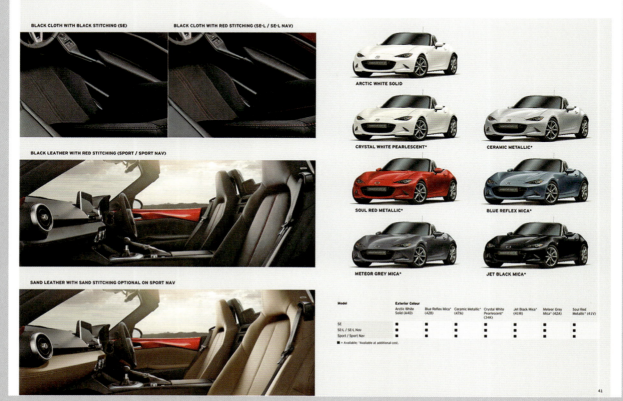

ボディーカラーは 7 色、トリムは 3 種の標準と、1 つのオプションが設定されている。

マツダ・オートモビルズ・フランスが発行した仏語版カタログ（2015年10月）

「新しいアイデアは常に挑戦から生まれる」のコピーで始まるフランス向けカタログは、UK向けと一部の写真を反転して共用している。モデル構成は1.5Lモデル3種類と2.0Lモデル1種の合計4種類で、トランスミッションは6速MTのみ。

マツダ・南アフリカが発行した英語版カタログ（2015年10月）

「『人馬一体の進化。馬と乗り手が一体となる』という人馬一体思想にインスパイアされた新型マツダ ロードスターの直感的なハンドリングは、クルマとドライバーの直感的な関係を感じさせます」とある。グレードは2.0Lエンジン＋6速MTのみ。

メディア対抗
ロードスター4時間耐久レース（2015年9月）

日本カー・オブ・ザ・イヤー受賞（2015年12月）

2015年12月7日、4代目（ND型）ロードスターが「2015-2016日本カー・オブ・ザ・イヤー」を受賞した。11月27日には「2015-2016日本自動車殿堂カーオブザイヤー」も受賞している。

初代ロードスター登場以降、26年間続いてきた伝統のレースで、マツダは第1回から特別協賛を行い、第26回は9月5日（土）筑波サーキットで、マツダが用意したイコールコンディションのND型で競われた。

ロードスター NR-A 発表（2015年10月）

2015年9月24日、モータースポーツのベース車両として最適な装備を備えた、ロードスター「NR-A」が発表された。発売は10月15日。車高調整機能付きビルシュタイン社製ダンパー、大容量ラジエーター、大径ブレーキなどを採用して冷却性と耐久性を向上している。価格は264.6万円（消費税込み）。右の写真はパーティレース仕様。

ロードスター RS 発表（2015年10月）

2015年10月1日、運転の楽しさを深化させたロードスター「RS」を発売。ビルシュタイン社製ダンパー、フロントサスタワーバー、大径ブレーキ、レカロ社と共同開発した専用シートなどを標準装備する。1.5L 131ps/15.3kg-m エンジン＋6速MTを積み、価格は319.68万円。

マツダ・モータース・UK が発行した限定モデル「MX-5 スポーツ レカロ」のカタログ（2015 年 12 月）

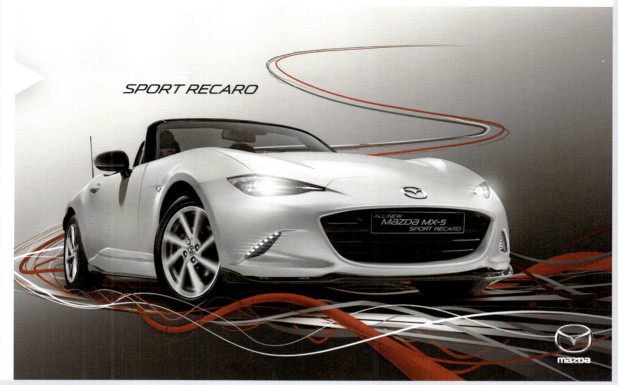

英国で 600 台限定販売された「MX-5 SPORT RECARO」は、マツダとレカロの 30 年以上にわたるパートナーシップを祝して企画されたモデル。2.0 L 160ps/6000rpm、200 Nm（20.4 kg-m）/4600rpm エンジン＋ 6 速 MT を積む。スポーツサスペンションにはビルシュタイン社製ダンパーを装備する。

ニューヨーク国際自動車ショーで世界初公開されたMX-5 RF（2016年3月）

2016年3月25日（現地時間24日）、ニューヨーク国際自動車ショーで、ロードスターをベースに、電動格納式ルーフを採用したリトラクタブルハードトップモデル「MX-5 RF（日本名：ロードスターRF）」が世界初公開された。

WCOTYとWCDOTYをダブル受賞（2016年3月）

ニューヨーク国際自動車ショー会場で、ND型ロードスターが2016年「ワールド・カー・オブ・ザ・イヤー（WCOTY）」と特別賞「ワールド・カー・デザイン・オブ・ザ・イヤー（WCDOTY）」受賞が発表された。この賞は2004年に創設され、23カ国、73名の自動車ジャーナリストの投票で選ばれ、ダブル受賞は同賞創設以来初めて。トロフィーを持つのは当時常務執行役員、マツダモーターオブアメリカ社長兼CEOの毛籠勝弘氏。

ロードスター累計生産100万台達成（2016年4月）

2016年4月22日、ロードスターの累計生産台数は100万台達成。100万台達成記念車は世界9カ国、35のファンイベントで展示され、車体に1万人を超えるファンのサインを受けて、2017年4月7日に広島のマツダ本社に帰還した（右の写真）。

マツダ・モータース・UK が発行した限定モデル「MX-5 アイコン」のカタログ（2016 年 8 月）

英国で 600 台限定販売されたモデル「MX-5 ICON」は、世界で最も売れている 2 シータースポーツカーを称えて企画されたモデル。豪華なレザー・インテリアに加え、ヘッドレスト・スピーカー、Bluetooth®、DAB®、インターネット・ラジオを含む最新の車載インフォテインメント・システムを搭載している。

1.5L エンジン＋ 6 速 MT を積み、リア・パーキング・センサーやクルーズ・コントロールなどの便利なドライバー・アシスタンス・テクノロジーが、この限定モデルのユニークな魅力をさらに高めている。

MX-5 RF 量産第 1 号車（欧州仕様）ラインオフ（2016 年 10 月）

2016 年 10 月 4 日、マツダ本社宇品第 1（U1）工場で、リトラクタブルハードトップモデル「MX-5 RF（日本名：ロードスター RF）」の量産を開始した。写真は量産第 1 号車（欧州仕様車）。

ロードスター RF 発売（2016 年 12 月）

2016 年 11 月 10 日に予約受付を開始し、12 月 22 日に発売された「ロードスター RF」の日本版カタログ。エンジンは SKYACTIV-G 2.0 1997cc 直列 4 気筒 DOHC 16 バルブ 158ps/6000rpm、20.4kg-m/4600rpm を積む。グレード構成は S と VS に 6 速 MT または 6 速 AT、RS に 6 速 MT を積み合計 5 車種としている。価格は 324 〜 373.68 万円。

マツダ・モーター・アメリカが発行した 2017 年型カタログ（2017 年 1 月）

米国市場では 2017 年型から「MX-5 MIATA RF」が発売された。「MX-5 MIATA」と同じ 2.0L エンジン＋6 速 MT または 6 速 AT を積む。表紙にもあるキャッチコピー「Driving Matters」は、世の中に Driving に楽しさを求めない（=Driving doesn't matter）ひとが増える中で、マツダは、Driving は大事（Matters）であり、走る歓びを通じて人生の輝きを提供する、という意志を表している。

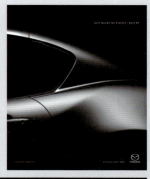

マツダ・ネダーランドが発行した MX-5 RF のオランダ語版価格と装備カタログ（2017 年 1 月）

2017 年 1 月発行のオランダ語版 MX-5 RF の価格と装備カタログ。グレード構成は 1.5L＋6 速 MT が 3 車種、2.0L＋6 速 MT および 6 速 AT の計 5 車種。カタログプライス（付加価値税込み）は 1.5L が 2 万 6569 ～ 2 万 9569 ユーロ、2.0L＋MT が 3 万 2157 ユーロ、2.0L＋AT は 3 万 4954 ユーロ。

MX-5 RF の中国語版カタログ（2017 年）

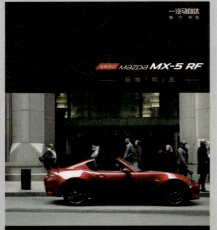

中国語版「MX-5 RF」のカタログ。2.0L エンジン＋6 速 AT を積み、マニュアルトランスミッション車の記載は無い。最高速度 194km/h、燃費 6.7L/100km(14.9km/L)。

クラシックレッドを復刻（2017年1月）

初代ロードスターを世界初公開した1989年2月のシカゴモーターショーにおいて、メインカラーとして使用した「クラシックレッド」が、2017年1月13日予約受付を開始し、同年2月28日までの期間限定で販売された。追加費用3.24万円。

MX-5が独レッド・ドット賞受賞（2017年4月）

「Mazda MX-5 RF」がドイツの「2017年レッド・ドット賞：プロダクトデザインにおけるベスト・オブ・ザ・ベスト賞」を受賞した。授賞式は7月3日にドイツのエッセンで行われた。2015年にはND型 MX-5 ソフトトップモデルも同賞を受賞している。

商品改良と特別仕様車「レッド・トップ」発表（2017年12月）

2017年11月10日、ロードスター、ロードスターRFの商品改良と特別仕様車「ロードスター レッド・トップ」が発表された（発売は12月14日）。

ロードスターをシックに楽しむ、特別仕立てのコーディネーション。

今回の改良はリアサスペンションやステアリングフィールの改良、新ボディーカラーの採用、アダプティブ・LED・ヘッドライトの採用（一部のグレードではオプション）など。「レッド・トップ」はS Leather Packageをベースに、ダークチェリー色のソフトトップとオーバーン（赤褐色）のインテリア、ナッパレザーシートなどを装備し、2018年3月31日受注までの限定生産であった。価格は304.56万円（6速MT）、315.36万円（6速AT）。

マツダ・モータース・UK が発行した特別仕様車「MX-5 Z-スポーツ」のカタログ（2018年3月）

2018年3月に英国に登場した特別仕様車「MX-5 Z-Sport」。外観は日本国内の「レッド・トップ」にそっくりだが、中身は別物で、2.0L エンジン＋6速MTを積み、スポーツシャシーにビルシュタインダンパー、17インチのBBSホイールを装備し、サンドレザーのシートとトリム（合成皮革）で内装をまとめている。

商品改良と特別仕様車「キャラメル・トップ」発売（2018年7月）

2018年6月7日、ロードスター、ロードスターRFの商品改良と特別仕様車「ロードスター キャラメル・トップ」が発表された（発売は7月26日）。エンジンの改良で1.5Lは132ps/15.5kg-mに、RFの2.0Lは184ps/20.9kg-mに強化され、歴代ロードスターで初めてテレスコピックステアリングを採用した。また先進安全技術「i-ACTIVSENSE」の装備の多くを標準化している。「キャラメル・トップ」はS Leather Packageをベースに、ブラウン色の幌、スポーツタン色のシートとトリムなどを採用し、価格は309.42万円（6速MT）、320.76万円（6速AT）。

シカゴオートショーで「MX-5 30周年記念車」を世界初公開（2019年2月）

2019年2月7日～18日に開催されたシカゴオートショーで、ロードスターの誕生30周年を記念した特別仕様車「MAZDA MX-5 Miata 30th Anniversary Edition」を世界初公開した。シリアルナンバー付オーナメント等を特別採用し、ソフトトップモデルとリトラクタブルハードトップモデル合わせて世界3000台限定で販売された。国内販売台数はソフトトップ、ハードトップあわせて150台。価格は368.28～430.38万円。

マツダ・モータース・UK が発行した限定モデル「MX-5 30 周年記念車」のカタログ（2019 年 3 月）

英国では 2.0L 184ps エンジン＋6 速 MT を積み、レーシングオレンジ塗装、レイズ社製 17 インチ鍛造アルミホイール（30th Anniversary 刻印入り）、ビルシュタイン社製ダンパー、ブレンボ社製フロントブレーキキャリパー（オレンジ塗装）、ニッシン社製リアブレーキキャリパー（オレンジ塗装）、レカロ社製シート、アルカンターラ®をシート、インパネ、ドアトリムに採用している。「世界で 3,000 台のみ製造され、英国では 600 台が独占販売される」とある。

マツダ・モータース（ドイツ）が発行した限定モデル「MX-5 30 周年記念車」のカタログ（2019 年 4 月）

ドイツ向けの MX-5 30 周年記念車も左ハンドルであることを除き、スペックは英国向けとほぼ同じ。ドイツへの割り当て台数についてカタログには記載されていない。価格は 19% の消費税込みでソフトトップが 3 万 4190 ユーロ、ハードトップは 3 万 6790 ユーロ。

マツダ・モータース（ドイツ）が発行したオリジナルアクセサリーカタログ（2019年4月）

2019年4月にドイツで発行されたアクセサリーカタログ。カーボン製リアキャリアの使用例の写真などめずらしい。

商品改良と特別仕様車「シルバー・トップ」発売（2019年12月）

2019年11月14日、商品改良と特別仕様車「シルバー・トップ」を発表（発売は12月5日）。新採用のグレー色のソフトトップ、ボディーと同色のドアミラー、高輝度塗装16インチアルミホイールを装備し、価格は316.91万円（6速MT）、328.46万円（6速AT）。レイズ社製鍛造16インチアルミホイール（RAYS ZE40 RS）（4輪で約3.2kgの軽量化）とブレンボ社製フロントブレーキをオプション設定。

商品改良と新機種「VSバーガンディ・セレクション」発売（2019年12月）

ロードスターRFでは、鮮やかさと深みを両立したバーガンディ・レッドのナッパレザーインテリアを採用した新機種「VS Burgundy Selection」を追加した。価格は377.63万円（6速MT）、380.38万円（6速AT）。

期間限定車「RSホワイトリミテッドセレクション」および「100周年特別記念車」発売（2020年12月）

2020年12月10日〜2021年3月31日注文受付の期間限定車「RS White Limited Selection」はRSの装備に加え、ピュアホワイトシート（ナッパレザー）、ブレンボ社製フロントブレーキ、レイズ社製鍛造16インチアルミホイール、ガラス製リアウインドー付きソフトトップなどを装備し、価格は361.57万円。

100周年特別記念車も2021年3月31日受付締切で販売された。ベースグレードはS Leather Packageで、スノーフレイクホワイトパールマイカのボディーにダークチェリーの幌が付き、レッドのナッパレザーシートと創立100周年スペシャルロゴ付きヘッドレスト、ホイールキャップ、オーナメント、キーなどが付く。1.5Lで価格は327.91万円（6速MT）、339.46万円（6速AT）。

RF期間限定車「RSホワイトリミテッドセレクション」および「100周年特別記念車」のカタログ（2020年12月）

ロードスターと同時にロードスターRFにも期間限定車「RS White Limited Selection」が販売された。RSの装備に加え、ピュアホワイトシート（ナッパレザー）、ブレンボ社製フロントブレーキ、BBS社製鍛造17インチアルミホイールなどを装備し、価格は418.22万円。

ロードスターRFの100周年特別記念車のベースグレードはVSで、特別装備はソフトトップ車とほぼ同じ。塗色はスノーフレイクホワイトパールマイカ、エンジンは2.0L 184psで、価格は384.56万円（6速MT）、387.31万円（6速AT）。

マツダ・フィリピンが発行した「100周年特別記念車」のカタログ（2020年）

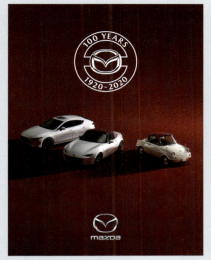
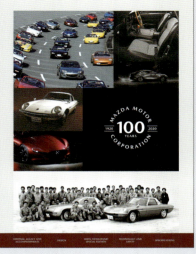

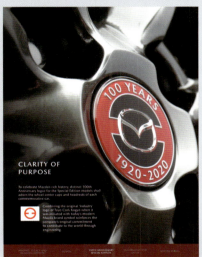

マツダ・フィリピンが発行した30頁のマツダ創立100周年特別記念車のカタログ。Mazda 3とMX-5が設定され、MX-5のエンジンはすべて2.0L 184psでソフトトップには6速AT、ハードトップには6速MTと6速ATが用意されていた。100周年記念マークは1927年9月に商号を「東洋コルク工業株式会社」から「東洋工業株式会社」に改称したのを機に、1928年7月に商標として登録された通称「丸工マーク」の中央に最新のコーポレートマークを合体させたものである。

マツダ・モータース（ドイツ）が発行した「MX-5 EDITION100」のカタログ（2020年）

ドイツで発行された「Mazda EDITION 100」のカタログ。「マツダ100周年を記念して、特別なサプライズをご用意しました。マツダ・エディション100の限定モデルは、上質なインテリアと上質な装備を持つ」とあるが、マツダ本社が企画したのとは異なる独自の限定モデルだ。Mazda 2、3、6、CX-3、CX-30、CX-5、MX-5のEDITION 100がラインアップされている。

マツダ・モータース・UK が発行した特別仕様車「MX-5 R-スポーツ」のカタログ（2021年4月）

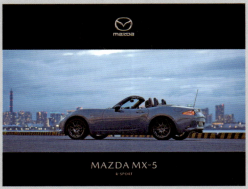

英国で 2021 年 4 月に発行された特別仕様車「MX-5 R-SPORT」のカタログ。国内仕様の「シルバー・トップ」にバーガンディのナッパレザーインテリアを加えたようなモデル。1.5L 132ps エンジン＋6 速 MT を積み、グレー色のソフトトップ、RAYS 社製鍛造 16 インチアルミホイール（RAYS ZE40 RS）を装備する。価格は 2 万 7430 ポンド（20％の付加価値税込み）。

マツダ・モータース・UK が発行した特別仕様車「MX-5 スポーツベンチャー」のカタログ（2021年4月）

英国で 2021 年 4 月に発行された特別仕様車「MX-5 SPORT VENTURE」のカタログ。1.5L 132ps エンジン＋6 速 MT を積み、グレー色のソフトトップ、ライトストーン色のナッパレザーシート、ライトストーン色の内装を持つ。価格は 2 万 7340 ポンド（20％の付加価値税込み）。

商品改良と特別仕様車「990S」および「ネイビー・トップ」発売（2022年1月）

2021年12月16日、ロードスターの商品改良を発表、予約開始（発売は2023年1月）。「人馬一体」の走りの楽しさをさらに高める新技術「Kinematic Posture Control (KPC)」をロードスター全モデルに導入。同時に特別仕様車「990S」を追加、最軽量グレード「S」をベースに、さらなるバネ下重量の低減と、軽さを活かしたシャシーとエンジンの専用セッティングによって、より軽やかで気持ちの良い人馬一体感を実現。レイズ社製鍛造16インチアルミホイール（RAYS ZE40 RS）、ブレンボ社製対向4ピストンキャリパーと大径ベンチレーテッドディスクを装着。990S専用セッティングのダンパー、コイルスプリング、電動パワーステアリング、エンジン制御を採用。ダークブルーの幌を装着。1.5L 132psエンジン＋6速MTを積み、価格は289.3万円。

ベースグレード「S Leather Package」に、品のあるダークブルー幌と黒革内装を組み合わせた、クールで都会的な特別仕様車「Navy Top」。2021年12月16日〜2022年5月31日の期間限定予約販売で、価格は319.11万円（6速MT）、330.66万円（6速AT）。

RF商品改良と新機種「VSテラコッタセレクション」発売（2022年1月）

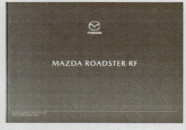

滑らかな触感で上質さが際立つナッパレザー内装のインテリアカラーに、鮮やかな新色「テラコッタ」を採用し、リラックスする大人の休日をイメージした新機種「ロードスター RF VS Terracotta Selection」が追加設定された。2.0L 184psエンジンを積み、価格は379.83万円（6速MT）、382.58万円（6速AT）。

特別仕様車「ブラウン・トップ」発売および新塗色「ジルコンサンドメタリック」追加（2022年12月）

ロードスターと組み合わせることで、今までにない新たなスポーティさを表現するとともに、これまでのボディーカラーとは異なる雰囲気と個性を感じさせる新色「ジルコンサンドメタリック」が追加設定された。

2022年11月17日、特別仕様車「Brown Top」を発表、予約開始（発売は2022年12月中旬）。「S Leather Package」をベースにブラウンの幌、ボディーと同色のドアミラー、テラコッタ色のナッパレザーシートと内装、16インチアルミホイールを装備し、価格は325.71万円（6速MT）、337.26万円（6速AT）。

2023年スーパー耐久シリーズの参戦体制発売（2023年2月）

マツダは、長年アマチュアが気軽に参加できる参加型モータースポーツに力をいれてきたが、2023年からは、参加型モータースポーツの一層の盛り上がりを図るため、「倶楽部 MAZDA SPIRIT RACING チャレンジプログラム」を立ち上げた。「スーパー耐久レースへの道」で、マツダが協賛している2つのグラスルーツモータースポーツにて優秀な成績を収めたドライバーが、2023年スーパー耐久シリーズにチャレンジするプログラム。写真は倶楽部 MAZDA SPIRIT RACING ROADSTER（120号車）。

大幅商品改良して発売（2024年1月）

2023年10月5日、ロードスターの大幅商品改良が発表された。発売は2024年1月中旬。マツダ・レーダー・クルーズ・コントロール（MRCC）とスマート・ブレーキ・サポート「後退時検知機能（SBS-RC）」の新採用や、マツダコネクトの進化など、最新の先進安全技術やコネクティッド技術を搭載し、同時にデザインも進化し、デイタイムランニングランプの変更や、テールランプも立体的となり、すべてのランプがLED化された。インテリアには8.8インチのセンターディスプレイを新たに採用。また、往年のライトウェイトオープンスポーツカーを彷彿させるスポーツタン内装とベージュ幌のカラーコーディネーションが新たに設定された。ダイナミクス性能では、MT車（ロードスターSを除く）に「アシンメトリックLSD」の採用、電動パワーステアリングの進化、エンジンパフォーマンスフィールの進化、「DSC-TRACK」の追加など、4代目ロードスターとしては最も大きな商品改良となった。なお、990S、Brown Top、S Leather Package White Selectionは廃止された。

改良されたロードスターRF。

マツダ・フィリピンが発行した英語版カタログ（2024年）

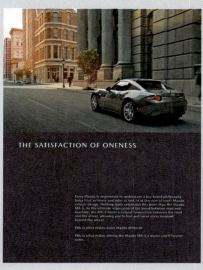

マツダ・フィリピンが発行したカタログ。モデルバリエーションはソフトトップとハードトップに「Club Edition」と「Skyactiv」のグレードがあり、それぞれにATとMTが設定されている。

マツダ・モータース・UKが発行した英語版カタログ（2024年2月）

2024年2月に英国で発行されたカタログ。ソフトトップ、ハードトップ（RF）どちらにも1.5Lと2.0Lエンジンが設定されているが、トランスミッションは6速MTのみ。価格はソフトトップが2万7690〜3万4100ユーロ（20％の付加価値税込み）、ハードトップは2万9590〜3万6300ユーロ。

マツダ・モータース（ドイツ）が発行したドイツ語版カタログ（2024年1月）

SONDERMODELL KAZARI

Kazari steht im Japanischen für Dekoration – die Farben und Texturen, das Visuelle und Haptische. Der Mazda MX-5 Kazari spiegelt Individualität und Inspiration wider. Mit dem klassischen, beigefarbenen Interieur und dem ebenfalls in Beige gehaltenen Stoffverdeck setzen Sie mit dem Mazda MX-5 Kazari ein Design-Statement. Als Mazda MX-5 RF bildet das schwarze Hardtop einen eleganten Kontrast zur von Ihnen gewählten Außenfarbe. Exklusiv auf dem Mazda MX-5 RF Kazari ist der Skyactiv-G Zweiliter-Motor mit Sechsstufen-Automatikgetriebe erhältlich (Kraftstoffverbrauch kombiniert (WLTP): 7,6 l/100 km; CO_2-Emissionen kombiniert: 171 g/km).

2024年1月にドイツで発行されたドイツ語版カタログ。ソフトトップには1.5Lと2.0Lに6速MT、ハードトップモデルにも2.0Lに加えて1.5Lモデルが設定されている。特別モデル「KAZARI（カザリ）」が設定され、ハードトップ（MX-5 RF）には非常に珍しい2.0L＋6速ATモデルも設定された。コピーには「日本語でKazariとは、色や質感、視覚的、触覚的な装飾を意味します。･･･クラシカルなベージュのインテリアとファブリックソフトトップが、マツダロードスターKazariのデザインステートメントです」とある。ハードトップの「KAZARI」にはブラックのルーフが採用され、選択したエクステリアカラーとのエレガントなコントラストを演出している。

解説：當摩節夫　資料協力：自動車史料保存委員会

第8章　主査からロードスターアンバサダーへ

■主査の交代

　私は2015年1月で60歳となり定年を迎えた。主査になった時から分かっていたことだが、当初のNDロードスター/MX-5導入は2012年だったので、2008年のリーマンショックが無ければ、定年までに導入活動も終えることができるという計画だった。

　いろいろなことが起きるのが世の常だが、定年を迎えたタイミングはまだNDロードスター/MX-5の導入の真っ最中であり、さらにロードスター/MX-5 RFの開発も進行中のタイミングであった。そのため2年間は嘱託という形で主査を続けることになったが、次期主査に襷（たすき）を渡してNDロードスター/MX-5の育成を託さなくてはならないとずっと候補者の検討を進めてきた。ロードスターの主査は初代NAの平井敏彦さんから、NB／NCの貴島孝雄さんへと受け継がれ、貴島さんが定年を迎えたことから、その襷を私が受け継ぐことになった。私も定年を迎えることで、後継者に主査を引き継ぐことになったのである。

　その新主査はNDのチーフデザイナーの中山雅さんにお願いすることとした。主査の引き継ぎには役員の了解も必要なので、一年以上の時間を経て決定することができた。チーフデザイナーから主査への抜擢は、私の知るところでは2人目であった。周囲からは「大丈夫か」などといろいろと意見をもらったが、私はグローバルにRFの導入を成功させること、そしてインサイクルアクション（中間商品対策）の実行という観点、そして何より"ロードスター愛"があるという3つの点で彼が適任だと考えた。

　社内への辞令は2016年7月1日だった。あたり前であるが、それまでは役員と人事しか知らない異動であった。メディアへの発表は、2016年8月5日のAMC（オートモビルカウンシル）のプレカンファレンス（記者会見）で行った。主査の交代をプレカンファレンスするのは異例のことであったが、ロードスター/MX-5 RFの発表展示もあり、合わせて行うことになった。

　新主査の中山さんとはND開発をずっと一緒にやってきた同志であり、いまさら特に伝えることはなかったので、主査職務の引継書と業務計画書のみを渡した。

ロードスターアンバサダーとして国内でも各地のファンミーティングに参加し、多くのオーナーの皆さんと交流した。

引継書には、RF の導入からインサイクルアクション対応、人財育成、そしてエールなど 7 項目を記した。

■ロードスターアンバサダーとは

マツダでは、2011 年にサッカーの長友佑都選手が SKYACTIV アンバサダーに任命されているが、ロードスターアンバサダーという名称は、社員では初めての肩書であった。当時の商品本部本部長である竹下仁さんより、ロードスター開発で培ったマツダの「走る歓び」の価値づくりや、高い「志」と「情熱」をもって取り組んできたことを社内へ伝承し、社外へはマツダのブランド価値を広く伝えファンをつくり、多くの人と人を繋げていく役割を担ってもらうために、ロードスターアンバサダーを名乗って活動して欲しいと言われた。

私にとっては思いもかけない肩書であり、とても嬉しい名称だった。この肩書により、ロードスター /MX-5 RF の導入や NA ロードスターのレストアサービスの事業遂行に、また社内外での講演などの対応に胸を張って臨むことができた。ロードスターアンバサダーとしての職務期間は、2016 年 7 月から退職する 2023 年 2 月までの 6 年 7 ヵ月で、ND ロードスター /MX-5 の開発後、広くお客様にロードスターの魅力や開発中のエピソードなどをお知らせする活動を行えた。

そして、多くのお客様との交流を通じて、人と人とが繋がっていくことを体験した。このことは私にとってかけがえのない財産となった。

■ロードスターアンバサダーとしての活動

ロードスターアンバサダーとしての活動では、ロードスター開発プログラムのサポートとアンバサダー独自の職務の 2 つを遂行することになった。

開発プログラムの仕事としては、主査のサポートとしてロードスター /MX-5 RF の導入（ローンチ）活動を行うことが当面の職務となる。これは国内と海外でのローンチ活動を新主査の中山雅さんと一緒に実施することが中心である。

アンバサダーとしての独自職務は、ファンミーティングやイベント活動を通じて世界中のロードスター /MX-5 ファンや多くのお客様との交流を深めること。もう一つは、NA ロードスターのレストアサービス事業を検討し、ビジネスとして成立するように取り組むことである。この 2 つの活動を通じてマツダファンを増やしていくこと、マツダのブランド価値の向上に貢献することが目的である。また、多くの皆さんからの強い支持をい

ただき ND ロードスター /MX-5 が世界中で数多くの賞を受賞したことも手伝って、企業や各種団体、学校などから講演の要請を受けるようになり、講演活動も大きな職務の一つに加わった。

そうした背景を踏まえて、ここでは NA ロードスターのレストアサービスの検討経過と講演活動について紹介する。

■ NA ロードスターのレストアサービス

ND 開発の過程で、マツダの資産であるロードスターを活かさなければならないという観点で、新事業の検討を行った。そこから生まれた NA ロードスターのレストアサービスについて紹介する。

新事業発想の視点は、これまでの新車販売、サービスに頼ったビジネス構造から、ロードスターが築いた 20 年の資産を活用した、独自のビジネスモデルの可能性を検討することであった。それは、世の中の価値観の変化に合わせてロードスターの持つ強みを資産として活用することだった。世の中が、機能としての「モノ」に対してではなく、自分の感情をつき動かす「コト」体験や活動にお金を払うという価値観に移行していると考えた場合、ロードスターはお客様との感情的な結びつきが強いため、これからの時代を生き抜く資質を持った存在となるからである。

この新事業の検討は全社のいろいろな部門のメンバーがタスク活動で参画し、時間を惜しまずに議論を深め、検討を重ねた。そのアプローチとしては、新しいビジネス機会の創出というブレークスルーを見つけるため、お客様の購入検討から手放すまでを 4 つのステージに分けて、どのような感情価値があるかを抽出し、ビジネス機会を検討した。具体的な 4 つのステージの感情価値とは以下の通りである。

1) 購入検討前：クルマとの感動的つながり期待醸成期。
2) 購入検討期：感情の注ぎ込み期。
3) 所有期（後半）：長い時間を経て～つながり成熟期。
4) 手放し期：愛するものとの別れ。

これらのステージにおけるお客様の感情価値を抽出した結果、3 つの事業を提案した。

1 つ目の提案は、「世界一受けたいワクワク授業」。お客様にいつもと違うワクワクとした週末が過ごせる感情価値を得てもらうためのサポート事業。

2 つ目の提案は、「ピノキオプロジェクト」。ピノキオが「人形」から「生き物」へと変化するように、お客様にもロードスターに感情を移入して愛着度を高めて

いってもらうための事業。

3つ目は、「ロードスターを愛し続ける事業」。お客様にロードスターへの愛情が永遠に続く感情価値を得てもらうための事業。

この中から、私たちは「ロードスターを愛し続ける事業」にフォーカスして深堀りすることにした。なぜなら、今回の検討で最も大切なことは、マツダとお客様との感情的なつながりを、ずっと維持していくことが重要だからである。この具体的な事業化に向けて出てきたのが「NA ロードスターのレストアサービス」であり、その検討を開始したのである。この検討を進めるにあたっては、方向性がブレないようにこの事業の「意義」を明確にし、活動をやりきるための「志」を掲げた。その意義は以下の3つである。

● マツダには、お客様に長期間継続して保有していただいている NA ロードスターが存在する。
● ファンミーティングやウェブでの調査結果から、お客様にはオリジナル状態にリフレッシュしたいという強いニーズがある。
● NA ロードスターをオリジナルに戻すという価値を提供することでお客様の声に応え、これらのクルマを自動車文化的資産として残していく。

そして活動をやりきるために掲げた4つの「志」は以下のとおりである。

● NA ロードスターに乗り続けるお客様と強い絆を構築する。
● NA ロードスターを名車として位置づけ、自動車文化への貢献・ブランド構築の一環とする。
● オリジナル部品やマツダならではの取り組みで、信頼性の高いレストアサービスを提供する。
● 市場のレストアショップとも良好な関係構築を目指す。

このように意義や志を明確にすることで、ブレずに、チームメンバーの意識を合わせ、自ら考え実施するモチベーションを高めることができたと思う。そして一番の課題はビジネス成立への対応であった。そこで事業化に向けて以下の8つの課題解決にチームで取り組んだ。

①事業開始までの全体日程
②ユーザー調査（ファンイベント）及び他社動向
③レストアメニュー内容及び価格設定
④ビジネス採算性
⑤部品供給
⑥業務プロセス
⑦品質保証及び TUV（テュフ）認証取得の取組み状況
⑧導入告知対応

これらには私の所属する商品本部を筆頭に経営企画室、事業を運営するカスタマーサービス本部、物流本部や作業を実施するマツダ E&T、さらに販売会社にも関係するので、国内営業本部、法務部や広報など、全社の英知を結集させた。

同時に並行して取り組んだのはファンミーティングでのお客様の調査であった。お客様が何を望んでいるか、それを疎（おろそ）かにすることがあってはならないからである。お客様への最初の質問は「NA ロードスターをいつまで乗り続けますか？」という問いかけであった。アンケートに回答して下さった 144 人のお客様は全員「一生、ずっと、いつまでも、乗れる限り」と、そんな結果であった。私たちはこの回答を、お客様のロードスターへの愛情と受け止め、応えなければいけないと強く思ったのである。

レストアの具体的なメニューと希望価格も調査した。レストア範囲はすべての領域にわたり、希望価格は 200 万円くらいであれば受注が見込めるレベルだった。しかしながらこの価格ではビジネスが成り立たないので、お客様の希望よりかなり高い価格設定をすることになった。

価格設定において競合があるわけではないが、レストア事業を行っているブランドも調査した。海外ではポルシェ、フェラーリ、メルセデスベンツなどヨーロッパのプレミアムブランドがあり、日本ではホンダの NSX があった。レストアサービスを提供しているのは限られたブランド、限られた車種であることが明らかになった。

実際に現場の視察にも行った。ドイツのシュトゥットガルトに出かけてポルシェ・クラシックファクトリーレストアとメルセデスベンツ・クラシックセンターを訪問し、レストアがどのように実施されているのかも調査した。

一方、事業化においての関門はビジネスの採算性であった。企業である以上、利益が出ないとビジネスにはならないので、一台一台のレストアサービスできちんと変動利益を確保すること、部品供給ビジネスを含むビジネス全体で営業黒字を確保することを目指した。また、事業の実施においては、元々レストア作業をお願いするマツダ E&T の年間の工数負荷の谷をうまく埋めることが大切だと考え、限られた工数で実施することを検討した。そして、もう一つ重要なのがレストア専用投資をしないことであった。

業務プロセスも一からつくった。新車は販売会社で販売するが、レストアはウェブサイトで受付し、マツダが直接お客様と契約を結ぶ仕組みとした。社内の関連部門との役割責任、社外との契約などの課題も解決し

ていった。契約書などは、社内の法務部門に頼んで作成した。

　さらにお客様視点で一番大事なことは、レストアの品質を確保することである。品質保証をするためにレストアトライアルを3台実施して検証した。また、第三者からの認証を取り付けることで、確かな品質を確保するプロセスを構築するため、ドイツに本社のあるテュフラインランドジャパンの「世界クラシックカーガレージ認証」を取得した。これは、マツダが世界で初めて取得した認証である。

　レストアサービスは、マツダにとって初めての事業である。そのためクルマをレストアするだけでなく、ビジネス構造や、お客様との接遇、工場の設備や作業プロセスなどが正しく行われている信頼や安心感をお届けできるようにしようと、第三者機関の審査を受けることに取り組んだ。そしてテュフラインランドジャパンのコンサルティングを受け、レストア事業における第三者機関による認証を獲得することができたのである。

　導入告知には、国内で開催されるクラシックカーの大きなイベントであるオートモビルカウンシル（AMC）を選び、NAロードスターのレストアサービスを検討する発表を行った。そして、全国で行われるロードスターのファンミーティングにもレストアトライアル車両を展示してアンケートや意見を聞いた。

　またロードスターショップの皆さんとの交流も行い、パーツ供給などを確かなものにする取り組みなどの協力関係を構築することで、"ウイン－ウイン"の関係を保つことも重要な取り組みであった。そうした活動を進

MRY（マツダR&Dセンター横浜）で開催したNAロードスターレストアサービスの説明会。会場には2台のレストアトライアル車も展示し、参加者の皆さんにレストア状態を直接見ていただいた。左の車は年式の古い20万kmオーバーの中古車を購入してレストアを実施したもの。

めることで、レストアサービスのビジネス開始に繋げることができたのである。

レストアサービスのオーナー向け説明会は MRY（マツダ R&D センター横浜）で行った。まるで新車発表会のようであったが、説明会は申込者が多く、その日の午前と午後の 2 回の説明会だけでは終えることができず、MRY でのアンコール説明会と広島本社での説明会も行った。多くのオーナーに直接サービス内容を説明して、この事業内容をきちんと理解してもらえるように努めた。説明会で一番心配していたことは価格設定に関してだったが、オーナーであるお客様が私たちの提案を受け入れていただけたことは大きな自信となった。

レストアサービスの具体的なメニューや内容、価格などはここでは紹介しないが、興味のある方はマツダのホームページを見ていただきたい。一号車の完成は 2018 年 8 月であるが、2023 年末までの 5 年半で 13 台の実績を上げている。「小さく生んで大きく育てる」という考え方で、これからも NA ロードスターのお客様が長く乗り続けることができるように、マツダが部品の供給とレストアサービスを継続してくれることを願っている。

■講演活動

ND ロードスターに関する講演活動は、2014 年 4 月の導入活動が始まってから 2023 年 2 月の退職までに 83 回行った。タイトルは「守るために変えていく」、「あなたの夢は何ですか」の 2 つを準備した。

前者では ND ロードスター /MX-5 が何を目指しどう取り組んだのか、また広島でモノをつくる意義やマツダの取り組みなどを紹介した。

講演依頼は自動車産業界やサプライヤーだけでなく、同じモノづくり企業の小松製作所、新日鉄、広島アルミ、IT 企業の IBM、オラクル、NEC、また大学や各種団体の年次大会での基調講演など、幅広い業界から講演依頼をいただいた。その中でも、2016 年 3 月のトヨタ技術会では、副社長を始め 20 人の役員と 700 人の皆さんの前での講演となり、身が引き締まる思いだった。後日、講演の様子がトヨタ技術会会報誌に掲載されたが、簡潔に要点がまとめられたレポートに、さすがトヨタだと感心したことを覚えている。

さらには、建設業界やテニス産業、トーストマスターズインターナショナル秋季大会、広島の神社庁での講演をはじめ、火力原子力発電技術協会での講演や、オートモーティブワールドでのパネルディスカッション、文字フォントを開発するモリサワでの日本を代表するグラフィックデザイナーの佐藤卓さんとの対談など、異分野での得がたい貴重な経験もすることができた。

一方、後者は学校関係を中心に子供たちに「夢をもつこと」や「働くこと」、「仲間と一緒にチャレンジすること」などの大切さを伝えた。特に、広報のアイデアで 2015 年 7 月に母校の高知工業高校での凱旋講演をさせてもらったのは想い出深いことだった。懐かしい体育館で 47 年ぶりに校章を見て、校歌を思い出し歌ったことは忘れられない。

これ以外にも、忘れがたい授業での講演をここで 3 つ記しておきたい。

①源氏前小学校での課外授業

2017 年 3 月に東京の品川区立源氏前小学校 4 年 1 組の大倉先生から手紙をいただいた。内容は、授業で自分の夢について調べた時に、辻君という少年がデザイナーになりたいと思い、私に対して 5 つの質問を書いたのでその質問に答えて欲しいという趣旨だった。私は手紙を読んで、質問に文字で答えるだけではなく、直接会って内容を伝えたいという気持ちを大倉先生に伝え、3 月 24 日に授業に参加して「あなたの夢は何ですか」の講演と辻君の質問に答えることを約束した。

なぜ、辻君と大倉先生がそこまでの行動をとったのか。そこにはロードスターと広島に関する背景があった。まず、辻君のお父さんがロードスターに乗っていたこと。そして、大倉先生が広島生まれの広島育ちであり、広島東洋カープとマツダへの愛着があったからである。

せっかくの機会なので、ワールド・カー・オブ・ザ・イヤー（WCOTY）のトロフィーも持参し、「紙芝居」形式で約束を果たすことにした。源氏前小学校の校庭でロードスターを前に紙芝居風に辻君の質問である「夢を叶えるために」に答えながらロードスターが WCOTY を受賞したことや、好奇心をもつこと、仲間と一緒に難しいことに挑戦することの大切さなどを話した。私には子供たちがロードスターに触ったり、乗り込んではしゃいでいる姿が印象的だった。

②観音中学校での課外授業

2017 年 12 月に広島県商工労働局イノベーション推進チームより、マツダに講師の派遣要請が届いた。内容は広島市立観音中学校での 1 年生の「働く人に学ぶ会」という課外授業で、さまざまな職業に従事する人たちからその仕事内容、やりがい、苦労などを聞き、その具体的な話や姿から「働くこと」について学び、自分の生き方を考えるという趣旨であった。講師は私のほかに、映画製作会社、消防署、建設会社、老人ホーム、運送会

社、ドッグサロンなど8企業の方々であった。

　私はマツダのクルマづくりについて20分の授業と10分の質問コーナーの授業を2クラスで行った。授業後の感想文には、生徒たちが「自分の夢について考えるきっかけができた」ことや、授業の中で話した「夢なきもの歓びなし」というメッセージが心に残っているという言葉があり、課外授業の目的を果たせたのではないかと思った。その後も観音中学校での課外授業は、コロナ禍でのリモート開催も含め3回実施させていただいた。

③本郷西小学校での課外授業

　マツダでは地域貢献を果たすために総務部がさまざまな活動を行っている。その一環としてスペシャリストバンク事務局より2018年2月に広島県三原市の本郷西小学校への課外授業の要請があった。内容は、6年生の総合学習の時間で「自分の将来の夢」について、実際に働いている方からの話を聞くことで子どもたちに「職業観」を持たせ、自分の夢を考える学習とのことであった。

　なぜその職業を選んだのか、夢見た職業に就いた今、どんな理想をもって働いているのかなどを話して欲しいという依頼であり、源氏前小学校の事例もあったので「あなたの夢は何ですか」というタイトルで資料を準備し、課外授業を行った。

　本郷西小学校では2018年6月にも2回目の課外授業を行った。講演の後、生徒一人ひとりからの感想文が届いたことがとても嬉しかった。

　さらに私がマツダを退職する直前の2023年2月6日にも最後の課外授業を実施した。この日は広島のTV局3社、新聞社5社の取材もあり、私にとっては記念すべきアンバサダーとしての最後の講演となったのである。

2015年7月に母校の高知工業高校での凱旋講演をさせてもらった。懐かしい体育館で47年ぶりに校章を見て校歌を思い出し歌ったことは忘れられない想い出の1つである。

2017年3月に品川区立源氏前小学校では校庭でロードスターを前に「あなたの夢は何ですか」の講演を紙芝居風に行った。

広島市立観音中学校での一年生への「働く人に学ぶ会」での授業の後、ロードスターの紹介を行った。観音中学校では2017年から3回講演を行った。

マツダの地域貢献活動の窓口であるスペシャリストバンク事務局からの要請で三原市立本郷西小学校で課外授業を行った。

■ MX-5 Yamamoto Signature（ヤマモト・シグネチャー）

ND MX-5 のヨーロッパでの導入活動は、2015 年 6 月のフランス・ニースでの試乗会、同 8 月のスペイン・バルセロナのメディア向け試乗会、そして 2017 年 1 月のバルセロナでの MX-5 RF の試乗会と続き、各国のディストリビューターとの交流が本格化していった。イタリアでの限定車となる MX-5 Yamamoto Signature のアイデアは、2017 年 1 月のバルセロナでの試乗会で、MMI（マツダイタリア）とミアータランドオーナーのアンドレア・マンチーニさん、そしてジャーナリストのジョバンニ・マンチーニさんとの懇親会から生まれた。

ミアータランドとは、ローマとフィレンツエの中間に位置するイタリア・ペルージャ県にあるリゾートホテル兼 MX-5 のコレクションホールである。オーナーのアンドレア・マンチーニさんは MX-5 の愛好家で、MX-5、Miata、日本仕様のロードスターやさらに M2 など 39 台を所有している。イタリア人に限らず、MX-5 や Miata そしてロードスターファンにとって一度は行ってみたい場所となっている。

2018 年 1 月、MMI のクラウディオ・ベネデットさんから私のもとにメールが届き、MX-5 Yamamoto Signature の製作に関する提案が記されていた。私にとっては、自分の名前がついた特別仕様車が製作されるということほど光栄なことはない。早速、社内の広報や商品企画、マーケティング部門へ連絡を取り、MMI の独自製作ということでなら問題ないことが確認できたので、詳細について MMI と調整を進めた。そして MMI ではこのプロジェクトを成功させるためのチームが結成されたのである。

そのメンバーは、ミアータランドのオーナーであるアンドレア・マンチーニさん、「エラボラーレ」誌ディレクターであり情熱的なジャーナリストのジョバンニ・マンチーニさん、アンバサダー顧客で NA MX-5 のオーナーのアンドレア・デ・アンジェリスさん、MMI のブランドマネージャーであるジュリオ・アンッサンドリーニさん、そして MMI のホモロゲーションマネージャーであるマルコ・サバティーニさんの 5 名である。

MMI はバルセロナでの試乗会で MX-5 に対する私の考え方や取り組みを理解した上で、MX-5 への特別なシリーズを企画してマツダのブランド価値を高める施策を考えたのである。そして MX-5 の特徴を先鋭化した上で、私の所有する ND ロードスターと類似した特別バージョンを製作することが今回の企画である。

私もその提案に賛同し、MX-5 の「人馬一体」「走る歓び」が発揮されるように、Made in Japan と Made in Italy のクラフトマンシップも組み込んだ仕様のアイデアを出し合い、検討が進んでいったのである。

最初の MMI からの提案は以下の内容だった。
- ネーミング：MX-5 Yamamoto Signature（ヤマモト・シグネチャー）
- モデル：1.5 リッタートップスペック車。但し、1.5 か 2.0 リッターかは意見を乞う。
- アルミホイール：BBS もしくはケスキン
- ショックアブソーバー：オーリンズ
- ブレーキ：ブレンボ・ゴールドシリーズ
- マフラー：レムス

私は MMI からの提案に対して「人馬一体」の考え方に従い、この限定車の重量は重たくしないことを大前提とした。従ってエンジンは迷うことなく 1.5 リッターを勧めた。また、ボデーカラーは私の ND ロードスターと同じジェットブラックマイカを選んだ。そしてコンセプトは「走る歓びを最大化すること」であるので、初代から続く MX-5 の価値感をメッセージとして伝えた。

「Life is be enjoy. Let's enjoy it together with Special MX-5. Be happy! 今回のスペシャルバージョンとなる MX-5 Yamamoto Signature は、WCOTY に裏打ちされた世界一の LWS である MX-5 を、日本とイタリアのコラボレーションによる装備の追加で、より豊かな人生を楽しめる洗練された MX-5 にできると思います」。

加えて、私からも日本とイタリアの国旗の共通する赤と白にもあやかって、Made in Japan の品質と誠実さ、イタリアの情熱と芸術性を持ったテイストができれば良いと思い、幾つかのアイデアを提案したのである。

また、このバージョンは NA のテイストを組み込みたいというプロジェクトチームの意向があって M2 が採用したネームプレートを製作するようにしたが、この時は「イタリアのファンは M2 が本当に好きなんだなあ」と感じた。

MX-5 Yamamoto Signature はそのような経過を踏まえて誕生した。主な変更点は、エクステリアではフロントとサイドにエアロスポイラーが装着され、赤のストライプを入れることで存在感を強調した。インテリアでは、赤いアルカンターラでステアリングホイール、シフトレバー、パーキングブレーキを統一した。助手席のインパネには N.Yamamoto のサインを刺繍した。走りはオーリンズのスプリング、ダンパーでサスペンションを

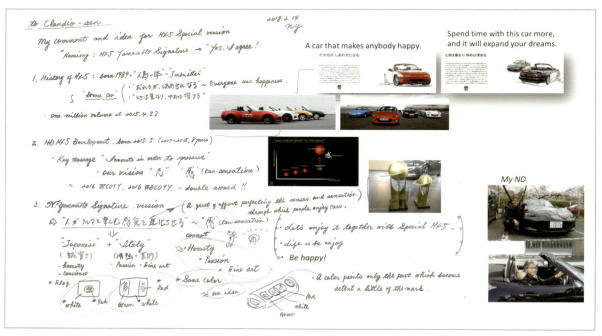

イタリアでの限定車 MX-5 Yamamoto Signature（ヤマモト・シグネチャー）。フロントとサイドの赤いストライプ入りエアロスポイラー、赤いアルカンターラのステアリングホイール、助手席インパネのサインの刺繍、運転席ドアミラー後ろのシリアルナンバー付きのエンブレムなどが外観上の特徴である。中央の写真はこのクルマのコンセプトに対する私からのメッセージと提案。

チューニングし、装着したブレンボブレーキシステムとエンケイの鍛造ホイールは軽量化にも貢献した。エンジンルームは赤いストラットタワーとスペシャルオイルフィラーキャップで差別化し注目度を高めた。そして、このMX-5が何を目指したかを示すシリアルナンバー付きエンブレムを運転席のドアミラーの後ろに装着した。台数は4台限定で注文はウェブサイトで行い、価格は37,500ユーロであった。

■ MX-5 Yamamoto Signature のアンベール

このMX-5 Yamamoto Signatureは2018年5月にイタリアのミアータランドでメディアを招聘してローンチが行われた。私も参加して一緒にそのイベントを実施した。そして、MX-5ファンの皆さんへはモデナのサーキットで5月12日に開催された"Motor 1 Day"というビッグイベントの中でアンベールを行ったのである。

私は"Motor 1 Day"のスペシャルイベントとして、ダラーラ氏、パガーニ氏に次いでトークショーに出演した。ここでもND MX-5が何を目指しどう取り組んで来たのかをイタリアのファンの皆さんにお伝えするという格別の時間を体験することができたのである。そして午後からはMX-5ファンの皆さんへのMX-5 Yamamoto Signatureのアンベールとなった。集まってくれた多くのMX-5ファンは、私がMMIから要請を受けてスケッチしたMX-5の画をもとにデザインされたTシャツを着用して、イベントを盛り上げてくれた。

MX-5 Yamamoto Signatureは4台の限定車であり、多くのファンに購入していただくことはできないが、日本とイタリアのセンスで仕上げた特別なクルマであり、私はイタリアでのメモリアルカーとして、存在し続けてもらえることを願っている。

■ ダラーラ・ストラダーレに試乗

"Motor 1 Day"の会場にはダラーラさんの80歳の誕生日を記念したモデルのダラーラ・ストラダーレが展示されていた。徹底した軽量化で重量は870kg、フォー

MX-5ファンの皆さんへのMX-5 Yamamoto Signatureのアンベールは、モデナのサーキットで開催された"Motor 1 Day"というビッグイベントの中で実施された。

ミアータランドのオーナーのアンドレア・マンチーニさん。

ミアータランドはイタリア・ペルージャ県にあるリゾートホテル兼MX-5のコレクションホール。

M2 1002もアンドレア・マンチーニコレクションの1台。MX-5 Yamamoto Signatureもこれに倣ってエンブレムを装着した。

アンドレア・マンチーニさんは大のMX-5愛好家で、ヨーロッパ仕様のMX-5だけでなくアメリカ仕様のMiataや日本仕様のロードスターなどを39台も所有している。

ドの2.3リッター・ターボエンジンは400PSを発生するマシーンだ。軽量化のためにドアは無く、シートの中央には乗り降りの時に足を置くスペースが設けられている。

ドライビングポジションはシートが固定なので、ステアリングとペダルをスライドさせて調整する構造であった。これも「軽量化のためだ」と説明を受けた。

ストラダーレの試乗車に同乗するチャンスがあったのでアンドレア・レビーさんの運転でモデナサーキットを走行した。軽量でハイパワーのストラダーレは水を得た魚の如く"すいすい"とサーキットを駆け抜け、爽快だった。

■オラチオ・パガーニのファクトリー訪問

MMIの協力もあり、モデナのパガーニの工場を見学することができた。あいにくオラチオ・パガーニさんは留守であったが、息子のレオナルドさんが彼の友達と一緒に出迎えてくれた。

ファクトリーは新社屋で博物館と工場があり、とても綺麗で新しい設備が揃っており立派だった。博物館にはオラチオ・パガーニさんがレオナルド・ダ・ヴィンチに憧れてアルゼンチンからイタリアに来て成功する足跡と、その栄光のクルマが展示してあった。工場内は写真撮影が許されなかったが、カーボンボデーの窯が3つ、その製作ルーム、そして車両組み立ての整備場が広々と整えられていた。息子のレオナルドという名前もパガーニさんがレオナルド・ダ・ヴィンチに憧れていたので同じ名前を付けたそうである。

ゾンダやウアイラなどのスーパーモデルが存在するパガーニは、芸術と科学を融合させた傑作と言われている。ウアイラとは、パガーニさんの出身地であるアルゼンチンの先住民族が信仰する風の神を意味するそう

で、何とも言えないネーミングである。

工場見学が終わって事務所に戻るとショールームにはウアイラ・ロードスターが展示してあった。座らせてもらいメーターを見ると何とも芸術品のようであった。

レオナルドさんに尋ねてみるとスイスの時計メーカーでつくらせていると教えてくれた。そしてクルマの価格は200ミリオンユーロだそうで、販売先はアメリカやサウジアラビアの富裕層だと教えてくれた。

レオナルドさんの事務所にウアイラのシフトレバーの写真が貼られていたので、「どうしてですか?」と尋ねると、「シフトフィールが大切だから」という返事だった。クルマのスタイルや性能はもちろんのこと、ドライバーが接する"マン・マシーン・インターフェイス"の大切さを重んじるという考えは、まったく同感だと思った。本当に凄いクルマをつくっているのだ。ロードスターとは全く値段は違うが、同じ想いをもっているということが分かり充実した至福の時間を過ごすことができた。

■エンツォ・フェラーリ博物館の見学

モデナに来たらどうしても行きたいところがあった。それはフェラーリの博物館である。2つある博物館のうち、黄色い屋根のエンツォ・フェラーリ博物館は2回目の訪問となるが、何度も足を運びたくなる場所である。

今回は「女性とフェラーリ」というテーマの企画展が開催されていた。美しいフェラーリと女性達のライフスタイルが表現されていた。別館にはエンツォ・フェラーリのオフィスを再現した執務室、歴代の1気筒から12気筒のエンジンがラインナップされている。

F-1エンジンは美しい。1.5リッターV6ツインターボエンジンは540PS／11000rpm、V10とV8のNAエンジンは、最高回転数17500〜19000rpmを誇っていた。

ダラーラ・ストラダーレ。870kg、400PSのフォードエンジンを搭載。右の写真はモデナサーキットで同乗させてもらったオープンタイプ。

モデナ郊外のパガーニのファクトリー。ここには工場と博物館がある。博物館にはゾンダやウアイラなどのスーパーモデルが展示されている。

エンツォ・フェラーリ博物館の別館では、フェラーリの1気筒から12気筒までの歴代のエンジンが展示されているほか、エンツォ・フェラーリの執務室も再現されている。

■ 30周年を迎えたロードスターと世界各地でのイベント

2019年はロードスターの30周年となる記念の年となった。4月5〜7日に行われたオートモビルカウンシル（AMC）では、ロードスターに関係するエピソードをお客様と共有するイベントが企画された。私はロードスターアンバサダーとして、ロードスター30周年の歩みの中で心に残るエピソードを取り上げ「12 Stories in 4 Generations」としてお客様に紹介した（この内容は巻末で紹介している）。その他にも多くの記念イベントに参加させていただいたが、ここからは日本のロードスターファンがなかなか参加できない海外イベントを中心に紹介したい。

①ドイツでのMX-5 30周年イベント

2019年5月12日、ドイツ・アウクスブルクにあるマツダクラシック・オートモビルミュージアム（Mazda Classic -Automobil Museum Frey）のMX-5 30周年イベントに参加した。

この博物館のオーナーは、現地で長年マツダ車の販売店を経営しているヴァルター・フライさんである。フライさんは大のRE（ロータリーエンジン）愛好家であり、RE車のコレクターでもある。そのフライさんが、2017年にアウクスブルクの路面電車倉庫跡にマツダ車の博物館を開設した。看板には「Mazda Classic」のエンブレムが誇らしく設置されている。

館内は、本家の広島のマツダミュージアムにも展示さ

NAロードスターとプロトタイプ。

NBロードスター10周年記念車。

NCロードスター25周年アニバーサリーモデル。

オートモビルカウンシルでの講演の様子。

2019年、ロードスター誕生30周年記念となる一年が始まった。4月5〜7日に行われたオートモビルカウンシルでは、ロードスター30周年企画としてロードスターに関するエピソードをお客様と共有した（「12 Stories in 4 Generations」は巻末に掲載）。

ドイツ・アウクスブルクにあるマツダクラシック・オートモービルミュージアム（Mazda Classic -Automobil Museum Frey）でのMX-5 30周年イベントの様子。右上の写真は博物館オーナーのフライさん一家と私。

れていないロータリーピックアップやロードペーサー、パークウェイロータリー26などもある。ここではコスモスポーツ、R100（ファミリア）からRX-2（カペラ）、RX-3（サバンナ）、RX-4（ルーチェ）、RX-5（コスモAP）そしてRX-7、ユーノスコスモ、RX-8まで歴代のRE車に出会える。RE車だけでなく、三輪トラックやR360クーペ、AZ-1などもある。30周年となるロードスター/MX-5は、初代NAに始まり、NB、NC、そしてNDまで展示してある。さらに、10周年記念限定車や、NBロードスタークーペ、またヨーロッパでつくられたMX-5レースカーや、スーパーライトのコンセプトカーも展示されており、ロータリーファン、ロードスターファン、マツダファンにとってはたまらなく魅力的で、正に「Mazda Classic」と呼ぶに相応しい博物館である。

30周年のイベントは、午前10時にオーナーのフライさん一家の皆さんとのテープカットでオープニングセレモニーが始まった。私は記念プレゼンテーションで「8 Stories in 4 Generations」と題し、ロードスター30年の4世代にわたるロードスター/MX-5のエピソードとして、NAロードスター/MX-5誕生の背景から、NB、NC、NDの開発秘話や、受賞歴、スペシャルバージョン、NAロードスターのレストアサービスを紹介した。そして、30周年記念車の紹介と、世界中のロードスターファンクラブミーティングでのお客様の笑顔に包まれた姿を紹介し、最後は「ロードスターと一緒に人生を楽しんで下さい。そして、しあわせになって下さい」と締めくくり、プレゼンテーションを終えた。

参加して下さったファンの皆さんへのサイン会では、事前に博物館が準備してくださったハガキ大の写真にサインし、記念写真にご一緒して、150人のお客様一人ずつに対応した。参加したファンの中には、遠くはスイスやイスタンブールから来たというカップルもいた。また、地元のファンクラブの「MX-5 Frende Augsburg」からは記念プレートをいただいた。あるNAオーナーからは自車のグローブボックスを取り外して、サインを求められた。他のNDやNC、NBのお客様にもトランク

第8章 主査からロードスターアンバサダーへ 249

裏やインパネなどにサインをさせていただいた。

この博物館の開館記念日となる日に、歴代のマツダ車に囲まれたこのような素晴らしい場所で、イベントを通じて数多くのMX-5ファンとの交流ができ、至福の時間を過ごすことができたことに私は感謝した。

機会があれば、皆さんも是非ドイツ・アウクスブルクのマツダクラシック・オートモービルミュージアムを訪問されることをお勧めしたい。

②イタリアでのMX-5 30周年イベント

2019年6月22日にMMI(マツダイタリア)が、ロードスター30周年アニバーサリーイベント"MX-5 ICON'S DAY"をトリノで開催した。

このイベントは、6月19〜23日に開催されたトリノ自動車ショーの1つのイベントとして、"GRAN PREMIO PARCO VALENTINO"(同ショーのメインイベントとなるスーパーカー・クラシックカーによるパレードランと展示)などと併催された。イベントには、アメリカよりNAロードスターデザイン担当のトム俣野さん、日本からは私が招聘された。

イベント当日は、会場となったバレンティーノ公園のCX-30が展示されているマツダスタンドに、主催者や市長、メディアをお迎えした。

その後、メディアの皆さんには"MX-5 ICON'S DAY"のプレスイベントに参加してもらうために、近くのボートクラブハウスに移動してもらい、トムさんと私、そしてMMIの広報部長のクラウディオさんによる30周年のプレスカンファレンスを実施した。トムさんはNA誕生のデザインエピソードを、私はND MX-5の開発エピソードとイタリアでの限定車の話題、クラウディオさんはMX-5の30年の経過とブランドアイコンとしてのマツダの中でのMX-5の価値とこだわりを紹介した。メディアの皆さんには、普段は聞けない話ばかりだったので大変興味を持って聞いていただけた。

そして、その後はMX-5ファンが待っているトリノ市内のフィアット工場跡地のドーラ公園へ移動した。そこには何と305台のMX-5と600人のファンが待ち構えており、広場には熱気が漂っていた。

ドーラ公園でのイベントは、PARCO VALENTINO主催者のレビーさんとトリノ市長の挨拶から始まり、MX-5 30周年記念モデルのアンベール、そしてトムさんと私での30周年バースデーケーキのローソクの吹き消しが始まった。集まったファンは、記念のプレートや帽子、中にはグローブボックスやトランク、ボンネットを外してトムさんと私にサインを求めてきた。私たちもクルマへ出向いて、トランク、ボンネット裏、インパネなど、ファンのMX-5へのサインがしばらく続いたが、一人ひとり対応させていただいた。

19時からのパレードの開始時刻が迫ってきた。トリノ警察のパトカー、白バイも集まり、白バイを先導に305台のMX-5がトリノ市内のバレンティーノ公園に向けてパレードを開始した。沿道では、街中の人々が手を振ってくれて、MX-5の30周年とパレードを祝福してくれた。ゴールのバレンティーノ公園前の道路では、4列縦隊でMX-5が並ぶ圧巻の風景となった。その中でも、レーシングオレンジの30周年記念車は、トリノの古い史跡の街に良く溶け込んで輝きを放っていた。

MX-5の30周年記念イベントとなった"MX-5 ICON'S DAY"は、トリノの街を上げて盛り上がった。トリノ自動車ショー、PARCO VALENTINOのイベントと相まって、305台のMX-5と600人以上のファンの参加による、マツダのブランドアイコンたる素晴らしいアニバーサリーイベントであった。

ゴールのバレンティーノ公園前の道路で4列縦隊で整列したMX-5。ドーラ公園からトリノ市内のバレンティーノ公園まではへ白バイの先導でパレードした。マツダのブランドアイコンたる素晴らしいアニバーサリーイベントとなった。

MMIの皆さんと私とトム俣野さん（右から2人目）との集合写真。　　ドーラ公園の工場跡地に集合した305台のMX-5と600人のMX-5ファン。

イベントではMX-5 30周年記念車のアンベールも行われた。会場では壁面の30周年記念ボードやファンのMX-5へのサインも行った。

"GRAN PREMIO PARCO VALENTINO"はこの自動車ショーのメインイベントとして、毎年イタリアの自動車発祥の地であるトリノで伝統のクラシックカーからスーパーカーまで、約150台が参加して開催される有名なイベントである。ショーの最終日となるこの日は、早朝からヴィットーリオ・ベネト広場に集まったスーパーカーを市民も一緒に楽しむのである。

フェラーリ、ランボルギーニ、ダラーラ、パガーニ、アルファロメオ、アバルト、アルピーヌ、アストンマーティン、ジャガー、ポルシェ、BMWなど名だたる名車が勢ぞろいする。日本車ではMX-5、スバルインプレッサSTI、ホンダNSXが参加した。テスラも展示していたが、白と黒だけのボデーカラーではこの会場では場違いなように感じられた。

ソフトトップとRFの30周年記念車の2台のMX-5は、レーシングオレンジがトリノの街に際立って、他のスーパーカーに劣らない輝きを放っていた。

10時30分になると参加車両はヴィットーリオ・ベネト広場からリーガ・ベネリアを越えて40km離れたスパーガの丘を目指してスタートした。途中の沿道では、市民がパレード車に手を振って祝福してくれた。

スパーガの丘に着くと、大きなお城のような大きな建物があり、広大な敷地内の駐車場にそれぞれのブランドごとに参加車両が駐車していく。フェラーリ、アストンマーティン、ダラーラ、アルファ……。MX-5は敷地内中央の交差点の角に2台が横並びに駐車し、訪れる各車を待ちうけるようなアレンジをしてもらった。

もう一つの楽しみは、真っ白い巨大なテントの中での、セレブなランチを楽しむこと。紳士、淑女とはいかないが、エンスージアスト達が仲間と語り合いながら自動車談義やクルマ文化に浸る！と感じる一場面だった。

私は「いつか日本でもこのようなシーンが楽しめるようになりたい……」そう思った。

■トリノにある2つの自動車博物館の見学

トリノと言えば統一イタリアの最初の首都であり、イタリアの自動車産業の拠点でもある。そして自動車産業の拠点にふさわしく、2つの自動車博物館がある。その充実した内容を紹介してイタリアでのMX-5 30周年イベントの締めくくりとしたい。

①トリノ自動車博物館

トリノ自動車博物館は、1932年にフィアットの共同創始者の一人であるロベルト・ラフィア氏によって設立された世界最古の自動車博物館で、2011年にモダンな外観にリニューアルされた。

ここでは自動車の歴史の紹介のほか、多彩な200台以上のクルマがコレクションされている。トリノ出張の際には是非とも訪ねてみたいと思っていた博物館で、見

学は3時間という短い時間だったが、充実した時間を過ごすことができた。

外観とエントランスは、デザイン、芸術の国イタリアらしくモダンである。受付で借りたラジオガイドに日本語がなかったのが残念だった（来場者が少ないのだろう）。館内には1910年代のヨーロッパ自動車黎明期からのクルマが年代を追って展示されている。展示車の後ろには、その時代背景を物語る歴史内容が展示がされ、華やかな社交界のパーティーシーンや経済界、戦争の背景等、自動車がどのような場面で使われてきたのか当時の状況を振り返ることができる。

展示はクルマだけでなく、その生活様式を反映した様子とその形を展示するコーナーもある。レクレーションもその生活様式の一つのようで、たくさんの荷物と一緒に展示がされている。

自動車の性能とデザイン進化をもたらした空力の開発の歴史も紹介されており、飛行機のスタイルがお手本になるが、極端なデザインのクルマが現れるのが分かる。

また、クルマの設計室や製作現場を展示するコーナーなどもある。FRプラットフォームのエンジン、トランスミッション、シャシーもベアシャシーモデルとして展示されている。

モータースポーツでは、イタリアが誇る真っ赤なレーシングカーとF-1カーが並び、ミハエル・シューマッハ、アイルトン・セナ、ジャッキー・スチュワートなどが紹介されている。

ちなみに、イタリアと言えばフィアット500シリーズがイタリアを代表するクルマであるが、そのフィアットシリーズに"Balilla"（バリッラ＝勇敢な若者）がある。

1930年代、当時の若者の流行や生き様を反映した、おしゃれな呼び名のフィアット508 "Balilla" が展示されていた。個人的には良い響きの名前だと思うのだが、その後"Balilla"の名称は使われることがなかったのが残念である。

その他、クルマをアレンジしたオモチャやオブジェの企画部屋、道路標識、1940年代から20年毎に世界の代表的なクルマのCMが見えるコーナーがあり、子供たちが熱心にビデオを見ていた。また企画展だと思うが、未来の展示ということで、ショーモデルスポーツカー、大型トラック、トラクターのデザインモデルも展示していた。ガソリン車の残骸も展示していて、「未来はガソリン自動車ではない」という少しネガティブ過ぎるきらいがする展示もあったのだが、否定もできない。

そして芸術の国イタリアらしく、世界のカーデザイナーの名前が、年代ごとに壁面に書かれている。日本人関係では、三菱自動車のMasaki Masuharaさん、ピニンファリーナの奥山清行さん、トヨタの福市得雄さんの名前があった。マツダでは、トム俣野さん、元MRE（欧州R＆D事務所）のケビン・ライスさんや元MNAO（北米マツダ）のデレック・ジェンキンスさんが並んでいることに驚きを感じた。やがて前田育男さんの名前も登場するに違いない。

最後にイタリアの芸術的センスが湧き出てくることを期待して、自分へのお土産にミュージアムショップで"Museo dell automobile"と印字された黒と赤の鉛筆を購入し、トリノ博物館を後にした。

②フィアット歴史博物館

トリノに到着しMMI（マツダイタリア）の手配してくれたCX-5のドライバーにトリノ自動車博物館に行きたいと言ったら、それなら、フィアットの歴史博物館も訪問すると良い、と教えてもらった。そこはバレンティーノ公園からも滞在しているホテルからも歩いて3分という近さだった。

入口には「FCA」という歴史センターの小さな看板が掲げられている。中に入ると、警備員の方が出迎えてくれて、「どうぞご見学して下さい」とのジェスチャーで、入館料は無料だった。市民のためにフィアットが開放しているのである。館内には1Fと2Fの二つのフロアがあり、時代と共に展示車が並べられている。展示車両は自動車の初期の幌馬車スタイルから、エンジン単体やジェットエンジンも展示され、戦後のフィアットのモダンなデザインを象徴するようなスポーティなクーペ、オープンカー、そして代表的な小型車などの展示を見ることができる。歴史的なクルマだけでなく、工場内のプレス機や車両搬送用の吊り具などの工場設備もあり、当時の様子が窺える展示となっている。展示の中

トリノ自動車博物館のエントランス。

フィアット歴史博物館には興味深い展示物が多数ある。右の写真はフィアット本社の屋上にあったテストコース。

には、列車のパワートレインがある。直列5気筒ガソリンエンジンとトランスミッションが機関車の台車として、堂々とした風格を漂わせていた。

悲しい歴史であるが、どの国も戦争に巻き込まれていく。ここでも航空機エンジンが多く展示されている。その中でも目についたのは、1931年V型12気筒エンジンを直列に結合したV型24気筒51.1リッター・3100PS・重量930kgエンジンと、1935年星型18気筒45.7リッター・1300PS・重量750kgエンジンだった。星形エンジンは日本でもゼロ戦などで馴染みはあるが、V24型エンジンは圧巻であり、美しいデザインだった。

自動車、列車、飛行機に続き、船舶用のエンジンと車両運搬船の模型も展示されている。エンジン技術が自動車のみならず多くの産業へ進出し、貢献してきた歴史を見ることができる。

トリノのリンゴット地区にあるフィアット本社の屋上にテストコースをつくったという話は度々聞いたことがあった。出張中にその場所も訪問することができたが、この歴史博物館にもその写真が掲げられていた。1924年にはルーマニアの王子であるキャロルがリンゴットを訪問したとあった。館内にはところどころに休憩できる椅子が用意され、当時をしのばせる会議机や、ポスターパネルも多数展示してある。

フィアット歴史博物館は、トリノ自動車博物館のような華やかさはないが、フィアットの歴史を記す大切な博物館だ。市民がいつでも自由に訪問できるように配慮されている。イタリア自動車発祥の地であるトリノにあって、フィアットが自動車だけでなく、多くの産業でこの国に貢献してきた歴史を見ることができる。そんな自動車文化を育むフィアットの「志」を感じる博物館だった。

■永く愛されてきたものを大切にする社会や文化

ロードスター30周年を迎え、我々には、ロードスターの価値に共感し、愛情をもってずっと乗り続けてもらいたいという願いがある。NAロードスターのレストアサービスもそのことを実践する我々の行動の一つである。そして、そのことを通じて、永く愛されてきたものをずっと大切にする社会・文化を育みたいという強い想いを私は持っている。

例えば、バイオリンは30年、50年どころではなく、100年も、300年もずっと綺麗な音を出し続け演奏されている。そんなバイオリンがどのようにつくられているのか、また修復されているのか、大いに興味を抱かせる存在だった。ドイツでのMX-5 30周年記念イベントへの出張を機会に、モーツァルトの父の生誕の地であるアウクスブルク近辺にはきっとバイオリン工房があるに違いないと、事前にネットで調べたミュンヘンのバイオリン工房を現地で訪問してみたが、あいにく定休日だった。諦めかけていたが、マツダクラシック・オートモービルミュージアムオーナーのヴァルター・フライさんに相談したところ、何と博物館のすぐ裏にバイオリン工房があると分かり、訪問する機会を得た。

"Geigenbau Meisterwerkstatt Augsburg" が工房の名前。日本語にすると「バイオリン製作マイスター・ワークショップアウクスブルク」である。2013年にバイオリン製作マイスターのアントニオ・マイヤーさんとヤン・フィン・バッヒャーさんによって開設された新しい工房である。

当日は、マイヤーさんは不在だったが、バッヒャーさんが工房を案内してくれた。工房は、バイオリンを展示している場所と、その奥が作業場所というワンルームでコンパクトな規模である。バイオリンが約20挺、チェロが5挺展示してあった。

作業台では、若い女性の職人さんが、バイオリンを修理していた。口開きした胴体を青や赤の通しボルトのような万力で固定すると教えてくれた。棚の刃物ケースには、たくさんの種類のノミやコテ、曲尺やスケール、作業台の上には多くの薬品（きっとニカワやニスだと思

第8章　主査からロードスターアンバサダーへ　　253

う）が並んでいる。

「バイオリンの胴体は何ですか？」とバッヒャーさんに尋ねると「メイプル（カエデ）」だと答えてくれた。胴体ができ、ネックの押さえ版を取り付ける前の塗装していないバイオリンを見せていただいた。正に命が吹き込まれ、誕生する瞬間なんだと、愛おしく感じた。

帰国後、この工房のホームページを確認すると「良い楽器というのは、その音を聞いただけで、何か感じるものがあります。それを聞いたとたん、光がはじけたように、人はその音に恋するのです。その瞬間は素晴らしいものです」と記されていた。

私はこのバイオリン工房の見学を通じて、楽器と自動車という、２つの道具に違いはあるけれども、道具としての"本質的な価値"に共通する点があると強く思った。我々もマツダ車やロードスターを通じて、お客様の人生に輝きを与え、そして共に過ごすことで人生を楽しみ、しあわせになってもらう。そんな"感動と歓び"を与えたいと想っている。

ドイツのアウクスブルクのバイオリン工房。永く愛されてきたものをずっと大切にする社会・文化を育みたいという強い想いから訪問した。

第9章 「守るために変えていく」

■「守るために変えていく」メッセージ誕生の背景

最後に ND ロードスター開発のキーメッセージとなった「守るために変えていく」が誕生した経緯を紹介したい。

それは、2013年11月8日広島の上野学園ホールでの千住真理子さんのバイオリンコンサートに行った時のことであった。そこで「大切なものを継承し世の中に残し続けるという仕事」が求められていることに感銘し、自分も今の仕事にそのように向き合わなくてはならないと強く心を打たれたことが始まりだった。

千住真理子さんのリサイタルのテーマは「日本のうた」だった。冒頭に千住明さん（作曲家で真理子さんの兄）より、なぜ「日本のうた」なのか、という説明があった。その理由は、二人が2年半前の東北大震災の日、浜松で行われるコンサートに出かけ、帰りに富士山の姿を見て、自分たちも日本や東北の人々のために何かをしなければならないという使命感が生まれたことによる。

日本の誰もが知っている歌を、自分達のセンスとエスプリによってリメイクし後世に伝えること。それこそが今、自分達がやらなければならないことだと信じ、日本を代表する作曲家に声掛けし、皆で取り組んだそうだ。良いものは25年を過ぎると善し悪しが認められ、50年を過ぎると、残すべきものが見えてくる。

このコンサートで取り上げられた誰もが知っている日本を代表する12曲は、すべてオリジナルの作曲家が生んでからすでに50年近くが過ぎている。新しい今の日本人のセンスとエスプリを加えることで、日本の大切な曲として千住さん二人は、残してゆきたいということである。

音楽は、悲しみに暮れていると時として暴力にもなる。聞きたくなくても無理やり耳から聞こえてくる。暴力ではなく、「心に残る音楽」として、「日本のうた」として伝えていかなければならない……という音楽家の使命感で行動を起こしたと説明された。「日本のうた」は単なる楽曲を演奏するだけでなく、そこには、大切なものとして後世に残し伝えていかねばならないという意味的価値が加わったのだ。私にとっても演奏された曲をただ聴くだけではない、とても大きな価値をもった演奏会となった。

演奏をバイオリンとピアノだけにしたことも意味がある。オーケストラで演奏するとパターンが決まってしまい型にはまってしまう。しかしバイオリンとピアノとすることで制約が解かれ、自由な楽曲が表現できる。今回この編曲に参加した作曲家の方々は、日本を代表する作曲家の渡邊俊幸さん、朝川朋幸さん、服部隆之さん、そして千住明さんなどの他、総勢6人である。それぞれの個性により、オリジナルの楽曲が見事に新しい魅力をもった味わいを感じる楽曲に仕上がっていた。

最初の演奏曲である「赤とんぼ」が千住真理子さんのバイオリン（ストラディバリウス・デュランティ）から流れてきたとき、目頭が熱くなった。心にしみわたる"音の調べ"だった。

そしてアンコールは NHK 大河ドラマ「風林火山」のテーマ曲だったが、心に残るバイオリンコンサートのリサイタルであった。千住真理子さんのバイオリンは力強く凛としていた。オーラを感じるとはこんなことなんだと感じた。

音楽家は日本の大切なものを、自身のセンスとエスプリをもって世の中に残していくという仕事に取り組んでいる。

オーバーかもかも知れないが、誕生してから25年を迎え世の中のファンに愛されているロードスターも、開発者自身が日本の作曲家が取り組むプロセスと同じことを心にとめて取り組まなければいけないのではないかと強く思った。ただ製品をつくるということではなく、思いを込めて製品をつくることで、単なる製品ではなく、25年後そして50年後にも誇れる"作品"にすることが必要だと思った。

シンプルなバイオリンとピアノの音色で十分に人は感動する。むしろシンプルな音色が心にしみいるように感じた。少なくともそのような「感覚」と「志」をもってクルマづくりに取り組まなければならないし、25周年を迎えるに当たり、そんな想いでロードスターをつくったということを体現しなければいけないと思ったのである。

私は、このことを役員の藤原清志さん、毛籠勝弘さん、青山裕大さんに伝えた。そして、この時の想いを主査として開発メンバーにも伝えることにした。

「守るために変えていく」というメッセージは、こうした経緯を経て誕生したのである。

実は私は、この時の想いを千住明さんに手紙で送った。返事はいただけなかったのだが、2年後に同じ場所で開催された千住真理子さんのリサイタルが終了した後で、CDを購入する時にそのことを千住明さんにお伝えした。その時、「手紙を受け取ったことを覚えています」とおっしゃっていただき、とても清々しい気持ちになったことを覚えている。

■「守るために変えていく」を生み出した人々

この本を書くにあたり、改めてNDロードスター / MX-5の開発を振り返って思うことは、ロードスターの開発に携わる者としてだけでなく、ひとりのスポーツカー好きとして、このクルマを生み出し、育て、支えてきてくれたすべての人への感謝の気持ちを忘れてはならないということだ。

何よりも、世界中のたくさんの人々が、ロードスターに長きにわたって変わることなく温かな愛情を注ぎ続けていてくれること。人それぞれの楽しみ方やこだわり、オーナーやファンの方々の大きな共感の輪など、たくさんの人々の熱い想いが、このクルマの四半世紀以上にわたる熟成と進化を支えてくれた。

また、ライトウェイトスポーツ（LWS）という楽しさに満ちた世界をゼロから切り拓いたヨーロッパの先人たち、そして35年以上前にロードスターのプランを生み出したアメリカのマツダスタッフ、さらにそれを実現させ、今まで脈々とロードスターを鍛え、磨き上げてきた広島をはじめとする世界中の多くのメンバーにも、改めて心からの尊敬とともに感謝の念を表したい。

■脈々と受け継がれるもの

マツダのブランドアイコンであるロードスターに代表される「人馬一体」の走りは、いまやライトウェイトスポーツだけでなく、マツダがつくるすべてのクルマの根幹を成している。世界で初めて量産化に成功したロータリーエンジン開発への挑戦が象徴するように、マツダには「飽くなき挑戦」というスピリットが脈々と息づいている。

そのスピリットを受け継ぐエンジニアやデザイナーの情熱が、「人馬一体」の原点であるロードスターというクルマを誕生に導き、いまもSKYACTIV技術、"魂動デザイン"などのモノづくりへと継承され、発展している。

ロードスターがこれまで歩んできた道のりは、人とクルマがひとつになって、ゆっくり走っても、速く走っても、誰もが思いのまま、気持ち良く走る楽しさを追求する歴史であり、同時に、マツダブランドならではの「走る歓び」を確立してきた轍（わだち）でもある。

■誰もが心から楽しめるオープンカー

ロードスターは心から走りを楽しめ、乗る人だけでなく見る人の気持ちまで明るくオープンにしてくれるという、かけがえのないパートナーとしてのクルマづくりを初代のNAロードスターから貫いてきた。

そして、先人に学び、人間の感性の研究や新技術の開発などに挑み、さまざまな壁に突きあたりながらも、その時代で最良のライトウェイトスポーツの楽しさを体現してきた。それが、人と馬が気持ちを通わせて一体になり、きれいな空気の中を駆ける楽しさと重ね合わせた「人馬一体」の走りであり、走りだけにとどまらないさまざまな楽しみ "Lots of Fun" である。

そして、我々はまったくぶれることなく、この2つを不変のテーマとして追求し続け、ロードスターならではの楽しさを進化させた。そのためにロードスターの開発では、NA、NB、NC、NDとも軽量コンパクトなオープン2シーターボディ、フロントミッドシップエンジン、後輪駆動、前後重量配分50:50、低ヨー慣性モーメント、加えて手頃な価格であることという、マツダのライトウェイトスポーツの「哲学」を守り、そして「いつでもどこでも誰もが心からオープンカーを楽しめる」という価値を大切に進化させてきたのである。

■平和都市広島でロードスターをつくること

NCロードスターがマツダにとっては23年ぶりの2015-2006年のCOTY（日本カー・オブ・ザ・イヤー）を受賞した時に、COTY委員長の山崎憲治氏からいただいた印象的なメッセージがある。

それは「COTYをオープンカーが受賞するのはマツダロードスターが初めてです。オープンカーは綺麗な風を感じながら走行します。戦争や紛争があったら乗ることができません。ここ平和都市広島がつくるロードスターだからこそ、オープンカーは平和の象徴としての意味を持っているのではないかと思います」という内容だった。

クルマを通じて社会に活力を与えること、豊かで平和な国をつくるということへの願いが込められている。ロードスターにはそんな意義を持つことも求められており、社会を、人々を、幸せにするクルマの象徴でもある。そんなことを強く感じさせてくれたCOTYの受賞であった。

■ **すべては、初志を明日へ繋げるために**

　思えば4代目となるNDロードスター/MX-5の開発は、ロードスターがこれまで歩んできた25年の歴史との戦いであった。そして次の25年、50年へ繋ぐための挑戦でもあったといえるだろう。

　この四半世紀の間に、環境・安全性能に対する時代の要請は厳しさを増し、それに対応するかたちで、わずかとはいえボディは大きくなり、重量は増えていった。

　NDロードスター/MX-5の開発にあたり、私たちは、再び"ライトウェイトスポーツカー文化"を再構築した初代のNAロードスターの「志」に立ち返り、マツダがこれこそライトウェイトスポーツの原点と信じる楽しさを現代に体現することに挑戦した。すなわち、誰が運転しても実感できる「クルマとの一体感」を感じながら、どんな道でもワクワクできる走りの楽しさを次の時代に継承していくには、単なる進化にとどまるのではなく、それを超えた「革新」が不可欠である。それこそが、NDロードスター/MX-5の開発における挑戦を表すキーワード、「守るために変えていく」の意味するところなのである。

　それを実現する鍵が、軽量化と環境・安全性能を高次元で両立するSKYACTIV技術であり、生き物のような存在としての強い生命感を持つデザインを創造する"魂動デザイン"であることは言うまでもない。

　同時に、いかに人（ドライバー）が本来持っている「感性」を呼び起こさせることができるのか、NAロードスターの「志」に立ち返って、ロードスターならではの「人馬一体」の走りや、所有する、鑑賞する、カスタマイズする、仲間と集う歓び、といった"Lots of Fun"の領域を徹底して高めることを忘れてはならない。

　そのため、NA時代から取り入れてきた「感性工学」の考え方をさらに掘り下げ、「人がクルマを楽しむ感覚」をかつてなく気持ち良いものにする「感」づくりを徹底追求した。

　NDロードスター/MX-5が発売された2010年代の後半以降は、自動車業界にとって「100年に一度の変革期」と言われ、CASE社会への移行促進、そしてBEV（電気自動車）の台頭など、大きな変化を迎えようとしている。しかしながら一方では、世界中のオーナーやファンとマツダのつくり手が互いにクルマへの熱い想いを共有し、その変わらぬ想いを糧として一途な進化を重ね続けているのがロードスター/MX-5である。

　次の25年、50年を迎えても愛し続けられるロードスター/MX-5であるために、「守るために変えていく」ことは継承されると私は思う。そのチャレンジは、マツダ開発者の任務であると同時にエキサイティングな夢であり、幸せであり、誇りである。そして、きっとこの「志」は確実に次代のエンジニア達にも受け継がれている。

　私は、これからもファンの皆さんとともに歩み、ロードスター/MX-5という"作品"が、将来に継承されていくことを見守っていきたいと思う。

NDロードスター/MX-5の開発に関わったメンバーでの集合写真。

資料
"12 Stories in 4 Generations"

　これはオートモビルカウンシル2019でマツダスタンドツアーにご参加いただいたお客様に説明したドキュメントです。ロードスター30周年を記念し、ロードスターと過ごした想い出を振り返り"12 Stories in 4 Generations"としてマイ・メモリアルストーリーとして綴りました。
　ここにあるエピソードが皆様とロードスターとの想い出となれば幸いです。
　そして、お客様とマツダとの絆が深まることを願っております。（編集部：資料のため、記述や表記等はそのまま収録しています）

"12 Stories in 4 Generations"の目次。

"12 Stories in 4 Generations"のサマリー。

STORY #1　初代 NA ロードスター誕生の背景
ライトウェイトスポーツ（LWS）誕生の経緯。LWS の衰退とミドルスポーツへの移行。
そして1989年、23年間のブランクを経て復活した LWS がロードスターである。
ロードスターは、歴史的に培われてきた伝統様式を継承し、最新の技術で正統派ライトウェイトスポーツを誕生させた。
そして、この初代 NA ロードスターの成功によって世界中で多くのオープンカーが復活し誕生した。
ロードスターは LWS のパイオニアとなった。

STORY #2　初代NAロードスターに込められた想い

初代NAロードスターの誕生には、カタログに込められた「伝え手」の想いがある。カタログはあえてイラスト表現を採用した。その狙いは以下の3つだった。
① 商品の特徴である、ライトウェイト感を表現すること。
② 見たお客さまが自分のクルマだと想像できること。写真にしてしまうと、あくまでその車は自分が買うものとは別のものと感じてしまい面白くない。
③ かわいく見せたい、愛着がわく感じにしたい。
「だれもが、しあわせになる。」メッセージの裏側にも触れてみたい。
このメッセージは、ロードスターに触れたときに幸せホルモン（オキシトシン）が出るからではないか。初代NAロードスターは幸せになるクルマであると同時に、元気になれるクルマでもある。

一方で、「ほんのちょっとの勇気を持てば・・・」のフレーズは、「だれもが、しあわせになる」のではなく、一歩を踏み出す勇気を持てないと「幸せになれる人は限られているよ」という一面もうかがえる。

STORY #3　初代ロードスターのエピソード

「赤いちゃんちゃんこは嫌だ、スポーツカーに乗るんだ!」と言って60歳の還暦で初代NAロードスターを購入されたお客様がいた。
そのお客様は平成元年、仙台での展示会で営業担当者からファミリアを勧められたが、「何を仰いますか。私はこの赤いスポーツカーが欲しいのですと言って、東北地方での第一号として納車された」ように覚えていると話された。
お客様は90歳となり、30年間大切に乗り続けたロードスターをマツダに寄贈された。
2018年6月、NHKの朝ドラ「半分、青い」でも同じシーンがあった。岡田貴美香先生（余貴美子さん）も還暦で赤いスポーツカーに乗るという内容だった。そして、9月の最終回では、その想い出の赤いスポーツカー・NAロードスターが登場した。

STORY #4　2代目NBロードスター "Lots of Fun" の継承!

初代が大ヒットした故に、各海外市場からの注文も多くなり、NBロードスターはプラットフォームをキャリーオーバーして商品開発を進めた。
そして、1998年1月にデビューし、その後も次々とLots of Funの追加商品対策を行っていった。
① 1998.12　10周年記念車
② 1999.12　NRリミテッド
③ 2000.7　マイナーチェンジ
④ 2001.5　マツダスピードロードスター
⑤ 2001.12　NR-A
⑥ 2002.7　商品一部改良
⑦ 2002.12　SGリミテッド
⑧ 2003.9　商品改良（内外装リフレッシュ）
⑨ 2003.10　ロードスタークーペ
⑩ 2003.12　ロードスターターボ

2003年イギリスでベスト・ハンドリングカーコンテスト世界一!!
NBロードスターは2003年イギリスAUTOCAR誌の「ベスト・ハンドリングカーコンテスト」で世界一に輝いたことは大きな出来事となった。
このコンテストでは、最終候補はポルシェ911とMX-5の2台に絞られた。
ポルシェ911は「素晴らしいクルマだが、道とドライバーを選ぶ」。MX-5は「いつでもどこでも、だれもがこのクルマの持っているポテンシャルを引き出す事ができる」。
これが受賞理由となった。
そして、この授賞は我々開発メンバーの大きな自信と誇りとなり、3代目ロードスター開発の大きな目標に繋がっていった。

STORY #5　10周年記念車のこだわり
NBロードスター10周年記念車は、「ザ・ベスト・オブ・ロードスター」として"Lots of Fun"の真価を訴求した。
グローバルでの販売台数は合計=7,500台。内訳は、国内=500台、海外=7,000台（北米=3,150台、欧州=3,700台、豪州=150台）であった。
ちなみに国内の販売価格は248.3万円。
また、メモリアルとしてRoadster、MX-5、Miataの3バージョンの時計を製作した。

STORY #6　3代目開発秘話"ミラクル"を起こせ
3代目NCロードスターの開発では"ミラクル"に挑戦した。
この時のマツダはフォード社の経営陣による開発方針で、2代目を超えるために"ミラクル"を起こすという目標を立て、厳しいマネージメントドライブを繰り返した。
三次試験場での故・ポール・フレールさんの試乗会はとても貴重で、開発メンバーにとっても想い出深いものだった。
貴島主査のもと、一丸となって開発に取り組んだ結果、マツダにとっては23年ぶりとなる日本カー・オブ・ザ・イヤーを受賞した。

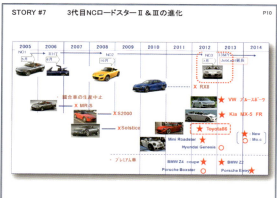

STORY #7　3代目NCロードスターⅡ＆Ⅲの進化
NCロードスターは10年の長いライフサイクルの中で"Lots of Fun"の進化を重ねた。
2005年以降市場ではスポーツカーの中止が続いたが、一方で2013年にはトヨタ86の登場で市場の活性化の兆しがあった。
2008年にはNC2としてマイナーチェンジした。
"Fun to drive"を進化させるためエンジン、サスペンション、フロントデザイン、カラー（サンフラワーイエロー）等の改良や導入を実施した。
2012年にはNC3として歩行者保護安全対応として、アクティブボンネットを採用した。
更に"Fun to drive"を深めるためにブレーキコントロール性向上、軽量化（バンパー3.5kg→2.8kg、ALホイール7.65kg→7.59kg、ハーネス6.8m短縮）などを実施した。

2014年は、25th Anniversaryモデルを発売！
2014年には、ソウルレッドプレミアムメタリックの25th Anniversaryモデルを発売した。
国内、海外のお客様に感謝をこめて、メッセージカードをお届けした。
国内の25名のお客様にはサプライズとしてAnniversary Watchをプレゼントした。

STORY #8　世界最速のRHT
RHT（リトラクタブルハードトップ）は世界一コンパクトな電動ルーフ機構を開発した。
ロードスターらしく、軽量、スタイリッシュなデザインであり、電動ハードルーフの新しい魅力を加えて楽しさの世界観を増やすことを目指した。
そしてRHTでは世界最速となる開閉時間12秒を実現した。

STORY #9　4代目は"感"と"共創"
4代目ND開発の決意は、初代ロードスターの志に立ち返り、楽しさを次の時代に継承していくことだ。
「守るために変えていく」は高い目標を掲げて挑戦することを表すキーワードである。
大切なことは、数値ではなく、"感じること"であり、製品価値だけでなく、人が主役であること。アメリカ、ヨーロッパのマーケティングからの数値思考の考え方を払拭した（小排気量での走り、トランク容量少ない）。
チームが掲げた「共創」はゴールを共有すること。開発から製造、広報、販売、サービスの全メンバーが一緒にありたい姿を共有した。
その想いを綴った『志ブック』を製作した。『志ブック』は我々チームメンバーの宝物となった。

ライトウェイトスポーツのパッケージ哲学
マツダにはずっと継承している「ライトウェイトスポーツのパッケージ哲学」がある。
それは、以下の5項目である。
① フロントミッドシップのFR方式
② 軽量コンパクトなオープンボディ
③ 50:50の前後重量配分
④ 低ヨーイナーシャモーメント
⑤ アフォーダブル（お求めやすい価格）
この哲学（フィロソフィー）は初代からずっと変わらずに守り続けている。

STORY #10　舞浜アンフィシアターでのワールドプレミア
2014年9月4日、4代目NDロードスターは、日本、アメリカ、スペインの世界3拠点で同時刻にワールドプレミアを実施した。
日本の会場となった舞浜のアンフィシアターでは約1200人のお客様、400人のメディアの皆様を前にNDロードスターをお披露目した。
会場では、お客様と一緒に白い霧のベールの中を、ターンテーブルで回転しながら登場する4代目ロードスターのアンベールを見守った。
霧のベールの中からその姿が現れたときは鳥肌が立ったことを覚えている。
お客様と一緒にNDロードスターの誕生を迎えたこの日のイベントは、一生の記念日となった。

261

STORY #11　RF のこだわり
RF のこだわりは、心高まるファストバックデザインの実現である。
それは、ルーフを格納しないで残すという逆転の発想から生まれたデザインである。
ルーフシルエットへのこだわりは、サイドフォルムでリアルーフのパーティングラインが見えないように工夫した。
軽量化にもとことんこだわった。その結果、3 枚のルーフパネルはそれぞれアルミ、鉄、プラスチックとし、機能と最適材料を追及した。

STORY #12　NA レストアサービスの開始と復刻パーツ
NA ロードスターのレストアサービスと復刻パーツの販売を開始した。
NA ロードスターを長くずっと乗り続けてもらいたい。
古い車を大切にすることで自動車文化の発展に貢献したいという我々の願いを込めた。
2017 年 12 月から 49 台の応募あり、2018 年末で 3 台完成、4 台目実施中、2019 年内には 6 号車まで進める計画である（その後、2022 年末で 13 台の実績となっている）。

代表的な復刻パーツの紹介
NA ロードスターの復刻パーツは、170 部品に及んだ。

ロードスターと共に「人生を楽しみたい」と思います
最後になりますが、2019 年にロードスターは 30 周年を迎えた。
ファンに支えられ、ファンに愛されてきたロードスターだからこそ、私たちは「これまでの 30 年」を「これからの 30 年」に共につないでいきます。
ロードスターは私たちの宝物です。
これからもずっと、ロードスターと共に「人生を楽しみたい」。

資料
「志ブック」に寄稿したマツダの仲間たち

商品本部
山本 修弘
山口 宗則
下村 剛
大江 晴夫
久保田 雄介
石井 靖代
田中 聡
中村 幸雄
森 茂之
板垣 勇気
岸本 由豆流
浅田 健志
板垣 友成
甲原 靖裕
十亀 克維
望月 政徳
大野 晃史
松山 寛尚
平田 晴啓
中浦 真樹
國廣 真吾
橋口 拓允
高橋一彦
松野 毅
元山 哲一
岡田 譲太
山下 晶子

デザイン本部
中山 雅
南澤 正典
小川 正人
岡村 貴史
鶴見 則昭
宮地 善和
糸山 翼
椿 貴紀
鳥山 将洋
佐藤 真珠美
加家壁 亮一
中野 剛
武田 航平
中村 隆行
藤川 心平
前川 光明
山下 卓也
久田 晴士
佐藤 繁行
坪坂 亮
谷口 弘輔
淺野 行治
山下 瞬
嶋田 貴文
福澤 崇之
上別府 純介
寺西 由紀子
伊藤 政則
對馬 健一
南波 大舗

車両開発本部
高松 仁
森谷 直樹
黒木 治
佐々木 恭英
小田 昌司
酒井 隆行
大平 浩
岩崎 陽介
中村 勝年
藤井 義雄
田中 和弘
中村 實
木村 隆之
阪井 克倫
李 彬
大友 直人
好村 栄次
四柳 泰希
橋本 学
山内 一樹
前山 翔
嶋中 常規
丸山 賢司
大川 慧
内堀 佳
平田 量太郎
河之内 敦史
二関 隆
高橋 知希
岸本 潤二
安藤 文隆
黒原 史博
浅野 宜良
奥山 和宏
峰松 俊介
吉田 昇平
上月 篤志
塚越 均
三谷 祐一郎
池田 知企
田畑 広二
川辺 敦
谷口 晴幸
大野 宏
日浦 正仁
竹下 明良
西 博之
坂本 敏男
中村 竜真
行松 健一
竹内 良敬
中矢 耕一
西村 圭史
岡崎 裕之
山本 圭一郎
脇林 大輔
堀金 孝司
吉田 和樹
若松 功二

車両開発本部
神田 恵子
宮脇 俊一郎
杉本 武司
田中 英樹
小早川 隆浩
山内 剛史
藤附 靖男
水谷 彰吾
佐伯 悦二
山根 昭一
菅本 好晃
大平 洋樹
村上 健太
榎本 正芳
原田 義則
大平 俊二
森光 勲
笹部 晴司
小林 豊彦
永野 寛明
福田 克弘
佐野 雄基
林 義博
服部 之総
山本 秀俊
高尾 亨
阿部 一樹
開原 真一
三部 重博
田中 繁弘
小谷 勇十
草野 泰士
櫛田 浩
黒田 一平
丸山 勉

パワートレイン開発本部
藤冨 哲男
望月 英生
山岡 誠司
若狭 章則
秋山 耕一
佃 厚典
田中 憲一郎
櫻谷 幸弘
三浦 慎
小野 哲正
釜井 洋
小川 聡一郎
古城 美貴子
河野 剛
小松 央
野崎 修
松田 郁夫
中原 康志
鈴木 陽平
濱詰 嘉浩
柿迫 雄一
福馬 真生

パワートレイン開発本部
上奥 慎二
青木 秀馬
平田 耕一
稲本 健介
浜本 広行
中 幸人
渡部 貴広
岩田 一男
笹田 卓司
鷹村 優太
岩崎 龍徳
有木 基宏
吉川 高史
原田 政樹
吉田 健
村松 孝晃
泉 裕郷
星野 司
岡村 和美
田岡 末樹
志村 直紀
佐藤 翔
柴田 顕太郎
早川 元雄
迫川 茂博
瀬口 淳一
杉浦 博昭
古山 秀樹
小泉 陽
本郷 均
児玉 真吾
吉本 直晃
延河 克明
(故)松ケ迫 隆
渡部 雅晃
柿手 智弥
串山 玲
清水 正寛
石田 一之
北島 正也
濱田 尚之
竹内 浩一郎
安達 雅史
大山 一
佐々木 健二
兼為 正義
福岡 泰明
葛西 康隆
八木 淳
山形 弘彦
居軒 年希
井上 晋
吉田 精治
門田 隆
金丸 良和
坂田 祐二
高木 寛
八木 則樹
四島 邦裕

パワートレイン開発本部
大前 泰三
添田 征洋

電気駆動システム開発室
瀬古口 智
鈴木 正悟

原価企画本部
加藤 昇
則竹 雅之
草野 貴之
岡崎 哲明
福島 大祐

R&D技術管理本部
森川 修
古本 有洋
其田 和良
長谷 圭晃
明石 壽

購買本部
田中 直敏
西本 和司
荻野 史子

技術本部
今井 正和
安井 伸一
岸本 了史
宮本 浩太朗
後藤 暢映
岩田 成弘
中川 恵史
檜垣 正典
藤原 悠
安藤 彰
藤岡 義弘
惣明 光彦

本社工場
植松 充
松岡 裕史
小澤 憲司
岡峯 完治
木村 寛
寺田 英樹
入鹿 康生
米村 昌倫

品質本部
桑森 秀樹
田中 光
八木 和彦
浜崎 充春
長岡 純生
牟礼 俊宏

グローバル販売＆マーケティング本部
中澤 亮
荒木 徳昭
田中 康一郎
市川 祐吾
今井 英真
津村 みなみ
出口 直見
尾首 通隆
冨田 真史
伊藤 雅寛

国内営業本部
神野 道弘
田野 滋之
小林 政史
板村 靖彦
波田 健
森川 貴志

カスタマーサービス本部
西岡 勝則
中川 誠
芝 卓治
岩本 秀雄

広報本部
植月 真一郎
湊 美穂
藤井 智香

開発に携わってくださったサプライヤーの皆様へ

　4代目となる ND ロードスター /MX-5 の開発及び生産にご協力いただいたサプライヤーの皆様に、この場を借りて感謝を申し上げます。本当にありがとうございました。

　開発では、このクルマが世界のベンチマークとしてあり続けるために、世界一の目標を掲げました。「走る」、「曲がる」、「止まる」のスポーツカーの基本性能はもちろんのこと、CO_2 削減を始めとする環境安全や衝突安全性、快適性、リサイクルなどへの対応に加え、人がクルマを楽しむ「感」づくりを商品テーマに掲げ、チーム全員で「共創」し、目標に挑戦しました。

　特に軽量化目標とコスト目標、そして品質目標では、これまでにはない高い目標の実現に向けて本当に厳しい取り組みが続きました。サプライヤーの皆様には、共にその高い目標に向かって果敢に挑戦いただき、幾多の困難を克服するブレークスルーの結果、目標を達成することができました。

　そうした成果が認められ、2015-16 年の日本カー・オブ・ザ・イヤー、そして 2016 年にはワールド・カー・オブ・ザ・イヤー、ワールド・カー・デザイン・オブ・ザ・イヤーをダブル受賞しました。

　その後も、今日に至るまで ND ロードスター /MX-5 は世界中で多くのファンに愛され続けています。毎月、世界のどこかでファンミーティングが開催され、そしてファンの皆さまに育てられています。そうした活動を通じてロードスター /MX-5 は人と人とを結び付けて繋がっていく稀な存在となっています。

　私は、これからも皆様と共にロードスター /MX-5 を大切にしていきたいと思います。そして、私自身もロードスターと共に人生を楽しんでいきます。

　繰り返しになりますが、本当にありがとうございました。引き続きサプライヤーの皆様の益々のご発展と皆様の健康と安全を願っております。

■グローバル地域別累計販売台数（2024年4月まで）

※マツダ株式会社発表資料をもとに作成

Year	Japan	North America	Europe	Australia	China	Others	Global Sales Max Total
1989	9,307	25,879	0	657	0	0	35,843
1990	25,226	39,850	9,267	1,455	0	0	75,798
1991	22,594	34,196	14,050	698	0	0	71,538
1992	18,648	27,241	6,632	499	0	0	53,020
1993	16,779	23,089	4,824	453	0	0	45,145
1994	10,828	22,573	5,019	404	0	0	38,824
1995	7,171	21,108	7,174	196	0	0	35,649
1996	4,409	18,966	9,585	241	0	0	33,201
1997	3,537	17,812	10,480	206	0	0	32,035
1998	10,174	20,890	16,831	1,310	0	0	49,205
1999	4,952	18,936	21,130	1,354	0	30	46,402
2000	4,644	19,627	19,268	1,038	0	33	44,610
2001	4,211	17,757	16,368	924	0	6	39,266
2002	2,934	15,622	19,670	698	0	34	38,958
2003	1,520	11,999	18,934	540	0	11	33,004
2004	1,646	10,501	13,885	483	0	248	26,763
2005	3,657	10,658	9,852	743	0	353	25,263
2006	4,067	18,479	19,402	1,468	0	827	44,243
2007	3,845	16,888	18,899	1,170	0	772	41,574
2008	1,858	12,384	13,252	639	0	610	28,742
2009	1,947	8,767	9,709	521	720	474	22,139
2010	1,120	7,106	10,317	440	652	431	20,066
2011	1,104	6,286	8,147	315	284	446	16,582
2012	941	7,016	7,207	159	75	438	15,836
2013	768	6,334	6,113	178	46	331	13,770
2014	595	5,256	5,813	118	18	362	12,162
2015	8,509	9,221	6,881	917	1	979	26,508
2016	6,126	10,368	14,145	1,577	0	2,351	34,567
2017	7,005	12,438	16,039	1,459	0	2,832	39,773
2018	5,331	9,785	13,787	820	454	1,761	31,938
2019	4,717	8,527	14,378	442	47	1,774	29,885
2020	4,413	9,323	4,833	457	0	1,300	20,326
2021	5,369	11,563	7,004	744	0	1,433	26,113
2022	9,567	6,845	5,327	495	0	1,931	24,165
2023	5,991	10,011	7,281	653	0	2,088	26,024
2024	4,508	2,617	1,753	205	0	620	9,703
Cumulative	**230,018**	**535,918**	**393,256**	**24,676**	**2,297**	**22,475**	**1,208,640**

■グローバル累計生産台数（2024年4月まで）　　　　　　　　　※マツダ株式会社発表資料をもとに作成

Year	Global Production					Year	Global Production				
	1st Gen.	2nd Gen.	3rd Gen.	4th Gen.	Total		1st Gen.	2nd Gen.	3rd Gen.	4th Gen.	Total
1988	12				12	2007			37,022		37,022
1989	45,266				45,266	2008			22,886		22,886
1990	95,640				95,640	2009			19,341		19,341
1991	63,434				63,434	2010			20,554		20,554
1992	52,712				52,712	2011			14,995		14,995
1993	44,743				44,743	2012			15,400		15,400
1994	39,623				39,623	2013			11,639		11,639
1995	31,886				31,886	2014			12,246		12,246
1996	33,610				33,610	2015		1,885		30,022	31,907
1997	24,580	2,457			27,037	2016				60,554	60,554
1998		58,682			58,682	2017				57,001	57,001
1999		44,851			44,851	2018				31,516	31,516
2000		47,496			47,496	2019				27,170	27,170
2001		38,870			38,870	2020				23,376	23,376
2002		40,754			40,754	2021				23,129	23,129
2003		30,106			30,106	2022				27,137	27,137
2004		24,232			24,232	2023				23,579	23,579
2005		2,675	27,275		29,950	2024				14,378	14,378
2006			48,389		48,389	Cumulative	431,506	290,123	231,632	317,862	1,271,123

■受賞歴（2023年12月まで）　　　　　　　　　※マツダ株式会社発表資料をもとに作成

4代目NDロードスター/ロードスターの主な受賞

年　月	受賞内容	受賞国
2015年11月	2015〜2016日本自動車殿堂 カーオブザイヤー	日
2015年11月	TOP GEAR誌 CAR OF THE YEAR	比
2015年12月	日本カー・オブ・ザ・イヤー	日
2016年1月	Wheels誌：Car of the Year 2016	豪
2016年1月	Auto Motor und Sport誌：Convertibles Import Ranking No 1.	独
2016年3月	UK Car of the Year 2016	英
2016年3月	2016 World Car Design of the Year	世
2016年3月	2016 World Car of the Year	世
2017年4月	ロードスター RF Red dot Best of the Best	独

※ 4代目NDロードスターは、2023年12月時点で80以上の賞を受賞

初代NA〜3代目NCロードスターの主な受賞

年　月	受賞内容
2004年8月	Excellent Second Hand Buy
2005年11月	日本カー・オブ・ザ・イヤー 2005-2006
2005年12月	BBC Top Gear誌 Roadster of the Year 2005 award
2005年12月	Car and Driver 2006 10Best Cars award
2006年1月	Wheels誌 2005 Car of the Year award
2006年3月	2006 World Car of the Year award トップ3
2012年3月	AutoBuld誌 Best brands in all categories
2013年6月	J.D.Power & Associates 2013 U.S. IQS Compact Sporty Car segment award
2019年11月	ユーノスロードスター、日本自動車殿堂歴史遺産車

※ 1989年2月の「Most Fun, Chicago Auto Award Fair Award」に始まり、世界で280以上の賞を受賞

おわりに

　NDロードスター/MX-5の開発を振り返って心に浮かぶのは、同志への想いである。NDの完成を待たずに亡くなった松ケ迫隆さんのことだ。松ケ迫さんはマニュアルトランスミッションのエキスパート設計者であった。彼とはFC RX-7、FD RX-7の開発時から同じエンジン設計部の仲間として活動を共にしてきた。NDでは軽量コンパクトなトランスミッションを目指す過程で、彼は6速を1：1にするという画期的なアイデアを発案したり、トランスミッションの剛性を確保しながら、ケース内の肉厚を巧みに変えることで、表面のリブを無くすという驚きの発案も行ったりした。しかし松ケ迫さんは不幸にして難病に勝てず、2011年10月に54歳の若さで先立たれてしまった。彼の遺志は同僚の吉本直晃さん、後輩の延河克明さん達の手に引き継がれ、見事なトランスミッションを完成させてくれた。また、パワートレイン開発の若狭章則さんもガンと闘い、2020年に他界した。北海道の富良野でのファンミーティングで聞いた彼のギターとその歌声は忘れられない。

　それぞれの同志の想いと共にNDロードスター/MX-5は彼らの「志」を継承しているのだと思わずにいられない。

『だれもが、しあわせになる。』

　これはNAロードスターのカタログの最初のページに記されたメッセージである。

『街の通りを、はじめて見る小さなスポーツカーが、幌を開けてそれは元気に走っていく。……2人しか乗れないし、バゲッジもそうは積めないし、ひょっとすると、人とは違って見えるかもかもしれないけれど、走らせる楽しさは、これがいちばん。……だれもの心をときめかせるのだろう。』と続き、最後は『このクルマを手にいれるほんの少しの勇気を持てば、きっと、だれもがしあわせになる。』と結ばれている。

　NB、NC、そしてNDロードスターもずっとこのメッセージを大切にしてきた。

　NDロードスターをワールドプレミアで披露した時に、NDは目がスッと細くなって、NAのような可愛らしさが無くなったようだとお客様から言われ、「いやいやそんなことはないですよ。少し目線を下げて下から見てください。どう見えますか？」と声掛けするとみんな「笑ってる」と言ってくれた。そう「この子は笑っているんですよ」と一気にクルマとの距離が近くなってしまうのである。

　笑っている表情を出そうと思ってつくったわけではないが、デザイナーもエンジニアも、サプライヤーの方々、工場の皆さん、販売会社の皆さんも、みんなこの子がお客様に大切にしてもらえるようにと愛情を込めてつくり、お届けしたことは間違いないはずだ。細くなった目は風を切って走るこの子が目を細めている姿であり、頬がゆるみ口元がほほ笑む姿は運転しているドライバーの姿を映し出しているように思える。

　ファンミーティングではオープンにした車内からすれ違うロードスターに手を振る光景は日常だが、ファンミーティングの会場でなくても、一般道路でもよく手を振って挨拶するロードスターに出会うことがある。ロードスターとはそんなクルマだ。クルマも人も笑って、手を挙げて挨拶する。そんな世界観はきっとこのクルマに込められた『だれもがしあわせになる』というNAロードスターのメッセージを体現しているのだろうと思った。

　そして「守るために変えていく」というNDロードスターのメッセージもまた、同じようにそうしたロードスターの「志」を体現しているのである。もちろん我が家にもロードスターがある。私自身も今日も元気にロードスターと一緒に笑顔で走っている。

2023年2月にマツダを退職し、三樹書房社長の小林謙一さんからお話しをいただいていたNDロードスター開発史の執筆活動を始めた。ライターの方に助けてもらう方が無難ではと思ったが、小林さんからは、「山本さんの言葉でありのままで書いて下さい」と励まされ、書き始めた。

　マツダ株式会社広報部の町田晃さん、辻本宏治さん、田中秀昭さん、藤井智香さん、そしてMME（マツダ・モーター・ヨーロッパ）、MMI（マツダ・モーター・イタリア）の皆さんより図版、資料等多大なご協力をいただいたこと、マツダフィリピン、MMT（マツダ台湾）、シンガポールのユーロカーズのサポートをいただいたこと、写真の許諾ではAENを通じて交流のあったトヨタ、日産、ホンダ、スバルのエンジニアの皆さんのご協力をいただいたことを明記し、感謝を申し上げます。また、リアリティのある開発史とするために、どうしても必要であると考え実名を記載させていただいた方々に、お許しを願うと同時にこの場を借りて心よりお礼を申し上げます。加えて、NDロードスターの市場への導入に際して、数多くの貴重な経験をさせていただき、多くの方々との交流の機会を得ることができました。その中でも強く印象に残っている方々の写真をここで掲載させていただきます。

2015年6月、メルセデス・ベンツミュージアムを案内いただいたレカロ社のバキ・パラ氏。

2015年8月、フィリピンのターンオーバーイベントでのMCPメンバーとの集合写真。

2018年5月、モデナサーキットでのMotor 1 dayで80歳を迎えたダラーラ氏と一緒に。

2018年5月、パガーニファクトリーでのレオナルド・パガーニ氏とウアイラ・ロードスター。

　本の製作にあたっては、カタログページは當摩節夫さん（自動車史料保存委員会）にまとめていただき、デザインの章は中山雅さんのお力を頂戴した。編集作業においては全体を松田信也さん、組版作業を松田香里さんに担当していただいた。他にも全体の進行を山田国光さん、校正は木南ゆかりさん、デザイン面では近野裕一さんなど、本の完成までには多くの方々のご協力を賜った。さらに、トム俣野さんと藤原清志さんから巻頭言を寄せていただいたことは、私にとって大変光栄であり、望外の喜びである。

　このようにたくさんの皆さまの励ましや応援をいただき、『マツダNDロードスター』を世に送り出すことができました。本当に感謝申し上げます。ありがとうございました。

山本修弘

山本 修弘
（やまもと・のぶひろ）
1955年生まれ
マツダ株式会社 元商品本部ロードスターアンバサダー

1973年東洋工業(現・マツダ)に入社、ロータリーエンジン研究部に配属され、
レース用や市販車(RX-7)用のロータリーエンジンの開発を担当。その後、NBロードスター（2代目）と
NCロードスター（3代目）開発副主査を経て、2007年からNDロードスター（4代目）の
開発主査となる。2016年7月、ロードスターアンバサダーに就任し、
企業セミナーなどの講演活動や課外授業に多数携わるとともに、
NAロードスター（初代）のレストア事業を担当。また、退職までの3年間は主査の育成にも力を注いだ。
2023年2月に50年間勤めたマツダを定年退職。2026年4月開校予定の
マツダ自動車整備専門学校 神戸（MASTeC KOBE）の校長に就任予定。

マツダ NDロードスター
開発責任者の記録

著　者　山本修弘
発行者　小林謙一
発行所　三樹書房

URL　https://www.mikipress.com

〒101-0051 東京都千代田区神田神保町1-30
TEL 03 (3295) 5398　FAX 03 (3291) 4418

印刷・製本　シナノ　パブリッシング　プレス

©Nobuhiro Yamamoto/MIKI PRESS　三樹書房　Printed in Japan

※ 本書の一部または全部、あるいは写真などを無断で複写・複製（コピー）することは、法律で認められた場合を除き、著作者及び出版社の権利の侵害になります。個人使用以外の商業印刷、映像などに使用する場合はあらかじめ小社の版権管理部に許諾を求めて下さい。
落丁・乱丁本は、お取り替え致します